VORLESUNGEN ÜBER HISTO-BIOLOGIE DER MENSCHLICHEN HAUT UND IHRER ERKRANKUNGEN

VON

Dr. JOSEF KYRLE

WEILAND A. O. PROFESSOR FÜR DERMATOLOGIE UND SYPHILIS
AN DER UNIVERSITÄT IN WIEN UND ASSISTENT AN DER KLINIK
FÜR SYPHILIDOLOGIE UND DERMATOLOGIE

ZWEITER BAND

MIT 176 ZUM GROSSEN TEIL FARBIGEN ABBILDUNGEN

WIEN UND BERLIN

VERLAG VON JULIUS SPRINGER

1927

ISBN-13:978-3-642-98460-0   e-ISBN-13: 978-3-642-99274-2
DOI: 10.1007/978-3-642-99274-2

Vorwort.

Der zweite Band der Histobiologie der Haut enthält Vorlesungen über die akut- und chronisch-entzündlichen Erkrankungen der Haut einschließlich der sogenannten „spezifischen", mit der Bildung eines Granulationsgewebes einhergehenden Prozesse.

Der ursprüngliche Plan, auch die Tumoren der Haut in diesen Band aufzunehmen, wurde von KYRLE aus äußeren Gründen fallen gelassen; ihre Darstellung sollte einem dritten Band vorbehalten sein.

Weihnachten 1925 legte mir KYRLE, schon schwer leidend, das Manuskript des zweiten Teiles seiner Histobiologie vor. Unmittelbar darauf trat in seinem Befinden die verhängnisvolle Wendung zum Schlimmen ein, der am 20. März 1926 die Katastrophe folgte. Es war eine Ehrenpflicht der Klinik, das letzte Werk des so früh Hingeschiedenen herauszubringen. Der Assistent der Klinik, Dozent Dr. v. PLANNER unterzog sich dieser mühevollen Aufgabe in pietätvoller Weise, und so übergeben wir das Werk der medizinischen Öffentlichkeit. Es zeugt von neuem, welchen Verlust unsere Fachwissenschaft durch KYRLES frühen Tod erlitten hat.

Wien, im November 1926.

Finger.

Inhaltsverzeichnis.

Erster Teil

Über die akute Entzündung der Haut und ihre einfachsten Erscheinungsformen.

1. und 2. Vorlesung.

Meine Herren! In den folgenden Besprechungen wollen wir uns mit dem Kapitel: Entzündung der Haut beschäftigen, und zwar zunächst mit dem der sog. akuten Entzündung.

Ein sehr umfänglicher und verwickelter Gegenstand tritt uns hier entgegen! So einfach in der Regel die klinischen Erscheinungen sind, wenn es sich um akut entzündliche Ereignisse im Hautbereich handelt, so schwierig gestaltet sich die Deutung ihres Werdens, der mannigfachen Vorgänge im Gewebe, auf deren Zusammenspiel die Erscheinung beruht. Jedes der Symptome, dem wir hierbei begegnen, löst eine Unzahl von Fragen aus, deren Beantwortung im selben Augenblick auf besondere Schwierigkeit stößt, wenn man sich von der rein morphologischen Betrachtungsweise etwas frei zu machen und biologische Gesichtspunkte zu ihrer Erklärung heranzuziehen versucht. Und doch können wir die Biologie nicht entbehren, wenn wir in der Erkenntnis der Geschehnisse vorwärts kommen wollen! Der Klinik und anatomischen Zergliederung allein sind hier enge Grenzen gezogen — verschiedene Ursachen führen zu gleichartigen Effekten, immer wieder finden wir beispielsweise im Entzündungsbereich die zwei Hauptsymptome: Kalor und Rubor gegeben, sie beherrschen das Bild und gleichen damit einen Fall dem anderen mehr oder weniger an. Und doch ist der Weg, auf dem es zu diesen Äußerungen kommt, vielfach ein durchaus verschiedener! Ihn im Einzelfalle richtig zu verstehen, muß Inhalt und Zweck der Forschung sein, denn nur so wird es möglich, in das Wesen der Erkrankungen besseren Einblick zu gewinnen; durch die einfache Feststellung der morphologischen Ereignisse wird das Verständnis derselben wenig gefördert. Gerade für die Gruppe der entzündlichen Hautprozesse ist also eine biologische Betrachtungsweise, als Zugabe zur klinisch-morphologischen, Notwendigkeit und wir wollen daher dieselbe bei unseren Besprechungen, soweit es möglich ist, ohne ins Gebiet der Phantasie zu kommen, besonders im Auge behalten.

Um hier richtige Vorstellungen gewinnen zu können, erscheint es zweckmäßig, einige Allgemeinbemerkungen über die Entzündung vorauszuschicken. Zunächst, was verstehen wir darunter? Eine allgemein akzeptierte Antwort hierauf gibt es nicht. Je nach Auffassung und Ansehen der Ereignisse, die zu jenem Zustande führen, den wir „Entzündung" zu nennen gewohnt sind, wird die Definition eine verschiedene sein, und da fast jeder Pathologe, wie ASCHOFF einmal sehr richtig bemerkt hat, hierüber sein eigenes Glaubensbekenntnis besitzt, stößt man in der Tat auf voneinander sehr abweichende Begriffsbestimmungen. Wir wollen uns hier an jene halten, die H. PFEIFFER als Zusammenfassung des augenblicklich von den meisten vertretenen Standpunktes in seinen Vorlesungen über allgemeine und experimentelle Pathologie gibt. Er definiert die Entzündung als das Ergebnis einer Reihe örtlicher Gegenwirkungen des lebenden Körpers, besonders des Blutgefäß- und Bindegewebsapparates auf örtliche Gewebsschädigungen. Jeder Entzündungszustand setzt demnach eine Entzündungsursache voraus und hinsichtlich dieser stellt PFEIFFER seinen Erörterungen folgende Allgemeinsätze voran: Jeder Reiz, der den Bestand der Zelle gefährdet, kann Entzündungsursache sein. Die mannigfachsten Reize können zur Zellschädigung führen, demnach zur Entzündungsursache werden. Dabei wirken die Reize oft nur mittelbar durch Veränderung des Zellstoffwechsels, selbst wenn sie zunächst scheinbar unmittelbar angreifen, wie wir dies beispielsweise bei verschiedenen Traumen gegeben finden. Endlich werden von der Schädigung nicht nur die Gewebszellen, die eigentlichen Träger der Gewebstätigkeit betroffen, sondern ebenso Blut- und Lymphgefäße, Nerven und Stützgewebe.

Was sagen uns diese Feststellungen? Zunächst, daß wir hinsichtlich Entzündungsursachen mit mannigfachsten Faktoren zu rechnen haben, mit mehr als man bei oberflächlicher Betrachtung anzunehmen geneigt ist. Jeder Reiz vermag letzten Endes Entzündungszustände hervorzurufen, wenn er nur bei entsprechender Empfindlichkeit des Gewebes auf dasselbe genügend stark und lange einwirkt. Es kommen also nicht nur jene Schädigungen in Betracht, denen man gewissermaßen alltäglich begegnet — ich meine damit die üblichen bakteriellen oder mechanisch-chemischen, wie sie von der Außenwelt her eindringen —, sondern eine Anzahl anderer Reize, die ihrer Herkunft nach oft nicht erfaßbar, sondern nur durch die Auswirkung erkenntlich werden. Hier sind es vor allem chemische Energien, die, wie wir immer besser verstehen lernen, eine große Rolle spielen — und zwar Energien, die nicht als solche in den Körper eingeführt werden, sondern in ihm erst entstehen —; dabei müssen die betreffenden Stoffe an und für sich nicht entzündungserregende Eigenschaften besitzen, sondern nur fallweise solche entwickeln, dann nämlich, wenn sie mit bestimmten Geweben in Berührung treten. Denn das ist ja für alle chemische Energien, die entzündungserregend wirken, Gesetz, wie PFEIFFER betont, daß es zwischen Giftstoff und Gewebe zu einer chemischen Reaktion kommt — das Produkt dieser Verbindung ist eigentlich erst der Entzündungsreiz. Und wenn es sich nun um Substanzen handelt, die beispielsweise bei regelwidrigen Stoffwechselvorgängen entstehen, so können dies an und für sich harmlose Produkte sein, für gewisse Zellsysteme aber, die ihnen gegenüber ein besonderes Bindungsvermögen aufweisen, entzündungserregende Eigenschaften besitzen. Hier brauchen wir demnach zum Verständnis die Vorstellung eines spezifischen Angriffspunktes für den Entzündungsreiz; nur ein ganz bestimmter Anteil des Gewebes ist für ihn empfänglich und muß im entsprechenden Ausmaß getroffen werden, damit die Reaktion eintreten kann! An welchem Gewebssystem es zur ersten Alteration kommt, ist mikroskopisch meist nicht erkennbar; der Cellularpathologie sind hier Grenzen gesetzt.

Das Beispiel vom Entzündungsreiz, der von Stoffwechselvorgängen seinen
Ausgang nimmt, habe ich deshalb gewählt, weil es besonders überzeugend dar-
tut, wie verwickelt die Dinge biologisch hinsichtlich Entzündungsursache und
Angriffspunkt liegen können. Wahrscheinlich sind ja die Gewebsvorgänge bei
allen entzündlichen Prozessen, auch bei den sog. banalen, viel komplizierter,
als wir auf den ersten Blick anzunehmen geneigt sind. Mehr und mehr entwickelt sich das Entzündungsproblem zu einem histo-chemischen im Sinne
SCHADES. Ob lebende Bakterien auf das Gewebe einwirken oder chemische
Energien, dabei gleichgültig welcher Herkunft — immer wieder handelt es sich
letzten Endes um den Ablauf chemischer Reaktionen am Orte der Schädigung.
Und ob nun hierbei dieses oder jenes Gewebssystem, das Bindegewebe oder
etwa die Blutgefäße, im besonderen die Capillaren, oder vielleicht deren
Nerven primär ergriffen, d. h. zum Orte der ersten chemischen Reaktionsereignisse werden — Änderungen im physikalisch-chemischen Zustande des
betreffenden Gewebsmateriales werden immer wieder das Ergebnis solcher
Vorgänge sein und damit wird in der Tat jeder Entzündungsprozeß zu
einem kolloid-chemischen Phänomen. Natürlich bringt uns diese Feststellung an und für sich noch nicht sehr viel weiter, immerhin aber ist sie Voraussetzung dafür, um in das Wesen jener Vorgänge, die den im Mikroskop bei entzündlichen Gewebsprozessen feststellbaren Veränderungen zugrunde liegen,
allmählich mehr Einblick zu gewinnen. So lange dieser Einblick fehlt, hat das
cellularpathologische Bild, wie SCHADE gelegentlich einmal ganz richtig sagt,
im wesentlichen nur den Wert einer theoretisch interessanten, für die Praxis
aber noch unfruchtbaren Parallele zum klinischen Krankheitsbild. Ist auch
das Vorwärtskommen hier ungemein schwierig, vor allem deshalb, weil eben
auch der Histo-Chemie, ähnlich wie der Morphologie noch enge Grenzen
gesetzt sind, so ist doch schon die eine und andere Erkenntnis gewonnen
und damit der Weg beschritten worden, der das Entzündungsproblem von
neuen Seiten anfaßt.

Für uns besagen die erwähnten Feststellungen, daß die mannigfachen
entzündlichen Ereignisse der Haut nicht nur vom morphologischen
Standpunkte aus betrachtet werden dürfen, ja daß wir von hier
aus für die Klärung der komplizierten Gewebsvorgänge und damit für das Verständnis der Krankheitsereignisse von vornherein nicht zu viel zu erwarten
haben. Im besonderen zeigt sich dies auch, wenn wir uns hinsichtlich jenes,
für jeden Entzündungsprozeß so wesentlichen Umstandes Aufklärung verschaffen wollen, den wir Entzündungsbereitschaft des Gewebes nennen.
Hier versagt die morphologische Betrachtungsweise völlig, nur die biologische
vermag etwas weiter zu helfen. Dabei verdient gerade dieser Punkt im ganzen
Fragekomplex besondere Beachtung, da der Empfänglichkeit und Bereitschaft des Gewebes bei jeder Entzündungsreaktion größte Bedeutung zukommt. Vor allem gilt dies für an und für sich nicht zu starke
Reize. Genug Beispiele sind jedem von Ihnen hierfür bekannt. Ich erinnere
Sie nur an gewisse, durch Einwirkung chemischer Agenzien auf die Haut her-
vorgerufene Entzündungsprozesse, die bei dem einen ausgelöst werden, bei
einem zweiten aber, trotz völlig gleicher Schädigung nicht zustande kommen.
Die Empfänglichkeit für den Entzündungsreiz ist bei beiden
offensichtlich verschieden! Worauf dies beruht, darüber verschafft uns

die mikroskopische Untersuchung keinerlei Aufklärung. Und doch liegt der Grund hierfür aller Wahrscheinlichkeit nach in gewissen strukturellen Eigentümlichkeiten des betreffenden Gewebes, in Abweichungen von der Norm, allerdings solchen, die im Sinne der Cellularpathologie nicht greifbar sind. Dabei unterliegt die Entzündungsfähigkeit, wie bekannt, gar nicht selten beträchtlichen Schwankungen. Ein Individuum, das heute auf einen bestimmten Reiz nicht anspricht, kann ein andermal mit starken Entzündungserscheinungen antworten. Das lehrt die Klinik täglich.

Von welch weitgehender Bedeutung ein bestimmter chemischer Aufbau des Gewebes für die in Rede stehenden Verhältnisse ist, können wir am besten aus dem Unterschied des Reaktionsvermögens embryonaler und voll ausgereifter Organe gegenüber Entzündungsreizen ermessen. Bei Embryonen kommen, wie Rössle unlängst wieder ausgeführt hat, Entzündungserscheinungen vor dem 6.—7. Schwangerschaftsmonat nicht zur Beobachtung. Der Grund dafür ist nicht darin zu suchen, daß Entzündungsreize an das Gewebe überhaupt nicht herankommen, sondern vielmehr darin, daß dasselbe nicht in der Lage ist, dieselben nach Art des Erwachsenen zu beantworten. Es fehlt ihm an entsprechendem Reaktionsvermögen. Erst gegen das Ende der Schwangerschaft finden sich Entzündungsbilder, die an die des Erwachsenen erinnern. Rössle erklärt die Unterschiede in der Lokalisation und Histologie bei gewissen entzündlichen Ereignissen, beispielsweise bei der Lues, zwischen Neugeborenen und Erwachsenen durch die unvollendete zellige und chemische Zusammensetzung der Gewebe bei ersteren. Möglicherweise findet so auch das Ausbleiben entzündlicher Reaktionen an gewissen, von Krankheitserregern oft geradezu überschwemmten Organen, wie beispielsweise den Nebennieren syphilitischer Früchte, seine Erklärung. Andererseits reagieren Leber und Knochenmark auf Invasion desselben Virus mit höchstgradiger Entzündung. Hierher gehört auch die von Rössle erwähnte Tatsache, daß man Abscesse in der Regel erst beim Säugling zu sehen bekommt; offenbar wird die Fähigkeit zur Eiterbildung erst gegen das Ende der Fötalperiode zu erreicht.

Alles spricht also dafür, daß beim Embryo eine gewisse Unreife der Entzündungsfähigkeit besteht und daß eigentlich erst mit Abschluß des intrauterinen Lebens jener Zustand erreicht wird, den wir normale Entzündungsbereitschaft nennen können. Hier ist auch die Tatsache zu verzeichnen, daß Neugeborene über keine Antikörper im Sinne der Immunitätslehre verfügen und die Fähigkeit, sie zu bilden, erst allmählich erwerben. Offenbar beruht dies auf denselben Zusammenhängen, denn schließlich ist die Immunität nichts anderes als der Ausdruck einer bestimmten Reaktionsbreite auf spezifisch bakterielle Reize, die letzten Endes wieder nur auf einem bestimmten physikalisch-chemischen Strukturzustand des betreffenden Gewebes beruht. Und der ist beim Neugeborenen eben anders als beim Erwachsenen. Dadurch, daß das Gewebe während seiner endgültigen Reifung in der Postfötalzeit mit den verschiedenen Reizen mehr und mehr in Berührung kommt, paßt es sich denselben an und wird damit befähigt, auf sie in ganz bestimmter Form zu reagieren. Man kann diesen Vorgang „Sensibilisierung" des Gewebes im Sinne Jadassohns nennen. Diese Anpassung ist natürlich chemisch verankert, und daß wir nach Abschluß dieser Umbauperiode, gegenüber früher, in der Tat biologisch andersartig eingestellte Elemente gegeben haben, beruht auf kolloidalen Zustandsänderungen des Gewebes. Die ganze, im Komplex der Entzündung eine so große Rolle spielende Immunitätsfrage ist mithin nichts anderes als eine Frage der Kolloidchemie und läuft schließlich auf dasselbe hinaus, was wir auch bei den durch nicht belebte Reize verursachten Entzündungsvorgängen in Rechnung ziehen müssen: auf die Eigenart des kolloid-chemischen Zustands des Gewebes, der die Entzündungsfähigkeit bestimmt. Immer wieder haben wir, wenn wir entzündlichen Prozessen begegnen, diesen Umstand im Auge zu behalten; die Entzündungsbereitschaft stellt einen integrierenden Faktor bei jedem Entzündungsvorgang dar. Dabei ist sie, wie früher schon bemerkt, nicht selten Schwankungen unterworfen; die Verhältnisse liegen diesbezüglich beim Erwachsenen ganz ähnlich, wie wir es vom Embryo und Neugeborenen gehört haben und all die Schwankungen in der Empfindlichkeit sind wieder auf Änderungen im physikalisch-chemischen Zustand des Gewebes zu beziehen, und zwar ist es allem Anscheine nach in erster Linie das Bindegewebe, das solchen Strukturänderungen unterliegt. Bei dem eigenartigen Aufbau desselben — ich meine die von SCHADE besonders betonte Tatsache, daß die zelligen Elemente gegenüber der zwischen sie gelagerten Grundsubstanz, dem Kollagen, an Masse weit zurücktreten — scheinen die Vorbedingungen für Änderungen im Kolloidzustand dieses Systems besonders günstig zu sein. Was alles hierfür als ursächliches Moment in Betracht kommt, ist noch durchaus ungenügend erkannt, vor allem fehlt uns jede Erkenntnis hinsichtlich des Wirkungsmechanismus jener Einflüsse, welche die Zustandsänderung bedingen. Das gilt sowohl für die belebten als unbelebten Entzündungsursachen. Auf welche Weise beispielsweise bei bakteriellen Schädigungen das Gewebe allmählich in jene Bereitschaft gebracht wird, daß es schließlich spezifisch anspricht, d. h. nun alle jene Fähigkeiten erkennen läßt, die im Sinne der Immunitätslehre zur spezifischen Reaktion gehören, ist letzten Endes ebenso unerklärt, als wie es zur Sensibilisierung der Haut gegen bestimmte chemische Substanzen kommt. Die Frage, auf welchen Grundlagen die jeweilige Entzündungsbereitschaft der Haut beruht, von welchen Vorgängen im Organismus sie sich in Abhängigkeit befindet, harrt im Einzelnen noch durchaus der Klärung.

Damit ein Entzündungsreiz tatsächlich einen Entzündungszustand hervorrufen kann, muß also eine entsprechende Entzündungsfähigkeit des Gewebes gegeben sein. Der Ablauf des Geschehens ist nun bei Zutreffen dieser Bedingung der, daß durch den Reiz zunächst eine Gewebsschädigung gesetzt wird — die Entzündung ist erst Antwort und Folge hierauf. Das Auftreten des Entzündungszustandes ist demnach streng genommen etwas Sekundäres und hängt hinsichtlich Stärke und Ausdehnung vor allem von der Art und Intensität der Gewebsschädigung ab. Diese bewegt sich — hier wollen wir wieder der Darstellung PFEIFFERS folgen — zwischen den beiden Grenzfällen: Zelltod und kleinsten Veränderungen im Zellstoffwechsel, die unserer Beobachtung eben noch als Veränderungen von Zellleistungen zugänglich sind. Zwischen beiden liegt eine Kette von Störungen verschiedenster Art und verschiedensten Grades. Gegen die Schädigung trifft nun das Gewebe Maßnahmen der Abwehr, „es entzündet sich"; hierbei treten namentlich von seiten des Gefäß- und Bindegewebsapparats Reaktionserscheinungen auf, die sich zu der, durch die Entzündungsursache direkt gesetzten, Gewebsschädigung hinzugesellen und damit den Reichtum der Ereignisse vermehren, zugleich aber auch die Deutung derselben recht wesentlich erschweren. Jetzt sicher zu entscheiden, was von den feststellbaren Veränderungen direkter Schädigungseffekt ist und was Erfolg der bereits eingesetzten örtlichen Gegenwirkungen, ist in der Regel nicht mehr möglich. Auch hier zeigt sich demnach wieder, welch enge Grenzen der morphologischen Betrachtung hinsichtlich Erkenntnis der einzelnen Vorgänge beim Werden entzündlicher Prozesse gesetzt sind.

Was nun die örtlichen Gegenwirkungen anlangt, so stehen die von seiten des Gefäßapparates in Szene gesetzten an erster Stelle. Die Gefäße, vor allem die Capillaren geraten in abnorme biologische Verfassung — Ergebnis dessen: Kreislaufstörung, die zunächst in aktiv hyperämischen Zuständen ihren Ausdruck findet, d. h. die Gefäße werden erweitert, Blut-Strömung und -Durchflußmenge erhöht. Dieser Zustand ist gewöhnlich nur ein kurzdauernder, er wird abgelöst von passiver Hyperämie, die Blutströmung wird jetzt verlangsamt, ja gelegentlich völlig stillgelegt. War der betreffende Hautbezirk anfänglich hochrot, so nimmt er nun mehr und mehr einen bläulichen Farbenton an, dabei ist er wärmer als seine Umgebung, entsprechend gewissen Störungen in der Wärmeabgabe.

Wenn man nach den Ursachen dieses gestörten Leistungsvermögens der Blutgefäße fragt, so ergibt sich, daß hierfür in erster Linie nervöse Einflüsse maßgebend sind. Reizung bzw. Lähmung der Gefäßnerven, wahrscheinlich bedingt durch die im geschädigten Gewebsbezirk vorhandenen chemischen Reaktionsprodukte, scheint dabei das Ausschlaggebende zu sein. Die seinerzeit vertretene Meinung, daß die Gefäßveränderungen stets zentral bedingt seien, mithin als Antwort auf eine durch Reizung sensibler Nerven reflektorisch ausgelöste Erregung des Vasomotorenzentrums zu deuten wären, ist mehr und mehr verlassen und durch die Annahme von direkt örtlich wirkenden Einflüssen ersetzt worden. Übrigens scheint auch hierüber noch nicht das letzte Wort gesprochen — gerade in der Dermatologie kann man des Begriffes der sog. reflektorischen Entzündung vielfach nicht entraten —, jedenfalls steht so viel fest, daß bei den Erstlingsereignissen jedes Entzündungsvorganges Innervationsstörungen im Bereiche des Gefäßnervensystems eine große Rolle spielen, und daß die verschiedenen Stadien der Blutüberfüllung im Gebiete des Entzündungsherdes — aktive, passive Hyperämie — abhängig sind von Form und Stärke dieser Störungen. Nur so können wir verstehen, warum die aktiv hyperämische Phase das eine Mal ungemein kurz, ein andermal etwas länger dauernd ist, warum bei dem einen Zustand sie allein das Bild beherrscht, d. h. nicht von passiver Hyperämie abgelöst wird, während bei einem anderen letztere führendes klinisches Symptom wird. Bei den innigen, noch lange nicht voll erkannten Beziehungen zwischen Nerven- und Blutgefäß-, im besonderen Capillarsystem — ich erinnere hier vor allem auch an den Faktor: vegetatives Nervensystem — färben schon geringste Läsionen der nervösen Substanzen auf den Capillarzustand, im besonderen auf den ihrer Wand ab, und dies findet in den geänderten Strömungsverhältnissen seinen Ausdruck. Wahrscheinlich gehören Veränderungen im Wandbereich der kleinen Gefäße zu den allerersten Ereignissen. Die Capillarwand ist eine kolloidale Membran und daher ungemein labil in der Struktur; schon geringgradige Verschiebungen in ihrem physikalisch-chemischen Aufbau werden zu Störungen in der Leistungsfähigkeit führen. Und so haben wir damit zu rechnen, daß die abnormen Strömungsverhältnisse im Entzündungsbereich sich jedesmal auch auf das Capillarsystem erstrecken und hier mit Wandschädigung im Sinne kolloidaler Zustandsänderungen Hand in Hand gehen.

Alles Geschehen im Beginn einer Entzündung beruht also letzten Endes auf Reizung der im Gefäßsystem verankerten Nerven-Endverzweigungen. Und je nach der Stärke des Reizes ist der Erfolg ein verschiedener. Geringe Reize bewirken Erregung — sichtbarer Ausdruck dafür: aktive Hyperämie, stärkere: Lähmung — passive Hyperämie, ganz starke schließlich: Aufhebung der Funktion — Gewebstod. Vielfach sehen wir ein Stadium aus dem anderen hervorgehen, entsprechend der längeren Einwirkung des Reizes oder der Steigerung desselben.

Das Capillarsystem ist an dem Zustandekommen der Erstlingsereignisse bei jeder Entzündung in hohem Maße beteiligt. Diese Erkenntnis erklärt uns in Verbindung mit einer anderen, bei Besprechung der normalen Hautanatomie schon erwähnten Feststellung — ich meine die von KROGH ermittelte Tatsache, daß an jeder Stelle der Haut mit ruhenden Capillarreserven zu rechnen ist —, Mannigfaches aus dem komplizierten Bild der Erscheinungen. Die akute Rötung eines entzündeten Hautbezirkes ist Folge der Blutüberfüllung — und diese beruht offensichtlich nicht nur darauf, daß die in den Stromkreis bisher schon eingeschalteten Gefäße erweitert und daher mit mehr Blut beschickt sind, sondern auch auf dem Umstand, daß neue Capillaren zur Mitarbeit herangezogen und dem Kreislauf angeschlossen werden. Das Capillarorgan tritt im Schädigungsbereich in volle Funktion. Durch nervöse Einflüsse werden die in der Umgebung der Läsion befindlichen ruhenden Haargefäße mobilisiert, d. h. geöffnet und damit zur Arbeit bereitgestellt. In der Tat strömt sogleich Blut in sie ein, wodurch die Gesamtmenge desselben im Entzündungsbereich erhöht wird. Zweifellos handelt es sich hierbei um die erste Abwehrmaßnahme des Gewebes. Gar nicht so selten führt sie zu vollem Erfolg, d. h. es wird schon durch diesen verhältnismäßig einfachen Vorgang der Schaden wettgemacht. Natürlich kann es sich, wo diese erfolgt, nur um geringgradigste Gewebsläsionen, bzw. Reize handeln — aber wir haben praktisch damit zu rechnen, daß dies gelegentlich vorkommt, mithin daß die Capillarreaktion, wie man diesen Zustand nennen kann, das einzige Entzündungsphänomen darstellt. Beispiel hierfür: Die flüchtigen Erytheme der Haut. Man kann sie bei der von uns gewählten Begriffsbestimmung der Entzündung ohne Schwierigkeit hier einreihen und ist so nicht bemüßigt, sich noch mit einem weiteren, sehr wenig geklärten Begriff, dem der Angioneurosen nämlich, zu belasten. Schließlich handelt es sich ja doch auch bei allen flüchtigen Erythemen um nichts anderes, als um örtliche Gegenwirkungen des Gewebes, im besonderen des Blutgefäßapparates auf bestimmte Reize, die die Haut treffen, gleichgültig, woher sie stammen und wo sie primär angreifen. Und um so weniger gezwungen erscheint diese Einreihung, als wir bei jedem entzündlichen Vorgang Innervationsstörungen im Bereich des Gefäßnervensystems voraussetzen. Offenbar ist nun dort, wo uns klinisch das Bild eines flüchtigen Erythems begegnet ist, die Innervationsstörung rasch vorübergehend, wodurch die Gewebsschädigung auf ein solches Mindestmaß beschränkt wird, daß bloße Capillarerweiterung genügt, um das biologische Gleichgewicht wieder herzustellen. Von einer mikroskopischen Untersuchung ist hier natürlich nicht viel zu erwarten — wir werden später noch darauf zu sprechen kommen.

Etwas mehr an Veränderungen begegnet uns nun schon, wenn das sog. zweite Stadium der Entzündung erreicht wird, jenes, wo der Zustand der aktiven Blutüberfüllung bereits in den der passiven übergegangen ist — und wo es im weiteren Verlaufe zu dem kommt, was wir Exsudatbildung nennen. Im Vorhergehenden wurde erwähnt, daß das Stadium der aktiven Hyperämie stets nur kurz währt und ausschließlich zu den Anfangsereignissen der Entzündung gehört. Es kann dies nicht anders sein, da die Nervenerregung, auf welcher das Phänomen beruht, nur kurz anhält, bzw. bei Fortwirkung des Reizes rasch in Lähmung übergeht. Erfolg dessen: Dauernde Erweiterung der Gefäße, und zwar sind jetzt nicht mehr nur die Capillaren betroffen, sondern auch deren Zu- und Abflußbahnen, mithin größere Gefäße, Venen und Arterien. War früher der Blutstrom beschleunigt, so ist er jetzt verlangsamt, was sich klinisch in einer Änderung des Rots an der Hautoberfläche ausdrückt. Kaum an einem zweiten Objekt lassen sich diese Verhältnisse besser erkennen, als an gewissen Formen der Erytheme (Erythema multiforme, toxische Erytheme). Das Stadium, wo der hellrote Fleck gegeben ist, geht in der Regel sehr rasch vorbei. Oft tagelang unverändert hingegen bleibt die Phase der passiv entzündlichen Rötung. Blutfüllung und Blutdruck sind in dieser Zeit dauernd erhöht, was zu einer gesteigerten Abgabe von Sauerstoff und anderen im Blute kreisenden Substanzen an das Gewebe führt. Wir haben demnach im Entzündungsbereich mit erhöhten Austauschvorgängen zwischen Blut und Bindegewebe zu rechnen. Eine wesentliche Rolle spielen hierbei zweifellos Alterationen der Gefäßwand, die auf dieser Entwicklungshöhe des Prozesses deutlich hervortreten. Ihre Anfänge liegen, wie früher bemerkt, im Beginn des entzündlichen Geschehens; solch hohe Grade aber, daß das Ereignis sichtbar wird, werden erst erreicht, wenn die passive Hyperämie gegeben ist. Die Gefäßwände sind nun offensichtlich undicht, sie lassen Blutflüssigkeit durch und schließlich auch geformte Elemente. Durchtränkung des Gewebes mit flüssigen Blutbestandteilen einerseits, i. e. Exsudat- und Ödembildung, Zustandekommen zelliger Einlagerungen in demselben, zunächst hauptsächlich im Umkreis der Gefäße, durch Austritt von Blutkörperchen verschiedener Art anderseits, kennzeichnen diese Entwicklungsphase des Prozesses. Eingeleitet wird sie stets durch den Austritt von Serum — deshalb heißt sie auch im Gegensatz zur vorangehenden, wegen des Vorherrschens der direkten Gewebsschädigung alterative benannten, exsudative Entzündungsphase —, sie ist es, die für das dritte Kardinalsymptom bei jeder Entzündung, für den Tumor, die Gewebsschwellung in erster Linie verantwortlich gemacht werden muß. Die Frage, worauf das Undichtwerden der Gefäße beruht, ist noch nicht eindeutig erkannt, allem Anscheine nach greifen verschiedene Umstände ineinander. Einmal werden am Zellplasma der die Gefäßwand aufbauenden Elemente kolloidale Umformungen zustande kommen, die Zellstruktur gerät in einen anderen biologischen Zustand, was zur Folge hat, daß nun Substanzen in die Zelle ein- und durch sie hindurch-

treten können, die de norma zurückgehalten werden. Der erhöhte Druck auf
die Gefäßwand durch den gesteigerten Gefäßinhalt begünstigt diesen Vorgang.
Wahrscheinlich ist er noch viel komplizierter, als wir uns dies vorstellen. Zweitens
spielt eine Rolle, und wie es scheint, eine recht wesentliche, daß die Verbindung
der Gefäßwandzellen untereinander gelockert wird, wenn wir dies so nennen
wollen, und zwar dadurch, daß die Kittleisten zwischen ihnen aufquellen und
undicht werden. Hier entstehen damit förmliche Prädilektionsstellen für den
Austritt des Gefäßinhaltes und in der Tat sind es, wie nachgewiesen wurde,
immer wieder diese Stellen, an denen die Hauptmasse der Flüssigkeit durchtritt, wenn der Entzündungszustand ein sehr hochgradiger, die Wandschädigung
eine sehr intensive geworden ist. Und auch die geformten Elemente benützen diesen Weg. Darüber, wie sie ins Gewebe kommen, ist seit jeher viel
verhandelt worden, vor allem darüber, ob es sich hierbei um einen rein aktiven
Vorgang handelt. Cohnheim, der Begründer der Lehre von den Entzündungsvorgängen, hat dies ursprünglich angenommen und sprach deshalb von einer
Auswanderung der weißen Blutzellen. Späterhin, als erkannt wurde, daß es
im Verlaufe jeder Entzündungsreaktion zu Gefäßwandschädigungen, zu einer
Drucksteigerung im Capillarsystem bei gleichzeitigem Nachlassen der Strö-
mungsgeschwindigkeit kommt, wurde der Leukocytendurchtritt mehr als
passiver Vorgang gedeutet. Das Richtige liegt allem Anscheine nach in der Mitte,
vor allem kann an der Tatsache, daß die Weißzellen beim Austritt selbst
mitwirken, nicht gezweifelt werden. Mannigfach wurde im Nativpräparat beobachtet, wie sie sich durch Lücken in der Gefäßwand hindurchzwängen, wie
sie zuerst pseudopodienartige Fortsätze ausstrecken, an denen der Zelleib
allmählich nachgezogen wird. Angeregt zu dieser Tätigkeit werden sie, wie
man heute weiß, durch chemotaktische Einflüsse. Gewisse, in jedem Entzündungsbereich bei den Abbauvorgängen am Gewebe entstehende Substanzen
locken bestimmte Leukocytenformen auf Grund einer denselben innewohnenden
spezifischen Reizbarkeit an, und mobilisieren damit jenen bedeutsamen Ab-
wehrapparat, von dessen richtigem Eingreifen alles weitere abhängt. Eingeleitet wird der Durchtritt der Weißzellen mit ihrer sog. Randstellung, d. h.
im Bereiche des Gefäßlumens sieht man eine gewisse Scheidung der zelligen
Elemente eintreten, die roten Blutkörperchen lagern sich in der Mitte, während
die weißen vielfach der Wand anhaften. Daran schließt sich ihr Austritt. Welche
Formen sich daran beteiligen, hängt ab von Art und Stärke der Entzündung —
austreten können, wie es scheint, alle Arten der Weißzellen, nicht nur die gewöhnlichen viel- und gelapptkernigen Formen mit der neutrophilen Plasma-
körnelung, sondern auch die Lymphocyten und die Leukocyten mit oxyphiler
Granulierung, die sog. eosinophilen Zellen. Vielfach verraten diese Zellaus-
schwitzungen eine gewisse Spezifität, d. h. man begegnet bei bestimmten
Entzündungsprozessen häufig den gleichen Zellformen. Einmal sind es hauptsächlich Lymphocyten, die im Umkreis der Gefäße lagern, ein anderes Mal Leukocyten dieser oder jener Art, ein drittes Mal bunt durcheinander gemischte
Elemente. Wie die Dinge im einzelnen liegen, unter welchen Bedingungen
diese oder jene Zellarten in den Vordergrund treten, ist noch nicht genügend
erkannt. Als Regel gilt, daß dort, wo sich sehr stürmische Entzündungsvorgänge abspielen, die neutrophil gekörnten Weißzellen das Feld beherrschen,
reine Lymphocytenansammlung hingegen mehr zum Bilde mild verlaufender

Entzündungen gehört. Gerade ihnen begegnet man im Hautbereich sehr häufig und wir werden genug Fälle kennen lernen, wo nur Lymphocyten die Gewebseinlagerung aufbauen.

Schließlich treten zu den aus der Blutbahn stammenden Elementen noch Zellen hinzu, die im Gewebe selbst entstehen. Hier sind vor allem die Abkömmlinge der sog. Adventitiazellen, die histiogenen Wanderzellen und junge Bindegewebselemente zu nennen. Der Beginn ihres Auftretens liegt verhältnismäßig früh — daß sie sich in nennenswerter Zahl entwickelt finden, dazu muß der Prozeß längere Zeit dauern. Schließlich ist meist nicht mehr sicher zu entscheiden, welche von den im Gewebe angehäuften Zellen aus dem Blute stammen, und welche an Ort und Stelle entstanden sind. Übrigens bestehen hinsichtlich gewisser Zellformen im Entzündungsbereich, der Lymphocyten, der eosinophilen und basophilen Leukocyten, seit jeher Meinungsverschiedenheiten darüber, woher sie stammen; zweifellos können sie auch autochthon im Gewebe entstehen.

All die geschilderten Vorgänge spielen sich in der Haut gewissermaßen vor unseren Augen ab. Ein Stadium geht in das andere über, bzw. entwickelt sich aus dem vorhergehenden, oft in raschem, oft in langsamem Tempo, nicht selten bleibt der Prozeß in einer bestimmten Entwicklungsphase stehen, gedeiht also nicht zur vollen Höhe — all dies wird bestimmt von Art und Stärke des Entzündungsreizes bzw. der Gewebsschädigung.

3.—6. Vorlesung.

Wir wollen nun an der Hand von Präparaten die geschilderten Stadien kennen lernen, d. h. uns darüber Klarheit verschaffen, wie weit bei einzelnen der geläufigen, in die Gruppe der akut entzündlichen Prozesse einzureihenden Dermatosen die geweblichen Störungen entwickelt sind und was sich daraus etwa für den betreffenden Fall als pathognomonisch ergibt. Zugleich wollen wir trachten, uns die Genese der jeweils vorhandenen Läsion verständlich zu machen. Zunächst das Präparat von einer

Urticariaquaddel.

Es zeigt (Abb. 1) die geringsten Grade des Entzündungszustands. Der Papillarkörper ist Hauptsitz der Veränderungen, was ja von vornherein erwartet werden muß, da er Träger des Capillarnetzes ist, auf dessen abnormer Funktion das Ereignis beruht. Histologisch findet sich Erweiterung kleinster Capillaren, und zwar sowohl Blut- als Lymphcapillaren; in ihrer Umgebung dort und da vereinzelte Rundzellen, vornehmlich Lymphocyten, nirgends aber größere Anhäufungen davon. Im Vordergrund steht die ödematöse Durchtränkung des Bindegewebes; die Fibrillen erscheinen verquollen, vielfach durch Flüssigkeit auseinandergedrängt, so daß kleinere und größere Lücken gegeben sind (Abb. 2); dabei färbt sich das Gewebe nicht so intensiv wie de norma, es nimmt mit Eosin nur einen blaßrötlichen Farbenton an. Besonders reichlich findet sich Gewebsödem bei den Formen der sog. Urticaria porcellanea entwickelt; die oberflächlich gelegenen Blutcapillaren erscheinen hier infolge des Drucks der Gewebsflüssigkeit komprimiert und dies bedingt eben jenen eigenartigen weißen Farbenton der Quaddel, der ihr den Namen „porcellanea" eingetragen hat; die im Stratum reticulare gelegenen Gefäße zeigen dabei meist erhöhten Füllungszustand. Eine geringgradige ödematöse Durchtränkung der

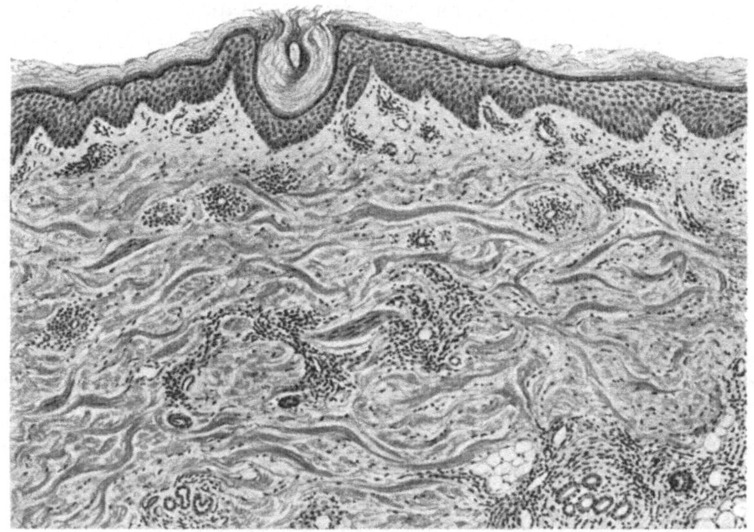

Abb. 1. Schnitt durch eine Urticariaquaddel. Rückenhaut. Übersichtsbild.
Vergrößerung 42.
Geringster Grad entzündlicher Veränderungen.

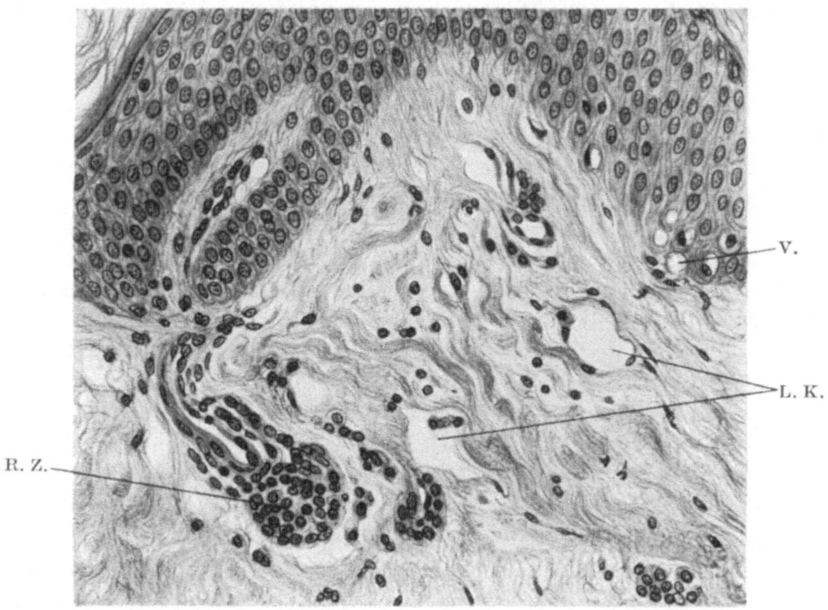

Abb. 2. Stelle aus dem früheren Präparat. Vergrößerung 210.
Die Kollagenbündel im Papillarkörper durch Ödem auseinandergedrängt; bei L. K. erweiterte Lymphcapillaren. V. Vakuolenbildung in den Basalzellen, wahrscheinlich Folge des Ödemeinbruchs. R. Z. Pericapillare Rundzellen-Infiltration.

Epidermis gehört mit zum gewöhnlichen Bild der Quaddel, gelegentlich kann es auch zu Vakuolenbildung und Schwellung einzelner Epithelzellen kommen.

Den hier festgestellten Befunden begegnet man grundsätzlich immer wieder, mag es sich nun um jene Formen der Urticaria handeln, die durch äußere Reize, Nesseln, Insektenstiche u. a. m. oder durch innere, ab ingestis, entstehen, oder schließlich auf rein nervöser Grundlage fußen. Etwaige Unterschiede im histologischen Bilde sind höchstens quantitativer Natur, entsprechend verschiedenen Entwicklungsstärken des Prozesses.

So einfach die anatomischen Veränderungen sind, um so schwieriger ist die Deutung ihres Zustandekommens und seit jeher steht die Pathogenese der Urticaria in Erörterung. Dabei stets dieselbe Hauptfrage: Handelt es sich überhaupt um ein Entzündungsphänomen, darf man die Urticaria zur Entzündung rechnen oder ist es nicht zweckmäßiger, sie als Angioneurose sonderzustellen? Unser Standpunkt in der Frage ist durch frühere Hinweise von selbst vorgezeichnet, wir wollen die Urticaria als Entzündungsphänomen werten, allerdings als eines besonderer Art, d. h. im Gesamtbild der Erscheinungen durchaus abweichend von den gewöhnlichen reaktiven Ereignissen. Und daß es zu diesem Sonderfall kommt, steht offenbar ebenso mit der Eigenart der Reize im Zusammenhang, die sich via Nervensystem geltend machen, als mit der Eigenart ihres Angriffspunktes. Darüber, daß bei der Entstehung von Quaddeln nervöse Einflüsse hervorragend mitspielen, kann kein Zweifel sein. Das gilt für die durch chemische Substanzen bedingten, dabei gleichgültig, ob der betreffende Stoff von außen eingeführt wird oder im Körper entsteht in derselben Weise, wie für die echten neurogenen Formen. Das beispielsweise beim Insektenstich unter die Haut eingebrachte chemische Agens reizt vielleicht primär überhaupt die Nervenfaser und nicht die Capillarwand — oder beide gleichzeitig. Jedenfalls vermittelt der nervöse Reiz alles weitere, vor allem die örtliche Capillarreaktion mit der Ödemausschwitzung, durch die der ins Gewebe eingedrungene Giftstoff offenbar abgewehrt, unwirksam gemacht werden soll. War der schädigende Angriff besonders stark, so kann es über die örtliche Reaktion hinaus auch noch zu Fernwirkungen kommen. Der Reiz wird zentral weitergegeben, an der Zentralstelle oder irgendwo im Reflexbogen umgeschaltet und wieder peripherwärts fortgeschickt. Im wesentlichen handelt es sich dabei stets um eine Umschaltung von der sensiblen auf die vasomotorische Schleife. Nur auf dem Wege solcher Reflexwirkungen können wir uns das Zustandekommen von Quaddelausbrüchen abseits vom Orte der Erstlingsalteration vorstellen. Und der Nachschub neuer Efflorescenzen kann immer noch im Gange sein, trotzdem die Ereignisse an der primären Schädigungsstelle lange zur Ruhe gekommen, die Giftstoffe abgebaut sind, weil die Erregung in der betreffenden Nervenbahn noch nicht abgeklungen ist. Durch welche Kraft dieselbe oft so lange erhalten bleibt, entzieht sich allerdings völlig unserer Erkenntnis.

Ähnlich müssen wir die Verhältnisse bei den durch innere Ursachen bedingten Urticariaformen deuten, zunächst bei der sog. toxischen Nesselsucht. Hier finden sich Giftstoffe im Körper — dabei gleichgültig, woher sie stammen und welcher Art sie sind —, die entfernt werden müssen. Die Haut ist es nun, die offenbar auf Grund spezifischer Beziehungen zum Schädigungsvorgang helfend eingreifen muß. Zwei Wege sind möglich. Einmal können die betreffenden Substanzen mit der Blutwelle direkt in die Haut geschleudert werden; an der Stelle, wo de norma der Austausch zwischen Säftestrom und Gewebe stattfindet, werden sie abgesetzt und wirken nun hier reizend; wahrscheinlich bieten wieder die im Bereiche des Capillarsystems verankerten Nervenendverzweigungen der Noxe entsprechenden Angriffspunkt, dieselben Reaktionsereignisse, wie wir sie früher geschildert haben, treten in Szene, mit demselben Endzweck, die im Gewebe liegenden Reizstoffe unschädlich zu machen. Sind sie sehr reichlich vorhanden, oder werden sie immer wieder von neuem gebildet, so wird der Haut das Produkt an vielen Stellen und durch lange Zeit hindurch angeboten — Type: reichliche und zu Wiederholungen neigende Urticaria. Die verstärkte Durchblutung und Durchtränkung der Haut mit Serum während des Quaddelausbruchs wird natürlich nicht nur direkte Wirkung auf den Giftstoff entfalten —, Veränderungen in der Gesamtzirkulation werden sich daraus ergeben, da ja tatsächlich mehr Blut in der Haut kreist und unter anderen Bedingungen wie normalerweise; und das muß auf den Gesamtorganismus rückwirken und wohl auch auf die Bildungsstätte der Giftstoffe. Die Zusammenhänge sind demnach ungemein verwickelt, wahrscheinlich noch wesentlich verwickelter, als es hier schematisch und nur andeutungsweise auseinandergesetzt ist. Jedenfalls spielt die Erregung nervöser Elemente auch hier die größte Rolle, gelegentlich vielleicht sogar in noch anderer Form, als wir es gerade erörtert haben. Ich meine die Möglichkeit einer direkten zentralen Innervationsstörung mit Reflexwirkung nach der Haut zu. Die Vorstellung hat zur Voraussetzung, daß an und für sich nur geringe Mengen des betreffenden Giftstoffes gebildet werden, der Körper demnach nicht in der Weise mit Toxinen überschwemmt ist, wie wir es früher angenommen haben, oder daß es sich um ein Produkt handelt, das nur in Verbindung mit einem ganz bestimmten Zellsystem (aus dem Kreise der endokrinen Drüsen beispielsweise) toxische Eigenschaften entfaltet, und von hier aus erst, also auf einem Umwege, die Nervenbahn trifft und so reizt, daß reflektorische Erregungen an der Peripherie ausgelöst werden. Hier würde also am Orte der Urticaria-Efflorescenz kein Giftstoff gebunden sein, die Entstehung der Quaddel wäre zentral, d. h. nur indirekt durch das giftige Agens bedingt. Die Bedeutung der Hautreaktion in solchen Fällen wäre in ähnlicher Weise wie früher zu erklären: andere Zirkulationsverhältnisse im Hautbereich und damit wahrscheinlich auch am Orte der Primärläsion, was auf das Geschehen dortselbst abfärben wird.

Die zuletzt erwähnte Vorstellung von einer zentralen Innervationsstörung bei Quaddelausbrüchen benötigen wir, um die Ereignisse bei den neurogenen Urticariaformen dem Verständnis irgendwie nahebringen zu können. Hier fehlt, wenigstens so weit als wir dies irgendwie zu erschließen vermögen, ein Giftstoff, der direkte Einwirkung ausüben könnte. Ich erinnere Sie z. B. an Urticariaausbrüche, die mit gewisser Gesetzmäßigkeit auftreten, wenn ein hierzu geeignetes Individuum in bestimmte psychische Erregungen gerät. Hier können wir nur zentral bedingte Reaktionen gegeben haben, wobei es dahingestellt bleibt, aus welcher Quelle der erregende Reiz stammt.

All das Erwähnte zeigt die Kompliziertheit der Vorgänge auf, die Quaddelbildungen zugrunde liegen; so einfach der klinische Effekt ist, so verschlungen ist der Weg, der dazu führt! Daß es zu jener spezifischen Capillarerregung kommt, die für das Auftreten jeder Urticariaefflorescenz Vorbedingung ist, dazu müssen mannigfache Mechanismen ineinander greifen, deren Zusammenspiel so fein abgesteckt ist, daß immer wieder nur ein ganz bestimmter Grad der Leistungsstörung im Haargefäßsystem zur Auslösung gelangt, eine ganz bestimmte Form derselben, die vor allem durch reichliche Abgabe von Blutflüssigkeit ans Gewebe ausgezeichnet ist, wobei die Annahme Jadassohns sehr viel für sich hat, daß nicht nur einmal Serum ausgepreßt wird, sondern daß sich die Flüssigkeit andauernd erneuert, daß mithin im Quaddelbereich eine förmliche Zirkulation stattfindet. Dabei handelt es sich wahrscheinlich um einen Transsudationsvorgang, d. h. die Blutflüssigkeit erfährt beim Durchtritt durch die Capillarwand gewisse Veränderungen, die vielleicht mit Leistungsstörungen im Sekretionsmechanismus der Gefäßendothelien zusammenhängen. Wie die Dinge diesbezüglich auch liegen mögen, jedenfalls steht der Flüssigkeitsaustritt im Vordergrund der Ereignisse und bemerkenswert ist dabei, daß trotz aller Durchlässigkeit der Wand nur verhältnismäßig wenig geformte Elemente ins Gewebe übertreten. Darin liegt eine Eigenart des Prozesses, die zweifellos auf der Spezifität des Reizes und der Eigenart seiner Auswirkung beruht. An und für sich sollte man bei der intensiven Flüssigkeitsabgabe viel reichlicheren Austritt von Blutzellen erwarten — wir werden Erkrankungen kennen lernen, wo bei geringerer Gewebsdurchtränkung eine viel stärkere Zellanschoppung entwickelt ist; daß dieses Ereignis hier ausbleibt, verleiht dem Prozeß eben mit seine Eigenart und stellt ihn als Entzündungsvorgang auf besondere Stufe. Daß es sich dabei aber letzten Endes doch um nichts anderes handelt, können wir auch daraus ermessen, daß neben Quaddeln nicht selten andere Reaktionsereignisse zur Entwicklung gelangen, deren Zugehörigkeit zur Entzündung außer Frage steht — ich meine jene Fälle, wo Urticariaquaddeln mit Erythemflecken vermischt sind, wo wir infolgedessen von urticariellem Erythem zu sprechen pflegen. Diese Gruppe vermittelt uns den Übergang zur Erörterung der

Erytheme

überhaupt und ihrer Stellung in der Entzündungslehre.

Was klinisch mit dem Namen Erythem bezeichnet wird, ist bekannt: entzündlich rote Flecke der Haut, die in der Regel nicht allzu langen Bestand haben, also mehr weniger flüchtige Ereignisse darstellen, und durch Fingerdruck vorübergehend zum Schwinden gebracht werden können. Unter dieser Begriffsbestimmung finden in der Tat all die vielen, so verschiedenartigen Vorkommnisse Platz, die hier in Betracht kommen. Seit jeher ist aber auch noch eine etwas engere Fassung des Begriffs üblich, wenigstens im klinischen Sprachgebrauch: es werden damit Erscheinungsformen bezeichnet, die hinsichtlich Auftretens und Verlaufes einen gewissen Typus erkennen lassen und durchwegs Teilerscheinung einer Allgemeinerkrankung sind. Die toxischen und infektiösen Erytheme repräsentieren diese Gruppe — mit ihnen wollen wir uns im folgenden hauptsächlich beschäftigen.

Zunächst sei daran angeknüpft, daß neben Urticariaquaddeln nicht selten Erythemflecke zur Entwicklung gelangen. Wo wir solches gegeben finden, liegen offenbar Effekte verschiedener Gewebsreaktionen vor; dabei kann es sich nicht so sehr um quantitative Unterschiede handeln etwa in der Art, daß stärkere Schädigung Erythem, schwächere Quaddel provoziert, sondern um qualitative; das muß man daraus erschließen, daß sich der Regel entsprechend Quaddeln ebensowenig in Erythemflecke, wie diese zu Quaddeln verwandeln, was mit einer gewissen Gesetzmäßigkeit in Erscheinung treten müßte, wenn nur Verschiedenheiten in der Reizstärke eine Rolle spielen würden. Quaddel und Erythemfleck sind selbständige Reaktionsprodukte, einander bei- und nicht untergeordnet, der Ausdruck verschiedener Vorgänge im Gewebe bei Vorhandensein ein und derselben Noxe. Nur der Effekt ihrer Wirksamkeit ist ein verschiedener. An dieser Auffassung vermag auch die Tatsache nichts zu ändern, daß gelegentlich doch einmal Quaddel und Erythemfleck ineinander übergehen, zusammenfließen, so daß eine sichere Trennung zwischen ihnen unmöglich wird — übersteigt die Reizhöhe ein gewisses Maß, so werden eben die Grenzen der Leistungsstörung verwischt und damit auch die der klinischen Effekte. Für die Erkenntnis des tatsächlichen Geschehens sind solche Fälle ungeeignet. Auf Grund der erfolgten Auseinandersetzungen müssen wir also der Meinung sein, daß sich eigentlich in jedem Falle von urticariellem Erythem verschiedene, im einzelnen selbständige Reaktionsvorgänge am Integument abspielen und daß wir uns das Nebeneinander verschiedener Efflorescenzen nicht einfach durch Abstufungen der Reizstärke erklären können, sondern daß dies letzten Endes auf spezifischer Grundlage beruht. Der Erythemfleck darf nicht einfach als höheres Entwicklungsstadium im Entzündungsvorgang aufgefaßt werden, gewissermaßen als zweites, wenn die Quaddel erstes wäre — er ist das Produkt von Haus aus anders eingestellter Gewebsvorgänge.

Die Haut bzw. deren Capillarsystem ist eben in der Lage, in mannigfacher Weise auf Reize anzusprechen und immer wieder kommt es hinsichtlich des Effektes mit darauf an, an welche Stelle der Angriff verlegt ist. Bei den engen und verwickelten Beziehungen zwischen Haargefäßen und Nervensystem, im besonderen autonomen System, sind so viele Möglichkeiten für den Angriff und damit Voraussetzungen für voneinander abweichende Reaktionen gegeben, daß uns das Nebeneinander verschiedener klinischer Affekte nicht verwundern kann. Ob einer der hier in Frage kommenden Reize beispielsweise mehr die Eigenschaft besitzt, an den für die Erweiterung der Capillaren maßgebenden Nervenelementen anzugreifen oder an den verengernd wirkenden Fasern, oder ob sich die Schädigung von vornherein an die zum Lymphgefäßsystem gehörigen Nervenbahnen hält — für die Art der Reaktion wird dies von ausschlaggebender Bedeutung sein. Einen gewissen Einblick in diese komplizierten Verhältnisse haben wir ja in den letzten Jahren durch GRÖERS Studien gewonnen. GRÖER ermittelte bekanntlich die Tatsache, daß gewisse Pharmaka, intracutan einverleibt, ganz verschiedene Capillarreaktionen auslösen: Eine Adrenalinquaddel z. B. ist leichenweiß, eine Coffeinquaddel hochrot, die Stichstelle einer Morphinquaddel sondert unmittelbar nach ihrer Anlegung Gewebsflüssigkeit ab als Ausdruck einer besonderen lymphagogen Wirkung des Mittels. Wir haben also hier eine Methode in Händen, die uns über die Empfindlichkeit gewisser, im Papillarkörper der Haut verankerter und mit den Haar- und Lymphgefäßen in innigster Beziehung stehender Nervenendapparate Aufschluß zu geben vermag und in der Tat auch insoweit gibt, als unter bestimmten pathologischen Verhältnissen die Reaktionsphänomene andere werden. So zeigt

z. B. die Haut bei Urticariaeruptionen mit einer gewissen Regelmäßigkeit erhöhte Empfindlichkeit gegen Morphin, d. h. durch dasselbe erzeugte Quaddeln sind betonter, succulenter, bei toxischen Erythemen kann die Coffeinreaktion stürmisch verlaufen — kurz verschiedene Abweichungen von der Norm sind zu beobachten, und sie alle beruhen auf Verschiedenheiten der Angriffsverhältnisse für den in Frage kommenden Reiz. Die Bereitschaft gewisser Zellsysteme ist eine andere, und zwar sind bald diese, bald jene Elemente, die als Angriffspunkt überhaupt in Betracht kommen, labiler; dementsprechend greift die Schädigung primär einmal dort, einmal da an und das Signal für uns wird damit ein verschiedenes. Dabei spiegeln die experimentell erzeugten Effekte offensichtlich die in Wirklichkeit vorhandenen Empfindlichkeitsverhältnisse und deren Folgen wieder und gerade darin liegt ja das für uns Wertvolle! Nur so erhalten wir darüber Aufklärung, welch wichtige Rolle der spezifischen Verankerung einer Schädigung und der entsprechenden Bereitschaft des Angriffspunktes zukommt; allerdings keine erschöpfende, vor allem deshalb, weil die Methode nur über Ereignisse aussagt, die sich auf im Bindegewebe angreifende Insulte beziehen. Nun ist aber bei den Erythemen das Bindegewebe nicht der alleinige Ort, wo die Erstlingsalteration gesetzt wird, auch die Epidermis kommt dafür in Betracht. Alle Erytheme auf primäre Störungen im Cutisbereich zu beziehen, dabei gleichgültig, an welches System die Läsion im Einzelfalle gebunden ist, ob an die Grundsubstanz, an den Gefäßapparat oder an das Nervensystem, würde dem Tatsächlichen nicht entsprechen — für eine Reihe von Fällen ist die Epidermis zweifellos primärer Schädigungsplatz. Und es lassen sich die Erytheme hinsichtlich Pathogenese demnach in zwei Gruppen teilen, in eine, wo wir es eigentlich mit primären Epithelprozessen zu tun haben, und in eine zweite, die der Urticaria nahesteht, insoweit wenigstens, als auch bei ihr der Angriffspunkt der Schädigung im Bindegewebsbereich zu suchen ist. Der klinische Effekt ist beidemal der gleiche, und zwar deshalb, weil die Antwort auf die Schädigung die gleiche ist und die Primäralteration selbst als Phänomen nicht hervortritt, bzw. von den sekundären Ereignissen überdeckt wird. In der Tat stellen also die Erytheme in pathogenetischer Hinsicht ebensowenig wie in ätiologischer eine geschlossene Krankheitsgruppe dar.

Ganz von selbst erheben sich hier zwei Fragen: 1. Welche Anhaltspunkte haben wir für die Auffassung, daß ein Teil der Erytheme auf primärer Epithelschädigung beruht, und 2. auf welchem Wege kommt es in diesen Fällen zur Entzündungsreaktion? Zum ersten Punkt ist folgendes zu sagen: Die anatomische Untersuchung bietet keine Handhabe für diesbezüglich sicheren Entscheid; immer wieder begegnen wir bei den verschiedenen Erythemflecken denselben histologischen Bildern, die, insbesondere was etwaige epitheliale Veränderungen anlangt, so wenig Charakteristisches an sich haben, daß man daraus nichts erschließen kann. Offenbar ist ja dies der Grund, warum sich die Ansicht von der primären Epithelschädigung bei gewissen Formen von Hautröte bis heute nicht allgemeine Anerkennung verschaffen konnte. Nun verfügen wir aber doch über eine Tatsache, die als gewichtige Stütze für die hier vertretene Auffassung gewertet werden muß, nämlich, daß alle Erytheme, die wir auf primäre Epithelschädigungen beziehen, schuppen, während der Gegengruppe dieses Phänomen

ausnahmslos fehlt. Schon JESIONEK trennt in seiner „Biologie der Haut"
die erythematösen Dermatitiden in solche mit und ohne konsekutive Schuppung
und setzt hierbei auseinander, daß gerade der Umstand, daß es Erytheme gibt,
die ihren Ablauf nehmen, ohne daß es dabei zur Schuppung kommt, den Ge-
danken nahelegen müsse, ob nicht dort, wo Schuppung auftritt, dies der Ausdruck einer primären Epithelalteration sei. In der Tat können die Dinge meines
Erachtens nicht anders angesehen werden. Es kann nicht bloßer Zufall sein,
daß die große Gruppe der autotoxischen Erytheme, selbst wenn es sich um noch
so betonte Ausbrüche handelt, niemals schuppt, sich also so verhält wie Urticaria,
während beim Scharlach- und Masernerythem Schuppung zur Regel gehört.
Der Grad der entzündlichen Vorgänge ist dabei in der Hauptsache immer der
gleiche, Hyperämie und Exsudation halten sich in bescheidenen Grenzen —
und doch verschiedener Effekt, was die Epidermis anlangt! Das eine Mal
schwindet der Entzündungszustand ohne irgendwelche Folgen, das andere Mal
schließt sich Schuppung an, und zwar meist nicht sogleich, sondern erst einige
Tage nachdem der Entzündungszustand abgeklungen ist. Besonders vermerkt
müssen hierbei jene Fälle von Scharlach werden, wo es zur Schuppung kommt,
ohne daß Rötung der Haut vorangegangen wäre, jene Fälle, die so
häufig verkannt werden, weil ihnen eben das führende klinische Symptom mangelt.
Hier können wir uns das Zustandekommen der Schuppung gar nicht anders erklären, als daß die Scharlachnoxe die Epidermiszelle selbst getroffen und in
ihrer chemischen Verfassung so beeinflußt hat, daß sie auf abwegige Bahn gerät, d. h. nicht der Norm entsprechend verhornen kann. Dabei handelt es sich
nicht um eine grobe, für uns direkt wahrnehmbare Zellschädigung, sondern
offenbar um Strukturänderungen im kolloidalen Sinne, die aber genügen, um
den regulären Lebensablauf der Zelle zu stören. Wir werden den Insult erst
aus seinen Folgen inne. Ein starker Beweis für die aufgestellte Behauptung von
der primären Epithelschädigung wäre die einwandfreie Ermittlung der Infektiosität des Schuppenmaterials beim Scharlach. Wie könnte das
krankheitserregende Agens in den Hornlamellen sein, wenn es nicht mit ihren
Vorläufern Bindung eingegangen wäre, d. h. auf die Zellen des Rete direkt eingewirkt hätte? Bekanntlich stehen sich hier noch Meinungen gegenüber. Die
alten Ärzte haben an der Kontagiosität des Schuppenmaterials nicht gezweifelt,
ja die Abschuppungsperiode für das puncto Übertragung besonders gefährliche
Stadium des Scharlachs gehalten — die moderne Schule lehnt zum großen Teil
solche Vorstellungen ab, hält die Infektiosität der Schuppen für nicht erwiesen.
Endgültige Klärung ist noch ausständig und damit auch das letzte Wort im
aufgerollten Fragenkomplex.

Bekennt man sich auf Grund der früher angeführten Tatsachen zur Auffassung, daß die Erytheme nach dem Sitze der Erstlingsalteration
in zwei Gruppen zu teilen sind, in solche mit epidermaler und
mesodermaler Primärläsion, so bleibt nun noch die zweite der früher gestellten Fragen zu beantworten: Auf welchem Weg führt die Epithelläsion zur
Entzündung? Antwort darauf: Wahrscheinlich auf reflektorischem.
Die im Läsionsbereich der Epidermis befindlichen sensiblen Nervenverzwei-
gungen werden gereizt, leiten den Reiz weiter und bewirken durch Umschaltung
Erregung der Vasomotoren. Die Dinge liegen offenbar genau so, wie wir sie
später den KREIBICHschen und BLOCHschen Vorstellungen gemäß als für die

Ekzemgenese geltend kennen lernen werden. Daß Schädigungen im Epithelbereich Entzündungsreaktionen auslösen, daß also bei Entzündungsprozessen des Hautorgans der Angriffspunkt des schädigenden Prinzips nicht immer dort sein muß, wo die Gegenwirkungen des Gewebes hervortreten, im Bindegewebe, ist eine Grundtatsache und notwendige Voraussetzung für jede Stellungnahme zum Entzündungsproblem der Haut. Es gestaltet sich dadurch ja besonders schwierig — wollen wir aber das Wesen der hierher gehörigen Prozesse richtig verstehen, so können wir um die Frage nicht herum, an welchem von den zwei Systemen im Einzelfall der Angriff erfolgt ist.

Eine zweite ebenso wichtige Frage, wie die gerade erörterte, bezieht sich auf die Qualität der Noxen. Spezifische, zu den als Angriffspunkt in Betracht kommenden Geweben in ganz bestimmter chemischer Relation stehende Stoffe müssen es offenbar sein, die als Reize wirken, Stoffe, denen aber nur die Fähigkeit einer sehr beschränkten und streng umschriebenen Wirksamkeit innewohnt. Das müssen wir aus der Tatsache erschließen, daß die Gegenwirkung des Gewebes über ein gewisses Maß nicht hinausgeht, daß Quaddel- und Erythemausbrüche beispielsweise niemals zu Gewebszerstörung führen, sondern immer wieder an bestimmter Stelle Halt machen und sich dann zurückbilden. Die Entzündungsreaktion gedeiht nur bis zu einer gewissen Höhe, mehr vermag die Noxe offenbar selbst bei hoher Konzentration und stürmischem Angriff nicht zu bewirken. Darin drückt sich die Spezifität des Vorgangs aus, die auf spezifischen Eigenschaften der Noxe mitberuhen muß. Schließlich lehrt auch die Erfahrung, daß nicht jeder beliebige Reiz solche Erscheinungen hervorzurufen vermag.

Als dritter wichtiger Punkt, der Art des Auftretens und Verlauf jeder Erythemeruption weitgehend beeinflußt, muß die jeweils vorhandene Reaktionsbereitschaft des Gewebes angesehen werden. Sie spielt nach allem eine größere Rolle, als vielfach angenommen wird. Wahrscheinlich können trotz Vorhandensein entsprechender Noxen Äußerungen im Sinne von Erythemen überhaupt nicht hervortreten, wenn sich nicht das Gewebe in geeigneter Verfassung befindet, d. h. in einem Zustande von Überempfindlichkeit. Wir können zum Verständnis der Vorgänge diesen Begriff nicht entbehren und JADASSOHN ist es zu danken, daß er ins rechte Licht gerückt wurde. Es gilt hier in ähnlichem Sinne der Satz, den wir beim Ekzem kennen lernen werden: „Der Reiz ist nichts, die Disposition alles"; damit soll gesagt sein, wenn ein Gewebe idiosynkrasisch ist, sich demnach gegenüber bestimmten Reizen im Zustande erhöhter Empfindlichkeit befindet, so genügen schon kleinste Angriffe — Angriffe, die sich de norma wahrscheinlich häufig ereignen, aber unbeantwortet bleiben —, um Entzündungsreaktionen auszulösen. Es versteht sich dabei von selbst, daß gerade jene Stelle überempfindlich sein muß, die als Angriffspunkt für die jeweils wirksame Noxe überhaupt in Betracht kommt und, da wir, wie früher ausgeführt, bei den Erythemen hinsichtlich des Ortes der Primärläsion mit zwei Möglichkeiten zu rechnen haben, mit einem epidermalen und mesodermalen Sitz derselben, so müssen wir entsprechend den Vorstellungen JADASSOHNS, LEWANDOWSKYS, B. BLOCHS u. a. zwei an verschiedenen Systemen verankerte Formen der Idiosynkrasie unterscheiden, eine epitheliale und eine bindegewebige bzw. vasculäre. Ob dieselbe dabei jeweils auf angeborener oder erworbener Grundlage fußt, ist für die uns hier interessierenden Fragen ohne Bedeutung.

Mannigfache Umstände müssen also in richtiger Weise ineinandergreifen, damit es zu jenem eigenartigen Phänomen kommen kann, das wir Erythem nennen. Eigenartig ist es in der Tat dadurch, daß die Entzündungsvorgänge nur bis zu einer gewissen Höhe gelangen, niemals aber darüber hinaus; immer wieder sehen wir den Ereignissen eine Grenze gesteckt, die nicht überrannt wird. Mag der Grad der entzündlichen Reaktion im Einzelfalle auch noch so verschieden sein — ich erinnere an die Vielheit der Symptome beim Erythema multiforme —, das Prinzip der Reaktionsbeschränkung erscheint stets gewahrt. Das gehört mit zum Wesen der Erytheme und ist mit der Spezifität der für ihr Auftreten maßgebenden Vorgänge so innig verknüpft, daß in Fällen, wo sich die Verhältnisse einmal anders gestalten, wo mit Durchbrechung des eben erwähnten Grundsatzes als Endstadium schwerste Entzündung hervortritt, an der Wesensgleichheit dieser Prozesse mit „echten" Erythemen gezweifelt werden muß. Bekanntlich gibt es solche Vorkommnisse, ich meine jene bei gewissen Vergiftungszuständen des Organismus, die Quecksilber- und Arsen-Erytheme. Wir wollen unserer Besprechung die Verhältnisse beim

<h2 style="text-align:center">Salvarsanerythem</h2>

zugrunde legen. Bekanntlich verlaufen die Ereignisse hierbei nicht immer in derselben Weise. Das eine Mal kommt es sogleich nach Einbringung des Mittels — gelegentlich beginnt die Reaktion schon, während die Nadel noch in der Vene steckt — zu einer akuten Rötung, ja Schwellung der Haut, vor allem des Gesichtes, Allgemeinstörungen, wie Atemnot, Beklemmungsgefühl können hinzutreten — kurz es entwickelt sich das, was angioneurotischer Symptomenkomplex genannt wird. Ein charakteristisches Moment ist seine Flüchtigkeit, sowie das fast gesetzmäßige Auftreten bei hierzu geeigneten Personen, wenn Salvarsan dem Körper zugeführt wird. Die Hauterscheinungen müssen als Erythem gewertet und den sog. Wallungserythemen zugezählt werden. Sie stehen als solche den Affekterythemen nahe und beruhen zweifellos mit auf einer besonderen Erregbarkeit bestimmter nervöser Bahnen. Auf welchem Wege dieselben erregt werden, ob direkt durch das Mittel oder über ein bestimmtes Organsystem (endokrines System?) wissen wir nicht.

Eine zweite Form der Hautrötung nach Salvarsan ist gekennzeichnet durch das Auftreten mehr oder weniger reichlich ausgestreuter, stark juckender Flecke nicht allzu lange, oft schon wenige Stunden post injectionem. Der Zustand kann sich schon an die erste Einspritzung anschließen, wobei die übliche Normaldosis durchaus nicht überschritten sein muß, oder an eine spätere Verabreichung. Ist ersteres der Fall, so bringen wir dies mit dem Vorhandensein einer besonderen Überempfindlichkeit in Beziehung; regelwidrige Aufnahmeverhältnisse für das Mittel bestehen, es wirkt ob der eigenartigen Organbereitschaft als Giftstoff und muß durch Gegenwirkungen des Körpers unschädlich gemacht werden. Die Dinge liegen demnach durchaus so wie bei jedem anderen toxischen Erythem, nichts zu tun haben sie mit jenen beim angioneurotischen Komplex; pathogenetisch und dem Wesen nach handelt es sich offensichtlich um zwei ganz verschiedene Ereignisse. Das läßt sich vor allem daraus erschließen, daß Menschen mit Veranlagung zur angioneurotischen

2*

Reaktion durchaus nicht identisch sind mit denen, die zu Salvarsanerythemen neigen; jedenfalls besteht kein zwangläufiges Verhältnis, im Gegenteil, in der Regel handelt es sich um zwei ganz verschiedene Typen von Menschen; die einen, mit der Neigung zum angioneurotischen Komplex zeigen bei jeder Injektion dieses Symptom — durch rechtzeitige Adrenalingabe läßt sich sein Ausbruch bekanntlich oft verhindern —, vertragen im übrigen das Salvarsan, d. h. sind in der Regel nicht gefährdet von toxischen Erythemen. Kranke hingegen mit hochgradiger Überempfindlichkeit gegen das Mittel im Sinne von Erythembereitschaft zeigen gewöhnlich gar nicht das Bild angioneurotischer Komplikationen, sie vertragen die Injektion zunächst anscheinend ohne Beschwerden, erst eine gewisse Zeit nachher tritt der Ausschlag auf. Also ein ganz anderes Geschehen! Und so sehr es sich beide Male um Hauterscheinungen handelt, die Erythem genannt werden müssen, dem Wesen nach liegen doch weitgehend verschiedene Prozesse vor, und nichts wäre verfehlter, als den einen etwa als höheres Entwicklungsstadium des anderen zu betrachten.

Damit sind aber die Eigentümlichkeiten der Salvarsanerytheme nicht erschöpft, bekanntlich haben wir hinsichtlich des Verlaufes derselben noch mit verschiedenen Punkten zu rechnen. Einmal gibt es Fälle, wo sich das Erythem begrenzt, d. h. nach kürzerem oder längerem Bestand, wobei das gesamte Integument in die Rötung einbezogen sein kann, zur Norm abklingt. Unterschiede im klinischen Bilde resultieren bei dieser Gruppe aus der jeweils gegebenen Entwicklungsstärke des Prozesses, seiner Dauer, und wir können hier zwischen mehr umschriebenen oder diffusen, mehr flüchtigen oder beständigeren Erythemen unterscheiden. Insoweit als sie alle aus dem erythematösen Stadium zur Lösung kommen, stehen sie mit den toxischen Erythemen anderer Provenienz auf einer Stufe. Im Gegensatz zu diesen schuppen sie — ein Punkt, auf den wir später noch zu sprechen kommen werden —, verhalten sich also wie Scharlach, und zwar hält der abnorme Verhornungsvorgang in der Regel längere Zeit nach Abklingen des Erythems an — auch hierin der gleiche Typus wie beim Scarlatinaerythem.

Anders wird die Sache aber in jenen Fällen, wo es bei der erythematösen Reaktion nicht bleibt, sondern wo dieselbe mehr und mehr von stürmischen Entzündungserscheinungen abgelöst wird und schließlich in schwerster Dermatitis endet. Das klinische Bild solcher Ereignisse ist so bekannt, daß ich darauf nicht näher einzugehen brauche. Erwähnen will ich nur, daß als Teilsymptom der Entzündung Blasen und Nekrose der Haut hervortreten können, gelegentlich sogar in sehr ausgedehntem Maße — kurz, daß uns Bilder begegnen, welche die schwersten Stadien oberflächlicher, d. h. sich auf die Cutis propria erstreckender Entzündungsvorgänge darstellen.

Die Tatsache des gelegentlichen Überganges in destruierende Entzündung stempelt die Salvarsanerytheme biologisch — wie früher schon angedeutet — zu einer besonderen, von den gewöhnlichen Erythemen sich deutlich abhebenden Gruppe. Niemals ist im Verlaufe von Erythema multiforme-Fällen, um nur ein Beispiel herauszugreifen, trotzdem hierbei auch Blasenbildungen vorkommen können, ähnliches festzustellen, und gerade der Mangel solcher Ausgänge ist es ja, auf dem der Erythembegriff mitbasiert.

Die Klinik der Salvarsanerytheme sagte uns also zunächst, daß es in der Tat Übergänge zwischen Erythem und Entzündungsvollbild gibt, wenn wir diesen Ausdruck zur Charakterisierung der höchsten Entwicklungsstadien entzündlicher Ereignisse gebrauchen wollen, und bestätigt damit die Richtigkeit der im früheren vertretenen Anschauung, daß die Erytheme schließlich doch nichts anderes sind als Entzündungsreaktionen, wenn auch in mancher Hinsicht etwas abwegig verlaufende. Anderseits liegt aber in der Tatsache der Umwandlungsmöglichkeit dieser Formen in volle Entzündung ein Hinweis, daß die biologischen Grundereignisse in solchen Fällen doch etwas andere sein müssen als bei den gewöhnlichen toxischen Erythemen. Art und Ablauf der Schädigung sind allem Anscheine nach andere, infolgedessen: andersartige, offensichtlich stärkere und nachhaltigere Erregung der vasomotorischen Bahnen mit weitgehender Leistungsstörung des Gefäßapparates, was zwangsläufig zum Auftreten stark betonter exsudativer und infiltrativer Vorgänge führen muß, und schließlich Gewebstod zur Folge haben kann. Zu entscheiden bleibt nun, **welches Zellsystem der Haut wird von der Noxe getroffen, wenn es zu diesem Exzeß kommt?** Offenbar die Epidermis selbst — wir werden im späteren sichere Beweise für diese Annahme kennen lernen; es ist damit zu rechnen, daß beim Salvarsanerythem der Giftstoff nicht so wie bei gewöhnlichen toxischen Erythemen im Cutisbereich angreift, sondern mit der Epithelzelle, an die ihn ja der Säftestrom heranbringt, eine Bindung eingeht. In welcher Form sie erfolgt und zu welchem Ende dies führt, hängt von der jeweils entwickelten Bereitschaft des Angriffspunktes ab, sowie in welchem Ausmaß die Noxe vorhanden ist, bzw. auf den Zellapparat einwirkt. Höchstmöglicher Effekt: Zelltod — wo es dazu kommt, müssen schwerste Entzündungsreaktionen hervortreten. Dem Bindegewebe ist dieser Auffassung gemäß beim ganzen Vorgang nur eine sekundäre Rolle zugewiesen, was sich in seinem Bereich an Veränderungen findet, ist Folgezustand der Primärläsion. Dabei ist das Agens, das die Epidermis schädigt, natürlich auch reichlicher im Bindegewebe vorhanden, es entfaltet nur hier nicht die Eigenschaften einer Noxe — das Spezifitätsprinzip gelangt so eindeutig zum Ausdruck!

Der verschiedene Ablauf der Salvarsanerytheme wäre also in dem verschiedenen Verhalten der Epidermis dem Giftstoff gegenüber begründet. Wird ihr viel Toxin angeboten, mehr als sie trotz an und für sich normaler Einstellung zu binden und verarbeiten in der Lage ist, so muß es zu Ausfallserscheinungen mit Entzündungsreaktion kommen. So liegen die Dinge wohl bei der **echten Salvarsanintoxikation mit Dermatitis.** Die meisten Menschen sind bei entsprechend hohen Dosen des Mittels diesem Schicksal verfallen — nur verhältnismäßig wenige besitzen eine derart veranlagte Oberhaut, daß der Insult unbeantwortet bleibt. Aber es ist allem Anscheine nach mit einer solchen, wenn auch kleinen Gruppe zu rechnen.

Befindet sich das Rete Malpighi dem Giftstoff gegenüber aber, entweder von der Anlage her oder auf Grund erworbener Eigenschaften, **im Zustand besonderer Empfindlichkeit,** ist es im hohen Maße reaktionsbereit, so genügen schon geringe Mengen des Mittels, um Erscheinungen auszulösen, Mengen, die unter normalen Verhältnissen keinerlei Schaden anzurichten imstande sind, d. h. von der Haut glatt verarbeitet werden; — und damit muß ja wohl gerechnet werden, daß die Epidermis jedesmal, wenn dem Körper

Salvarsan einverleibt wird, hiervon angeboten erhält und sich an dem Um- und Abbau desselben beteiligt. Bei den innigen Beziehungen zwischen Epithellymphe und Säftestrom kann dies nicht anders sein. Wir werden es nur so lange nicht inne, als der Vorgang reibungslos abläuft und dies ist so lange der Fall, als Angebot der Giftsubstanz und Empfindlichkeit bzw. Leistungsvermögen der als Abbauplatz in Betracht kommenden Stelle in geeignetem Verhältnis zueinander stehen. Tritt hierin eine Störung ein, so wird uns dies durch Entzündungserscheinungen wahrnehmbar, die je nach dem Maße der Störung in verschiedener Stärke zur Entwicklung gelangen. Und diese Störung kann nun einmal zur Gänze auf Epithelüberempfindlichkeit fußen — so verhalten sich die Dinge bei jenem Zustand, den wir Salvarsanidiosynkrasie nennen. Hier provozieren schon kleinste Dosen des Mittels Entzündung! Die Epidermis ist offensichtlich unfähig, auch nur geringe Mengen des angebotenen Giftstoffes der Norm entsprechend aufzunehmen — celluläre Leistungsinsuffizienz und Überempfindlichkeit gehen hier Hand in Hand. Von diesen hohen Graden der Reaktionsbereitschaft des MALPIGHIschen Zellsystems, die gewissermaßen als Ersatz für seine gestörte Leistungsfähigkeit anzusehen ist, gibt es offensichtlich alle Abstufungen und Übergänge bis zur Unempfindlichkeit, die aber, wo sie besteht, durchaus nicht mit Leistungsinsuffizienz gepaart sein muß. Aus dem verschiedenen Zusammenspiel der beiden Faktoren: Masse des vorhandenen Giftstoffes und Leistungsfähigkeit bzw. Schädigungsbereitschaft des zu seiner Paralysierung bestimmten Zellsystemes, ergibt sich die große Reihe der Erscheinungsformen, die uns hier begegnet.

Betrachtungen über die Pathogenese der Salvarsanerytheme sind, wie aus dem Gesagten hervorgeht, besonders geeignet, unsere Vorstellungen über die Grundlagen entzündlicher Gewebsreaktionen im allgemeinen zu fördern und zu erweitern. Kaum an einem zweiten Objekt läßt sich so gut erkennen, wie bedeutungsvoll für den Effekt entzündlicher Reaktionen Angriffspunkt und Bereitschaft des Gewebes sind.

In pathogenetischer Hinsicht liegt also der Unterschied zwischen Salvarsan- und gewöhnlichen, sagen wir autotoxischen Erythemen, vor allem im Sitze der Primärläsion. Bei letzteren greift die Noxe in den obersten Cutisschichten, wo sich das Capillarorgan eingelagert findet, an, und weil dort die Stelle der Erstlingsalteration ist, verläuft der Prozeß in der so eigenartigen Form und gerät nie aus der Bahn im Sinne des Entzündungsvollbildes. Bei allen auf solcher Grundlage fußenden Eruptionen tritt immer wieder der flüchtige Charakter der Hautrötung hervor, und vor allem auch der Mangel anschließender Schuppenbildung — wir haben diesen Umstand ja schon früher einmal erwähnt und hierbei den Grund für das Ausbleiben dieses Phänomens trotz der oft recht nennenswerten Imbibitionsvorgänge im Bereich des Papillarkörpers, was auf den biologischen Zustand der Epidermiszellen abfärben muß, als darin gelegen bezeichnet, daß die Oberhaut eben vom Grundprozeß nicht genügend betroffen wird. In gewisse Beziehung dazu wird sie ja treten; ein Toxin, das mit der Blutwelle in den Papillarkörper kommt und dort abgesetzt wird, muß zwangsläufig auch in die Epithellymphe übergehen und an die MALPIGHIschen Zellen herankommen; daß es dort keinerlei Reaktion auslöst, kann nur auf ihre Eigenart bezogen werden. Und darin scheint eben der wesentliche Punkt zu liegen: Bei der Überzahl aller jener Erscheinungen, die wir

Erytheme nennen, handelt es sich pathogenetisch um Reaktionen auf Schädigungen, die im Bindegewebsbereich primär sitzen, die Epidermis spielt dabei eine mehr nebensächliche Rolle. Die als Reize in Betracht kommenden Noxen besitzen offenbar keine besondere Affinität zur Epithelzelle, daher bleiben Alterationen derselben in der Regel aus. Beim Salvarsanerythem liegen nun die Dinge anders, hier begegnen wir Verhältnissen ähnlich denen beim Scharlach: die Epidermis ist der Angriffspunkt für das schädigende Prinzip und alles, was wir an Erscheinungen gegeben finden, hängt vom Grade ihrer Läsion ab. Ist die Schädigung verhältnismäßig gering, so ist auch das Erythem gering, und eine nur mäßige Abschuppung schließt sich an, allerdings eine, die oft längere Zeit bestehen bleibt. Die Rückkehr der Zellen zur normalen Funktion scheint nach dem Insult nicht ganz leicht zu sein.

Stärkere Läsion der Epidermis hat stärkere Entzündungserscheinungen im Gefolge, Nässen der Haut von demselben Typus wie bei jeder anderen Dermatitis tritt in Erscheinung, reichliche, lang dauernde Abschuppung ist die regelmäßige Folge. Bemerkt soll dazu sein, daß in den Schuppen solcher Fälle Arsen nachgewiesen wurde (OPPENHEIM), ein Beweis dafür, daß die Noxe tatsächlich in die Oberhaut eindringt. Höchstgradige Epithelschädigung endlich bewirkt Gewebstod; Blasen und Nekrosen entwickeln sich unter solchen Bedingungen und oft in großer Zahl. Auch hier beschließt den Prozeß, wenn es überhaupt zur Lyse kommt, lang dauernde Abschuppung.

Den erfolgten Auseinandersetzungen gemäß tritt also das Salvarsanerythem deshalb gelegentlich aus der Reihe der übrigen Erythemformen heraus, weil die Epithelläsion so hohe Werte erreichen kann, daß die gewöhnlichen Abwehrmaßnahmen zu ihrem Ausgleich nicht mehr genügen. In der Tat haben wir im selben Augenblick, wo diese Phase erreicht wird, einen biologisch andersartigen Prozeß vor uns, die Periode der erythematösen Reaktion ist abgelaufen, jene der dermatitischen beginnt. Das Salvarsanerythem vermittelt uns so den Übergang von den Erythemen zur „echten", durch primäre Epithelalteration ausgelösten Entzündung der Haut und damit zum Ekzem. In Übereinstimmung mit B. BLOCH muß man der Meinung sein, daß die hier in Rede stehenden Fälle von Salvarsandermatitis tatsächlich gewissen, auf hämatogenem Wege verursachten Ekzemen der Haut nahestehen. Ich sage ausdrücklich: nahestehen, denn wir werden später hören, daß doch gewisse Trennungspunkte vorliegen. Der Entzündungsvorgang beim Salvarsanerythem wäre demnach in ähnlicher Weise als reflektorischer anzusehen, wie wir es beim Ekzem kennen lernen werden.

Nach diesen allgemein-biologischen Betrachtungen wollen wir uns nun der Histologie der Erytheme zuwenden. Was uns hier begegnet, ist nach Art und Stadium des Einzelfalles verschieden — mannigfache Bilder müssen von vornherein erwartet werden. Jedem Wechsel im Aussehen eines Fleckes entspricht natürlich eine gewisse Änderung des anatomischen Zustandes — histologisch findet dies allerdings nur in geringgradigen Verschiebungen des strukturellen Bildes seinen Ausdruck. Die einfachsten Verhältnisse trifft man, wie selbstverständlich, bei den flüchtigen Erythemen und bei an und für sich beständigeren in jenem Stadium, wo der Prozeß über die Phase der aktiven arteriellen Hyperämie noch nicht hinausgekommen ist. Als Beispiel hierfür will ich Ihnen die Schnitte von einem wenige Stunden alten Erythemfleck nach

Salvarsan- (Abb. 3) und einer ganz frischen Erythema toxicum-Efflorescenz vorweisen (Abb. 4). Was sich in den beiden Präparaten auffinden läßt, ist wenig prägnant. In den obersten Abschnitten der Cutis erscheint der Capillarzustand verändert, einzelne der im Schnitt getroffenen Gefäßchen sind ein wenig

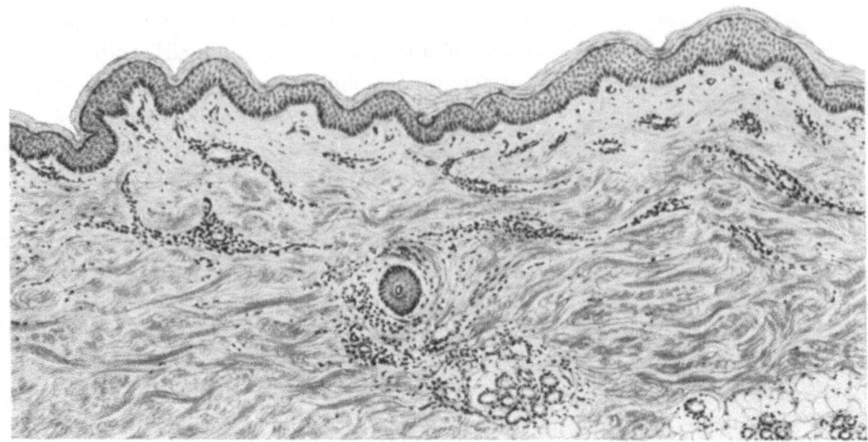

Abb. 3. Salvarsan-Erythem, wenige Stunden alt. Übersichtsbild. Vergrößerung 42.
Capillarerweiterung im Bereich des Papillarkörpers. Geringgradiger Zellaustritt.

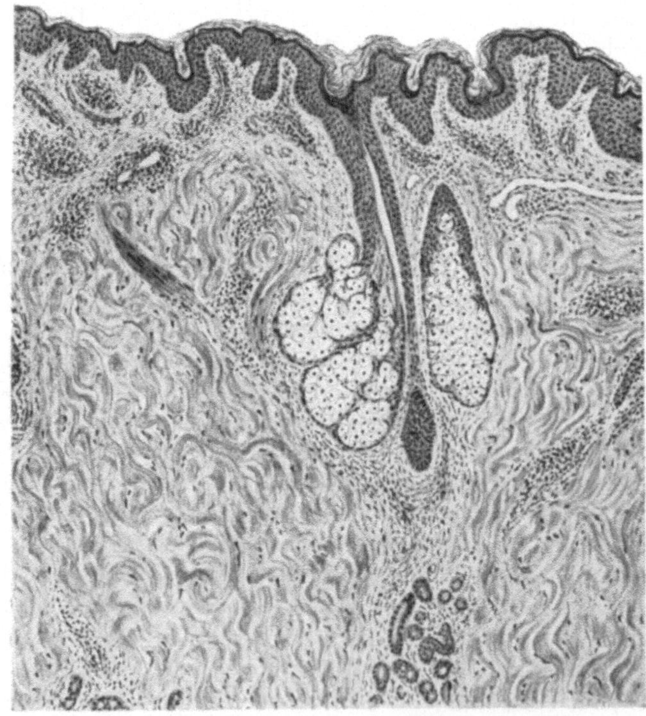

Abb. 4. Schnitt durch eine frische Erythema toxicum-Efflorescenz. Vergrößerung 42
Entzündungsreaktion geringen Grades im Papillarkörper. Capillarerweiterung.

crweitert und mehr gefüllt als normal; — dort und da liegen Rundzellen in ihrer Umgebung, nirgends aber zu breiteren Mänteln angeordnet. Irgendein nennens-

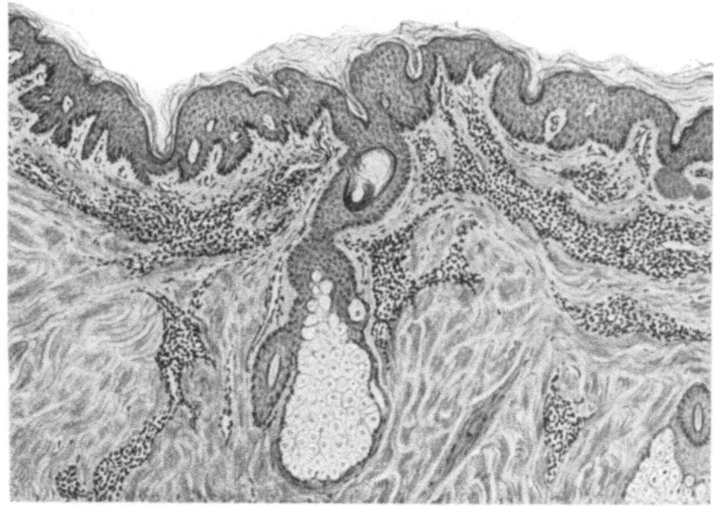

Abb. 5. Erythema toxicum-Fleck, 2 Tage alt. Vergrößerung 42.
Entzündungsreaktion, etwas stärker betont als im früheren Fall.

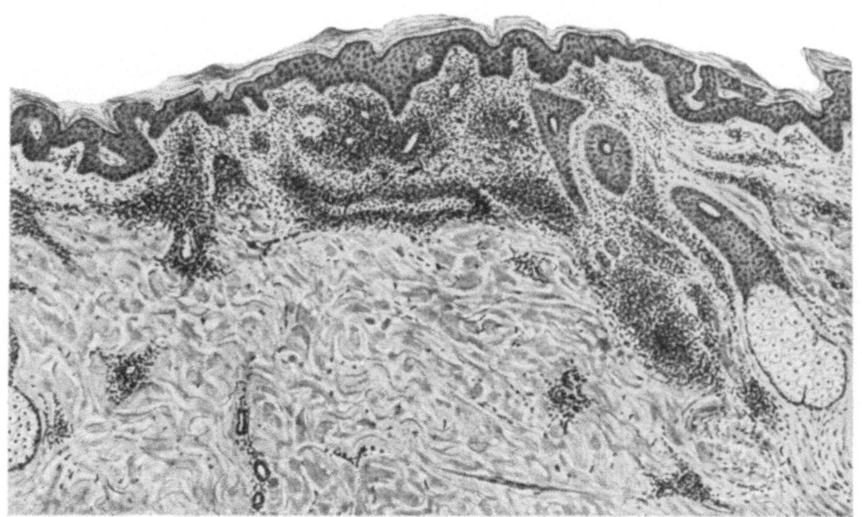

Abb. 6. Schnitt durch ein papulöses Erythem. Vergrößerung 42.
Entzündungszustand noch stärker entwickelt als in den früheren Fällen. Hier sind beträchtliche perivasculäre Zellanhäufungen ausgebildet. Epidermis normal.

werter Unterschied im anatomischen Bild beider Fälle besteht nicht. Gegenüber den früher demonstrierten Schnitten von Urticaria fehlt das Ödem.

Etwas greifbarer werden die Veränderungen, wenn im Ablauf eines Erythems die Phase der Stauungshyperämie erreicht ist. Damit es überhaupt dazu kommt, darf der Prozeß nicht allzu flüchtig sein; je nach seiner Eigenart tritt das passive Erythem rascher oder langsamer in Erscheinung und entwickelt sich zu verschiedener Höhe. Angezeigt wird klinisch der Übergang hierzu, wie bekannt, durch Änderung des Farbentons der Haut: Der Fleck nimmt jetzt

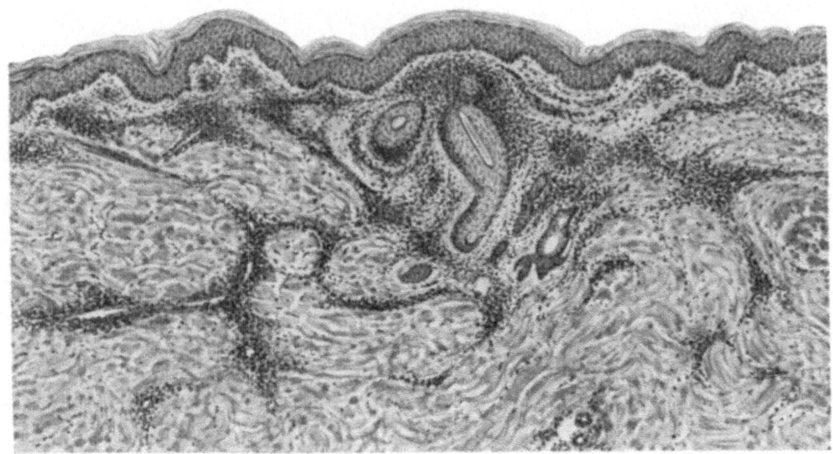

Abb. 7.   Salvarsan-Erythem höheren Grades.   Vergrößerung 42.
Entzündungszustand wesentlich vorgeschritten gegenüber Fall 3.

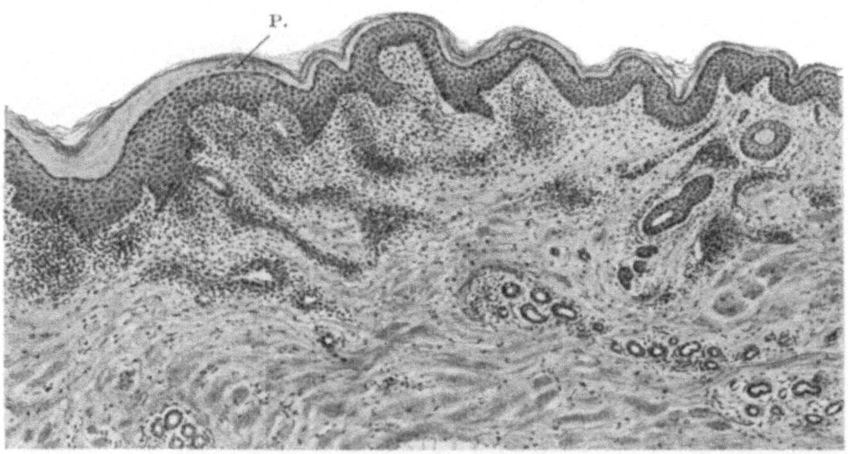

Abb. 8.   Salvarsan-Erythem in Übergang zu Dermatitis.   Vergrößerung 42.
Starke Zellanhäufung im Papillarkörper, Einbruch von Rundzellen in die Epidermis.
Bei P. Parakeratose.

mehr düsterroten Ausdruck an.   Histologisch treten die Erscheinungen der Blutstase deutlicher hervor, vor allem natürlich wieder im Bereiche der letzten Gefäßverzweigungen.   Auch größere Venenstämmchen zeigen stärkere Erweiterung und Füllung ihres Lumens.   Das Präparat, an dem Sie diese Verhältnisse erkennen sollen, stammt von einem zwei Tage alten Erythema toxicum-Fleck (Abb. 5).   Vor allem ist hier die Ansammlung der Rundzellen

bedeutender, dort und da sind schon mächtigere Zellmäntel um die Gefäße
entwickelt. Im Bereiche der Epidermis normale Verhältnisse.

Noch betonter sind die Veränderungen in dem folgenden Schnitt (Abb. 6),
der von einer Erythema papulosum-Efflorescenz gewonnen ist. Entsprechend dem umschriebenen Knoten ist das Gewebe von beträchtlichen Zelleinlagerungen durchsetzt, die, hauptsächlich aus Lymphocyten bestehend, zum
Teil in breiten Bändern um die Gefäße gruppiert erscheinen, zum Teil aber auch
schon abseits von ihnen gelagert sind. Die Capillaren zeigen Erweiterung und

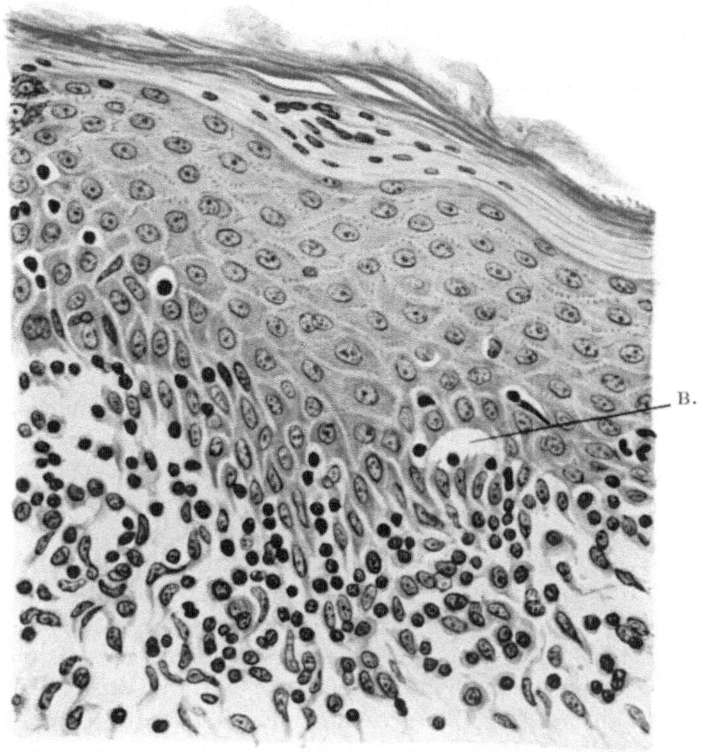

Abb. 9. Stelle aus dem früheren Präparat. Hämalaun-Eosin-Färbung
Vergrößerung 260.
Rundzellenansammlung knapp unter der Epidermis, Lymphocyten in der Oberhaut.
Spongiosa, bei B. Beginn von Bläschenbildung. Umschriebene Parakeratose.

stellenweise starke Füllung. Die Epidermis befindet sich auch hier in normalem
Zustand.

Die nächsten zwei Schnitte (Abb. 7 u. 8) stammen von Salvarsanerythemen; der zweite von einem Fall in Übergang zur Dermatitis. Im ersten
Schnitt kein Unterschied gegenüber den gerade früher festgestellten Erscheinungen, der zweite soll vor allem auch über die Mitbeteiligung der Epidermis
in dieser Entwicklungsphase des Prozesses Aufschluß geben. Stärkere Vergrößerung läßt erkennen, um was es sich handelt (Abb. 9). Bisher haben wir
die Oberhaut durchwegs frei von Läsionen gefunden, einzig und allein der

Papillarkörper und die unmittelbar daran angrenzenden Schichten des Stratum reticulare waren Sitz desselben. Hier finden sich nun auch noch Veränderungen in der Epidermis, allerdings solche geringen Grades. In der Hauptsache handelt es sich um eine Durchfeuchtung der Oberhaut, um ein Ödem derselben — es liegen die Anfänge jenes Zustandes vor, den UNNA Status spongiosus genannt hat. Wir werden später noch darauf zu sprechen kommen, worin das Wesen desselben gelegen ist; hier sei nur soviel festgestellt, daß neben der Erweiterung der Zwischenzellspalten auch eine gewisse Schwellung der Zellen selbst gegeben erscheint; überall aber ist der Kontakt zwischen ihnen aufrecht. Neben der ödematösen Durchtränkung des Epithels findet sich auch das Phänomen der Rundzelleneinwanderung, allerdings im mäßigen Grade; nur dort und da liegen in den erweiterten Zwischenzellräumen einzelne Leukocyten. Die Epithelverhornung zeigt stellenweise Ansätze zur Parakeratose.

Im ganzen ist, wie früher schon gesagt, die Epithelläsion unbedeutend und vor allem in keiner Weise etwa spezifisch für den vorliegenden Krankheitsfall. Ganz denselben Bildern kann man bei allen möglichen oberflächlichen Entzündungsvorgängen der Haut begegnen, wir werden beim Ekzem ähnliches kennen lernen.

Die Veränderungen lassen auch keine Entscheidung darüber zu, ob die Epithelläsion tatsächlich selbständigen Charakter besitzt, oder etwa doch nur Folge der Ereignisse im Bindegewebe ist. Schließlich stößt man bei verschiedenen Entzündungsprozessen auf ödematöse Zustände der Epidermis von der Art wie hier, die zweifellos nur sekundäre Erscheinungen sind. Daß beim Salvarsanerythem die Epidermis selbständig getroffen wird und daß wir deshalb auch geringe Veränderungen wie im vorliegenden Fall nicht einfach als Folge der im Bindegewebe etablierten Entzündung, also etwas Sekundäres ansehen dürfen, beweisen die Fälle höherer Entwicklungsstadien des Prozesses — ich meine jene, im ganzen ja nicht zu häufigen, früher schon erwähnten Blasen- und Pustelbildungen mit anschließender Nekrose der Haut. Hier läßt sich an der Selbständigkeit der Epithelläsion nicht zweifeln, wir kennen keinen Zustand der Art, wie er sich hier findet, als einfache Folge exsudativer Vorgänge, die vom Bindegewebe auf die Epidermis übergreifen.

Bevor wir aber auf die Besprechung dieser Verhältnisse eingehen, sollen noch ein paar Fälle einfachster Entzündungsreaktionen erörtert werden. Zunächst

Masern und Scharlach

— sie schließen sich hinsichtlich Gewebsläsion den früher demonstrierten Präparaten von Erythemen unmittelbar an. Auch hier spielt sich das pathologische Geschehen, wenigstens das für uns sichtbare, im obersten Cutisbereich ab. Im Schnitt durch einen Morbillenfleck (Abb. 10) ist ausschließlich der Papillarkörper Sitz der Läsion, akut entzündliche Erscheinungen geringsten Grades stellen das Wesen derselben dar. Irgendwelche spezifische Note trägt die Alteration nicht. Im Bereiche der Oberhaut mikroskopisch normale Verhältnisse.

Das Scharlachexanthem (Abb. 11) zeigt in gleicher Weise geringgradigen Entzündungszustand. Auch bei ihm ist nur der oberste Cutisanteil hiervon betroffen, allerdings in etwas anderer Form wie bei den Morbillen. Hier fehlt vor allem die Ansammlung von kleinen Rundzellen, von Lymphocyten im Umkreise der Capillaren. Dort und da sind ja einzelne Exemplare aufzufinden, aber mantelartige Umhüllungen der Gefäße fehlen. Dafür ist ihr Endothel gewuchert

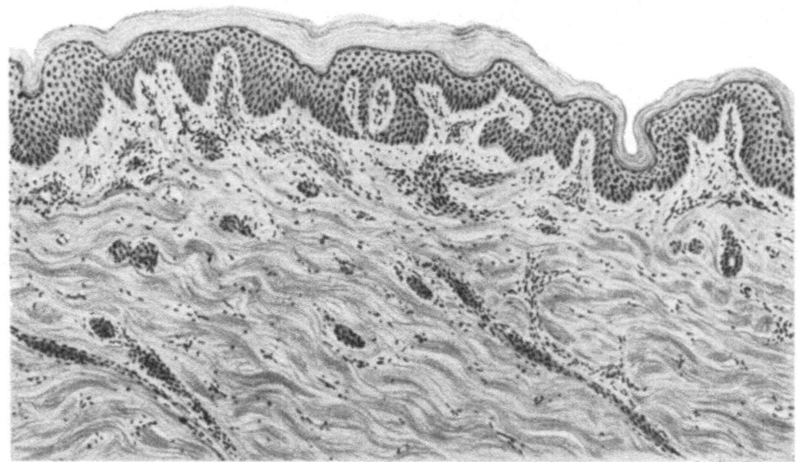

Abb. 10. Schnitt durch einen Morbillenfleck. Vergrößerung 85.
Entzündliche Erscheinungen mäßigen Grades im Papillarkörper. Bild übereinstimmend
mit dem anderen Erythem.

und stellenweise verquollen. Das bewirkt, daß die Capillaren im Schnitt sehr prägnant hervortreten; besonders ist dies dort der Fall, wo auch noch Erwei-

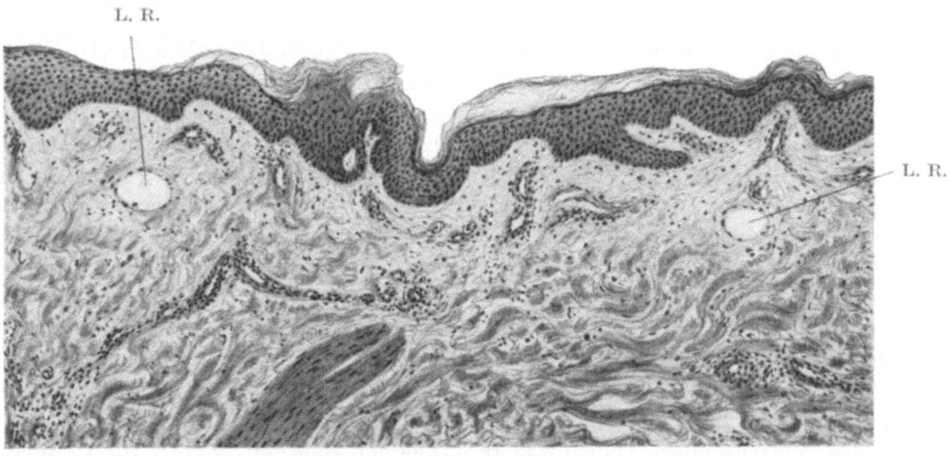

Abb. 11. Scharlach-Exanthem (Jugend-Stadium). Vergrößerung 85.
Capillarerweiterung, bei L. R. dilatierte Lymphgefäße.

terung ihres Lumens besteht. Und dies findet sich sehr häufig, immer wieder stößt man auf solche Stellen, und zwar, was besonders vermerkt zu werden verdient, nicht nur auf dilatierte Blutcapillaren, sondern auch beträchtlich erweiterte Lymphräume. Im vorliegenden Präparat ist dies deutlich zu erkennen. Die Erweiterung der Lymphgefäße gehört, wie insbesondere HLAVA festgestellt hat, mit zum Wesen des scarlatinösen Prozesses, wenigstens in seinem Anfangsstadium. Bei älteren Exanthemen scheint das Phänomen mehr in den Hintergrund zu treten, hier zeigt das histologische Bild Hyperämie und um die Gefäße oft recht beträchtliche Zellanschoppung.

Die Epidermis verrät im vorliegenden Falle kaum Abweichungen von der Norm, lediglich an ein paar Punkten finden sich verquollene Retezellen. Nicht immer muß die Oberhautläsion so geringgradig sein, bei längerem Bestande des Scharlachs kommt es gelegentlich zu beträchtlichem Ödem im Stratum spinosum, ja zur Verflüssigung einzelner Zellen. Ob diese degenerativen Erscheinungen im Bereiche des MALPIGHIschen Zellsystemes primärer Natur sind oder doch nur Folge der Vorgänge im Bindegewebe, kann dermalen nicht sicher entschieden werden. Mein Standpunkt in der Frage ergibt sich aus früher Gesagtem: Ich beziehe die Abschuppung beim Scharlach auf spezifische Alterationen der Oberhaut, wahrscheinlich ausgelöst durch ein Virus. Bekanntlich sind ja wiederholt Erreger in der Epidermis beschrieben worden, ich erinnere an das von MALLORY beschriebene Cyclosterion, sowie an das Chlamydozoon scarlatinae von PROWACZEK und GAMALEIA. BERNHARDT und CANTACUCÈNE nahmen ein filtrierbares Virus an — kurz verschiedene Gebilde wurden als auslösendes Agens angesprochen, eindeutige Beweise für das Zutreffende dieser Behauptungen stehen aber noch aus, allerdings auch dafür, daß Streptokokken die **Erreger** der Erkrankung und nicht nur Begleitmikroben sind, die lediglich beim Entstehen der verschiedenen schweren **Komplikationen** des Scharlachs eine Rolle spielen.

Als nächstes Präparat weise ich einen Schnitt durch eine

Typhusroseola

vor. Auch sie zählt im vollen Sinne des Wortes zu den Erythemen: Die Flecke sind durch Fingerdruck vorübergehend zu beseitigen und vor allem wenig beständig. Bekanntlich halten sie sich kaum viel länger als 24 Stunden, nur deshalb, weil oft durch mehrere Tage hindurch Roseolen nachgeschoben werden, erweckt das Exanthem den Eindruck größerer Persistenz. Bei Kindern sind vesiculöse und vesico-pustulöse Ausschläge beschrieben worden. Schuppung findet sich selbst im Anschluß an sehr mächtige Exantheme nie. Schmutzig gelbe Verfärbungen der Haut können dort, wo Flecke gesessen sind, durch mehrere Tage bestehen.

Die histologischen Veränderungen der Roseola (Abb. 12) sind ungemein einfach, hauptsächlich ist das Stratum papillare von Entzündungserscheinungen betroffen, und zwar dem Charakter nach ganz ähnlichen, wie wir sie früher kennen gelernt haben. Kleine Rundzellen erfüllen das Gewebe an umschriebenen Stellen, perivasculäre Anordnung tritt vielfach deutlich hervor, die Capillaren selbst zeigen keine greifbaren pathologischen Veränderungen, trotzdem sie offenbar die Stelle der Primäralteration sind. Das Zustandekommen der Roseola hängt ja, wie bekannt, mit dem Eindringen von Bacillen in die Blutbahn zusammen. Bacillenembolien finden sich in den äußersten Verzweigungen des Capillarsystems der Haut, wie E. FRAENKEL zuerst nachgewiesen hat. Die Entzündungsreaktion ist demnach hier direkte Antwort auf den bacillären Insult, die Dinge liegen damit ganz so wie bei gewissen septischen Exanthemen, wo sich auch um den Streptokokkenembolus Entzündung etabliert, in der Regel

nur viel ausgedehnter und stürmischer wie hier. Die immer wieder nur geringgradige entzündliche Beantwortung der Bacilleninvasion verleiht der Typhusroseola ihre Eigenart und zugleich besondere Stellung im Rahmen der durch

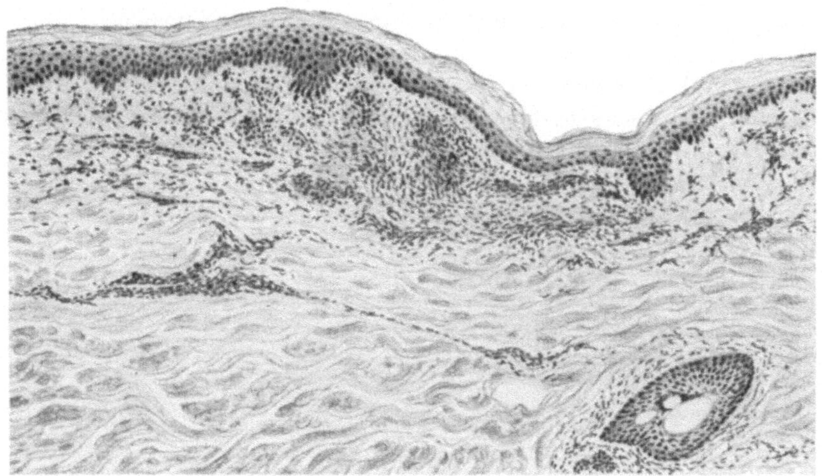

Abb. 12. Schnitt durch eine Typhusroseola. Vergrößerung 110.
Pericapilläre Zellanhäufungen im ganzen mäßigen Grades.

hämatogene Verschleppung von Infektionskeimen hervorgerufenen Haut-
ausschläge.

Auf ganz anderer anatomischer Grundlage als die Typhusroseola fußt die
Macula beim Fleckfieber, beim

Typhus exanthematicus.

Ich will sie hier, trotzdem sie den Erythemen strenge genommen nicht zugezählt werden kann, der Besprechung unterziehen, um einerseits den Unterschied gegen die früher erörterten Fälle aufzuzeigen, und anderseits ein Beispiel vorzuführen, das beweist, wie selbst bei noch so wesensverschiedenen Prozessen Hautreaktionen zustande kommen, die in ihrer klinischen Auswirkung
doch weitgehende Ähnlichkeit besitzen. Auch das Exanthem beim Fleckfieber
ist bekanntlich ein maculöses — papulöse Formen, wie ich sie in Gemeinschaft
mit G. MORAWITZ beschrieben habe, scheinen größte Seltenheit zu sein —, nur
viel beständiger als das beim Abdominaltyphus. Die Roseolen können eine
Woche und länger erhalten bleiben, im Durchschnitt setzt ihre Rückbildung
nach 6—10 Tagen ein. Es fehlt also schon ein Hauptpunkt, um von Erythem
sprechen zu können: die Flüchtigkeit des Exanthems; dazu kommt noch, daß
die Efflorescenzen durch Fingerdruck nicht völlig zum Schwinden zu bringen
sind. Eine Besonderheit der Roseolen liegt in ihrer petechialen Umwandlung. Immer wieder wird sie als charakteristisch für das Fleckfieberexanthem
beschrieben, und in der Tat gehört sie zum gewöhnlichen Ereignis; allein auch
beim Abdominaltyphus können gelegentlich kleine Blutungen innerhalb der
Roseolen entstehen — ein absolut spezifisches Phänomen für Fleckfieber ist sie
demnach nicht. In Fällen, wo alle Maculae gleichmäßig davon betroffen sind,

zeigt das Exanthem in der Tat besonderes Gepräge. Die Blutungen sind durchwegs zart, meist punktförmig und stets im Zentrum der Flecke gelegen. Der Zeitpunkt ihres Auftretens ist nicht immer der gleiche, stets aber müssen die Flecke ein paar Tage alt sein, bis es zur Blutung kommt. Das Auftreten der Hämorrhagien zählt demnach nicht zu den Erstlingsereignissen.

Ich habe diese klinischen Einzelheiten erwähnt, weil sie mit Voraussetzung zum richtigen Verständnis der anatomischen Veränderungen der Fleckfieberroseola sind; anderseits besteht gerade hier die Möglichkeit, exanthematische Ereignisse vom Standpunkte der Gewebsläsion aus gut zu beurteilen.

Das Wesentliche der anatomischen Veränderungen im Bereiche einer Fleckfiebermacula liegt, wie E. FRÄNKEL zuerst nachgewiesen hat, in eigentümlichen

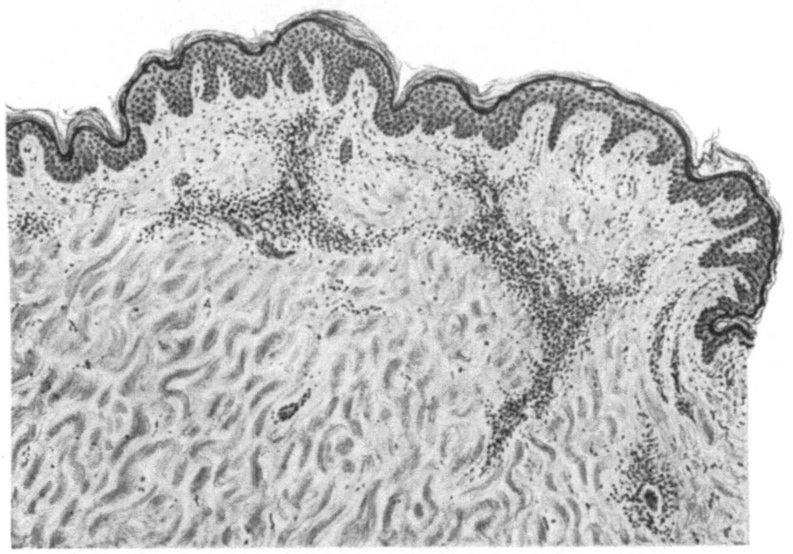

Abb. 13. Flecktyphus-Roseola. Übersichtsbild. Vergrößerung 42.
Die entzündlichen Veränderungen gruppieren sich nicht um die letzten Gefäßverzweigungen
im Papillarkörper.

Wandschädigungen der kleinen Hautarterien und in ungewöhnlichen Zellanhäufungen um die lädierten Gefäßästchen. Der Prozeß spielt sich, wie Sie aus dem ersten der vorgewiesenen Schnitte (Abb. 13) entnehmen können, nicht im obersten Papillarkörperanteile ab, sondern hauptsächlich an der Grenze zwischen Stratum papillare und reticulare. Also nicht die letzten Capillarverzweigungen sind Sitz der Schädigung, sondern die Gefäße im Bereiche des subpapillären Rete und hier auch nicht alle, sondern nur einzelne Stämmchen! Das Infiltrat erscheint im Übersichtsbild durch innige Beziehung zum Gefäßapparat ausgezeichnet und durch eine gewisse herdweise Anordnung. Die Cutis ist nicht diffus mit Entzündungselementen überschwemmt, ausschließlich entlang dem Verlauf der Capillaren sind Infiltrate entwickelt, und dabei offenbar dort und da Verzweigungen derselben verschont. Nur so kann die fleckweise Anordnung der Zellhaufen zustande kommen.

Betrachtung der Herde mit stärkerer Vergrößerung gibt Aufschluß über

Einzelheiten der Gewebsläsion, zunächst über die Art der Gefäßwandschädigung. Diesbezüglich finden sich von einfacher Endothelabstoßung alle Übergänge bis zur Nekrose der Capillarwand. Dabei ist durchaus nicht das ganze Gefäßrohr gleichmäßig betroffen, im Gegenteil es gehört, wie FRÄNKEL besonders betont hat, sein nur abschnittweises Befallensein zur Regel; meist stoßen an schwer lädierte Stellen normale oder nur wenig veränderte Gefäßpartien — kurz die herdweise Entwicklung der vasculären Schädigung ist ein wesentlicher Punkt im histologischen Bild. Als höchster Grad der Läsion findet sich, wie schon erwähnt, Nekrose der Gefäßwand, förmliche Lücken in ihrer Kontinuität werden gesetzt, und damit alle Bedingungen zur Blutung ins Gewebe. Hand in Hand mit der Gefäßwandschädigung geht die Bildung von Thromben, und zwar handelt es sich um fein granulierte oder hyaline

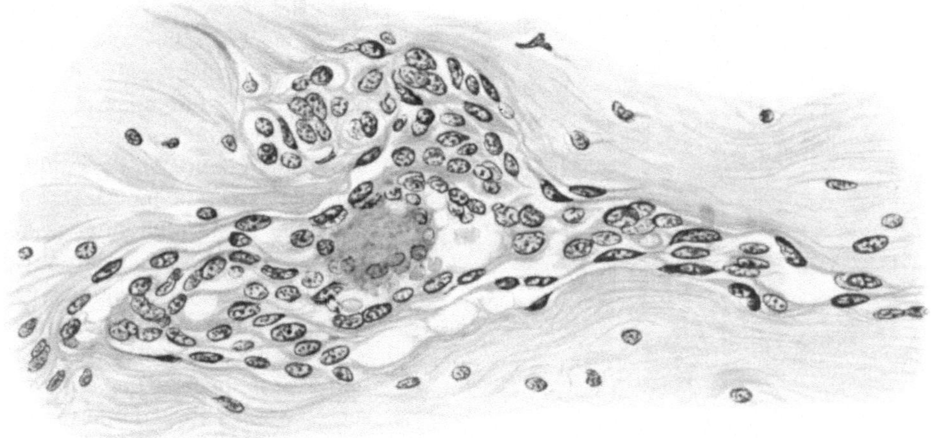

Abb. 14. Flecktyphus-Roseola. Gefäßschädigung. Hämalaun-Eosin-Färbung. Vergrößerung 500.
Erweiterte Capillaren mit Thrombus. Gefäßwandläsion, Verquellung der Haut. Perivasculäre Zellanhäufung von umschriebenem, herdförmigem Charakter.

Thromben, in die gelegentlich abgestoßene degenerierte Endothelien eingebettet sind. Abb. 14 zeigt eine erweiterte Capillare mit fein granuliertem Thrombus. Die Thrombenbildung gehört mit zu den typischen Erscheinungen im anatomischen Bild der Fleckfieberroseola.

Was nun die Zellanhäufungen betrifft, so geht ihre Eigenart aus Präparat 14 und 15 hervor. Abb. 14 lehrt, daß die Infiltration durchaus nicht immer entlang eines Gefäßes gleichmäßig entwickelt sein muß; vielfach kommt es nur an einer Stelle dazu, knötchenförmige bis spindelige Zellhaufen sitzen der Gefäßwand knospenartig auf. Der Ort ihrer Entwicklung entspricht durchwegs der Stelle der Gefäßwandschädigung, überall, wo sie sich findet, sind auch diese Zellbildungen anzutreffen. Gelegentlich liegen sie dem Capillarrohr so dicht an, daß es unmöglich wird, die Grenze zwischen beiden sicher zu erkennen, Gefäßwand und Infiltrat gehen förmlich ineinander über. So liegen die Dinge in der im zweiten Bild (Abb. 15) festgehaltenen Stelle. Eigenartig ist die Form der die

Infiltrate aufbauenden Elemente. Völlig im Hintergrund stehen die gewöhnlichen kleinen Rundzellen, die Lymphocyten. Dieser Umstand allein verleiht der Gewebseinlagerung eine spezifische Note. In der Überzahl handelt es sich um recht beträchtlich große, protoplasmareiche, mit nicht allzu großem rundlichen Kern ausgestattete Zellen, die FRÄNKEL für Abkömmlinge der adventitiellen und periadventitiellen Elemente anspricht. Mehrkernige Leukocyten fehlen durchwegs, auch Plasmazellen sind in der Regel nicht auffindbar.

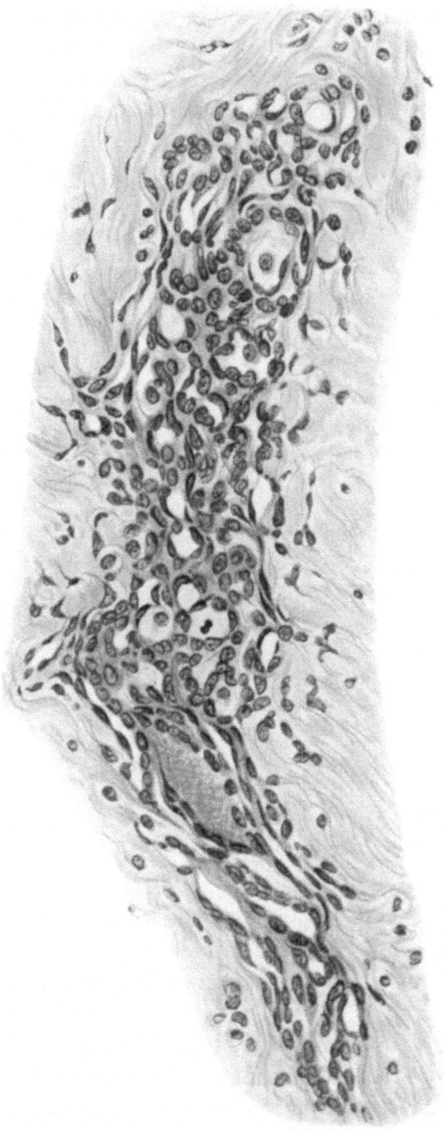

Der anatomische Prozeß der Fleckfieberroseola hat nach dem Gesagten zweifellos etwas Eigenartiges an sich. In der Tat kennen wir kein zweites pathologisches Ereignis mit Gefäßwandläsion und Infiltratbildung von der Art wie hier. Die Tatsache des Zustandekommens solch besonderer Effekte spricht für die Eigenart des schädigenden Agens, vor allem hinsichtlich der Stelle seines Angriffes. Wo das Fleckfiebervirus die Erstlingsalteration setzt, wenn es auf hämatogenem Wege ausgesät wird, ist noch nicht eindeutig erwiesen, sicher spielen die kleinen Arterien hierbei eine Rolle und zwar nicht nur die in der Haut, wir wissen, daß sich in anderen Organen ganz gleichartige Gefäßläsionen finden, beispielsweise im Gehirn. An welchem Abschnitte des Gefäßrohres die Noxe angreift, ob am Endothel oder an den adventitiellen, bzw. periadventitiellen Zellen wissen wir nicht. Sollte letzteres der Fall sein, wofür einiges spricht, so wären die im histologischen Bilde markanten Erscheinungen: Endothel-Quellung und Abstoßung sowie Wandnekrose sekundäre Effekte und damit wieder ein Beweis dafür, daß Angriffspunkt eines Reizes und Ort seiner Auswirkung nicht identisch sein müssen. Wo die Stelle der Primärläsion auch gelegen sein mag, jedenfalls ist sie besonderer Art und der Grund für die so einzig

Abb. 15. Flecktyphus-Roseola. Stelle aus dem Infiltratbereich. Hämalaun-Eosin Färbung. Vergrößerung 380.

dastehende Gefäßwandschädigung, die ihrerseits wieder zweifellos die Form der Blutung bestimmt, d. h. ihr eine Gestalt verleiht, wie wir sie ein zweites Mal kaum antreffen. Um das Eigentümliche der Läsion ins möglichst rechte Licht zu setzen, will ich zwei Fälle von Hautblutungen, gleichfalls entstanden bei Gefäßerkrankungen, anfügen und dabei ein paar Worte über Hämorrhagien als Teilerscheinung entzündlicher Hautprozesse im allgemeinen sagen.

Blutungen im Bilde entzündlicher Dermatosen sind, wie bekannt, nichts Seltenes; jede Morphe, von der Macula bis zur Pustel, kann hämorrhagischen Charakter annehmen und nimmt ihn an, wenn der Gefäßapparat entsprechend geschädigt wird. Daneben können Blutungen autochthon entstehen, d. h. ohne jedes entzündliche Vorstadium. Wo dies zutrifft und die Hämorrhagien eine gewisse Größe nicht überschreiten, sowie in ihrer Anordnung einen bestimmten Typus verraten, sprechen wir von Purpura. Als ursächliches Moment für ihr Auftreten kommt verschiedenes in Betracht: direkt einwirkende bakterielle Insulte (Embolie von Mikroben in die Hautgefäße) stehen in erster Linie, daneben spielen toxische Substanzen, seien sie das Produkt irgendwelcher im Körper vegetierender Keime oder regelwidriger Stoffwechselvorgänge, oder seien es Arzneimittel (Jod, Quecksilber u. a.) eine hervorragende Rolle — kurz das, was klinisch als

Purpura

bezeichnet wird — und nur diese Form der Hautblutung interessiert uns hier —, steht ätiologisch auf sehr verschiedenem Boden, und wohl auch, was die Patho-

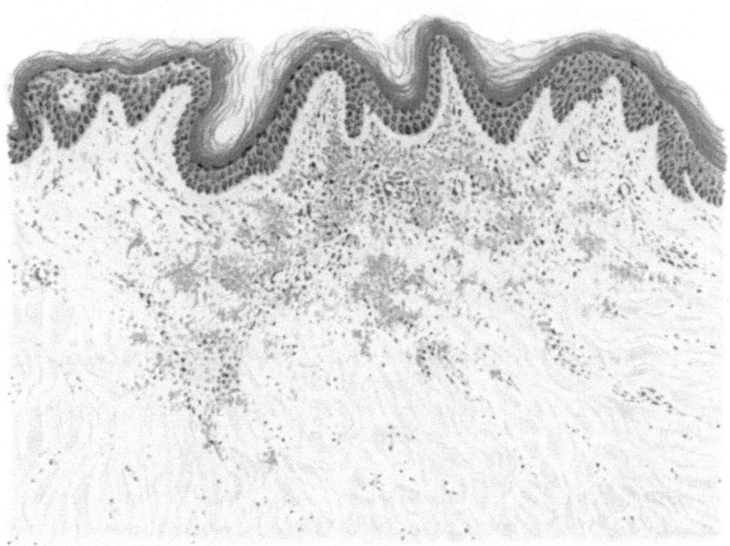

Abb. 16. Purpura-Fleck bei Sepsis. Hämalaun-Eosin-Färbung. Vergrößerung 85. Ausgedehnte Blutung im Papillarkörper. Fehlen entzündlich-infiltrativer Erscheinungen.

genese betrifft. Letzteres müssen wir schon aus dem durchaus nicht immer einheitlichen klinischen Verlauf solcher Eruptionen erschließen. Ich erinnere Sie nur an zwei verschiedene Arten, an die eine, bei der neben entzündlichen

Flecken und Knötchen, die sich hämorrhagisch umwandeln, selbständig Blutungen auftreten, und die zweite, wo nur Purpuraflecke ohne andere entzündlichen Efflorescenzen produziert werden. Nicht nur auf einer Verschiedenheit der Stärke des Insultes, also auf rein quantitativen Differenzen wird es beruhen, wenn bei septico-pyämischen Prozessen, um ein Beispiel heranzuziehen, einmal im Bereiche einer Kokkenmetastase entzündliche Vorgänge mit nachfolgender Blutung zur Entwicklung gelangen, während das andere Mal die Entzündungs-

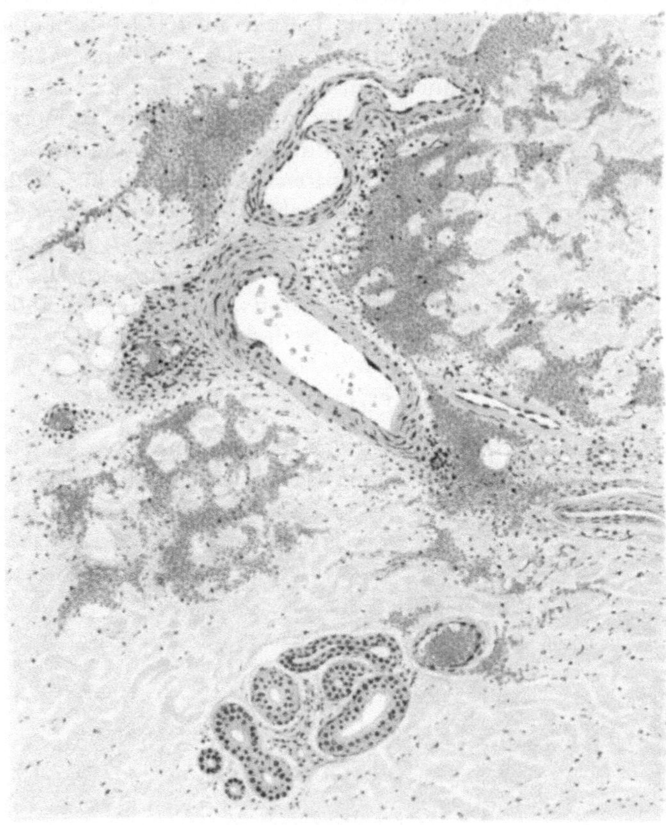

Abb. 17. Purpura teleangiektodes Majocchi. Hämalaun-Eosin-Färbung.
Vergrößerung 110.
Schnitt durch die tiefere Cutis. Erweiterte, verdickte Gefäße, in ihrer Umgebung Blutung.
Keine Entzündung.

reaktion ausbleibt, Blutung allein auftritt — Art und Verlauf der Schädigung werden wahrscheinlich infolge besonderer Gewebsverhältnisse von vornherein verschieden sein. Wo der Insult angreift, mithin wo die Primärläsion in jenen Fällen sitzt, bei welchen die Blutung allein das Bild beherrscht, wissen wir nicht — die anatomische Untersuchung gibt hierüber ungenügend Aufschluß. Wenn wir sie heranziehen können, ist die Erstlingsphase des Geschehens lange vorbei, ein fertiges Bild liegt vor uns, höchst einfach in seinen Einzelheiten, aber ohne Hinweis, wie die Dinge bei Beginn des Prozesses abgelaufen sind. Schnitt 16 (Abb. 16) weise ich als Vertreter dieser Verhältnisse vor. Er stammt

von einem **Purpurafleck bei Sepsis** und zeigt die Hämorrhagie im Papillarkörper. Entzündliche Veränderungen fehlen, lediglich Capillarerweiterung ist
im Bereich der Blutung entwickelt; von einer Wandschädigung etwa in dem
Sinne wie bei Fleckfieberroseolen findet sich nichts. Die Grundlagen für das
Zustandekommen der Blutung sind damit hier zweifellos völlig andere.

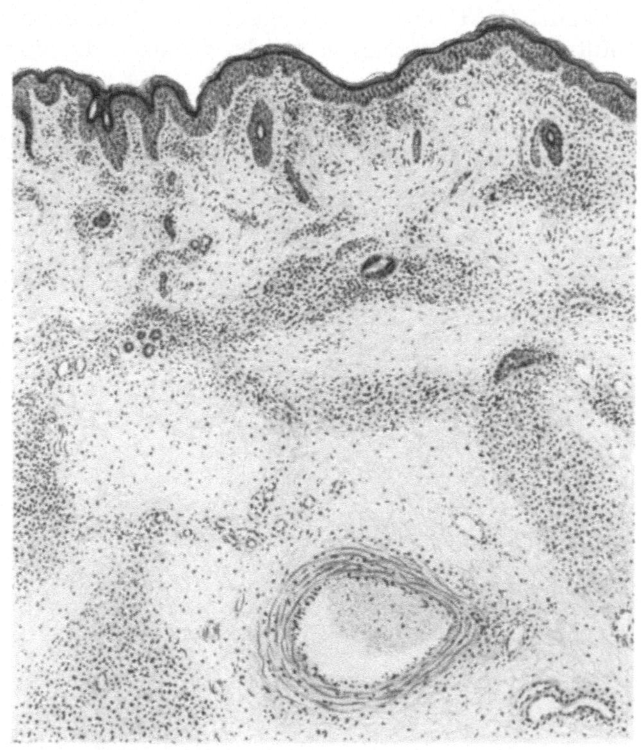

Abb. 17a. **Erysipel.** Vergrößerung 42.
Ödematöse Durchtränkung der gesamten Cutis. Streifenförmige Einlagerung entzündlicher
Zellmassen. Gefäßerweiterung.

Das nächste Präparat soll wieder andere Verhältnisse aufzeigen, unter denen
Gewebsblutung im Sinne von Purpura hervortritt — ich meine die

Purpura annularis teleangiectodes.

MAJOCCHI hat, wie bekannt, dieses Krankheitsbild zuerst beschrieben und
folgende Symptome als charakteristisch dafür angegeben: Durchwegs in langsamer Entwicklung entstehen, meist symmetrisch, zuerst im Bereiche der
Extremitäten kleine umschriebene Herde von Gefäßektasien, zu denen sich
Blutungen gesellen. Die Flecke vermehren sich, konfluieren miteinander und
bilden Kreisformen. Die Affektion besteht monatelang und heilt schließlich
mit Hinterlassung von Pigmentation, gelegentlich geringgradiger Atrophie der
Haut ab.

Welches ätiologische Moment dem Prozeß zugrunde liegt, wissen wir nicht,
pathogenetisch steht die Läsion der Capillaren im Vordergrund, d. h. in jedem

Falle stößt man auf Schädigungen der Gefäßwand, vor allem auf Verdickung derselben. Dabei können neben den letzten Capillarverzweigungen im Bereiche des Papillarkörpers auch tiefer gelegene Gefäßabschnitte betroffen sein. Die beigegebene Abbildung (17) hält eine solche Stelle fest. Hier handelt es sich um arterielle Verzweigungen in der Tiefe der Cutis, nahe der Subcutis, die förmlich aneurysmatische Erweiterung zeigen und dabei sehr beträchtliche Verdickung ihrer Wand. Im Umkreis der Gefäßläsion Hämorrhagien, nirgends entzündliche Infiltration. Diesbezüglich gleicht demnach die Blutung der im

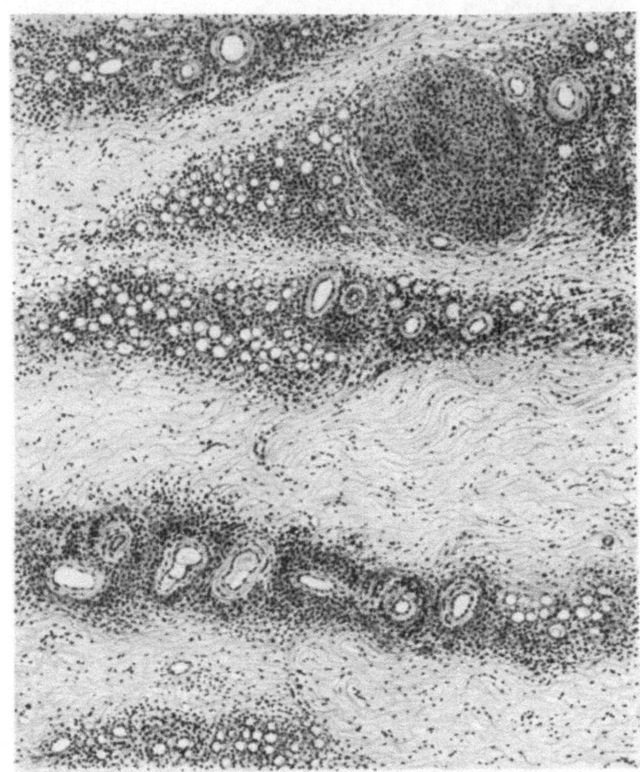

Abb. 17 b. Dasselbe Präparat wie früher; es soll über die Veränderungen in der Subcutis Aufschluß geben.

früheren Fall. Nicht immer muß das so sein, gelegentlich finden sich perivasculäre Zellanhäufungen selbst beträchtlichen Grades, so daß der Eindruck eines chronisch-infiltrativen Prozesses erweckt wird. Das war ja für einzelne Autoren mit der Grund, an Beziehungen der Purpura teleangiectodes zur Tuberkulose zu denken — Vermutungen, die sich als nicht richtig erwiesen haben. Worauf die im ganzen seltene Affektion beruht, wissen wir nicht. Uns interessiert sie hier nur vom Standpunkte der Blutung, als Ergänzung zu den früheren Fällen, weil wieder andere Bedingungen für das Auftreten der Hämorrhagie gegeben sein dürften.

Die letzten Schnitte endlich, mit denen das Kapitel der „einfachen" Hautentzündungen beschlossen werden soll, betreffen das

Erysipel.

Im Gegensatz zu allen bisher erörterten Prozessen handelt es sich hier um Entzündungsvorgänge, die sich auf alle Schichten der Haut einschließlich des subcutanen Fettgewebes erstrecken, ja meist gerade in dessen Bereich hohe Entwicklung erfahren (Abb. 17a, 17b). Im Vordergrund der mikroskopischen Ereignisse steht das mächtige Gewebsödem. Stratum papillare, reticulare und Subcutis sind von Flüssigkeit gleichmäßig durchsetzt, stellenweise ist infolge der starken Imbibition der fibrilläre Charakter des Kollagens verloren gegangen. Überall erscheinen die Gefäße verändert — sie sind erweitert, vielfach stark gefüllt und von Zellmänteln umsponnen. Häufig ist ihre Wand selbst zellig infiltriert; Venen, die derart betroffen sind, erscheinen oft thrombosiert. Phlebitis und Lymphangitis gehören zum typischen Befund des Erysipels.

Der Grad der zellulären Infiltration ist hier ein recht nennenswerter, besonders in den tiefen Lagen der Haut sind umfängliche Einlagerungen festzustellen. Von Zellformen beteiligen sich an ihrem Aufbau neben Lymphocyten ein- und mehrkernige weiße Blutzellen.

Zweiter Teil.

Akute Entzündung der Haut mit Blasenbildung.

7.–11. Vorlesung.

Meine Herren! Nun wollen wir zu jenem Punkte der früheren Erörterung zurückkehren, wo von den höheren Entwicklungsstadien der Salvarsandermatitis die Rede war, von dem im ganzen nicht zu häufigen Vorkommnis primärer Blasen- und Pustelbildung mit anschließender Nekrose der Haut; hier bietet sich von selbst der Übergang zur Besprechung eines höchst interessanten und wichtigen Abschnittes der Hautpathologie, des der blasenbildenden Dermatosen überhaupt. Das

Bläschen der Salvarsandermatitis

macht uns sogleich mit einem besonderen Typus bekannt, mit dem der sog. Degenerationsblase. Darunter werden Epithelabhebungen verstanden, bei denen bestimmte, an den Malpighischen Zellen sich abspielende Degenerationsvorgänge das Geschehen einleiten; nicht der Einbruch von Flüssigkeit aus dem Lymph-Blutgefäßapparat her ist das Primäre, sondern die Läsion der Epithelzellen. Wir haben grundsätzlich den gleichen Vorgang vor uns wie bei der Zoster- oder Variolablase, die wir ebenfalls als Vertreter primärer Epithelschädigung mit anschließender Höhlenbildung kennen lernen werden. Die Bläschen bei der Salvarsandermatitis zeigen das Eigenartige der Epithelläsion in selten schöner Weise und werden damit zu einem besonders geeigneten Objekt für das Studium der Degenerationsblase überhaupt. Wir wollen deshalb auch gerade an der Hand dieses Materiales zur Frage nach Wesen

und Besonderheit der hier in Betracht kommenden Ereignisse etwas eingehender
Stellung nehmen.

Zunächst das rein Morphologische! An dem beigegebenen Schnitt (Abb. 18),
der von einem Falle schwerster Salvarsanvergiftung stammt — der Kranke ist
am 12. Tage nach Ausbruch des Exanthems zugrunde gegangen —, findet
sich eine Pustel in voller Entwicklung betroffen. Die Stelle ihres Sitzes tritt
aus der Umgebung hügelförmig hervor, eine Massenzunahme der Epidermis
ist der Grund dafür. Ihre ins Bindegewebe vordringenden Zapfen sind voluminöser, die MALPIGHIsche Schicht ist dicker als de norma und schwammartig auf-
getrieben; ihre Zellen stellen sich in der Mitte des Krankheitsherdes nicht
in der gewohnten Geschlossenheit dar, die Oberhaut macht hier vielmehr den
Eindruck des Zerfallenseins. Neben einzelnen größeren Lücken und Hohlräumen,

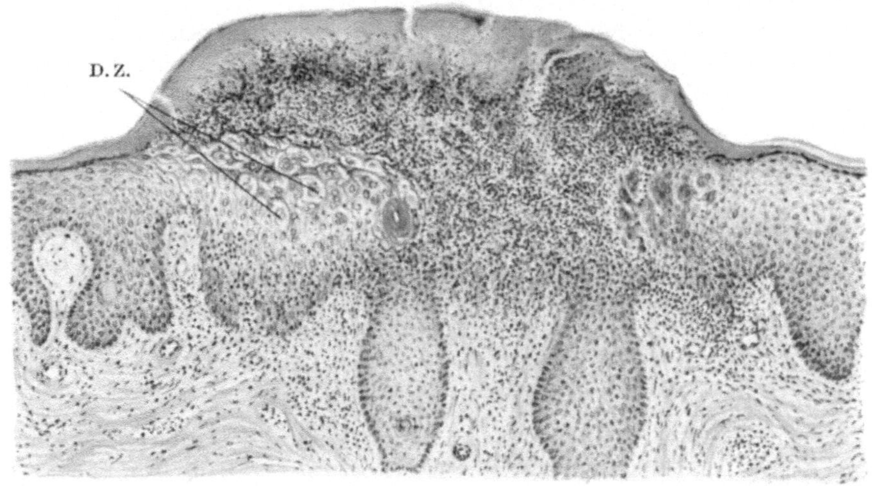

Abb. 18. Pustelbildung bei Salvarsan-Dermatitis. Hämalaun-Eosin-Färbung.
Übersichtsbild. Vergrößerung 42.
Epithelzerstörung, umschriebene Pustelbildung. Bei D. Z. degenerierte Retezellen,
mehrkernige, riesenzellartige Gebilde.

besonders im obersten Anteil des Schnittes, erscheint auch in den tiefen Rete-
lagen die Kontinuität der Zellen gestört und ihr Aussehen wesentlich verändert.
Die Zellen sind vielfach größer als gewöhnlich, mehr kugelig als zylindrisch,
ihr Plasma ist homogen geworden und hat zum Teil die Fähigkeit eingebüßt,
Farbstoff aufzunehmen. Vakuolen finden sich dort und da in den Zellen und vor
allem erscheint ihr peripherer Anteil vielfach verflüssigt und aufgehellt. Die
Protoplasmafaserung ist in Verlust geraten, was zwangsläufig Lockerung der
Zellen zur Folge haben muß. Und in der Tat sieht man auch solch veränderte, aus
dem Verband geratene Elemente oft völlig isoliert liegen; besonders gegen die
Mitte der Schädigungszone ist dies der Fall. Im ganzen erweckt das Zellgefüge
den Eindruck höchster Unordnung (Abb. 19). Was diesen Elementen noch ein
besonderes Aussehen verleiht, ist das Verhalten ihrer Kerne. Dieselben gehen
bei den Umwandlungen der plasmatischen Substanz nicht sofort zugrunde, wie
man etwa erwarten könnte, sondern verändern sich und geraten vor allem in

abnorme Teilung. Zunächst schwellen sie an, werden oft kreisrund, das normale
Chromatingefüge geht verloren; die Kerne erscheinen in dieser Entwicklungsphase übergroß, im Zentrum blaß, kaum gefärbt, nur an der Peripherie, wo sich
das Chromatin ansammelt, in der gewöhnlichen Weise für den Farbstoff empfindlich. Zahlreiche solche Elemente sind im Schnitte festzustellen. Zu dieser Veränderung tritt nun noch das amitotische Teilungsphänomen. Darin liegt ein
Wesenspunkt des Prozesses! Niemals stößt man im Bereiche derartiger
Läsionen auf mitotische Kernteilung, amitotische Bildungen
kommen einzig und allein in Betracht, und die Folge dessen ist, daß mehr-
und vielkernige Elemente entstehen, oft riesenzellartige Gebilde, die dem anatomischen Substrat ein eigenartiges Gepräge verleihen. Die Kernteilung wird hier
also weder von Plasmateilung begleitet, noch verläuft sie selbst der Regel entsprechend; eine Zellneubildung im wahren Sinne des Wortes findet daher trotz

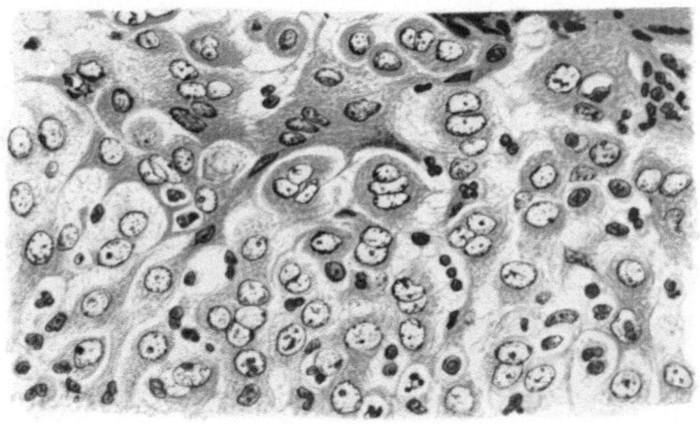

Abb. 19. Stelle aus dem früheren Präparat. Vergrößerung 380.
Darstellung der Epithelverhältnisse. Verquellung der Zellen, ballonierende Degeneration.
Bildung mehrkerniger Riesenzellen.

aller vom Kern aufgebrachten Energien nicht statt, desgleichen gelangen auch
die sich teilenden Kerne nicht in jene Verfassung, die wir von der Mitose her gewohnt sind, sie weichen vor allem nicht entsprechend auseinander, sondern
bleiben auf einem Haufen beieinander liegen, sich gegenseitig vielfach abplattend.
Daraus ergibt sich das so typische Bild, wie Sie es in dem vorliegenden
Schnitt sehen. Von den degenerierten, blaßgefärbten Epithelkernen heben sich
die kleineren stark gefärbten Kerne der eingewanderten Rundzellen deutlich ab.
    Abb. 20 zeigt den Endausgang der Pustel. Das Epithel ist gänzlich ab-
gestoßen, ein ziemlich tief greifender Substanzverlust liegt vor.
    Die geschilderten Epithelveränderungen decken sich durchaus mit dem von
Unna so eingehend studierten und von ihm als ballonierende Degeneration
der Stachelzellen bezeichneten Vorgang. Bei gewissen Formen der Salvarsandermatitis kommt es also zu Epithelläsionen spezifischer Art, — denn so
müssen die Dinge jedesmal angesehen werden, wenn wir die Erscheinungen
ballonierender Degeneration gegeben haben! Banale Entzündungsvorgänge, mögen sie noch so betont sein und noch so sehr auf die

Epidermis abfärben, vermögen niemals solche Degenerationserscheinungen hervorzurufen. Damit Stachelzellen zu Epithelballons werden
können, wie UNNA diese Endprodukte nennt, müssen sie offenbar in ganz bestimmter Form gereizt, bzw. geschädigt werden. Und zwar sind
meines Erachtens die Grundlagen hierfür etwas andere, als UNNA dies annimmt.
UNNA hält nämlich die Überschwemmung der Oberhaut mit Exsudatmassen
für das hierbei wichtigste Ereignis. Die Stachelzellen würden dadurch geschädigt,
unterlägen tiefgreifenden Veränderungen und verfielen der Colliquation. Die
ballonierende Degeneration sei eine Ausdrucksform dieses Schädigungsvor-

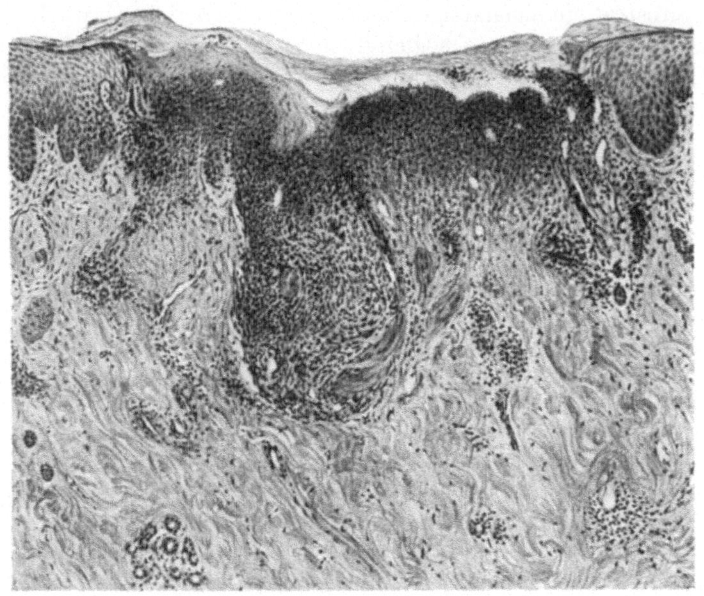

Abb. 20. Oberflächliche Ulceration auf dem Boden einer Salvarsanpustel.
Übersichtsbild. Vergrößerung 42.
Ziemlich tiefgreifende Entzündung, Mangel der Epidermis.

gangs — bekanntlich unterscheidet UNNA noch eine zweite, die sog. retikulierende Degeneration, auf deren Wesen wir später zu sprechen kommen
werden. UNNA verlegt mit dieser Deutung den Schwerpunkt des Geschehens
letzten Endes doch auf die im Bindegewebe sich abspielenden Entzündungsvorgänge; denn diese müssen primär gegeben sein, damit die Bildung
des Exsudats und der Einbruch desselben in die Oberhaut erfolgen kann! Was
sich im Anschluß daran an den MALPIGHIschen Zellen ereignet, ist, so sehr es
spezifisch sein mag, diesen Vorstellungen gemäß doch nur sekundäres Ereignis.
Ich sehe nun die Dinge anders an. Für mich ist die Epithelläsion das Primäre,
im vorliegenden Fall die Folge übermäßiger Inanspruchnahme gewisser Leistungsqualitäten der Zelle bei Verarbeitung bestimmter, in Wirksamkeit stehender Substanzen. Es läßt sich unschwer vorstellen, daß bei der Salvarsanintoxikation den MALPIGHIschen Zellen in reichem Maße Giftstoffe zufließen und
daß daher an ihr Leistungsvermögen höchste Anforderungen gestellt werden.

Daß es hierbei gelegentlich zu Leistungsstörungen kommen muß — kann nicht wundernehmen. Leistungsstörung der Zelle ist aber gleichbedeutend mit Strukturänderung derselben im kolloid-chemischen Sinne. Morphologisch muß dies zunächst in keiner Weise seinen Ausdruck finden, erst wenn die Störung bestimmte Grade erreicht, wird dies auch für uns durch Änderungen des Zellgefüges greifbar. Die eigentlichen Anfangsstadien derartiger Schädigungen sehen wir nicht; was wir feststellen können, was wir etwa als erstes Ereignis erkennen, ist immer schon ein höheres Entwicklungsstadium des betreffenden Prozesses. Bei der Salvarsanintoxikation wird die Epidermiszelle offenbar viel früher verletzt, als wir es angezeigt bekommen. Störungen in ihrem Leistungsvermögen müssen aber zu gewissen Folgerungen führen, — die Epidermis ist für die Gesamtökonomie des Körpers ein zu wichtiges Organ, als daß sie, gewissermaßen überbelastet durch spezifische Inanspruchnahme, ohne entsprechende Gegenmaßnahmen in den Zustand der Leistungsunfähigkeit geraten könnte. Abwehrvorgänge müssen in die Wege geleitet werden, um diesen Zustand zu beseitigen, — und die Rötung, i. e. Entzündung der Haut ist offenbar der Ausdruck hierfür. Wahrscheinlich wird sie, wie früher ausgeführt, auf reflektorischem Wege erzeugt, die Dinge würden damit ganz so liegen, wie wir sie später beim Ekzem kennen lernen werden: Funktionsstörungen der Epidermiszellen führen durch Reizung sensibler Fasern zu vasomotorischer Erregung, i. e. zur Entzündung. Das Zustandekommen der Hautrötung ist demnach sekundäres Ereignis, der Ausdruck für das Einsetzen einer Hilfeleistung des Gewebes, allerdings einer von einem anderen System beigestellten, nicht von dem, das von der Noxe direkt betroffen wurde. Ist die Epithelschädigung nicht zu intensiv, so kann auf diesem Wege das Gleichgewicht hergestellt werden. Offenbar dient die erhöhte Durchblutung des Papillarkörpers mit dem gesteigerten Stoffumsatz, der sich natürlich auch auf das Epithel erstreckt, in besonderem Maße zum Ausgleich der Schädigung. Ist die Läsion stärker, so macht sich dies nach zwei Richtungen geltend: Degenerationserscheinungen im Epithel werden manifest, zugleich verstärken sich die entzündlichen Vorgänge. Dabei färbt eins auf das andere ab, die stärkere Epithelschädigung verursacht stärkere Entzündung und diese wieder verstärkt den epithelialen Degenerationsvorgang. Primärer und sekundärer Schädigungseffekt überlagern sich jetzt mithin. Wo Blasenbildung mit anschließender Nekrose zustande kommt, haben wir den höchsten Effekt dieses Gegenspieles vor uns. Das in die Oberhaut einbrechende Exsudat vollendet gewissermaßen, was das schädigende Agens begonnen hat, und zwar auf ganz bestimmtem Wege. Es kommt nicht zur bloßen Zerreißung des Zellgefüges, also nur zu mechanischen Wirkungen, sondern das Exsudat dringt in die Stachelzellen ein und führt zu Umformungen der plasmatischen Substanz, die in Quellung und schließlich in Lyse gipfeln. Der Kern erhält zunächst offensichtlich Impulse zu erhöhter Leistung, das Chromatin schwillt an, teilt sich, mehrkernige Gebilde sind das Ergebnis dieses Vorganges. Schließlich wird aber auch die Kernsubstanz in die Verflüssigung einbezogen, womit der Degenerationsprozeß seinen Abschluß erreicht. Der Weg, auf dem hier die Zelle zugrunde geht, ist demnach durchaus kein einfacher, verwickelte Vorgänge greifen ineinander, wenn wir das Bild der ballonierenden Degeneration finden, Vorgänge, von denen schließlich im einzelnen nicht mehr genau zu entscheiden ist, was davon auf Rechnung der primären

Zellalteration und was auf die sekundärer Faktoren, vor allem des Exsudateinbruches gehört. Wahrscheinlich liegen die Verhältnisse entsprechend den sich hierbei abspielenden kolloid-chemischen Vorgängen noch viel komplizierter, als es auf Grund der morphologischen Bilder den Anschein hat. Jedenfalls ist zum Zustandekommen solcher Äußerungen eine spezifische primäre Epithelschädigung nötig; nur wenn sie vorliegt, vermag der sekundäre Exsudationsvorgang zu einem Ende zu führen, wie wir es hier gegeben finden. Das läßt sich mit aller Bestimmtheit aus der Tatsache ermessen, daß das Auftreten derartiger Bilder durchaus nicht Begleiterscheinung jedes, mit stürmischer Exsudation einhergehenden Entzündungsvorganges ist; niemals finden sich, wie wir sehen werden, unter solchen Umständen Degenerationsbläschen vom vorliegenden Typus. Wo ballonierende Degeneration entwickelt ist, haben wir mit dem Vorhandensein eines spezifischen Epithelprozesses zu rechnen.

Die Blasen beim Salvarsanerythem beruhen also auf einer primären Epithelerkrankung und stehen damit genetisch auf einer Stufe mit den Blasen bei den verschiedenen Herpesformen, bei Varicella und Variola, die im folgenden besprochen werden sollen.

Zunächst die Anatomie des

Herpes zoster.

Wenn wir eine vollentwickelte Blase besichtigen (Abb. 21), so zeigt sich zunächst ihr rein epidermaler Sitz und die Tatsache, daß der Blasenboden von reichlich Epithel gebildet wird, allerdings von gegenüber der Norm wesentlich verändertem. Mehrkernige, verquollene, zum Teil aus dem Verband losgelöste Elemente finden sich; gegen den Blasenraum zu sind sie vielfach in Abstoßung begriffen. In der Höhlung selbst liegen zahlreiche degenerierte Zellen, durchwegs gequollene Elemente — UNNAS Zellballons. Im Papillarkörper nur geringgradige Entzündungsreaktion. Irgendwie sicheren Aufschluß über den Sitz der Erstlingsalteration geben solche Fälle natürlich nicht — sie sind zu weit vorgeschritten. Will man darüber etwas wissen, so müssen jüngere Stadien untersucht werden, und hat man das Glück, solche zu treffen, so stößt man auf Bilder, die an der epithelialen Natur des Prozesses nicht zweifeln lassen und gleichzeitig über das Wesen der ersten Ereignisse guten Aufschluß geben. Wie aus den Präparaten 22 und 23, die wohl das jüngste, was an Veränderungen gefunden werden kann, aufzeigen, zu entnehmen ist, besteht die Primärläsion in einer Quellung der MALPIGHIschen Zellen und zwar scheint zunächst die Überzahl aller im Schädigungsbereich liegenden Zellen in derselben Weise zu reagieren. Das muß man aus dem übereinstimmenden Verhalten der Reteelemente in solchen Zonen erschließen, was ja auch dazu führt, daß sich die betroffene Stelle als streng umschriebener Komplex von der umgebenden Epidermis abhebt. In der Regel tritt sie auch ein wenig aus dem Niveau derselben hervor, es kommt das zustande, was Epithelhügel genannt wird. Seine Bildung beruht wohl mit auf einer Zellwucherung — der Quellung des Epithels geht demnach ein Stadium proliferationis voraus, wenn auch nach allem ein nur sehr kurz dauerndes. In der Tat lassen sich im Läsionsbezirk immer wieder dort und da Mitosen finden, wie auch E. HOFFMANN und FRIBOES berichten, denen wir eine eingehende Studie über die Histopathologie des Zoster verdanken. Vielleicht spielt bei der Bildung des Epithelhügels auch der sehr frühzeitig einsetzende Status spongiosus eine gewisse Rolle — wir haben ja früher gehört, daß er an und für sich schwammige Auftreibung der Epidermis bedingt.

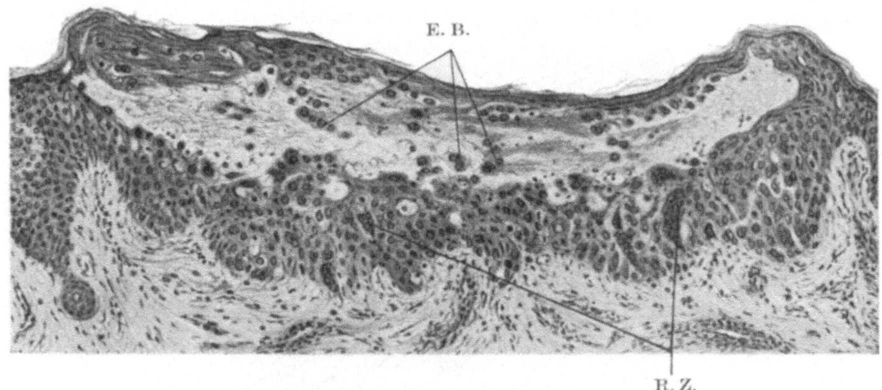

Abb. 21. Voll entwickelte Herpes zoster-Blase. Übersichtsbild. Vergrößerung 60. Intraepidermale Höhle, zahlreiche abgestoßene, verquollene Epithelien enthaltend. UNNAS Epithelballon (E. B.). Das Epithel des Blasenbodens vielfach in Degeneration begriffen. Vielkernige Riesenzellbildungen (R. Z.), im Bindegewebe wenig Entzündung.

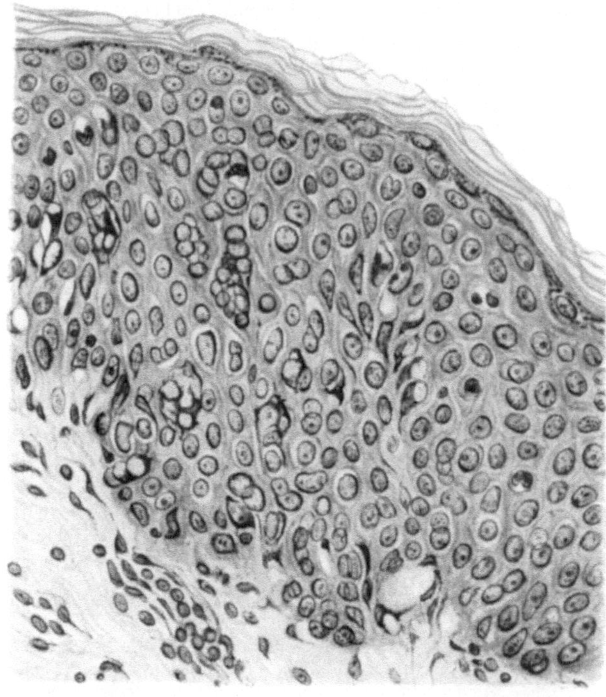

Abb. 22. Erstlingsereignisse beim Zoster. Zelldegeneration ohne Blasenbildung. Hämalaun-Eosin-Färbung. Vergrößerung 260. Unregelmäßigkeit der Zellgruppierung. Stellenweise Quellung des Epithels, Bildung vielkerniger Riesenzellen.

Die Erstlingsalteration beim Zoster besteht also in gewissen Strukturänderungen des MALPIGHISchen Zellsystems, die sowohl

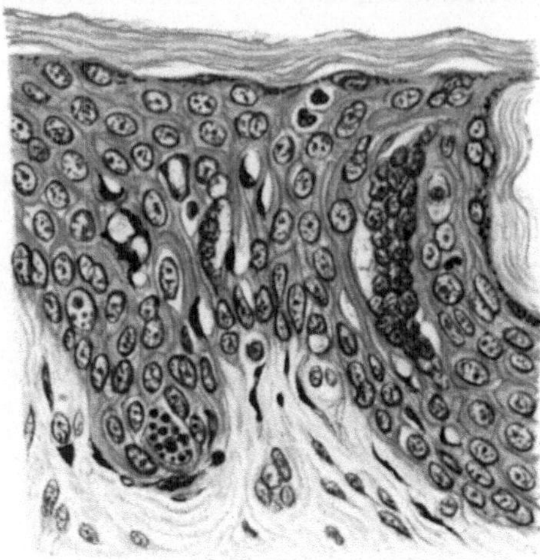

Abb. 23. Andere Stelle aus dem früheren Fall. Vergrößerung 260.
Vielkernige epitheliale Riesenzelle, bereits gelockert aus dem übrigen Zellverband.

Plasma als Kern betreffen, und in raschem Verlauf zu verschiedenem Ende führen. Eines ist die Bildung von Epithelballons im Sinne UNNAS,

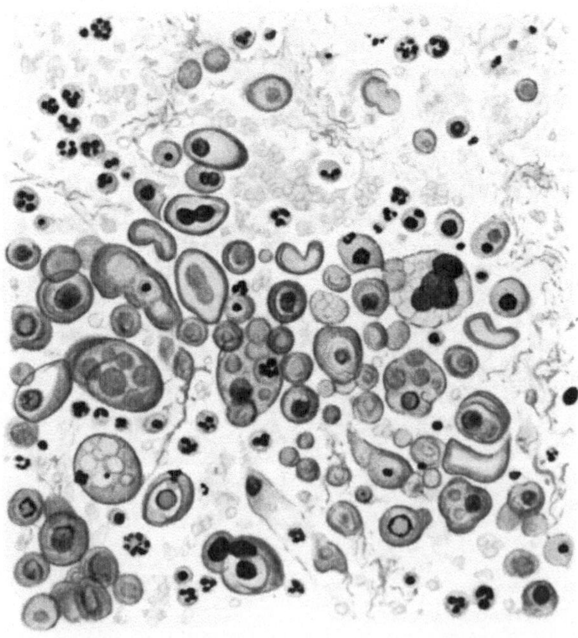

Abb. 24. Degenerierte Epithelien aus dem Blaseninhalt eines Zoster.
Hämalaun-Eosin-Färbung. Vergrößerung 380.
Zellballons verschiedener Art, stellenweise im Zugrundegehen begriffene Riesenzellen.

es spielt sich damit hier der gleiche Vorgang ab, wie wir ihn bei der pustulierenden Salvarsandermatitis kennen gelernt haben. Wieder verleiht das Auftreten amitotischer Kernteilungsvorgänge mit dem Effekt des Zustandekommens mehr- bis vielkerniger, riesenzellartiger Gebilde dem Degenerationsmodus sein Gepräge. Dabei tritt die regelwidrige Kernteilung als Frühsymptom in Erscheinung, offenbar handelt es sich hierbei überhaupt um eines der ersten Ereignisse; das muß aus dem Umstand erschlossen werden, daß man solchen Bildern schon zu einem Zeitpunkte begegnet, wo an der Zelle außer einer gewissen Quellung keine anderen Zeichen eines Plasmaumbaues festzustellen sind.

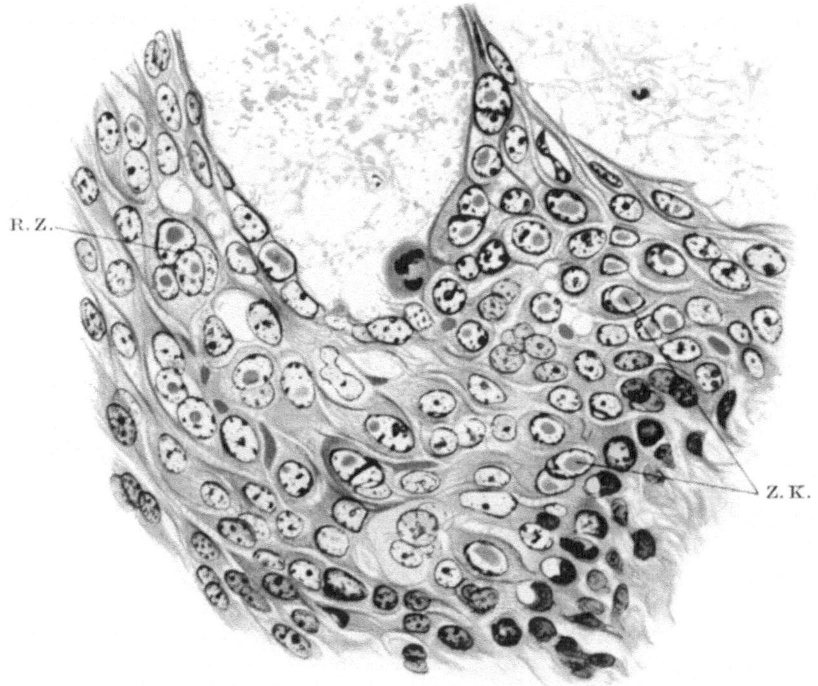

Abb. 25. Zell- und Kernveränderungen am Boden einer Zosterblase. Hämalaun-
Eosin-Färbung. Vergrößerung 500.
Quellung der Zellkerne, Vakuolenbildung im Plasma; bei R. Z. mehrkernige Riesenzelle.
In den Kernen vielfach eosinophile Klumpen, gequollene Nucleoli,
LIPSCHÜTZ' Zosterkörperchen (Z. K.).

In den vorgelegten Präparaten lassen sich diese Verhältnisse sehr deutlich erkennen, besonders verweisen möchte ich auf Abb. 23, wo sich als ganz seltsames Gebilde eine sichelförmig ausgezogene, in keiner Weise mehr an den Normalzustand erinnernde Zelle mit mehr als einem Dutzend Kernen befindet. Sie imponiert förmlich als Fremdkörper und ist schon in Lösung aus dem Verband der übrigen Zellmasse begriffen. Darin liegt das Schicksal aller solcherart degenerierender Zellen, daß sie schließlich jegliche Verbindung mit ihren Nachbarn verlieren und frei zu liegen kommen. Ursache dafür ist der fortschreitende Plasmaumbau, der mit Verlust des Fibrillenapparates, i. e. der Verbindungsbrücken zwischen den Zellen einhergeht.

Vorgänge besonderer Art sind es also, auf denen das Zustandekommen der
für den Zosterprozeß so charakteristischen Epithelballons beruht. Dabei stellt
der früher beschriebene mehrkernige Typus nur eine Form derselben dar, zahlreiche andere Arten finden sich daneben, offenbar als Ausdruck etwas andersartig verlaufender Degenerationsvorgänge. KOPYTOWSKY hat ja eine Reihe
verschiedener Typen beschrieben, und Abb. 24, die eine Stelle aus der Höhlung
einer reifen Blase mit zahlreichen solchen Gebilden festhält, soll über dieses
Gemisch Aufschluß geben. Vor allem sind hier Zellballons zu sehen, die nur einen
Kern besitzen, im Verhalten des Plasmas aber völlig den mehrkernigen Kugeln
gleichen. Dann finden sich große Gebilde mit mehreren, nur mehr schattenartig
angezeigten Kernen, ferner Zellen, die nur kleine, dafür intensiv färbbare Nuclei

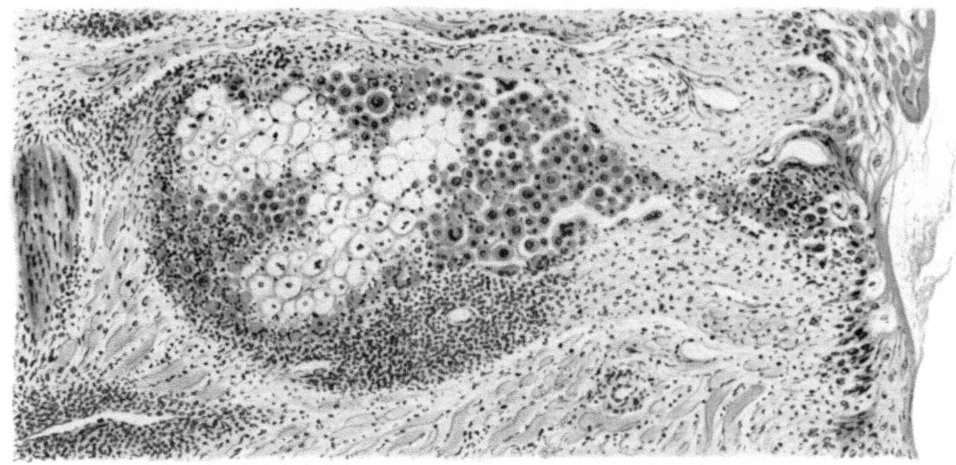

Abb. 26. Schnitt durch eine „trockene" Zosterefflorescenz.
Hämalaun-Eosin-Färbung. Vergrößerung 110.
Das Talgdrüsenepithel spezifisch verändert; keine Blasenbildung.

besitzen, und endlich acidophile Klumpen und Kugeln ohne Kernrest. Immer
wieder stößt man auf diese Gebilde in entsprechend vorgeschrittenen Fällen,
entweder am Boden oder an den Seiten der Blase, oder im Blasenraum selbst.

Abb. 25 gibt Aufschluß über die Zellverhältnisse am Boden einer jungen
Zosterblase. Wieder tritt die Zell- und Kernquellung deutlich hervor; auch mehrkernige Riesenzellen finden sich — im ganzen aber hält sich die Epithellockerung
in bescheidenen Grenzen. Bemerkenswert sind die klumpigen eosinophilen
Gebilde in den Kernen — LIPSCHÜTZ' Zosterkörperchen — die einen charakteristischen Befund des Prozesses darstellen. Wir werden später noch darauf
zurückkommen. Es kann kaum ein Zweifel bestehen, daß die verschiedenen
Zellformen, wie sie uns in den letzten zwei Präparaten begegnet sind, als Ausdruck verschieden weit vorgeschrittener Zelldegeneration angesehen werden
müssen. Damit Epithelien als Ballon abgestoßen werden können, müssen sie
offenbar nicht in ganz derselben Weise, aber gewiß bis zu einem bestimmten
Grad degeneriert sein. Sind sie abgestoßen, so stellen sie mehr oder weniger
selbständige Gebilde dar. Es läßt sich nicht gut annehmen, daß beispielsweise

ein mehrkerniger Ballon späterhin zu einem einkernigen wird oder umgekehrt, jede dieser Typen ist offenbar ein Endstadium, das verschieden lang bestehen, weitere Umwandlungen aber nicht eingehen kann. Dieser Schluß ergibt sich aus der Beobachtung, daß in älteren Blasen ganz die gleichen Bilder anzutreffen sind, ja selbst im Stadium der Pustulation solche Zellformen noch gewahrt sein können.

Die geschilderten Epithelläsionen sind das Erste und Wesentliche des Zosterprozesses, die Blasenbildung ist sekundäres Er-

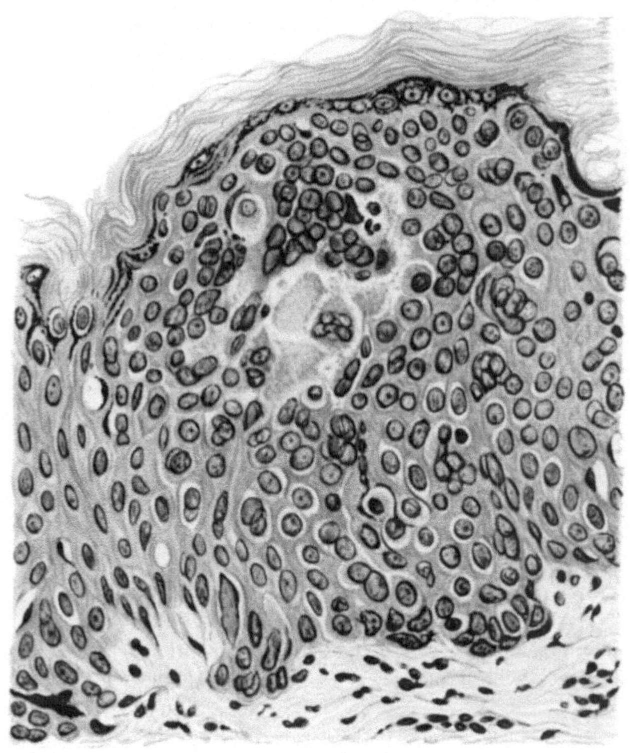

Abb. 27. Jugendstadium einer Zoster-Blase. Hämalaun-Eosin-Färbung.
Vergrößerung 260.
In der Höhlung mehrkernige Ballons.

eignis; sie muß nicht unbedingt in Erscheinung treten, der Prozeß kann mit der Zelldegeneration seine Begrenzung finden. Wir haben dann das vor uns, was UNNA trockene Form der ballonierenden Degeneration genannt hat. Mit Vorliebe trifft man sie an follikulär sitzenden Herden; Abb. 26 ist ein Beispiel dafür. Hier ist ein Talgdrüsenkomplex betroffen, samt der Follikelmündung. Der Charakter der Zelläsion unterscheidet sich in nichts von dem früher Kennengelernten. Ausgeblieben ist der Flüssigkeitseinbruch und damit die blasige Umwandlung. Im ganzen sind solche Vorkommnisse die Ausnahme, Regel ist Höhlenbildung im Anschluß an die Ballonierung.

Über die Blasen-Anfangsstadien soll Sie Abb. 27 informieren. Sie zeigt in der Mitte der angeschwollenen Stachelschicht einen noch sehr beschränkten

Hohlraum, der in der Hauptsache von zart mit Eosin gefärbtem Gerinnsel erfüllt ist. Die das Bläschen begrenzenden Zellen sind durchwegs aufgequollen und vielfach schon im Zustande der Ballonierung. Stellenweise sind auch Riesenzellen entwickelt. Wie hat man sich nun das Zustandekommen der Höhlung zu erklären? Erstes Ereignis ist zweifellos die Zelldegeneration; dadurch kommt es schon zu einer gewissen Lockerung des Zellgefüges. Rasch scheint nun die eine und andere Zelle der Verflüssigung zu verfallen, wodurch Lücken in der MALPIGHIschen Schicht entstehen, i. e. Loci minoris resistentiae für den auf reflektorischem Weg ausgelösten Ödemeinbruch. Das Weitere ist mechanische Wirkung, Menge der einströmenden Flüssigkeit und Stärke ihres Druckes be-

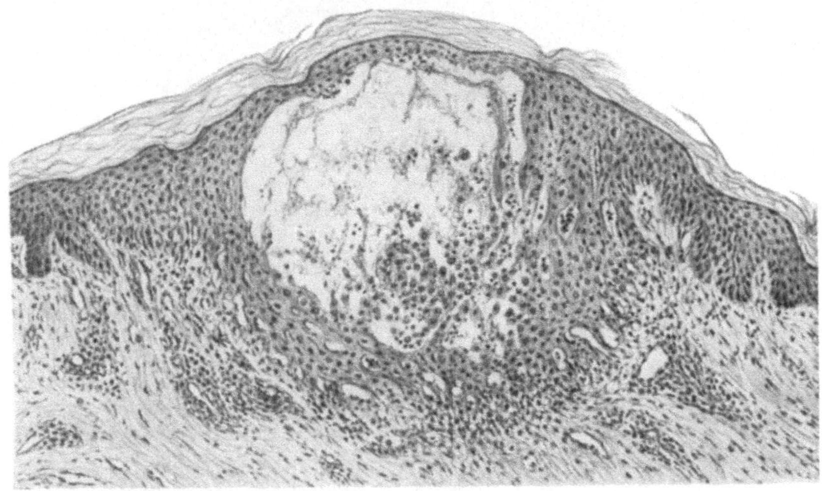

Abb. 28. Weitere Entwicklungsphase eines Zoster-Bläschens.
Vergrößerung 85.
Der Hohlraum umfangreicher als im früheren Fall, beträchtliche Epithelabstoßung, starke Zellballonierung. Starke Entzündungsreaktion.

stimmen die Größe der Blase, wohl nicht ganz allein, da natürlich auch die Ausdehnung der Epithelläsion hierfür maßgebend ist. Daß Epithelcolliquation bei der Höhlenbildung in der Tat das erste, der Flüssigkeitseinbruch das zweite Ereignis darstellt, geht auch aus dem immer wieder festzustellenden Befund eigenartiger eosinophiler Massen in jungen Bläschen hervor, die man nur als spezifisch verflüssigte Retezellen ansprechen kann. Abb. 28 zeigt gleichfalls ein Jugendstadium eines Zosterbläschen. Im ganzen ist der Prozeß weiter vorgeschritten als im früheren Falle, die Höhlung ob des mächtigeren Exsudateinbruches umfänglicher. Wieder zahlreiche Zellballons im Blasenraum.

Gelegentlich scheinen aber die Vorgänge auch etwas anderer Art sein zu können. Der bisher beschriebene Entstehungsmodus verlegt den Schwerpunkt der Blasenbildung auf das Zustandekommen von Lücken zwischen den MALPIGHIschen Zellen durch Wegfall einzelner Elemente. Die Blase entsteht damit interepithelial und trägt auch alle Zeichen dieser Genese, vor allem das der Einkammerigkeit.

Nun sind aber nicht alle Zosterblasen einkammerig; davon kann man sich leicht überzeugen, wenn man sie ansticht. Durchaus nicht jedesmal fällt die Blasendecke auf den Grund, häufig tritt durch die Lücke nur wenig Flüssigkeit aus und selbst mehrere Punktionen führen nicht zum Kollaps der Höhle. Trägt man die ganze Bildung mit der Schere ab, so stößt man nicht auf einen großen Hohlraum, gewinnt vielmehr den Eindruck, eine sulzige, detritusähnliche Masse abgetragen zu haben, die von kleineren und größeren Höhlungen durchsetzt ist. Dieser Typus der mehrkammerigen Bläschenbildung ist gar nicht so selten. Die Vorgänge, welche zu seinem Zustandekommen führen, sind andere, als die früher kennen gelernten. Der von UNNA als retikulierende Colliquation beschriebene Degenerationsmodus kommt hierbei in Frage. Hauptkriterium desselben ist, daß im Plasma der Zellen Vakuolen auftreten, die sich stetig vergrößern und schließlich nur mehr von einem dünnen Plasmasaum, der Reste des Stachelpanzers enthalten kann, eingesäumt werden. Der Kern gerät dabei niemals in Teilung, verfällt vielmehr rasch und findet sich oft als schmaler Rest in dem erhaltenen Randteil der Zelle. In der Regel verfallen mehrere nebeneinanderliegende Zellen gleichzeitig dieser Degeneration, wodurch multiple Vakuolen entstehen, und da sich jede vergrößert, kommt es zur Bildung multipler Höhlen, die aber miteinander nicht kommunizieren. Die die einzelnen Räume trennenden Septen sind nichts anderes als die oft sehr beträchtlich in die Länge gezogenen Reste des in den Randpartien vom Colliquationsprozeß verschont gebliebenen Zellplasmas. Sie enthalten gelegentlich, wie früher schon bemerkt, Kernfragmente.

Der Blasenbildungsvorgang ist demnach hier in der Tat ein anderer. Der Schwerpunkt liegt in dem Entstehen intracellulärer Vakuolen, die Blase entsteht damit primär nicht inter-, sondern intraepithelial. Der Umstand des Verschontbleibens der Randpartien der Zelle vom Verflüssigungsvorgang und des stets gleichzeitigen Befallenseins mehrerer nebeneinander liegender Epithelien bewirkt Vielkammerigkeit der Schädigungszone und zugleich eine gewisse Beschränkung in der Ausdehnung jeder einzelnen Höhle, wenn der Ödemeinbruch wirksam wird.

Das anatomische Substrat solcher Bildungen ist außerordentlich typisch. Abb. 29 zeigt es in aller Form auf. Es handelt sich hierbei um eine nicht mehr frische Zosterblase; die im ganzen schon schlechte Färbbarkeit des Gewebes ist darauf zu beziehen. Das Charakteristische der Blase läßt sich aber noch deutlich erkennen. Zunächst liegt kein Hohlraum der Art vor wie in dem früheren Schnitt. Zahlreiche parallel zueinander vom Scheitel der Blase zum Boden hinziehende Septen unterteilen die Höhlung, wenn man überhaupt von einer solchen reden will. Treffender ist es eigentlich, von zahlreichen kleineren und größeren, nirgends miteinander in Verbindung stehenden Vakuolen zu sprechen, die in eine eigenartig degenerierte Zellmasse eingesprengt sind. Das, was man sich gewöhnlich unter dem Begriff Blase vorstellt, ist hier gewiß nicht gegeben! Wie ganz anders lagen die Verhältnisse in dem früheren Schnitt: Einkammeriger Typus, nirgends Epithelsepten, am Blasenboden zahlreiche Zellballons in der charakteristischen Form — ein Befund, der bei retikulierender Colliquation niemals gegeben ist — und die ganze Bildung ins Rete Malpighi eingelassen. Diese Blase kann nur in der Weise entstanden sein, daß die Zellschädigung zunächst auf eine Stelle beschränkt war; ein kleines intraepitheliales Bläschen muß die Folge dessen gewesen sein. In dem Fortschreiten der Zelldegeneration nach

4*

der Peripherie und dem Exsudateinbruch sind die Bedingungen für seine Erweiterung gelegen. Zelldegeneration und Ödemzufluß gehen offenbar Hand in Hand, d. h. laufen so rasch neben- und hintereinander ab, daß wir das Werden und Wachsen einer Blase in den Einzelphasen nicht verfolgen können; greifbar wird der Effekt immer erst im Endstadium, das nun verschieden ist, je nachdem der ballonierende oder retikulierende Degenerationsmodus in Szene tritt. Die reine Form des ersteren führt zu dem durch Abb. 21, des zweiten durch Abb. 29

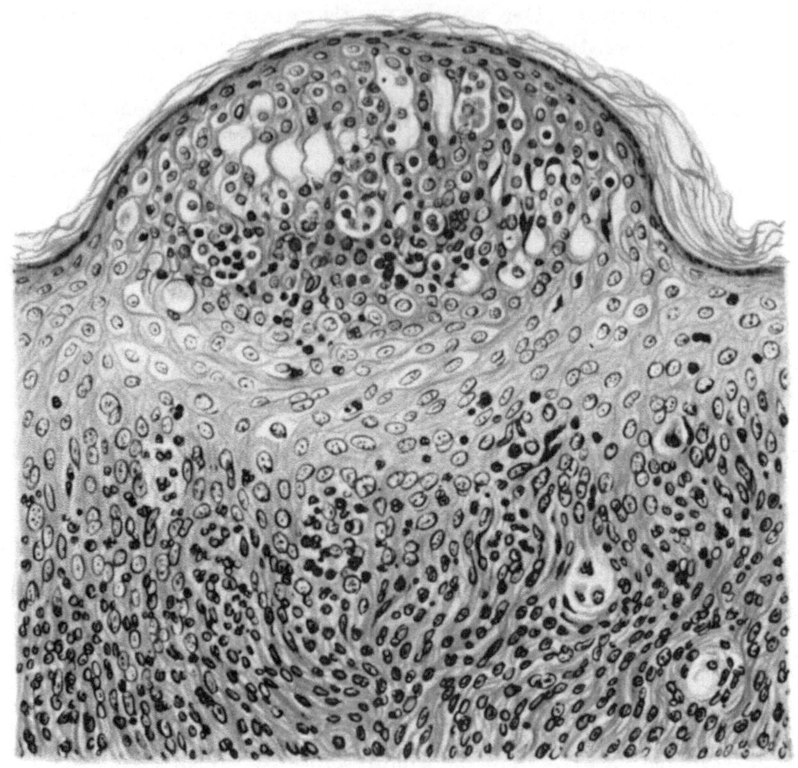

Abb. 29. Zosterblase vom retikulierenden Degenerationstypus. Hämalaun-Eosin-Färbung. Vergrößerung 260.
Höhlenbildung erfolgt im obersten Epidermisbereich. Zahlreiche, durch Septen getrennte Vakuolen sind gebildet. Typus der vielkammerigen Blase. Reichlich Entzündung im Papillarkörper.

repräsentierten Typus. Nicht selten finden sich beide Modi vergesellschaftet; auch hiervon will ich ein Beispiel bringen (Abb. 30). Es handelt sich um einen Schnitt durch eine recht umfängliche Zosterblase, von der im Bild nur die Randpartie festgehalten ist. Wieder liegt eine einkammerige Blase vor, und zwar eine, die bis ins Bindegewebe reicht; der gesamte Zellbestand des Blasenbodens ist also zugrunde gegangen. Dort und da liegen Zellreste im Blasenraum verstreut. Die Blasendecke wird von ziemlich dicker Hornschicht gebildet, die stellenweise septenartige Fortsätze von durchaus derselben Form, wie wir sie früher kennen gelernt haben, in das Cavum ausschickt; es steht außer

Zweifel, daß es sich um gleichartige Bildungen handelt. An einer Stelle finden sich zwischen ihnen mehrere Epithelballons verschiedener Type. Wie sind solche Blasenformen zu erklären? Wohl nur durch die Annahme einer Vergesellschaftung von ballonierender mit retikulierender Degeneration bei starkem Übergewicht ersterer. Von der retikulierenden Colliquation würden offenbar nur Zellen in den höchsten Lagen der Stachelschicht betroffen werden, die Hauptmasse des Rete ist nach dem Typus der ballonierenden zugrunde gegangen. Wir finden damit jene Verhältnisse gegeben, auf die Unna schon hingewiesen hat, nämlich daß die jüngeren, der Cutis benachbarten Retezellen im allgemeinen mehr zur ballonierenden, die älteren, der Hornschicht naheliegenden

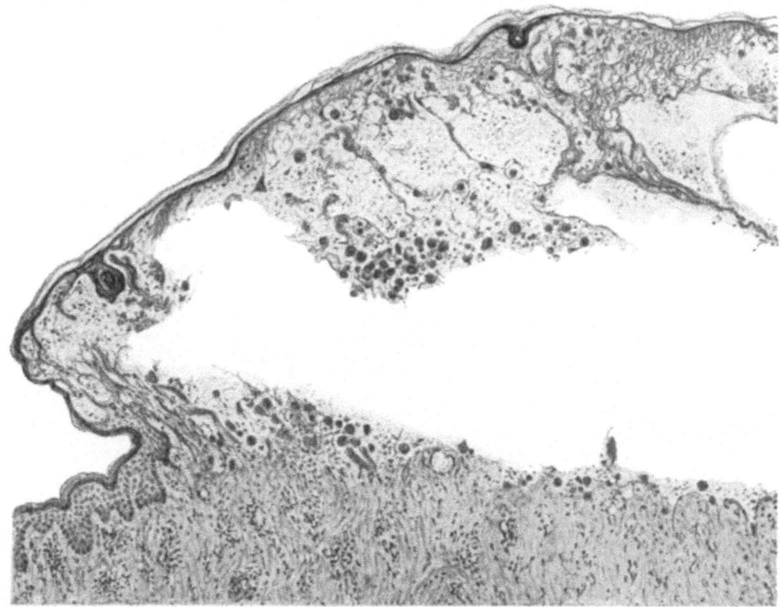

Abb. 30. Schnitt durch eine umfangreiche Zosterblase (Randpartie).
Übersichtsbild. Vergrößerung 24.
Blase mit nur rudimentärem Epithelboden, das gesamte Rete ist zugrunde gegangen. Die
Blasendecke trägt septenartige Fortsätze, zwischen ihnen zahlreiche Epithelballons.

mehr zur retikulierenden Colliquation neigen. Und die Tatsache, daß beide Degenerationsmodi nebeneinander vorkommen, beweist, daß wir es nicht mit zwei grundverschiedenen Ereignissen zu tun haben, sondern offenbar nur mit verschiedenen Schädigungseffekten biologisch verschiedenwertiger Zellelemente.

Der nächste Schnitt (Abb. 31) zeigt das Bild einer großen voll entwickelten, mit serösem Inhalt gefüllten Zosterblase. Rechts ist ihr ein kleines Bläschen angehängt. Die Scheidewand gegen den großen Hohlraum links wird von fadenförmig in die Länge gezogenen, zum Teil noch Kerne enthaltenden Epithelzellen gebildet. Sonst Verhältnisse, wie wir sie früher kennen gelernt haben, vor allem wieder reichlich Ballons am Blasengrund. Verhältnismäßig geringgradige Entzündungsreaktion im Papillarkörper.

Durchaus nicht jedes Zosterbläschen muß zur Pustel werden; damit eine solche Umwandlung erfolgen kann; müssen ganz bestimmte Entzündungsbedingungen gegeben sein, und damit sind wir bei der Frage angelangt, wie es denn beim Zoster mit der Entzündungsreaktion überhaupt bestellt ist? Recht verschiedenen Zuständen begegnet man diesbezüglich. Einmal gibt es Fälle mit geringgradigsten Erscheinungen dieser Art. Abb. 21 beispielsweise vertritt diese Type; hier ist von einer irgendwie bedeutenderen Zellauswanderung ins Bindegewebe nichts zu sehen, der Gefäßapparat reagiert also sehr wenig mit, nur zu Flüssigkeitsabgabe kommt es, nicht aber zur Infiltratbildung — die epitheliale Natur des Zoster tritt damit besonders deutlich hervor.

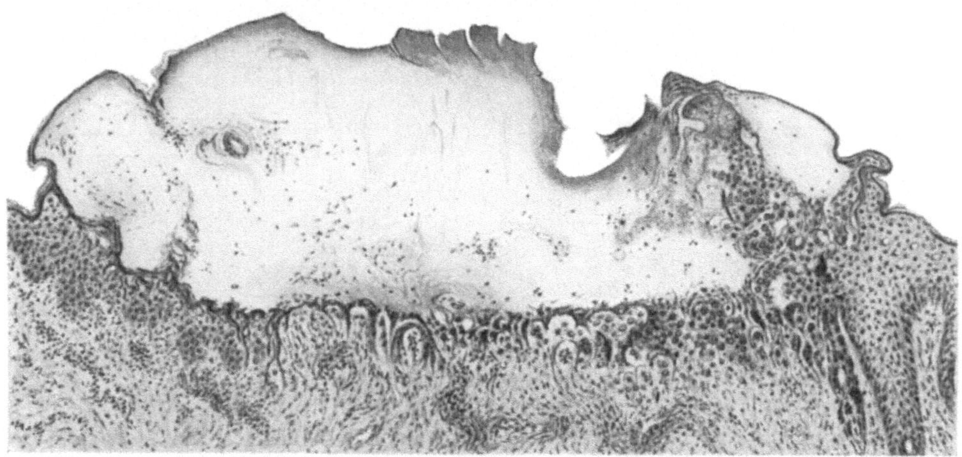

Abb. 31. Große seröse Zoster-Blase mit anhängendem kleinen Bläschen. Vergrößerung 42.

In anderen Fällen ist die vasculäre Reaktion stärker betont, die Gefäße sind von Rundzellenmänteln umschlossen, man gewinnt beim ersten Ansehen den Eindruck beträchtlicher entzündlicher Irritation des Bindegewebes; die Epidermis erscheint dabei meist stark in Mitleidenschaft gezogen, nicht nur reichliches Exsudat und Rundzelleneinbruch ist festzustellen, die gesamte Epithelmasse verfällt in der Regel rasch der Nekrose, was klinisch als Umwandlung zur Pustel imponiert. Das histologische Bild dieses Stadiums ist durch Abb. 32 charakterisiert. Verwiesen sei dabei auf die Tatsache, daß trotz der schon weit gediehenen Epithelnekrose die Eigenart der Blase noch gut erkennbar ist und daß sich in den Detritusmassen dort und da kugelige Gebilde eingelagert finden, die als spezifisch veränderte Epithelien, als Ballonreste gedeutet werden müssen. Diese Zelldegenerate scheinen eben recht resistent zu sein. In dem vorgewiesenen Fall geht also starke Entzündungsreaktion parallel mit schwerer Epithelläsion.

Nun gibt es noch eine dritte Type und die bereitet der Deutung besondere Schwierigkeiten! Klinisch handelt es sich um jene Form, die als abortiver Zoster bezeichnet wird; bekanntlich müssen nicht im Gebiete jedes Zosterausbruchs Bläschen hervortreten, gelegentlich entstehen nur umschriebene, infiltrierende Rötungen der Haut, die vielleicht dort und da chagrinierte Oberfläche erkennen lassen, nirgends aber Bläschen; und auch im weiteren Verlauf kommt es nicht zur Bildung solcher. Histologisch findet sich in diesen Fällen hochgradige Entzündung. Abb. 33 repräsentiert diesen Typus. Nicht nur das Stratum papillare ist Sitz von Infiltraten, auch die tiefere Cutis, und die Rundzelleneinlagerungen halten sich durchaus nicht an die nächste Umgebung der Gefäße, sondern reichen stellenweise weit darüber hinaus. Dabei ist die Epidermis kaum irgendwie lädiert. Hier wird man demnach durch nichts daran erinnert, daß der Zoster eine Epithelerkrankung sei.

Um zu diesem letzten, auffälligen Befund Stellung nehmen zu können, müssen zunächst ein paar Worte darüber gesagt werden, was wir überhaupt hinsichtlich Pathogenese und Ätiologie des Zoster wissen. Als erster

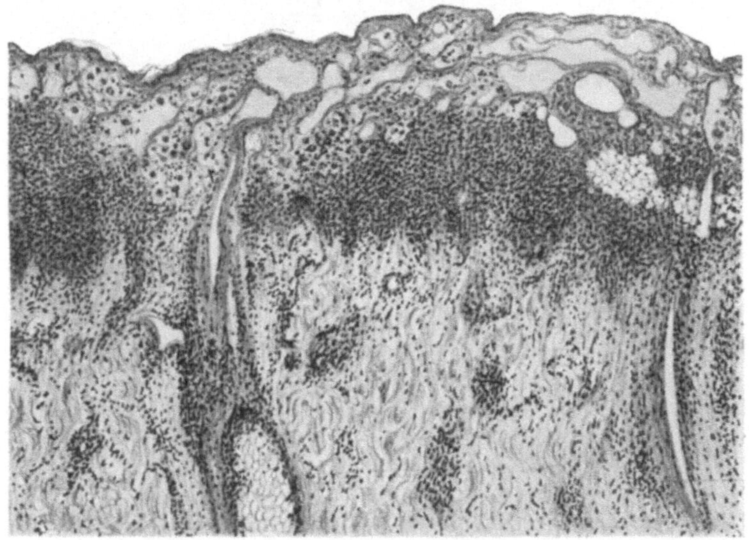

Abb. 32. Zoster-Pustel. Vergrößerung 42.

und wichtigster Punkt ist hier das seit langem erkannte Kausalitätsverhältnis zwischen Zoster und Erkrankung des Nervensystems festzustellen. Wohl ganz allgemein wird heute angenommen, daß es Zosterausbrüche ohne Läsion der spezifischen Substanz nicht gibt; diskutiert wird nur noch darüber, wo überall der Sitz der Schädigung sein kann. Zunächst war man ja der Meinung, daß die Spinalganglien bzw. die Ganglien der Hirnnerven ausschließlich betroffen seien (BÄRENSPRUNG, BLASCHKO, HEAD und CAMPBELL u. a.), und daß die segmentäre, in der Regel streng halbseitige Anordnung der Affektion nur deshalb zustande komme, weil die Schädigung dort verankert sei. Allmählich wurde aber das Unhaltbare einer solch strengen Formulierung erkannt, und heute steht die Mehrzahl der Autoren auf dem Standpunkt, daß der Herd ebensogut im Rückenmark wie im peripheren Nerv, und zwar an jeder beliebigen Stelle desselben sitzen kann. Besonders durch WOHLWILLS anatomische Studien ist hierüber Klarheit gebracht worden.

Jeder Zoster geht also mit einer Nervenerkrankung einher! Diese Feststellung führt von selbst zur Frage, in welchem Verhältnis stehen

Haut und Nervenprozeß zueinander? Was ist das Primäre, was das Sekundäre? Ist das eine Ereignis dem andern unter- oder etwa nur beigeordnet? Die dermalen hauptsächlich vertretene Ansicht hält die Schädigung der Nervensubstanz für das Primäre, die Veränderungen im Hautbereich für eine Folge dessen. Jedes periphere sensible Neuron wurzelt mit seinen Endverzweigungen in der Epidermis; innigste Beziehungen bestehen daher zwischen Epithel- und Nervenfunktion. Nur so lange kann erstere der Regel entsprechend verlaufen, als die Innervation gehörig ist, d. h. der Nerv sich im

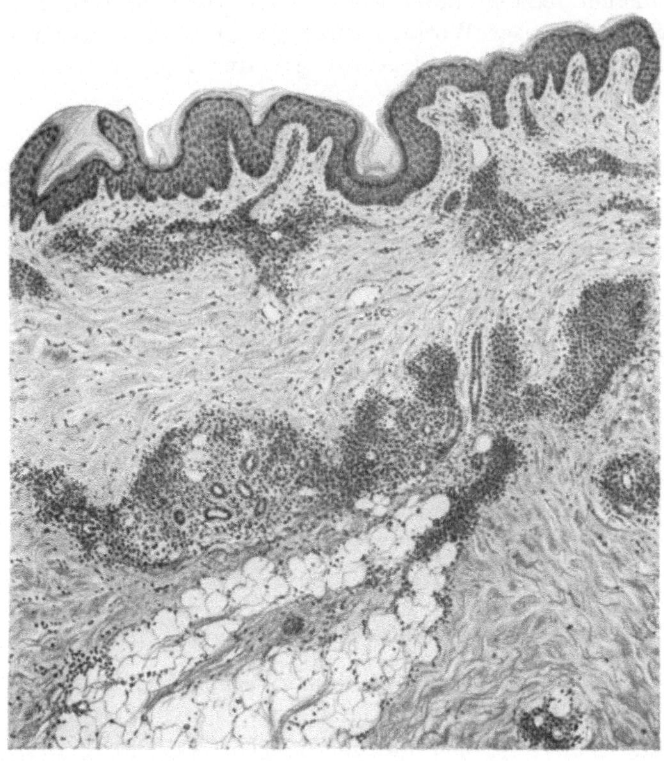

Abb. 33. Schnitt durch einen Herd von Zoster abortivus. Vergrößerung 42.
Akut entzündliche Erscheinungen vor allem auch in den tiefen Lagen der Cutis ohne Epithelläsion.

Normalzustand befindet. Kommt es an irgendeinem Punkt desselben oder an übergeordneter Stelle, Spinalganglion, Rückenmark, zu bestimmten Läsionen, so muß dies auf die Oberhaut abfärben; Störungen, hauptsächlich trophischer Art, müssen im Verzweigungsgebiet des Nerven hervortreten, und die früher beschriebenen Zellveränderungen würden eben als Ausdruck hierfür zu deuten sein.

Die Dinge lägen dieser Vorstellung gemäß relativ einfach: Wo wir Zosterausbrüchen begegnen, wäre die Grundkrankheit im Nervensystem verankert, die Haut würde gewissermaßen nur mitreagieren, die Erscheinungen in ihrem Bereiche wären nicht durch das schädigende Agens direkt, sondern auf Umwegen ausgelöst.

Diese Erklärungsweise schien zunächst alle Rätsel zu lösen, vor allem auch das, daß so verschiedene Ursachen dieselben Hauterscheinungen hervorzurufen vermögen. Bekanntlich wird ja seit jeher zwischen symptomatischem und idiopathischem Zoster unterschieden; daß nun beispielsweise bei Arsen- oder Kohlenoxydvergiftung grundsätzlich dieselben Hauterscheinungen hervortreten können, als wenn ein bestimmtes Virus in den Körper eindringt — und daß beim idiopathischen Zoster die Dinge so sein müssen, wurde seit langem geglaubt (ERB, KAPOSI, BLASCHKO) —, schien durch die erörterte Vorstellung vom Wesen des Prozesses genügend erklärt. Der Schwerpunkt des Geschehens liege eben stets in der Alteration der spezifischen Substanz; wodurch dieselbe im Einzelfall bedingt werde, sei mehr oder weniger gleichgültig, — durch chemische Einflüsse könne dasselbe erzeugt werden, wie durch mechanisch-traumatische oder durch belebte Ursachen. Immer wieder werde das Nervengewebe an bestimmter Stelle getroffen und zerstört, — der Reflex nach außen zu müsse daher im wesentlichen immer wieder derselbe sein.

Eingehendere Beschäftigung mit dem Zosterproblem hat nun gezeigt, daß die Zusammenhänge doch nicht so einfach sind, wie es eben erörtert wurde. Zunächst stellten jene Fälle eine gewisse Belastung der Theorie dar, wo es trotz Läsion der Nervensubstanz nicht zur Zosterbildung kommt. Als Beispiel hierfür erinnere ich Sie daran, daß bei Resektion der hinteren Wurzeln, wie sie von FOERSTER für gewisse Fälle von Tabes empfohlen wurde, durchaus nicht Zostereruptionen auftreten müssen; das gleiche wissen wir von Eingriffen an Ganglien, sowie peripheren Nerven — von einem Gesetz: Jede Störung einer sensiblen Bahn führt zwangsläufig zum Zoster, kann daher nicht die Rede sein.

Ein zweiter Punkt, der Bedenken auslösen mußte hinsichtlich Richtigkeit der erwähnten Vorstellungen, ergab sich aus der auf experimentellem Wege gewonnenen Erkenntnis, daß die Blasen beim idiopathischen Zoster nicht steril sind, vielmehr das für den Prozeß offenbar maßgebende Virus enthalten. B. LIPSCHÜTZ ist es als erstem gelungen, mit Zosterbläschenmaterial auf der Kaninchencornea Affekte zu erzeugen, die, vor allem auch auf Grund bestimmter histologischer Einzelheiten, den Hautläsionen beim Menschen grundsätzlich gleichen. BLANC und CAMINOPETROS, TRUFFI haben LIPSCHÜTZ' Befunde in der Folge bestätigt, KUNDRATITZ durch gelungene Überimpfung von Zosterblaseninhalt auf die Haut von Säuglingen und Kleinkindern den Beweis erbracht, daß Virus in ihm vorhanden ist, — kurz es kann heute kaum mehr ein Zweifel darüber bestehen, daß die Zosterblase zu gewissen Zeiten ihrer Entwicklung den Erreger enthält und daß derselbe daher an dem Zustandekommen der Epithelläsion Anteil haben wird.

Verschiedenste Fragen mußten sich an diese Erkenntnis zwangsläufig anschließen, vor allem: Wie kommt das Virus in die Blase? und wie wirkt sich seine Anwesenheit im Epithelbereich aus? — Ist das Virus in der Blase überhaupt dasselbe wie das die Nervensubstanz schädigende oder sind etwa zwei verschiedene Noxen am Werke? Und wenn nur ein Virus in Betracht kommt, wo gelangt dasselbe zuerst hin, in den Nerv oder in die Epidermis? Liegen die Dinge etwa so, daß der Keim tatsächlich primär im Nervensystem angreift, etwa an zentraler Stelle und von hier via peripherer Bahn bis in die Endverzweigungen fortgeleitet wird? Oder kommt das Virus auf dem Blut- und Lymph-

wege ebenso in die Epidermis wie ins Nervensystem und entfaltet an beiden
Stellen seine Wirkung, aus deren Zusammenspiel erst der spezifische Effekt,
die Blase, resultiert? Hier schließen sich von selbst Fragen mehr morphologi-
scher Natur an: Gleicht jede Zosterblase der anderen, sind die mikroskopischen
Bilder beim symptomatischen Zoster dieselben wie beim idiopathischen oder
finden sich bei letzterem vielleicht doch Besonderheiten, die auf das Vorhandensein des spezifischen Agens bezogen werden müssen? Ist die Zosterblase überhaupt von anderen Blasenbildungen, die in gleicher Weise auf ballonierender
und retikulierender Degeneration beruhen, ohne daß wir von einer primären
Nervenläsion hierbei etwas wissen, sicher zu unterscheiden, oder gibt es Übergänge, die jede Differenz verwischen?

All die gestellten Fragen, die noch unschwer vermehrt werden könnten,
restlos zu beantworten, ist dermalen unmöglich. Wir befinden uns am Anfang
der Erkenntnis und erst weitere, unter Zugrundelegung der neu ermittelten
Tatsachen durchgeführte Bearbeitung von Zostermaterial, wird Aufklärung
bringen. Bis dahin sind wir auf Vermutungen angewiesen; und welcher Art
dieselben sein können, sei im folgenden kurz angedeutet.

Daß beim Zoster idiopathicus das Virus in die Haut kommt, muß, wie wir
früher gehört haben, als Tatsache anerkannt werden, desgleichen daß die Nervensubstanz davon befallen wird. Für die Blasenbildung sind offenbar beide Faktoren von Bedeutung; die Läsion der sensiblen Bahn allein genügt wahrscheinlich nicht, sie ist, wie WOHLWILL meint, wahrscheinlich nur eine Vorbedingung
für das Zustandekommen der Veränderungen im Epithelbereich, der ätiologische
Faktor muß dort noch in Wirkung treten, damit das Vollbild der Läsion entstehen kann. Es würden demnach zwei Schädigungen einander überlagert sein,
eine trophische, wenn wir sie so nennen wollen, der eine spezifische, durch
das Virus direkt bedingte aufgepflanzt ist. In der Tat sprechen gewisse histologische Einzelheiten für solche Zusammenhänge. Wie früher ausgeführt wurde,
begegnet man in Zosterbläschen häufig vielkernigen, riesenzellartigen Gebilden;
dieselben Elemente sind uns auch bei der Salvarsandermatitis untergekommen,
sie stellen überhaupt, wie wir gehört haben, einen regelmäßigen Befund bei
ballonierender Degeneration vor. Vielleicht handelt es sich hierbei um
den Effekt trophischer Störungen; es ist durchaus möglich, daß die Epithelzelle gewisse Innervationsstörungen, bedingt durch Läsion der zu ihr gehörigen sensiblen Fasern mit Äußerungen beantwortet, wie sie hier vorliegen;
es würde demnach überall dort, wo solche Zellbildungen gegeben
wären, mit einer Primäralteration im Bereich der sensiblen Bahn
zu rechnen sein, die für uns erst durch die Veränderungen an den Retezellen
sichtbar wird. Auf diese Weise wäre erklärt, warum ballonierende Degeneration
unter so verschiedenen ätiologischen Verhältnissen in Erscheinung tritt: Das
Prinzip der Schädigung ist eben in allen diesen Fällen insoweit
das gleiche, als der primäre Angriffspunkt der Noxe der gleiche
ist, die nervöse Substanz. An welcher Stelle sie getroffen wird, ob im Bereiche ihrer letzten Verzweigungen oder höheren Orts ist offenbar hinsichtlich
des Endeffektes mehr oder weniger nebensächlich, — in beiden Fällen reagiert
das Epithel in gleicher Weise. Gerade aus gewissen Erscheinungen beim Zoster
kann dies erschlossen werden, ich meine die Tatsache, daß es eine generalisierte Form desselben gibt. Hier können die Dinge gar nicht anders liegen,

als daß der Reiz an der Peripherie angreift und dabei hinsichtlich des Einzeleffektes doch zum selben Ende führt, als wenn ein Spinalganglion primär betroffen wird.

Ballonierende Degeneration wäre demnach stets als Ausdruck einer Störung der Zelltrophik anzusehen, bedingt durch Aufhebung der normalen nervösen Innervation. Letzten Endes hätten wir damit in allen solchen Fällen eine primäre Erkrankung der nervösen Substanz vor uns; beim Salvarsanschaden, der mit Blasenbildung einhergeht, wäre die Erstlingsalteration genau so dort verankert wie beim Zoster, bei der Varicella, beim Herpes simplex und febrilis. Und nur deshalb, weil das Schädigungsprinzip dasselbe ist, kommt es zu sich mehr oder weniger gleichenden klinischen Signalen, d. h. zu Blasenbildungen, die gewisse Gesetzmäßigkeiten in makro- und mikroskopischer Hinsicht aufweisen. Histologisch ist eben immer wieder das Phänomen der ballonierenden Degeneration gegeben, es führt gewissermaßen, und schafft damit die Grundlage für das übereinstimmende Aussehen der Blase, wenigstens in den Hauptzügen. Gewisse Unterschiede bestehen ja und müssen bestehen, entsprechend der spezifischen Zellschädigung, die nun noch dazutritt. Dadurch erhält die Blase offenbar erst ihr charakteristisches Gepräge. Das, was durch die ballonierende Degeneration an Erscheinungen gesetzt wird, ist der Hauptsache nach immer dasselbe, käme nicht noch ein weiterer Faktor hinzu, so müßten sich alle diese Läsionen gleichen; daß es zwischen ihnen in der Tat Unterschiede gibt, kann meines Erachtens nur auf dem Hinzutreten der spezifischen Schädigungskomponente beruhen. Welche celluläre Veränderungen durch sie bedingt sind, ist im Einzelfall allerdings schwer zu entscheiden, besonders wenn es sich um ältere Efflorescenzen handelt. Hier ist die Gesamtläsion so weit gediehen, daß sich nie mehr sicher erkennen läßt, was von den Zellveränderungen auf Rechnung des einen, und was des anderen der beiden überlagerten Schädigungseffekte zu setzen ist.

In jungen Zosterblasen finden sich gewisse Bildungen, die auf eine spezifische Schädigung bezogen werden können. Ich meine die zuerst von KOPITOWSKY beschriebenen, späterhin von LIPSCHÜTZ besonders eingehend studierten Veränderungen der Zellkerne. Die Kerne der erkrankten Epithelien enthalten nämlich mit gewisser Regelmäßigkeit eosinophile Kugeln und Klumpen, die LIPSCHÜTZ „Zosterkörperchen" genannt hat und für Reaktionsprodukte der Zellen auf das in ihnen parasitierende Virus hält, mithin für „Einschlüsse" im Sinne der Chlamydozoenlehre. Gelegentlich liegen diese Gebilde auch außerhalb des Kerns im Zellplasma. Ohne darauf eingehen zu müssen, was sie in der Tat darstellen — meines Erachtens handelt es sich hier wieder um das uns schon seinerzeit begegnete Phänomen der Nucleolarreaktion, LUGER und LAUDA deuten sie als Produkt einer oxychromatischen Degeneration des Kerns — haben wir es zweifellos mit Äußerungen zu tun, die abseits von dem liegen, was zur ballonierenden Degeneration im eigentlichen Sinne gehört und es ist wohl durchaus wahrscheinlich, daß sie mit der spezifischen Läsion der Zelle in Zusammenhang stehen. Natürlich sagt uns dieser Befund noch lange nicht alles, was die Noxe im direkten Angriff an Zellveränderungen hervorzubringen vermag, aber ein gewisses Signal scheint so doch dafür gegeben, daß das Agens mit der Zelle eine direkte Bindung eingeht, mithin daß nicht alle Veränderungen im Bereiche des Krankheitsherdes ausschließliche Folge der Nervenläsion sind. Hier schiebt sich nun von selbst eine der früher gestellten Fragen ein, nämlich die, wie liegen die Verhältnisse diesbezüglich beim symptomatischen Zoster? Bei ihm haben wir kein Virus, das sekundär angreift. Finden sich trotzdem die „Zosterkörperchen"? Ist der Bau der Blase überhaupt identisch oder zeigt das histologische Bild doch gewisse Abweichungen? Darauf sichere Antwort zu geben, ist dermalen unmöglich; Berichte über die Struktur symptomatischer Zosterblasen sind im ganzen sehr gering und was vorliegt berücksichtigt nicht die hier aufgerollte Fragestellung. Zukünftige Studien haben also erst diesbezüglich Aufklärung zu bringen. Wahrscheinlich sind die mikroskopischen Bilder beim symptomatischen Zoster etwas anders als beim idiopathischen; das glaube ich deshalb, weil die Blase bei der Salvarsandermatitis nicht ganz der des Zosters gleicht; dabei ist zwischen einem Arsenzoster und den disseminierten Blasen-Pustelbildungen bei Salvarsanvergiftung offenbar kein grundsätzlicher Unterschied; dem Wesen nach werden beide Erscheinungen ebenso zusammengehören wie die segmentär angeordnete und generalisierte Form des idiopathischen Zoster. Gewisse Schlüsse hinsichtlich der Struktur des Arsenzosters sind also aus dem Material der bullösen Salvarsandermatitis wohl gestattet; und da muß nun gesagt werden, trotz ballonierender Degeneration und Riesenzellbildung sind die Kernveränderungen doch etwas anders wie beim Zoster; man findet ja auch hier gequollene, acidophile Nucleoli, kurz Gebilde, die mit „Zosterkörperchen" Ähnlichkeit besitzen, — ob sie wirklich dasselbe sind, muß dahingestellt bleiben.

Ich habe dies erwähnt, um zu zeigen, nach welcher Richtung zukünftige Studien anzustellen wären; symptomatischer Zoster müßte untersucht und hinsichtlich seines histologischen Verhaltens mit idiopathischem verglichen werden. Finden sich wirklich nur bei letzterem die „Körperchen", so spricht dies für die Richtigkeit des hier Auseinandergesetzten. Trifft das Gegenteil zu, d. h. wird auch in irgendeinem Falle von symptomatischem Zoster gleiches gefunden, so darf das nicht ohne weiteres als Gegenbeweis gewertet werden. Die Frage des symptomatischen Zoster ist an und für sich verwickelt, vor allem muß immer wieder daran gedacht werden, ob nicht im Einzelfall doch nur ein idiopathischer vorliegt, der von uns nur ob zufälliger Nebenumstände als symptomatischer gedeutet wird. Es soll damit nicht in Abrede gestellt sein, daß es symptomatischen Zoster wirklich gibt — lediglich zur Vorsicht in der Einschätzung sei damit gemahnt. Die Dinge könnten ja auch so liegen, daß die betreffende Noxe, sagen wir Arsen oder Kohlenoxyd, tatsächlich die Nervensubstanz lädiert und damit den Boden für die Zosterreaktion bereitstellt, das letztere aber selbst nicht besorgt; vielleicht greift hier das Virus ein. Damit hätten wir im histologischen Bilde wieder den Typus idiopathischer Zoster gegeben, trotzdem eigentlich eine Mischform vorliegen würde.

Natürlich entsteht hier die Frage, wo kommt in solchen Fällen das Virus her? Darauf ist keine sichere Antwort zu geben. In Betracht muß gezogen werden, daß es sich um einen auf der Haut ständig vorkommenden Keim handelt, der unter bestimmten Voraussetzungen aktiv wird; und diese Voraussetzung würde eben durch die vorangehende Nervenläsion geschaffen. Es würde sich also um ein Einwandern des Virus in einen Locus minoris resistentiae handeln. Beim idiopathischen Zoster werden die Verhältnisse in der Regel wohl anders liegen. Hier dringt der Keim offenbar in die Blutbahn und wird mit der Blut-

welle ausgesät. Ob seiner spezifischen Affinität zu Zellsystemen ekto-
dermaler Herkunft kann er nur im Bereiche solcher festen Fuß fassen, —
daher Lokalisation im Bereiche der nervösen Substanz, auch nicht an allen
Stellen derselben, sondern nur an ganz bestimmten Abschnitten — Ähnlichkeit
der Verhältnisse mit denen bei der Poliomyelitis anterior! — und der Epidermis,
die wieder nur dort günstige Ansiedlungsbedingungen bietet, wo bereits eine
gewisse Störung der Zelltrophik vorliegt. Und von ihrem Grade hängt letzten
Endes der Grad der Gesamtläsion ab; denn das Virus kann in der Epithelzelle
offenbar nur insoweit seine schädigenden Kräfte entfalten, als die vorangegangene
Schädigung dies erlaubt. Die jeweils gegebene Form der Läsion, das eine Mal
die umfängliche Epithelabhebung, das andere Mal das abortive Bläschen,
würden sich aus dem verschiedenen Zusammenspiel dieser Kräfte ungezwungen
erklären. Und auch jene Form, die eigentlich den Ausgangspunkt für unsere
Erörterungen über Wesen und Pathogenese des Zosters abgegeben hat —
die rein entzündliche ohne Mitbeteiligung der Epidermis —, kann dadurch
dem Verständnis nähergebracht werden. Hier ist die Epithelzelle offenbar
fest gegen das Virus, entweder weil die trophische Störung nicht entspricht
oder der chemische Aufbau der Zelle reaktive Äußerungen ausschließt. Dazu
kommt wahrscheinlich, daß das Virus in solchen Fällen am Capillarendothel
günstige Angriffsverhältnisse findet; in der Tat ist auf Grund der LIPSCHÜTZ-
schen Erhebungen mit der Möglichkeit solcher Vorkommnisse zu rechnen. Das
Virus scheint sich unter gewissen Bedingungen eben auch einmal abseits vom
Ektoderm ansiedeln zu können. Jedenfalls ist dies die Ausnahme — weitere
Studien sind zur Klärung hierüber notwendig.

Was nun die Frage nach der Natur des Zostervirus anlangt, so scheinen
Beziehungen desselben zum Virus der

Varicella

zu bestehen. Wiederholt ist ja auf Grund klinischer Beobachtung eine Zusammengehörigkeit beider Prozesse vermutet worden — besonders BÓKAY hat dem
Ausdruck verliehen —, sicher bewiesen wurde sie erst in letzter Zeit durch
die Impferfolge von KUNDRATITZ. Diesem Autor gelang es, wie früher schon
bemerkt, mit Inhalt von Zosterbläschen bei Kindern Hautaffekte zu erzeugen,
die klinisch und histologisch Varicellen glichen bzw. ein Bild darboten, das in
gleicher Weise für Zoster und Varicella gedeutet werden konnte. Dabei blieben
solch mit Erfolg geimpfte Kinder trotz innigsten Kontaktes mit Varicellakranken
von dieser Infektion frei und das zwischen Impfung und Auftreten der Bläschen
verstrichene Intervall zeigte weitgehende Übereinstimmung mit dem für die
experimentelle Varicellisation bekannten Termin.

Gewichtige Momente sprechen also für nahe Beziehungen
zwischen Zoster und Windpocken! Daß wir deshalb bei letzteren histologische Bilder antreffen, die sich in nichts von denen des Zoster unterscheiden,
kann nicht wundernehmen. Wie übereinstimmend die Befunde sein können,
sei durch Vorweisung zweier Präparate dargetan. Das erste (Abb. 34) stammt
von einem jungen Varicellabläschen. Beim ersten Ansehen gewinnt man den
Eindruck, daß es sich um ein Degenerationsbläschen handelt. Genau so wie
beim Zoster finden sich auch hier am Blasenboden und im Blasenraum große,
gequollene Zellen zum Teil mit mehreren Kernen, die nur das Produkt

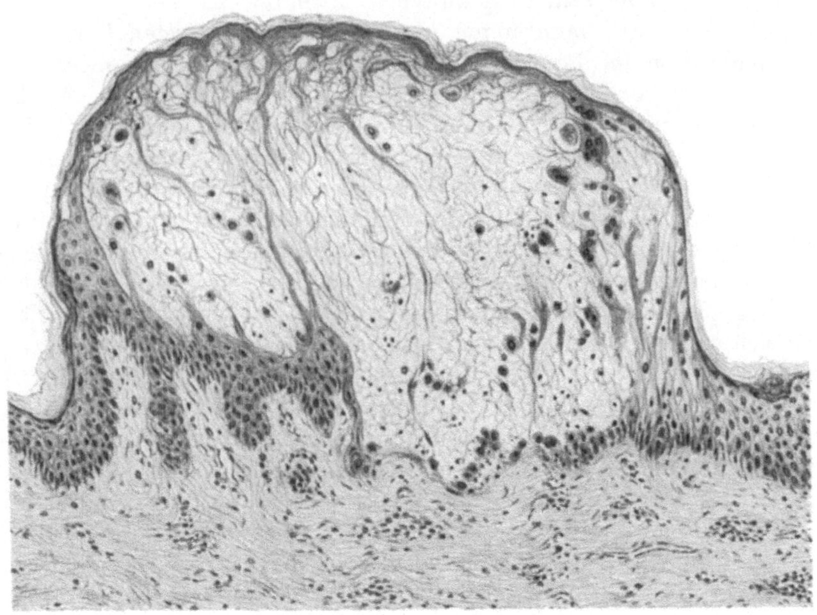

Abb. 34. Varicella-Bläschen. Vergrößerung 81.
Gleiches Bild wie bei Zoster. Zahlreiche Epithelballons am Blasensaum.

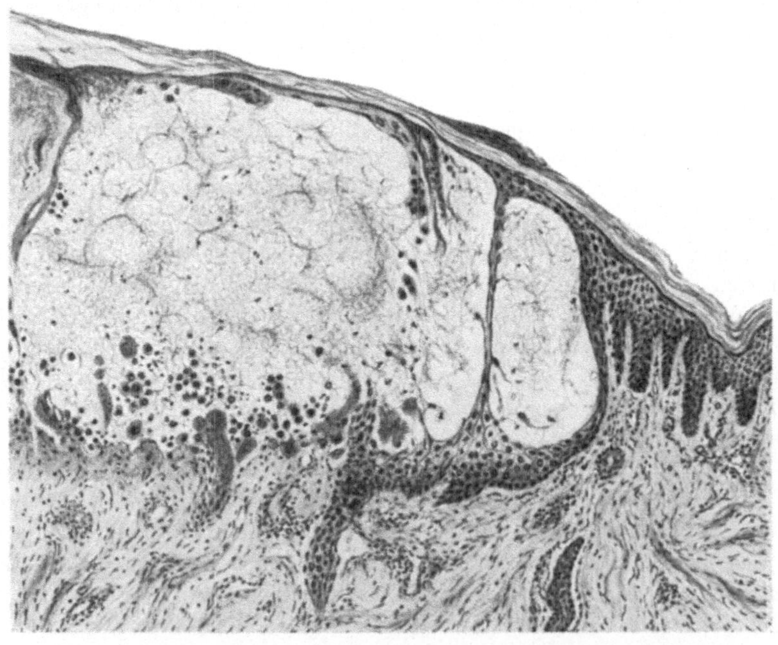

Abb. 35. Schnitt durch eine Impf-Zosterblase. Vergrößerung 60.
Veränderungen entsprechen völlig den früher kennengelernten.

ballonierender Degeneration sein können. In den Randpartien der Höhlung, besonders rechterseits sind Epithelsepten entwickelt, die dort und da noch Kerne enthalten. Der Inhalt des Bläschens besteht aus geronnener Exsudatmasse, Rundzellen sind nicht eingewandert — wir haben demnach die rein serös-fibrinöse Bläschentype vor uns. Hinsichtlich entzündlicher Vorgänge im Papillarkörper liegen die Dinge genau so, wie wir sie beim Zoster kennen gelernt haben, von einer irgendwie nennenswerten Reaktion kann nicht die Rede sein.

Das zweite Präparat (Abb. 35), das meine Sammlung LIPSCHÜTZ verdankt, stammt von einem Impfzoster bzw. von einer Bläscheneruption, die bei einem Kinde, durch Inokulation mit Zostermaterial erzielt, klinisch von Varicella nicht

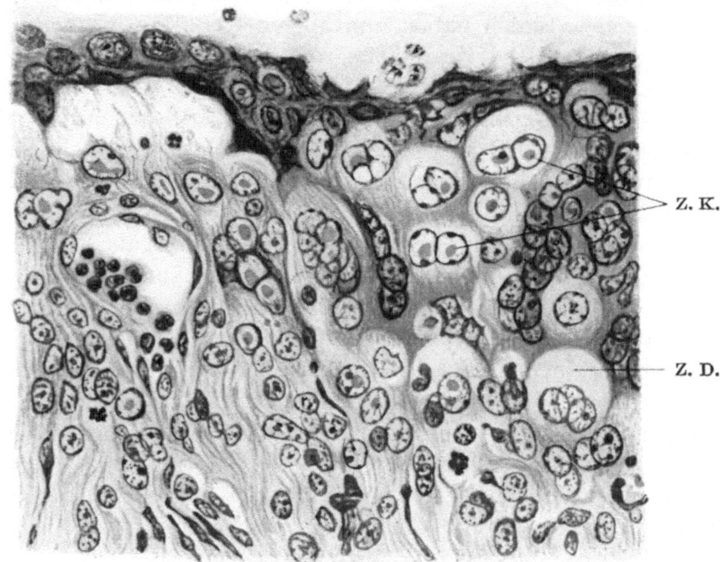

Abb. 36. Stelle aus dem früheren Präparat. Darstellung der Zellverhältnisse. Hämalaun-Eosin-Färbung. Vergrößerung 380.
Ballonierende Degeneration in voller Form, Riesenzellbildung (Z. D.), wieder eosinophile Körper in den Kernen (Z. K.)

zu unterscheiden war. Und auch histologisch ist dies nicht möglich. Die Blase gleicht in allen Einzelheiten der vorher demonstrierten; wieder liegt der Typus der Degenerationsblase vor, wieder finden sich die Zellballon in ihrer vielgestaltigen Form, dort und da ist Septenbildung angedeutet, der Blasenraum wird wieder von geronnenem Exsudat erfüllt — kurz es findet sich nichts, was nicht in dem früheren Präparat vorhanden wäre —, ein irgendwie auffälliger Unterschied ist trotz alles Suchens nicht festzustellen. Die Übereinstimmung reicht bis in alle Einzelheiten, so finden sich auch in beiden Fällen die „Zosterkörperchen". Abb. 36 hält eine diesbezügliche Stelle aus dem früheren Präparat fest und zeigt Kernveränderungen der ganz gleichen Art wie Präparat 25.

An das eben Erörterte schließt sich nun von selbst die Besprechung des

Herpes simplex

an. Auch hier sind in den letzten Jahren Tatsachen ermittelt worden, die uns vor neue Fragen stellen und an manchen der bisherigen Vorstellungen rütteln.

Ähnlich wie der Zoster wurde auch der Herpes simplex seit jeher mit nervösen Störungen in Zusammenhang gebracht, d. h. man nahm auch für ihn an, daß er letzten Endes nur Antwort auf eine im Bereiche der spezifischen Substanz lokalisierte Schädigung sei. Wo dieselbe ihren Sitz habe und welcher Art sie sei, darüber konnte allerdings irgendwie Sicheres nicht erschlossen werden; die Klinik des Herpes, sein Auftreten unter so verschiedenen Bedingungen — ich erinnere an die Type Herpes febrilis, labialis, genitalis — gestattete von vornherein kaum die Annahme, daß es sich um eine einheitliche Schädigung handeln werde, näher lag der Schluß, in derselben Weise wie beim Zoster verschiedene Ursachen für das Auftreten der Hautreaktion verantwortlich zu machen. An ein spezifisches Virus als Agens zu glauben, lag ziemlich fern.

Experimentelle Studien haben nun aber den Beweis erbracht, daß es sich doch um eine einheitliche Krankheitsgruppe handelt und daß die Gewebsläsionen durch lebendes Virus bedingt sind. LÖWENSTEIN, GRÜTER, DOERR, LUGER und LAUDA, LIPSCHÜTZ u. a. ist es bekanntlich gelungen, mit Herpesbläscheninhalt auf der Cornea von Kaninchen spezifische Affekte zu erzeugen, GILDEMEISTER und HERZBERG konnten auf der Planta pedis von Meerschweinchen sehr regelmäßig Haftung erzielen — und stets wurde dasselbe erreicht, ob nun diese oder jene Form einer Herpeseruption als Ausgangsmaterial benutzt wurde. Die Gesetzmäßigkeit, mit welcher solch positive Impfeffekte zu erzielen sind, lassen an der Tatsache des Vorhandenseins der Keime in jedem Falle von Herpes nicht mehr zweifeln. Und auch ein zweiter wichtiger Umstand erscheint experimentell sichergestellt: Das Virus ist nicht ein reines Hautvirus, es findet sich nicht etwa nur im Bereiche der Blasen, sondern auch außerhalb derselben im Organismus, vor allem im Zentralnervensystem. Impfversuche haben dies eindeutig aufgedeckt: Mit Herpesinhalt corneal geimpfte Tiere zeigen nicht selten Allgemeinerscheinungen cerebraler Art und die Untersuchung der Gehirne solcher Tiere ergaben encephalitische Veränderungen (LUGER und LAUDA, ZDANSKY u. a.); BASTAI und ROUILLARD konnten mit dem Lumbalpunktat von Herpes genitalis-Kranken positive Impfungen beim Kaninchen erzielen — kurz die Tatsache, daß das Herpesvirus Beziehungen zum Zentralnervensystem besitzt, ist vielfach sichergestellt. Die Dinge liegen demnach hier durchaus ähnlich wie beim Zoster, — weit verwickelter, als man lange Zeit angenommen hat! Das Hautsymptom beruht nicht nur auf lokalen cellulären Schädigungen durch das Virus, auch die Nervensubstanz wird von ihm befallen, und offenbar erst aus der Vereinigung der beiden Faktoren resultiert die Spezifität der klinischen Erscheinung. Ebensowenig wie Zoster ohne Nervenerkrankung, scheint es Herpes simplex ohne solche zu geben, — die Läsion der spezifischen Substanz scheint in beiden Fällen Conditio sine qua non zu sein. Ein Unterschied besteht nur insoweit, als es einen Herpes simplex symptomaticus, also das Analogon zum Zoster symptomaticus nicht zu geben scheint; bei allen Herpesformen ist Virus gefunden worden, woraus geschlossen werden muß, daß wir es tatsächlich jedesmal, wo uns solche Ausbrüche begegnen, mit einer Infektionskrankheit zu tun haben, und zwar mit einer, die nach allem gewisse Beziehungen zur Encephalitis epidemica zu haben scheint. Wieder sind es auf experimentellem Wege gewonnene Erkenntnisse, die zu diesem Schlusse zwingen. Hier müssen vor allem die bereits mehrfach (SCHNABEL,

ZDANSKY u. a.) bestätigten Arbeiten über gekreuzte Immunität zwischen Herpes- und Encephalitisvirus von DOERR und VÖCHTING genannt werden; diesen Autoren gelang es, Kaninchen durch Herpesinfektion gegen nachfolgende Encephalitisimpfung festzumachen und umgekehrt. Diese Tatsache, sowie noch eine Reihe anderer, auf die nicht näher eingegangen werden soll, veranlaßten DOERR und VÖCHTING, von einer Identität des Herpes- und Encephalitisvirus zu sprechen, und wenn diese Behauptung auch nicht unwidersprochen geblieben ist (KLING, DAVIDE und LILIENQUIST, LUGER und LAUDA), so bedeutet sie jedenfalls eine wichtige Grundlage für weiteres Arbeiten. Denn das ist ja durch die experimentellen Studien zweifellos erwiesen, daß wir Herpesausbrüche nicht als lokales Hautereignis ansehen dürfen, wozu Einfachheit und Art der klinischen Manifestation verleiten, sondern stets als Teilsymptom einer Allgemeinerkrankung, bei der das Nervensystem mitbetroffen ist, und zwar an ganz bestimmter Stelle, wie man annehmen muß. Welche Stellen hierfür in Betracht kommen, wissen wir allerdings nicht — aus der Klinik des Herpes simplex ist diesbezüglich viel weniger zu erschließen als aus der des Zoster für analoge Fragen. Jedenfalls sind es wieder andere Stellen wie bei der Zona, vor allem scheinen die Ganglien kein Lieblingsplatz zu sein. Hält man an der Vorstellung gewisser Beziehungen des Zoster zur Poliomyelitis, des Simplex zur Encephalitis fest, so wäre damit eine gewisse Grundlage zur Diskussion darüber, wo der Angriffspunkt der Noxe überhaupt liegen kann, gegeben. Zugleich wäre auch gesagt, daß Zoster und Simplex trotz grundsätzlich gleicher Pathogenese doch wesensverschiedene Prozesse sind, daß wir demnach an der durch die Klinik aufgestellten Schranke nicht zu rütteln brauchen. Das die Krankheit auslösende Agens ist eben in jedem Falle ein anderes, Zoster- und Herpesvirus sind nicht dasselbe. So sehr beide im System einander nahestehen und in gleicher Weise durch Dermo- und Neurotropie ausgezeichnet sein mögen, schließlich besitzt doch jedes von ihnen seine Eigenart, und dies bestimmt die Verschiedenheit der durch sie bedingten klinischen Effekte. Dieser Vorstellung gemäß würde also Herpesvirus niemals Zoster erzeugen können und umgekehrt. Die Überzahl der experimentellen Ergebnisse bestätigt dies auch — nur LUGER und LAUDA haben in einem Falle aus Zosterinhalt auf der Kaninchencornea Keime gezüchtet, die sie auf Grund eingehender Studien für identisch mit denen des Herpes simplex erklären mußten; sie glauben daher, daß Herpesvirus unter Umständen Zoster hervorrufen könne. Durch diese Feststellung wird die ganze Frage natürlich noch verwickelter und ich habe sie deshalb erwähnt, um bei Ihnen ja nicht die Vorstellung aufkommen zu lassen, das Herpesproblem sei schon völlig gelöst, — davon sind wir noch weit entfernt. Was in den letzten Jahren an neuen Tatsachen ermittelt worden ist, hat uns zweifellos vorwärts gebracht und die Gesamtansicht von dem Wesen dieser Krankheitsgruppe befriedigender gestaltet, aber wie im einzelnen die Zusammenhänge zwischen Nerven- und Hautläsion liegen, welche Verhältnisse für das Eindringen, für Aktivierung und Aussaat des Virus maßgebend sind, nach welchen Regeln all dies verläuft, darüber sind wir noch völlig ungenügend orientiert; wahrscheinlich werden uns gewisse Punkte hiervon immer als Geheimnis verschlossen bleiben.

Nach diesen allgemeinbiologischen Bemerkungen nur ein paar Worte über die Histologie der Herpesblase. Bei ihren innigen Beziehungen zum Zoster ist von vornherein mit einer weitgehenden morphologischen Übereinstimmung zu rechnen. In der Tat ist sie gegeben und man kann auf Simplexblasen stoßen, wo jede Unterscheidung gegenüber Zoster unmöglich wird. Dies lehrt Abb. 37. Auch hier handelt es sich um eine typische Degenerationsblase. Das Bild ballonierender Zellveränderungen ist in voller Entwicklung anzutreffen, wieder liegen, hauptsächlich am Blasenboden, große, gequollene Zellen, gelegentlich mit mehreren Kernen ausgestattet, — Unnas Epithelballons. Im Papillarkörper nur mäßiger Grad von Entzündung, — auch hier besteht somit wieder ein gewisses Mißverhältnis zwischen dem reichlichen Flüssigkeitsaustritt und der geringen cellulären Infiltration. Die Verhältnisse erinnern diesbezüglich durchaus an jene bei der Urticaria und gerade so wie wir dort zur Annahme einer spezifischen Capillarwandschädigung gezwungen werden, müssen wir

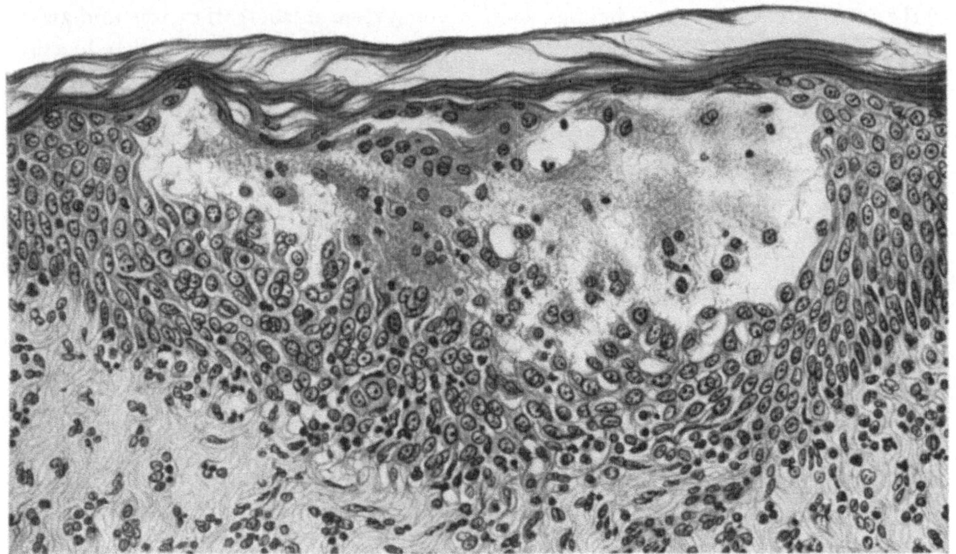

Abb. 37. Herpes simplex-Bläschen. Vergrößerung 210.
Ballonierende Zelldegeneration, weitgehende Übereinstimmung mit Zosterbläschen.

sie auch hier fordern. Damit jene Bläschenform zustande kommen kann, die wir beim Zoster, bei der Varicella und beim Herpes simplex gegeben finden, scheint eine ganz bestimmte Gefäßwandläsion notwendig zu sein. Sie ist offenbar ebenso Conditio sine qua non und Ausdruck für die Spezifität des Krankheitsgeschehens, wie die Zelldegeneration im Epithelbereich. Daß Bläschen von dem uns in dieser Gruppe begegnenden Typus zustande kommen, dazu müssen also verschiedene Systeme spezifisch lädiert werden, Nervensubstanz, Epidermis und Gefäßapparat. Der Vorgang ist demnach ungemein verwickelt, viel verwickelter, als es bei oberflächlicher Betrachtung den Eindruck erweckt.

Hier seien nur Präparate von Blasen bei

Erythema multiforme

angeschlossen und hierbei ein paar Worte über die Erkrankung im allgemeinen gesagt. Was Erythema multiforme ist, auf welchem ätiologischen Faktor es beruht, wissen wir nicht. Die Überzahl der Autoren hält es bekanntlich für eine Infektionskrankheit, allerdings mit der Einschränkung, daß nicht alles, was unter diesem Bilde verläuft, dem Wesen nach zusammengehört. Verschiedene Ursachen seien imstande, Hautreaktionen von polymorph-erythematösem Typus zu erzeugen; nach JESIONEK muß eine Gruppe „idiopathisches" und „symptomatisches" Erythema exsudativum multiforme unterschieden werden, wobei ersteres ätiologisch wahrscheinlich dem akuten Gelenkrheumatismus nahestehe, während jenes als Folge verschiedener Intoxikations- und Autointoxikationszustände in Erscheinung trete. Bei der Mannigfaltigkeit der klinischen Symptome und dem vielfach unregelmäßigen Verlauf hat die Annahme einer ätiologisch einheitlichen Krankheitsgruppe in der Tat wenig Wahrscheinlichkeit für sich,

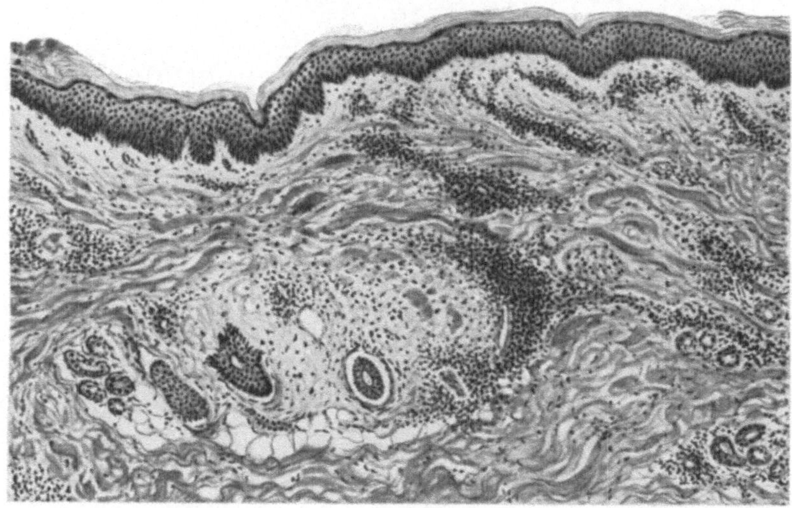

Abb. 38. Maculöse Efflorescenz von Erythema multiforme. Vergrößerung 42.

ja selbst für das Erythema multiforme idiopathicum muß es zweifelhaft erscheinen, ob hier immer derselbe Grundprozeß vorliegt. Unsere Orientierung über Ursache und Wesen dieser Krankheitsgruppe ist demnach im ganzen noch recht mangelhaft.

Die anatomische Untersuchung der Hautläsionen bringt, wie sich ob ihrer klinischen Mannigfaltigkeit eigentlich von selbst versteht, recht verschiedene, zum Teil grundsätzlich differente Bilder.

Das erste Präparat (Abb. 38) zeigt die Verhältnisse eines einfachen Erythemflecks; er wurde von einem Falle ausgeschnitten, der die Type Erythema multiforme maculosum repräsentiert hat. Das mikroskopische Substrat unterscheidet sich in nichts von dem, was wir früher schon bei verschiedenen Erythemen kennen gelernt haben. Eine Schilderung der Einzelheiten erübrigt sich.

Der zweite Schnitt (Abb. 39) stammt von einer Efflorescenz, die ob des starken Gewebsödems beetartig über das Niveau der Haut hervorgetreten war; Rückbildungserscheinungen waren noch nicht zu sehen, es handelte sich demnach um einen frischen Fleck. Neben ihm bestanden zahlreiche ältere Herde, zum Teil solche vom Typus des Herpes iris. Das anatomische Bild wird vom

Gewebsödem beherrscht. Der Papillarkörper erscheint höchstgradig durchtränkt; die Lymphspalten sind erweitert, die Kollagenbündel auseinandergedrängt und derartig verquollen, daß sie den Farbstoff nicht mehr der Regel entsprechend aufzunehmen vermögen, wodurch das Gewebe im Schnitt ein eigenartig glasiges Aussehen zeigt; zahlreiche Rundzellen, hauptsächlich lymphocytärer Natur, finden sich im Bereiche des Ödempolsters, doch nirgends in Form geschlossener Gruppen und Züge. Erst am Rand des Herdes stößt man auf solche, vor allem sieht man hier die Gefäße oft auf weite Strecken von umfänglichen Zellmänteln umgeben. Die Epidermis ist ödematös und von Rundzellen durchwandert, nirgends aber in ihrer Kontinuität gestört. Blasige

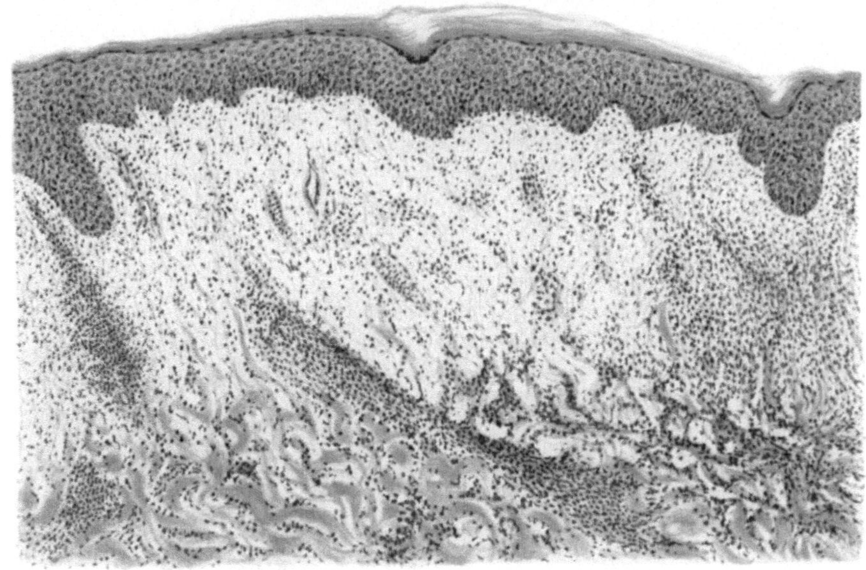

Abb. 39. Erythema multiforme, beetartig über das Niveau der Haut hervortretende Efflorescenz. Hämalaun-Eosin-Färbung. Vergrößerung 85.
Starkes Cutisödem bei reichlicher Zellinfiltration. Trotz Flüssigkeitsansammlung im Papillarkörper keine Epithelabhebung.

Bildungen sind trotz der stürmischen Exsudation an keiner Stelle wahrzunehmen. Ihnen begegnen wir nun in den nächsten Präparaten, die damit das Erythema exsudativum vesiculosum, resp. bullosum vertreten sollen. Klinisch handelt es sich bei beiden Fällen grundsätzlich um dasselbe Ereignis, um das Auftreten einer Bläschengruppe bzw. größeren Blase im Zentrum eines Erythemflecks. Zahlreiche solche Herde in verschiedener Entwicklungshöhe bedeckten die Streckseiten der Vorderarme.

Das erste Präparat (Abb. 40) betrifft ein Jugendstadium der Blasenbildung. Histologisch liegen die Dinge hier wesentlich anders als in dem gerade zuvor demonstrierten Schnitt; beim ersten Ansehen fällt der Mangel des hochgradigen Papillarkörperödems auf. Lediglich perivasculäre Rundzellenanhäufungen sind im obersten Cutisbereich festzustellen, nichts aber von stärkerer Durchtränkung des Kollagens und Verquellung desselben. Die Epidermis zeigt neben Rundzellendurchwanderung multiple Höhlenbildung, und zwar, wie besonders vermerkt werden muß, ausschließlich im untersten Reteteil, entsprechend der

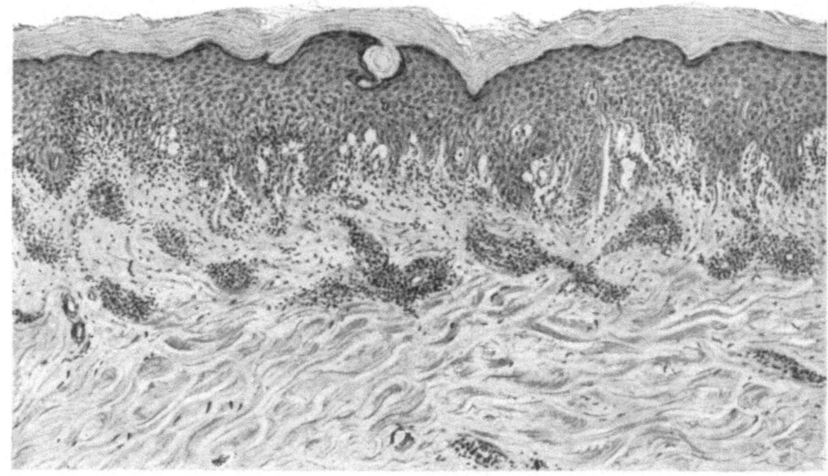

Abb. 40. Erythema multiforme. Beginn der Bläschenbildung. Vergrößerung 85. Perivasculäre Zellanhäufung im obersten Cutisbereich, kein Ödem. Die Basalschicht von Vakuolen durchsetzt.

Basalschicht und den ihr benachbarten Zellagen. Die Epidermis erscheint damit wie von unten her ausgehöhlt, und zwar ergibt sich bei näherem Zusehen,

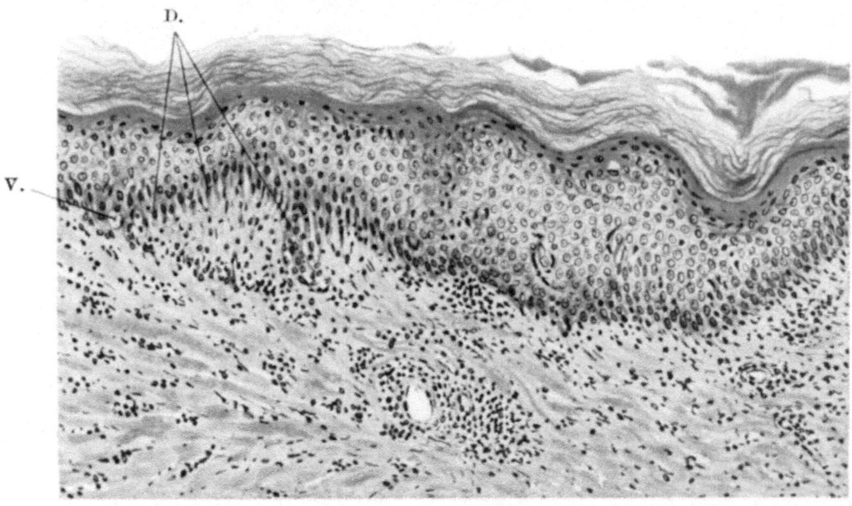

Abb. 40a. Erythema multiforme. Degeneration der Basalzellen. Hämalaun-Eosin-Färbung. Vergrößerung 160.
Bei D. fadenförmig in die Länge gezogene Retezellen, stark mit Eosin gefärbt. Bei V. Vakuolenbildung.

daß die Basalzellen nicht einfach verdrängt, von ihrer Unterlage abgehoben, sondern weitgehend verändert und destruiert sind. Stellenweise sind sie völlig

verflüssigt, stellenweise aber erscheinen sie in ihrem plasmatischen Bestand
reduziert und von Vakuolen durchsetzt. Ferner trifft man als charakteristischen
Befund immer wieder Verklumpung der Zellen und Erhöhung ihrer Färbbarkeit gegenüber Eosin. Dieses Phänomen geht der Vakuolenbildung und
Zellverflüssigung voraus, wie sich aus dem Studium des folgenden Präparates
(Abb. 40a) unschwer erkennen läßt. Hier ist die Bläschenbildung in den allerersten Anfängen gegeben. Lediglich an ein paar Stellen findet sich im Bereich der
Basalschicht Lückenbildung, sonst ist die Verbindung der Zellen überall gewahrt. Die Basalzellen selbst sind verändert, zum Teil erscheinen sie fadenförmig ausgezogen, zum Teil unregelmäßig verklumpt; ihr Kern ist meist noch
erhalten, ihr Plasma auffällig mit Eosin gefärbt, die Zellen treten dadurch aus

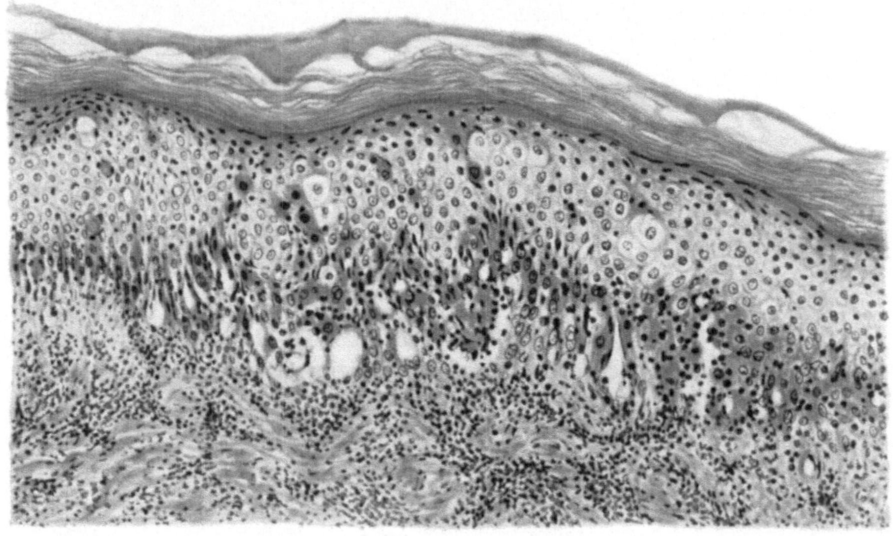

Abb. 41. **Erythema multiforme.** Degeneration der untersten Reteschicht und Beginn
der Aushöhlung. Hämalaun-Eosin-Färbung. Vergrößerung 160.
Verhältnisse wie im früheren Schnitt, nur Prozeß der Höhlenbildung weiter vorgeschritten.

ihrer Umgebung deutlich hervor. Nicht überall ist die Basalschicht von diesen
Degenerationsvorgängen — und um etwas anderes kann es sich wohl nicht
handeln — so gleichmäßig betroffen, stellenweise sind nur einzelne Zellen ergriffen, während ihre Nachbarn normales Verhalten aufweisen. Wo die Dinge
so liegen, erscheint im Hämalaun-Eosin-Präparat der unterste Anteil der Epidermis mit rotgelben Punkten und Flecken besetzt.

Das nächste Bild (Abb. 41) zeigt die Weiterentwicklung der Ereignisse, die
Zunahme der Höhlenbildung bei gleichzeitigem Fortschreiten der Zelldegeneration. Jetzt mangeln den eosinophilen Gebilden schon vielfach die Kerne, die
Zellen sind zusammengeflossen und überall von Höhlungen, sowie eingewanderten Rundzellen durchsetzt. Oberhalb von ihnen findet sich eine Schicht
viel besser erhaltener, natürlich auch nicht mehr normaler Reteelemente. Wieder
zeigt auch dieses Präparat den Mangel ödematöser Veränderungen im Papillarkörper, sowie den Beginn der Bläschenbildung am tiefsten Punkt der Epidermis.

Der Weg von dem zuletzt vorgewiesenen Stadium bis zur vollen Blase ist nur mehr ein kurzer ohne grundsätzlich neue Ereignisse. Offenbar durch rein mechanische Wirkung, infolge des Drucks der immer mehr und mehr zuströmenden Flüssigkeit kommt die totale Epidermisabhebung zustande. Abb. 42 zeigt diese Verhältnisse auf. Auch hier sind die degenerierten Epithelzellmassen noch gut zu erkennen, sie haften der Blasendecke an, die von der gesamten Epidermis beigestellt wird. Den Blasenboden bildet der freiliegende Papillarkörper, bzw. in der größeren, links gelegenen Blase der Rest des degenerierten Basalepithels, das zum Teil wieder blasig abgehoben ist.

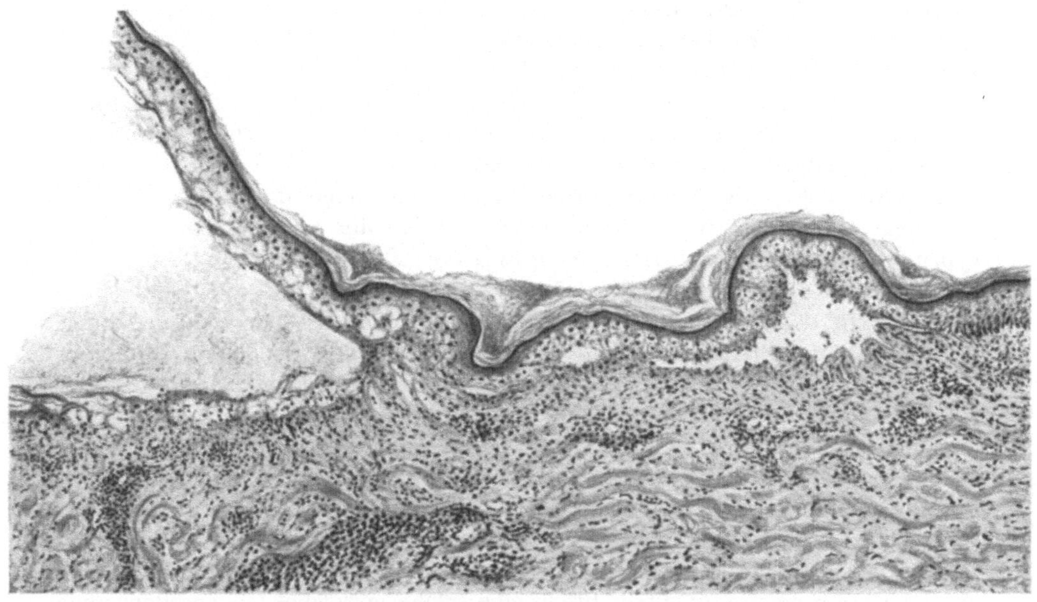

Abb. 42. Erythema multiforme bullosum. Vergrößerung 42.
Rechts kleineres Bläschen, links große Blase. Epidermis gänzlich abgehoben. Epithel der Blasendecke zeigt vakuoläre Degeneration.

Was lehren uns die vorgewiesenen Präparate? Zunächst, daß wir es hier allem Anscheine nach mit verschiedenen Prozessen zu tun haben. In dem einen Fall herrscht Bindegewebsödem vor, ohne daß es deswegen zu blasigen Epithelabhebungen gekommen wäre. In den Fällen, wo Höhlen- und Blasenbildung gegeben sind, mangelt stärkere Exsudation im Papillarkörper. Das spricht wohl eindeutig dafür, daß die Dinge nicht so einfach liegen können, wie man das im allgemeinen anzunehmen geneigt ist, nämlich, daß die Blasenentwicklung ausschließlich vom Grade der Gewebsdurchtränkung, i. e. Entzündung abhängt. Wenn es so wäre, müßte man wohl im ersten Fall Epithelabhebung erwarten, denn noch stärkere Ödemausschwitzung läßt sich kaum ausdenken. Offenbar muß also noch ein Faktor hinzutreten, damit der Flüssigkeitseinbruch Erfolg haben kann im Sinne von Höhlenbildung; und wenn man sich fragt, was wird hierfür ausschlaggebend sein, so kann man nur zur Vorstellung gelangen:

das Bestehen einer Epithelläsion. Solange die Retezellen intakt sind, d. h. in ihrem physikalisch-chemischen Aufbau keinerlei Änderung erfahren haben, kann ihnen meines Erachtens der Flüssigkeitseinbruch nichts anhaben, die interspinalen Räume werden aufs höchste erweitert, damit tritt eine gewisse Quellung der Oberhaut in Erscheinung, aber die Verbindung zwischen den Zellen hält. Vielleicht kann ja einmal durch das Ödem selbst eine gewisse Störung im Zellzustand bewirkt werden — jedenfalls ist das nicht das Gewöhnliche und für die im Präparat 40—42 vorliegenden Veränderungen Maßgebende. Das läßt sich auch, wie früher schon erwähnt, mit aller Sicherheit aus der Tatsache erschließen, daß hier Zelldegenerationen schon vor dem Ödemeinbruch gegeben sind (Abb. 40a u. 41).

Damit wären wir bei der Vorstellung angelangt, daß zum Zustandekommen der bullösen Form des Erythema multiforme vom Ödemeinbruch unabhängige Epithelläsionen Voraussetzung sind, mithin daß wir auch hier mit einer selbständigen Oberhauterkrankung zu rechnen haben. Und nun wäre es möglich, daß sie überhaupt das Primäre und Wesentliche, die Entzündungserscheinungen Folge davon sind, mithin die Dinge ähnlich liegen, wie beim Zoster und den ihm nahestehenden Blasentypen. Jedenfalls spielen bei gewissen Formen des exsudativen Erythems degenerative Vorgänge im Retebereiche eine bedeutsame Rolle, daran kann auf Grund der histologischen Befunde nicht gezweifelt werden; allerdings sind dieselben wieder anderer Art wie bei den früher erörterten Prozessen, — vor allem scheint ballonierende Degeneration nicht vorzukommen, wenigstens habe ich sie bisher nie auffinden können; auch in dem demonstrierten Material fehlt sie völlig. Unna beschreibt sie allerdings in einem Falle von vesikulösem Erythema multiforme, i. e. Herpes iris. Vielleicht liegen die Dinge bei dieser Erscheinungsform etwas anders; auch ich habe in einem solchen Falle gelegentlich einmal mehrkernige, riesenzellartige Gebilde im Epithel verstreut gefunden, allerdings nicht im Bereich einer Blase; vielleicht hätte sich aber späterhin gerade an dieser Stelle eine solche entwickelt — wie dem auch sei, jedenfalls bestehen hier gewisse Differenzen, deren Aufklärung erst weitere Arbeit bringen wird. Dermalen kann nur als Tatsache verzeichnet werden, daß dem Erythema multiforme kein ganz einheitlicher anatomischer Befund zugrunde liegt, ja, daß man aus den histologischen Bildern auf gewisse Unterschiede in der Genese der einzelnen Erscheinungsformen schließen muß. In einer Gruppe der Fälle scheint die Epidermis Angriffspunkt für das schädigende Agens, die Oberhautalteration damit so wie beim Zoster erstes und wesentliches Ereignis zu sein. Ob in Fällen, wo auf Grund des histologischen Befundes für eine solche Entstehungsart keinerlei Anhaltspunkt gegeben erscheint, tatsächlich eine, auch in ätiologischer Hinsicht völlig andersartige Erkrankung vorliegt, kann nicht entschieden werden. Die Verhältnisse sind damit in gewissem Sinne ähnlich, wie wir sie beim Zoster kennen gelernt haben, ich meine die Tatsache, daß es auch bei ihm Erscheinungen gibt, wo nur Bindegewebsläsionen gesetzt werden, hochgradige entzündliche Veränderungen ohne Mitbeteiligung der Epidermis (Zoster abortivus). Trotz dieses abweichenden Verhaltens im anatomischen Aufbau liegen doch Äußerungen derselben Noxe vor — und so könnten die Dinge auch beim Erythema multiforme sein. Es ist also nicht unbedingt nötig, wegen der differenten mikroskopischen Befunde sich vorzustellen, daß Herpes iris und Erythema exsudativum bullosum ätiologisch verschiedene Prozesse sind. Es kann sein — die Befunde der anatomischen Untersuchung reichen aber nicht aus, um dies irgendwie sicher behaupten zu können. Handelt es sich doch um ätiologisch einheitliche Prozesse, so können die Unterschiede in Erscheinungsform und Verlauf nur durch besondere gewebsdispositionelle Umstände bedingt sein.

Die nächsten Präparate sollen Sie mit den Verhältnissen bei

Variola

bekannt machen; hier treten uns Bläschenbildungen entgegen, die einerseits mit den früher erörterten Prozessen (Zoster vor allem) mancherlei Gemeinsamkeiten darbieten, anderseits sich aber doch weitgehend davon unterscheiden. Das Gemeinsame liegt in dem Umstand, daß auch sie Degenerationsblasen in vollem Sinne des Wortes sind und daß entzündliche Vorgänge daher bei ihrem Entstehen in gleicher Weise eine untergeordnete Rolle spielen. Das Trennende ergibt sich aus den anders gearteten Degenerationserscheinungen im Epithelbereich, sowie aus dem Hinzutreten dominierender Entzündungserscheinungen im Endstadium des Prozesses.

In ähnlicher Weise wie beim Zoster- und Herpes simplex-Bläschen der ballonierende Zelldegenerationsmodus das Um und Auf des Prozesses darstellt, stellt es bei der Pocke der retikulierende dar. Was wir darunter zu verstehen haben, ist früher schon ausgeführt worden: in der Hauptsache handelt es sich hierbei um das Phänomen der intraepithelialen Höhlenbildung. Zellen im Bereiche der MALPIGHIschen Schicht, durchwegs nur in den höheren Lagen derselben, erfahren nach vorangegangener Quellung Verflüssigung im Zentrum, — Vakuolen treten auf, die von schmalen Plasmasäumen umhüllt werden. Der Kern gerät niemals in Teilung, verfällt vielmehr in der Regel rasch. Gewöhnlich wird eine größere Zahl von Zellen gleichzeitig betroffen, es entsteht daher ein ganzes System von nebeneinanderliegenden Höhlungen, die aber miteinander nicht kommunizieren, da die vom Colliquationsprozeß verschonten Plasmareste in der Zellperipherie als Scheidewände aufgerichtet sind.

Das histologische Bild der Erstlingserscheinungen bei Variola wird durch Präparat 43 gut repräsentiert. Es stammt von einem Pockenknötchen. Der epitheliale Charakter desselben tritt deutlich hervor, — beim ersten Ansehen wird man davon überzeugt, daß sein Zustandekommen nicht auf Wucherungsvorgängen im Papillarkörper, oder auf Zellanschoppung entzündlicher Natur beruht, sondern ausschließlich auf Äußerungen von seiten der Epidermis. Ein Epithelhügel der Art, wie er hier vorliegt, kann nur entstehen, wenn Zellen der Oberhaut in Wucherung geraten, wenn akanthotische Zustände manifest werden, — und so haben wir damit zu rechnen, daß es im Entwicklungslauf der Pocke eine Phase gibt, wo Epithelproliferation das maßgebende Ereignis ist. Offenbar währt diese Phase aber nur sehr kurz, sie leitet den Prozeß gewissermaßen nur ein; die Zellen scheinen entsprechend der Fortdauer des Reizes ihre proliferativen Fähigkeiten rasch zu verlieren, — das Stadium degenerationis beginnt. Nur so läßt sich erklären, warum in solch jungen Bildungen gewöhnlich keine Mitosen zu finden sind, — auch nicht in dem vorliegenden Material, das doch ein sehr frisches Entwicklungsstadium repräsentiert, und lebenswarm konserviert wurde. Offenbar sind die Ereignisse

trotz aller Jugend der Efflorescenz zu weit gediehen, als daß noch Kern- und
Zellteilungen im Sinne von Mitosen ablaufen könnten. Wenn der Epithel-

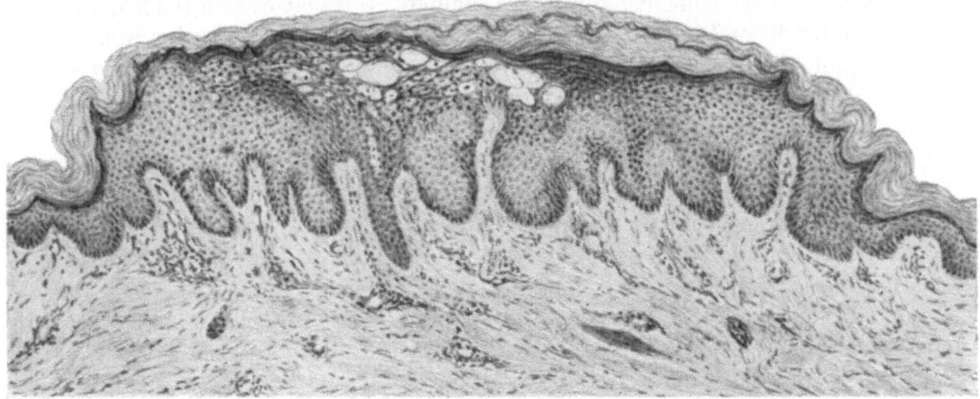

Abb. 43. Schnitt durch ein Variola-Knötchen. Vergrößerung 42.
Epithelhügel, in seinem obersten Anteil Vakuolenbildung, retikulierende Zelldegeneration.
Papillarkörper ohne wesentliche Entzündung.

hügel vollendet ist, scheint eben jede weitere Zellneubildung zu sistieren, —
einzig und allein degenerative Ereignisse beherrschen jetzt das Bild. Und hier

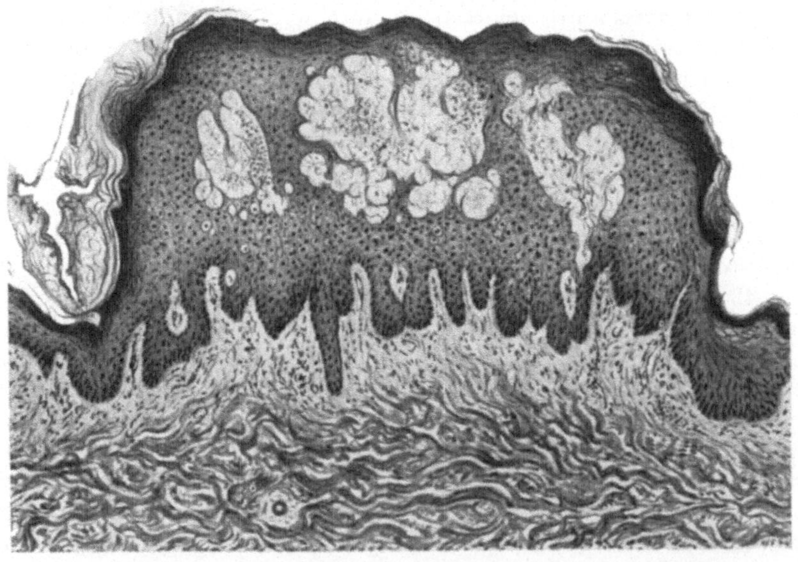

Abb. 44. Variolablase. Jugendstadium. Vergrößerung 42.
Mehrkammerige Blase. Höhlenbildung auf Grund retikulierender Zelldegeneration wieder
im oberen Anteil des Epithelhügels. Im Papillarkörper kaum irgendwelche
Entzündungserscheinungen.

sind es nun vor allem, wie früher schon erwähnt, die vom retikulierenden
Typus. Sie führen zunächst zu jenen minutiösen Vakuolenbildungen, wie wir

sie in dem in Rede stehenden Präparat gegeben haben. Lediglich Lücken und Spalten sind hier im obersten Anteil des Rete entwickelt, von eigentlichen Höhlungen kann noch nicht die Rede sein. Sie treffen wir erst in dem zweiten Präparat (Abb. 44), das damit ein höheres Entwicklungsstadium der Pocke aufzeigt. Wieder tritt der Epithelhügel deutlich hervor, wieder ist die Cutis frei von irgendwie nennenswerter Entzündungsreaktion. Im Bereiche der gewuchertes Epidermis finden sich große, voneinander getrennte Höhlen, deren Begrenzungslinien darauf schließen lassen, daß sie aus Konfluenz mehrerer benachbart liegender Vakuolen entstanden sind. Dort und da sind noch Reste eingerissener Septen zu sehen. Im Gegensatz zur Zosterblase fehlen hier im Cavum abgestoßene Epithelzellen, lediglich geronnene, zum Teil fibrinöse Massen erfüllen

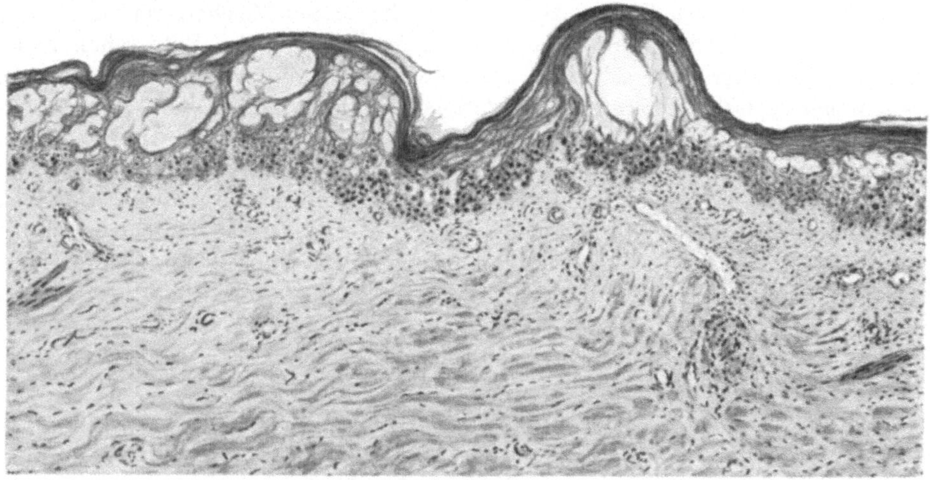

Abb. 45. Schnitt durch eine Gruppe von Variolabläschen. Übersichtsbild. Höheres Entwicklungsstadium als Fall 44. Typus der mehrkammerigen Blase. Im Retebereich da und dort ballonierende Degeneration. Wieder verhältnismäßig wenig Entzündung.

dasselbe. Was dieselben eigentlich sind, geronnenes Exsudat oder umgeformtes Plasma als Endprodukt der Zelldegeneration, läßt sich nicht sicher entscheiden. Wahrscheinlich beteiligen sich beide Faktoren an ihren Aufbau; jedenfalls liegen die Dinge nicht so einfach, daß man das Zustandekommen der Höhlungen nur als Folge des Exsudateinbruchs und ihren Inhalt daher für geronnenes Serum ansehen darf. Das Wesen der retikulierenden Degeneration beruht auf Quellung und Verflüssigung des Zellplasmas, es entsteht also in loco selbst ein Produkt, das für die Füllung der Höhlen von Bedeutung sein wird — kurz, welcher Natur der Blaseninhalt in diesem Entwicklungsstadium eigentlich ist, läßt sich nicht sicher entscheiden. Persönlich neige ich der Meinung zu, daß, wenigstens beim Entstehen der Blasen, die Epitheldegeneration bedeutungsvoller ist als der Exsudateinbruch. Erst im weiteren Verlaufe gewinnt er die Führung und vollendet damit den Prozeß. Mächtige Epithelabhebungen, wie wir sie im dritten der vorgewiesenen Schnitte (Abb. 45) gegeben finden, resultieren daraus, Epithelabhebungen, die wieder den Typus der Mehrkammerigkeit erkennen lassen. Im Gegensatz zum früheren Stadium ist hier das gesamte, die Blasen umhüllende Zellmaterial bereits weitgehend degeneriert, nirgends enthalten die Septen mehr Kerne, lediglich eine homogene verquollene Masse stellt das Blasenbett dar. Nur in den tiefen Lagen des Rete, also unterhalb des eigentlichen Sitzes der Hohlräume sind noch kernhaltige Zellen erhalten, aber auch sie zeigen durchwegs Degenerationserscheinungen, und zwar vielfach jene des ballonierenden Typus. Allerdings ist derselbe nirgends so klassisch entwickelt wie etwa beim Zoster oder bei den Varicellen, d. h. vielkernige Riesenzellen und große losgelöste Ballons sind nur ausnahmsweise zu finden, in der Hauptsache beschränkt sich der Prozeß auf Quellung und Abrundung der Stachelzellen, auf Lockerung ihres Gefüges und Bildung von nur verhältnismäßig kleinen Ballons, — die Degeneration bleibt gewissermaßen in den Anfängen stecken. Ihr Beginn reicht in die Anfänge der Epithelläsion überhaupt. Zur Zeit, wo unterhalb der Hornschicht die ersten Zeichen retikulierender Degeneration sichtbar werden, finden sich in der Tiefe des Rete schon ballonierende Vorgänge; also schon im Stadium der Knötchenbildung setzen sie ein und welch typische Veränderungen daraus resultieren, haben wir schon seinerzeit kennen gelernt. Ich erinnere an das Kapitel Psoriasis vulgaris, wo wir zu Vergleichszwecken einen Schnitt von Variola betrachtet (Bd. 1, Abb. 96) und hierbei das Eigenartige der Zelldegeneration festgestellt haben. Mit der Quellung des Zellplasmas haben wir die Quellung des Kerns parallel laufend gefunden und diese wieder vergesellschaftet mit Quellung der Nucleoli und deren Übertritt ins Plasma. Die Bildung der für den Variolaprozeß so charakteristischen Guanerikörperchen wurde als damit im Zusammenhang stehend bezeichnet. Immer mehr gewinnt diese, vor allem durch HAMMERSCHMIEDS Untersuchungen gestützte Auffassung an Boden.

Die Vorgänge beim Werden einer Pocke sind demnach sehr verwickelte: Das erste ist, daß das Epithel, wenn es vom spezifischen Reiz getroffen wird, mit Wucherung antwortet, — eine hügelartige Vorwölbung entsteht, ein Epithelknötchen (I. klinisches Stadium). Diese Phase läuft sehr rasch ab, degenerative Vorgänge treten bald in Szene, wahrscheinlich viel unvermittelter, als wir es aus histologischen Studien erschließen können. Zweierlei Art sind dieselben: In den tiefen Lagen des Rete kommt es zur ballonierenden, in den hohen zur retikulierenden Degeneration. Beide Vorgänge setzen, wie es scheint, ziemlich gleichzeitig ein — vielleicht geht ersterer ein wenig voran — und sind unabhängig voneinander, d. h. die morphologische Betrachtung bietet keinen Anhaltspunkt dafür, daß etwa nur solche Zellen der retikulierenden Degeneration verfallen, die früher im Sinne ballonierender verändert wurden; im Gegenteil, wo letztere einmal eingesetzt hat, scheint die Zelle zur Verflüssigung nach retikulierendem Typus überhaupt unfähig zu sein. Ballonierende und retikulierende Degeneration laufen also unabhängig nebeneinander, jene bedingt Lockerung des Zellgefüges im basalen Anteile der Epidermis und Bildung von Epithelballons, diese Verflüssigung von Reteelementen der obersten Schichten mit folgender Höhlenbildung. Letzteres Ereignis ist insoweit das bedeutungsvollere, als auf ihm die Umformung des Primäraffektes, des Epithelknötchens zum Bläschen beruht, mithin der Übergang in das zweite klinische Stadium. Die ersten Ansätze hierzu machen sich sehr bald geltend, — das lehrt uns das erste der vorgewiesenen

Präparate; es wurde als frisches Knötchen wenige Stunden nach seinem Hervorkommen exzidiert, klinisch war keine Spur von Bläschenbildung gegeben, histologisch zeigt sich dieselbe aber doch schon eingeleitet. Die Vollendung der Blase geht durchwegs rasch vor sich, das gehört mit zur Eigenart des Prozesses. Im wesentlichen handelt es sich dabei um eine Vergrößerung der Höhlen, wahrscheinlich durch Zustrom von Exsudat und um ein Fortschreiten der zellulären Degeneration. Je nach dem Zeitpunkt, zu welchem solch hochentwickelte Blasen untersucht werden, finden sich natürlich verschiedene histologische Bilder; je weiter vorgeschritten der Fall ist, um so mehr treten die degenerativen Erscheinungen hervor und um so mehr gesellen sich nun auch entzündliche hinzu. Schließlich beherrschen sie das Bild, womit wir uns im dritten Stadium

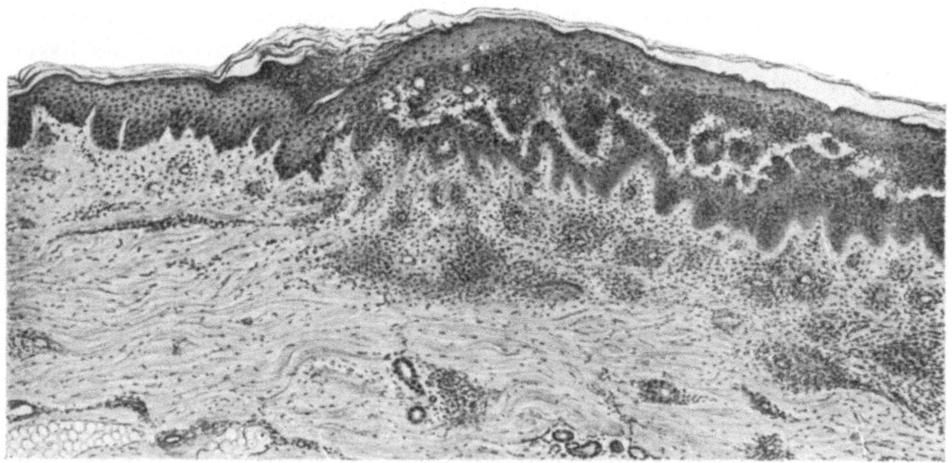

Abb. 46. Variola-Pustel. Vergrößerung 42.
Umwandlung eines Epithelhügels samt seiner Höhlungen zu nekrotischer Masse. In der Cutis reichlich Entzündung.

der Erkrankung, in dem der Pustulation, befinden. Wodurch dasselbe histologisch gekennzeichnet ist, soll Abb. 46 zeigen, die von einer bereits älteren Variolapustel stammt. Im ganzen wird man hier kaum mehr an die früheren Bilder erinnert. Der Epithelhügel, dessen Begrenzungslinie gegen das Bindegewebe nur mehr schattenartig angedeutet erscheint, ist zu einer nekrotischen, von Eiterzellen durchsetzten Masse verwandelt, die nirgends mehr Aushöhlungen erkennen läßt. Nach außen zu schließt Hornschicht die Nekrose ab. Im Bindegewebe reichlich Entzündung, allerorts sieht man die Gefäße von breiten Rundzellmänteln umgeben. Das Auftreten der Entzündungsreaktion, und zwar in so stürmischer Art, daß der gesamte Epithelhügel der Nekrose verfällt, gehört bekanntlich zum Wesen des Variolaprozesses. Gewöhnlich setzt dieses Stadium schlagartig ein; alle Blasen beginnen ziemlich gleichzeitig den Umwandlungsprozeß und erreichen auch in ziemlich gleicher Zeit das Vollbild der Pustel. Ich erinnere Sie an die imponierenden Erscheinungen am Höhepunkt der Erkrankung, an das Bild der universellen Variola pustulosa, wo die Haut einheitlich lädiert erscheint, wo nur Pusteln entwickelt sind und keine Knötchen und Bläschen mehr. Bekanntlich wird der Beginn der Pustelbildung durch

Allgemeinsymptome angezeigt, Fieber tritt auf, das in der Folge septischen Charakter annimmt. Jetzt wird die Variola eigentlich erst zur schweren Krankheit und jetzt verliert sie auch völlig den Charakter eines Epithelprozesses.

Grundsätzliche Änderungen stellen sich demnach ein und es erhebt sich von selbst die Frage, worauf dies beruht, durch welche Kräfte die stürmischen Endereignisse ausgelöst werden? Völlig befriedigende Antwort kann darauf nicht gegeben werden. Jedenfalls gehört es mit zum Wesen des Prozesses und ist zwangsläufige Folge des Vorangegangenen, d. h. kein Ereignis, das sich zufällig als Antwort auf irgendwelch sekundäre Einflüsse geltend macht, sondern auf derselben Grundursache fußt wie Epithelhügel- und Blasenbildung. Die wiederholt geäußerte Annahme von der ätiologischen Bedeutung eines Eitererregers, der zu einem bestimmten Zeitpunkt in der Entwicklung des Variolaprozesses in Aktion tritt und die Umwandlung der Blasen zu Pusteln bewirkt, konnte sich nicht Geltung verschaffen, schon deswegen nicht, weil die Pusteln in der Regel völlig frei sind von banalen Keimen, Streptokokken und ähnlichen Bakterien. Es wird daher heute übereinstimmend angenommen, daß die Pustulation der Pocke genau so auf Rechnung des spezifischen Agens gesetzt werden muß wie das Erstlingsereignis, die Epithelproliferation. Die Vorstellungen über den Wirkungsmechanismus der Noxe gestalten sich bei dieser Vielheit von Effekten natürlich besonders schwierig. Bei allen bisher erörterten Prozessen, deren Zustandekommen wir auf Einfluß eines Epithelvirus bezogen haben, waren die Dinge verhältnismäßig einfach zu erklären: Der betreffende Keim bewirkt entweder im direkten Angriff oder auf dem Umweg über die nervöse Substanz proliferative Äußerungen epidermaler Elemente, denen sich degenerative anschließen, reaktiv-entzündliche Erscheinungen treten hinzu, aber meist in so bescheidenem Ausmaß, daß in der Gesamtläsion der epitheliale Charakter des Prozesses gewahrt bleibt. Als Ausnahme hiervon ist uns bisher nur der Zoster gangraenosus begegnet, der sich dadurch in der Tat eine gewisse Sonderstellung erwirbt, und nun kommt die Variola hinzu, bei der Endausgänge mit Destruktion des Bindegewebes, i. e. Verlust des epithelialen Charakters der Erkrankung zur Regel gehören. Wenn man nun fragt, aus welchen Gründen solch einschneidende Vorgänge in Szene treten, so läßt sich darauf nur antworten: Offenbar ist das Agens im Epithelbereich so wirksam, seine zerstörende Kraft so hoch entwickelt, daß die Schädigung nur durch Einsatz besonderer Hilfsfaktoren beschränkt und ausgeglichen werden kann; und hier ist es nun die Entzündung, die dies zu besorgen hat, mithin jener biologische Faktor, der immer wieder in Aktion tritt, wenn tief einschneidende Gewebsschädigungen abgewehrt und paralysiert werden müssen. Die Aktivität des Variolavirus zu hemmen, die Keime unwirksam zu machen, scheint nun nicht allzu leicht zu sein; große Resistenz ist offenbar dem Virus eigen, das müssen wir aus der Tatsache erschließen, daß die Epidermis selbst noch nach Abheilung der Pustel, also nach Ablauf des stürmischen Entzündungsprozesses Virus enthält. Bekanntlich ist das Stadium desquamationis nach Variola, das vierte im klinischen Ablauf, infektiös, das Virus bleibt in den Schuppen lange Zeit lebend erhalten. Diese Aktivität des Blatterngiftes war schon den Alten bekannt; immer wieder konnten Beweise für die Übertragungsmöglichkeit der Erkrankung in jeder ihrer Entwicklungsphasen einschließlich der Abschuppungsperiode erbracht werden und diese Erkenntnis festigte allmählich den Glauben an die Wirkung eines belebten Kontagiums. Heute zweifelt niemand mehr daran, und wenn auch die Darstellung des Virus in greifbarer, auch für das Auge des Nicht-Chlamydozoen-Forschers geeigneter Form noch aussteht, so liegen doch untrügliche experimentelle Beweise dafür vor, daß es sich um ein spezifisches, zur Ansiedelung im Ektoderm befähigtes Kontagium handelt, das in die Gruppe des sog. „kleinen“, invisiblen Virus gehört. Besonders belehrend und fördernd hat hier die Erkenntnis der Übertragungsmöglichkeit desselben auf die Kaninchencornea gewirkt; dadurch wurde vor allem das Wesen der Keime, ihre Affinität zur Epithelzelle besser erkannt — ja damit war überhaupt der Weg gezeigt, auf dem zur ganzen Gruppe der vermutlich durch Epithelparasiten hervorgerufenen Prozesse erfolgreich Stellung genommen werden konnte. Und in der Tat wurde so manches erreicht! Ich erinnere Sie an die früher erwähnten Ergebnisse der Herpes simplex- und Zoster-Forschung, sie alle beruhen letzten Endes auf dem Variola-Cornealversuch, wie er insbesondere von PAUL praktisch ausgebaut wurde, und sind nur Auswirkungen desselben auf benachbarte Gebiete. Und daß sich hierbei nun nicht ganz die gleichen Effekte einstellen, daß vor allem das Gesetzmäßige des Erfolges der Impfung, wie man es von der Variola her gewohnt ist, vielfach vermißt wird, kann nicht wundernehmen, und im besonderen nicht gegen die Annahme sprechen, daß schließlich doch alle diese Prozesse im System zusammengehören. Gemeinsam ist ihren Erregern eben nur die Affinität zum Ektoderm, in den Einzelheiten der Wirkungsweise sind sie voneinander weitgehend verschieden. So wie wir bei den Kokken mit verschiedenen Stämmen zu rechnen haben, werden wir es auch hier tun müssen und jede Art dieser Kleinlebewesen verfügt offenbar über gewisse Besonderheiten hinsichtlich Angriff und Wirkung auf die Zelle. Der eine Keim ist befähigt, Nerven- und Epidermiszelle zu treffen, der andere besitzt ausschließlich dermotrope Qualitäten, das eine Virus verfällt am Orte seiner Ansiedelung rasch in Inaktivität, das andere erfährt hemmungslose Entwicklung und bewirkt Läsionen, die weit über die Stelle der Erstlingsalteration hinausreichen. Und so kann es nicht zu sehr wundernehmen, daß so verschiedene Krankheitsbilder resultieren, daß einmal Blasen entstehen, wenn solche Keime wirksam sind (Herpes, Variola), ein andermal epidermale Wucherungen nach Art von Geschwülsten (Verruca, Condyloma acuminatum, Molluscum contagiosum), ein drittes Mal endlich disseminierte Knötchen, die durch besondere Schuppungsphänomene ausgezeichnet sind (Psoriasis, Lichen ruber?); in jedem Falle ist eben die Art der Schädigung eine andere, daher die differenten klinischen Effekte.

Und noch ein Punkt muß kurz gestreift werden! All die erwähnten Krankheitsprozesse zeigen gewisse immunbiologische Gemeinsamkeiten. Überstehen von Variola schützt bekanntlich lange vor neuer Infektion, Rückfälle nach Varicellen und Zoster sind selten, die Form des Verlaufes psoriatischer Eruptionen (Orbiculierung der Herde, spontane Rückbildung derselben, Art der Rezidive u. a.) spricht für einschneidende biologische Umwälzungen, die die Epidermis unter dem Einfluß des Krankheitsagens erfährt, — kurz, wo wir Epitheliosen begegnen, zeigt sich vielfach, wenn auch in verschiedenem Maße betont, das Prinzip einer Änderung im Empfindlichkeitszustand des für den jeweiligen Reiz als Angriffspunkt in Betracht kommenden Zellsystems. Der abgelaufene Insult hinterläßt oft für lange

Zeit seine Spur, die nicht durch grob anatomische Veränderungen zum Ausdruck gelangt, sondern nur durch gewisse Störungen des Zell-Leistungs-, bzw. Reaktionsvermögens. Offenbar liegen diesem Wandel in der Empfindlichkeit physikalisch-chemische Strukturänderungen der Zelle zugrunde, die aus dem Ablauf der Läsion resultieren, und vielleicht spielt hierbei gerade der Umstand mit eine Rolle, daß bei all diesen Prozessen auch der zur Zelle gehörige Nervenendapparat in Mitleidenschaft gezogen wird. Wie die Dinge im einzelnen auch liegen mögen, jedenfalls spricht die Tatsache des geänderten Reaktionsvermögens der Epidermis nach solchen Attacken für einen gewissen Umbau ihrer Zellelemente im Sinne kolloid-chemischer Verschiebungen, und wir haben demnach in dieser Krankheitsgruppe ein gutes Beispiel dafür gegeben, wie Entzündungsreize am Orte ihres Angriffes nachhaltige Änderungen gewisser Zellqualitäten bewirken können. Und daß es zu solchem Ende kommt, dazu müssen die Reize durchaus nicht immer sehr betont sein; offenbar vermögen sie schon in geringer Stärke, in so geringer, daß uns dies klinisch gar nicht angezeigt wird, Einfluß auszuüben. Das müssen wir daraus erschließen, daß vielfach nicht nur an den Stellen, wo vor unseren Augen Entzündungsreaktionen abgerollt sind, späterhin Empfindlichkeitsänderungen resultieren, sondern auch abseits von ihnen, oft gleichmäßig über das ganze Integument verbreitet. Am eindeutigsten liegen ja diesbezüglich die Verhältnisse bei der Variola, oder noch besser bei der Vaccination gegen Blattern. Hier erzeugen wir künstlich an umschriebener Stelle spezifische Reizzustände und sie bewirken nun Umstimmung des gesamten epidermalen Zellsystems, ohne daß es irgendwo abseits vom Impfplatz zu greifbaren Reaktionsvorgängen kommen würde. Und doch müssen solche in Szene getreten sein! Nur dadurch, daß Zellen zu einer bestimmten Leistung gedrängt werden, daß sie gegen einen bestimmten Insult Front zu machen haben, können sie in andere biologische Verfassung geraten. Keine Änderung der Zelleistung, ohne daß nicht ein entsprechender Reiz vorangegangen wäre! Wir sehen nur den Endeffekt, — die Einzelheiten der Gegenwirkungen, aus denen er resultiert, entziehen sich unserer Feststellung — der Morphologie sind hier eben enge Grenzen gesetzt. Letzten Endes können es wieder nur physikalisch-chemische Strukturänderungen sein, die die Zelle zu einem, in gewisser Hinsicht biologisch anderswertigen Individuum stempeln, — das Spiel zwischen Reiz und Gegenwirkung im Zellbereich läuft offenbar nach chemischen Grundsätzen ab, die Zelle vermag den Insult aus eigener Kraft, durch Umstellung der zur Verfügung stehenden chemischen Potenzen zu paralysieren, sie bedarf dazu keiner Hilfe von außen im Sinne entzündlicher Reaktionen. Dabei derselbe Erfolg: Änderung der cellulären Bereitschaft gegen spätere Insulte, Absinken der Empfindlichkeit, i. e. Erhöhung der Resistenz gegen das betreffende schädigende Agens.

Das Entstehen des von uns „Immunität" genannten Zustandes der Haut nach Vaccination haben wir demnach als Folge des Gegenspiels zwischen spezifischem Reiz und Zellabwehr anzusehen. Am Impfort entfaltet das schädigende Agens so stürmische Wirkungen, daß es zur Entzündungsreaktion kommt; durch den Übertritt in die Blutbahn erfährt es offenbar Abschwächung, und wenn es an die Haut herankommt, hat es schon so viel an Kraft eingebüßt, daß der Reiz nur mehr geringen Effekt bewirkt — lediglich Strukturänderungen der Zelle im biochemischen Sinne. Alle Vorstellungen über das Zustandekommen der Immunität bei Variola und Vaccine laufen damit auf die Lehre von der Entzündung hinaus; grundsätzlich handelt es sich um dieselben Vorgänge; gewisse Zellsysteme werden von Reizen getroffen, — daß die Antwort darauf eine so besondere ist, daß es nicht überall zu dem kommt, was wir mit dem Begriff Entzündung zu verbinden gewohnt sind, zu Gegenwirkungen von seiten des Blut- und Bindegewebsapparates, sondern lediglich zu Veränderungen gewisser Zellqualitäten, hängt mit der Eigenart der Noxe zusammen. Wir haben hier gewissermaßen nur den Auftakt der Entzündung vor uns, das Vorspiel zum Vollbilde derselben, die chemische Zellreaktion. Ihr Produkt wirkt nicht weiter als Reiz, weitere Folgerungen bleiben daher aus.

Daß durch die Vaccination die gesamte Epidermis umgestimmt wird, kann nur darauf beruhen, daß die Noxe vom Impfplatz aus via Blutbahn überall an die Oberfläche hinkommt und mit den Retezellen eine Bindung eingeht, d. h. ihre Struktur ändert, und zwar in nachhaltiger Form. Daß die Umstimmung auf indirektem Wege, über das Nervensystem zustande kommt, ist nicht wahrscheinlich. Die Mutterzellen der Epidermis brauchen lange Zeit, bis sie den Insult wettzumachen vermögen, d. h. wieder in den Normalzustand zurückkehren. Wird er erreicht, ist dies gleichbedeutend mit Verlust der Immunität; die Epidermis ist nun für Reize der bestimmten Qualität wieder genau so empfänglich wie früher — das Spiel kann von vorne beginnen. In der Regel verliert sich die erworbene Strukturänderung der Zelle sehr langsam — daher die meist lange Dauer des Impfschutzes — und offenbar stets unter Passage verschiedener Zwischenstufen. Wenn daher zur Zeit, wo eine von ihnen herrschend ist, demnach nicht mehr der Ausgangszustand, spezifische Reize angreifen, muß die Antwort darauf eine andere sein, als wenn eines der beiden Extreme, Unempfindlichkeits- oder Normalempfindlichkeitszustand gegeben sind. Klinisch repräsentiert wird dieser Fall durch das Krankheitsbild der Variolois. In der Regel zeigen es bekanntlich nur Menschen, die entweder einmal Blattern überstanden oder mit Erfolg geimpft waren, also sich in einem gewissen Schutzverhältnis gegen Neuinfektion befinden. Der Schutz reicht aber nicht aus, die Epidermis hat schon wieder den Weg zum Normalen so weit zurückgefunden, die seinerzeit gesetzten Strukturänderungen der Zellen sind so weit rückgebildet, daß der einwirkende Reiz beantwortet wird, allerdings in anderer Weise wie von Normalzellen — daher der rudimentäre Effekt: Die Variolois-Efflorescenz. Dabei müssen wir weiter bedenken, daß das Abklingen der cellulären Resistenz nicht überall in derselben Weise und im selben Tempo vor sich gehen wird, daß die Dinge genau so liegen werden, wie beim Entstehen der Unempfindlichkeit, daß deshalb an verschiedenen Stellen eine verschiedene Reaktionsbereitschaft des Gewebes vorhanden sein wird — daher kein gleichmäßig ausgestreutes Exanthem bei der Variolois, sondern meist nur wenige, regellos über die Oberfläche verteilte Efflorescenzen.

Verschiedene immunbiologische Fragen können also unter Zugrundelegung der Entzündungslehre dem Verständnis nahegebracht werden. Hauptfaktum ist für die in Rede stehende Krankheitsgruppe, daß der spezifische Reiz im Bereich der Epidermis angreift, und entweder symptomlos oder unter Entfaltung mehr weniger stürmischer Reflexerscheinungen Änderungen im kolloidalen Aufbau des Malpighischen Zellsystems bewirkt; Folge dessen: Absinken der Empfindlichkeit des umgebauten Gewebes gegen spätere, gleichsinnige Reize.

12.–14. Vorlesung.

Nicht immer aber müssen sich die Verhältnisse so entwickeln, wie wir es gerade gehört haben, wenn Entzündungsreize die Epidermis treffen, — auch das Gegenteil kann eintreten, die Zellen können in einen Zustand der Überempfindlichkeit geraten, mithin reaktionsbereiter werden, als sie bisher gewesen sind. So liegen die Dinge beim

Ekzem,

dessen Besprechung nun folgen soll.

Der Schilderung der anatomischen Läsionen seien einige allgemein-biologische Bemerkungen vorausgeschickt. Bei allen Prozessen, die wir Ekzem nennen, handelt es sich ebenso, wie bei der gerade früher besprochenen Krankheitsgruppe, um primäre Epithelalterationen; der den Zustand jeweils auslösende Reiz greift nie am Bindegewebe, sondern stets im Bereiche der Oberhaut an — darüber besteht eine Meinung (B. BLOCH, JADASSOHN, KREIBICH, LEWANDOWSKY u. a.). Ekzeme müssen mithin den epidermalen Erkrankungen zugezählt werden. Die sie auslösenden Ursachen sind mannigfach; mechanische, chemische, thermische Reize bewirken dieselben Erscheinungen, — sie müssen deshalb in grundsätzlich gleicher Weise angreifen. Mit anderen Worten: In pathogenetischer Hinsicht stellt das Ekzem eine geschlossene Krankheitsgruppe dar, Schädigungsprinzip und daher Erstlingsläsion sind trotz der verschiedenartigen Reizqualitäten einheitlich, immer wieder tritt die Noxe am selben Punkt in Wirkung und erzeugt dieselbe Primäralteration. Verschieden sind nur die Folgezustände, Grad und Form derselben stehen mannigfach in Abhängigkeit von akzidentellen Momenten, die schließlich Übergewicht gewinnen können und so die Eigenart des Einzelfalles bestimmen. Wir haben damit analoge Verhältnisse gegeben wie bei der Herpes-Variola-Gruppe, wo auch ein einheitliches Schädigungsprinzip vorliegt — daß in jedem Falle Degenerationsblasen entstehen, ist der Ausdruck dafür —, das aber durch verschiedene sekundäre Umstände verdeckt werden kann.

Von selbst ergibt sich nun als erste Detailfrage: welche Stelle der Epidermis dient der Noxe jeweils als Angriffspunkt? Völlig sichere Antwort kann darauf nicht gegeben werden. KREIBICH, der das Ekzem als einen durch Reizung sensibler Fasern der Oberhaut hervorgerufenen entzündlichen Reflex definiert, verlegt damit die Erstlingsläsion in den Bereich der Epithelnerven, JADASSOHN, LEWANDOWSKY, B. BLOCH u. a. hingegen meinen, daß sich der primäre Vorgang in den Epidermiszellen selbst abspiele. Bei der innigen Beziehung zwischen Zelle und der zu ihr gehörigen Nervenfaser werden isolierte Schädigungen des einen oder anderen Teiles kaum möglich sein, immer wieder wird es sich um kombinierte Läsionen handeln; daß Alterationen im Bereich der sensiblen Fasern an dem Zustandekommen des Komplexes hervorragenden Anteil haben, kann nicht bezweifelt werden. KREIBICHS Bezeichnung „Neurodermitis eczematosa" an Stelle von Ekzem schlechtweg, hat damit seine Berechtigung.

Um uns darüber klar zu werden, welcher Art und wie verwickelt die Vorgänge bei ekzematösen Reaktionen sind, welch verschiedene Faktoren hierbei ineinandergreifen, wollen wir die Pathogenese einiger typischer Ekzemformen analysieren. Zunächst den Fall eines Ekzems bei Scabies. Die Krätzmilbe selbst kann direkt nicht Ekzem provozieren. Sie bohrt, wie wir gehört haben, ihre Gänge in die Hornschicht, kommt also mit jenen Elementen gar nicht in Kontakt, die zur Aufnahme von Reizen besonders qualifiziert sind, den MAL-PIGHIschen Zellen. Was sich in ihrem Bereiche an Erscheinungen abspielt, muß daher indirekt ausgelöst sein. Offenbar dringen Stoffe, wie sie bei der Lebens-tätigkeit des Parasiten entstehen, ins Rete vor, und wirken hier als Reiz auf die Nervenfasern, vielleicht auch auf die Epidermiszelle selbst. Vielleicht nehmen auch schon die bis knapp unter die Hornschicht reichenden sensiblen Endver-zweigungen Reize auf. Wie dem auch sei, — jedenfalls werden sensible Bahnen erregt, der Reiz wird zentral weitergeleitet, an irgendeiner Stelle umgeschaltet und in geänderter Form wieder an die Peripherie zurückgesandt. Hier erzeugt er nun das Phänomen des Juckens. Erster Effekt der Läsion ist also nicht Vasomotorenerregung, i. e. Auslösung entzündlicher Vorgänge, sondern Juck-zustand. Und selbst er muß nicht immer in Erscheinung treten. Bekanntlich gibt es Scabiesfälle, die nicht jucken und weder entzündliche noch Kratzphäno-mene der Haut aufweisen. Hier ist mithin der Vorgang verhältnismäßig ein-fach. Offensichtlich werden dabei aber doch auch Epidermiszellen gereizt — ob direkt oder auf dem Umwege über sensible Fasern muß dahingestellt bleiben —, das ergibt sich aus der Tatsache gewisser proliferativer Vorkommnisse im Rete, die schließlich als Ursache dafür angesehen werden müssen, daß die Gänge der Milben nicht in die Tiefe der Oberhaut vorgetrieben werden. Jedenfalls sind die Reize in solchen Fällen zu gering, um tiefergreifende Veränderungen hervor-rufen zu können.

Jucken muß nicht zwangsläufig Entzündungsreaktion zur Folge haben, Reizung der sensiblen Fasern in vorerwähntem Sinne demnach nicht Vaso-motorenerregung auslösen, — in der Regel ist letztere Folge sekundärer Ereig-nisse, nämlich von Reizwirkungen, die als Antwort auf das Jucken ausgelöst werden: Kratzen und Scheuern der Haut. Sie bedeuten neue Insulte, die wieder an der Nervenfaser angreifen und damit die Erregung erhöhen; jetzt kommt es zur Vasomotorenreizung — die Entzündung beginnt, punktförmig umschrieben, wie KREIBICH dies annimmt, entsprechend der punktförmigen Erstlingsalte-ration und des dazugehörigen beschränkten Reflexbogens. Ob Knötchen oder Bläschen entstehen, hängt von der Stärke des vasomotorischen Erregungszu-standes ab, i. e. von der Stärke des wirksamen Reizes und der Reaktionsbereit-schaft des Angriffspunktes. Schließlich können auf reflektorischem Wege auch abseits vom Sitz der Erstlingsläsionen Ekzemknötchen provoziert werden, d. h. es kommt nicht nur dort, wo Krätzmilben ihre Gänge bauen, zur nervösen Erregung mit lokaler Auswirkung, — die Reize können nach und nach auf die sensiblen Fasern der gesamten Oberfläche übergreifen, Reflexe mannigfacher Art werden wirksam und damit wird die Haut schließlich in toto in den Zustand erhöhter Erregbarkeit versetzt. Überall juckt es nun, überall wird daher ge-kratzt, je stärker das Scheuern, um so mehr treten zu den ursprünglichen Reizen neue hinzu, durch die die Erregung neuerlich eine Steigerung erfährt — ein förmlicher Circulus vitiosus! Allseits Antwort von seiten der Vasomotoren — universelle Ekzematisation der Haut ist die Folge. Auf dieser Höhe des Ge-schehens tritt die Primärerkrankung völlig in den Hintergrund, die sekundären

Ereignisse beherrschen jetzt das Bild. Strenge genommen haben wir jetzt eine Nervenerkrankung vor uns, die Anwesenheit der Parasiten spielt nun kaum mehr eine Rolle, die durch sie bedingten Primärläsionen sind überlagert, stärker wirkende Reize dominieren und bedingen eben überall Vasomotorenerregung mit ekzematöser Auswirkung. Daß dies in der Tat so ist, können wir auch daraus ermessen, daß oft noch lange nach Abheilung von Scabiesekzemen, nach Vernichtung aller Milben, ein gewisser Juckzustand der Haut erhalten bleibt. Die Nervenläsion verliert sich eben nur allmählich, es bedarf längerer Zeit, bis der Reizzustand abklingt, i. e. wieder normale Empfindlichkeitsverhältnisse geschaffen werden. Sie werden aber geschaffen, — gerade darin liegt ein wesentlicher Punkt, der den Scabiesekzemen förmlich eine Sonderstellung verleiht. Bekanntlich ist es nicht die Regel, daß Ekzeme mit einem Schlag abheilen, Neigung zu Rückfällen gehört vielmehr zu ihrer Eigenart. Ich erinnere Sie an die Type des „echten" Ekzematikers, der oft sein ganzes Leben darunter zu leiden hat. Derartiges kennen wir im Anschluß an Scabies nicht, wenigstens ist mir kein Fall bekannt, wo durch Krätze solche Zustände ausgelöst worden wären. Und wie viele Scabieskranke mit schweren Kratzekzemen hat es während des Krieges gegeben! — Mangel an Beobachtungsmaterial kommt also nicht in Frage. Allem Anscheine nach gehört das restlose Abheilen dieser Fälle, das Ausbleiben von Folgezuständen irgendwelcher Art zum Wesen der Krankheit, besondere Verhältnisse in der Pathogenese werden dafür mitverantwortlich sein. Um nun erkennen zu können, worin sie bestehen, muß zunächst einiges darüber gesagt werden, wie wir uns denn beim „Ekzematiker" die Verhältnisse vorzustellen haben, welche Umstände für Form des Auftretens und Eigenart des Verlaufes dieser Erkrankungstype maßgebend sind, kurz, was an Einzelheiten hinsichtlich Pathogenese dieses Prozesses bekannt ist? Hier muß als erster und wichtigster Punkt festgestellt werden: Grundsätzlich handelt es sich gewiß um denselben Schädigungsvorgang, d. h. auch hier ist nach allem wohl die Epidermis Sitz der Primärläsion und zweifellos spielen Erregungen ihrer sensiblen Fasern beim Werden des Prozesses eine gleich große Rolle. Verschieden ist die Art, in der die Epithelzellen zum Insult Stellung nehmen bzw. ob ihres chemischen Aufbaus Stellung nehmen müssen. Überempfindlichkeitszustände bestimmen ihre Reaktionsform, — daran kann auf Grund eingehender Studien, die sich vor allem wieder an die schon früher erwähnten Namen JADASSOHN, LEWANDOWSKY, B. BLOCH, KREIBICH u. a. knüpfen, nicht gezweifelt werden. Idiosynkrasische Zustände im Epithelbereich müssen geradezu als Grundlage ekzematöser Vorfälle angesehen werden; nur dort, wo sich die Oberhautzellen in einer bestimmten Reaktionsbereitschaft befinden, mithin kraft ihrer Konstitution besondere Neigung zur Bindung gewisser chemischer Energien besitzen, können Effekte resultieren, wie sie bei Ekzematikern zu finden sind. Der Reiz allein, mag er noch so betont sein, genügt nicht zu ihrer Auslösung, der Boden, auf dem er zur Entfaltung gelangt, muß sich im geeigneten Zustand befinden. „Der Reiz ist nichts, die Disposition alles", — dieser Satz paßt, wie LEWANDOWSKY gelegentlich einmal gesagt hat, in vollem Maße auf die hier in Betracht kommenden Verhältnisse.

Natürlich erhebt sich die Frage: Aus welchen Quellen stammt diese Überempfindlichkeit der Oberhaut? Einmal kann sie angeboren sein, d. h. die Epidermiszellen befinden sich von der Anlage her nach bestimmter Richtung in regelwidriger Verfassung, natürlich wieder nur im Sinne gewisser Störungen des normalen physikalisch-chemischen Aufbaues, nicht morphologisch greifbarer Abweichungen. Dabei muß dies nicht sogleich nach der Geburt offensichtlich werden, vielfach bleiben solche Bildungsfehler lange verdeckt. Die Dinge liegen offenbar durchaus ähnlich jenen, wie wir sie seinerzeit bei Erörterung der epithelialen Mißbildungen kennen gelernt haben. Der Mensch bringt die abnorme Zelleinstellung mit auf die Welt, sie bleibt aber solange im Zustand der Latenz, als an das betreffende System keine zu hohen Anforderungen herantreten; erst wenn sich bestimmte Einflüsse geltend machen, die aber durchaus nicht spezifisch sein müssen — ich erinnere Sie beispielsweise nur an die Bedeutung der Pubertät für gewisse Wandlungen im Verhalten der Haut —, kann der Fehler manifest werden, d. h. die Zellen geraten jetzt hinsichtlich bestimmter Leistungsfähigkeit auf abwegige Bahn. Und tritt jetzt, um auf unseren Fall zurückzukommen, der richtige Reiz in Tätigkeit, so ist das Phänomen der Überempfindlichkeitsreaktion gesichert. Dabei muß die abnorme Einstellung der Zelle nicht immer so geartet sein, daß ausschließlich nur ein bestimmter Reiz als auslösender Faktor in Betracht kommt, die Zelle kann sich in einem Zustande polyvalenter Überempfindlichkeit befinden, wie BLOCH dies genannt hat; verschiedenste Einflüsse, darunter solche, die oft gar nicht als Reiz imponieren, vermögen daher denselben Zustand hervorzurufen.

Aber auch noch einen zweiten Typus epithelialer Überempfindlichkeit gibt es: die erworbene. Von ihr können wir sinngemäß nur dann reden, wenn der Zustand einer von der Anlage her völlig normal konstruierten Epidermis aufgepflanzt wird. Natürlich ist die Entscheidung, ob im Einzelfalle tatsächlich diese Form vorliegt, schwer, ja fast unmöglich, weil sich niemals ganz ausschließen läßt, ob die letzte Ursache nicht doch etwa in einer, bisher nur gut maskierten Zellminderwertigkeit wurzelt. Man rechnet aber ganz allgemein mit der Tatsache einer erworbenen Epithelidiosynkrasie; verschiedene experimentelle Studien (JADASSOHN, BLOCH u. a.) haben hierfür gewichtiges Beweismaterial erbracht. Der Weg, auf dem es dazu kommt, führt über die Einwirkung von Reizen, d. h. **Überempfindlichkeit der Oberhaut, i. e. Ekzembereitschaft wird dadurch erworben, daß Reize, letzten Endes immer wieder chemische, die Epithelzellen treffen und sie hinsichtlich ihrer Reaktionsfähigkeit umstellen.** Allem Anscheine nach handelt es sich, wie auch BLOCH glaubt, um Änderungen im physikalisch-chemischen Aufbau der Zellen. Warum es dazu kommt, warum die Zelle den Reiz in der Weise beantwortet, wissen wir nicht. Jedenfalls muß aber eine Wandlung im Chemismus der Zelle statthaben, denn in der Tat findet der nächste angreifende Reiz andere Bedingungen vor, die Zelle befindet sich jetzt in anderer höherer Reaktionsbereitschaft, das können wir aus der geänderten Beantwortung des Insultes erschließen. Dabei muß die Überempfindlichkeit durchaus nicht immer monovalent, i. e. nur für einen bestimmten Reiz empfänglich werden, häufig entwickelt sie sich zur Polyvalenz, d. h. die Zelle wird auf Grund ihrer Strukturänderung gegen verschiedenste Reize überempfindlich.

Das Tempo, in welchem diese Umstimmung der Zelle, ihre Sensibilisierung, wie JADASSOHN den Vorgang nennt, erfolgt, kann recht verschieden sein.

Einmal genügt schon ein einziger Insult, ein andermal müssen mehrere Attacken erfolgen, einmal tritt die Überempfindlichkeit sogleich nach der Schädigung auf, ein andermal erst längere Zeit nachher.

Was die auslösenden Ursachen anlangt, kommen hierfür verschiedenartigste Reize in Betracht. Gewisse Kenntnisse besitzen wir nur über jene, die von außen einwirken, die wir also hinsichtlich ihres Einflusses direkt verfolgen können, — was alles an inneren Ursachen denselben Erfolg zu zeitigen vermag, entzieht sich der Beurteilung. Gewiß spielen aber Reize von innen her eine nicht zu unterschätzende Rolle. Bei den innigen Beziehungen, die zwischen Hautorgan und anderen Gewebssystemen bestehen, müssen gewisse Vorkommnisse im Bereiche der letzteren gelegentlich einmal nach außen zu abfärben. Wir werden erst der vollendeten Tatsache inne, die geänderte Reaktionsfähigkeit zeigt uns den Ablauf des Geschehens an, sagt uns aber nichts über die Einzelheiten des Vorganges selbst. Jedenfalls muß der Reiz, der zur Überempfindlichkeit führt, durchaus nicht von derselben Qualität sein als der, welcher späterhin ekzematöse Reaktionen hervorbringt.

Wo uns Ekzeme begegnen, haben wir also mit zwei Faktoren zu rechnen: dem Ekzemreiz und der Ekzembereitschaft des Gewebes. Ersterer wirkt in der Überzahl der Fälle von außen her ein, die meisten Ekzeme sind exogener Natur, solche, von innen her verursacht, seltene Ereignisse. Doch gibt es diese Art zweifellos, experimentelle Studien (JADASSOHN, BLOCH, JAEGER u. a.) haben darüber Aufklärung gebracht; sie steht dem Wesen nach mit den intern bedingten, durch primäre Epithelläsionen charakterisierten Erythemen auf einer Linie — ich erinnere an das Salvarsanerythem! —, ja stellt eigentlich nur ein höheres Entwicklungsstadium derselben dar. Hier haben wir in der Tat die Übergänge zwischen Erythem und Ekzem bzw. Dermatitis eczematosa gegeben. An dem Beispiel des Salvarsanerythems mit seinem gelegentlichen Endausgang: Ekzemdermatitis, lassen sich diese Verhältnisse gut erkennen. Ekzeme aus inneren Ursachen sind aber gewiß viel seltener, als im allgemeinen angenommen wird. Bei jedem „Ekzematiker", wo die äußere Ursache nicht sogleich greifbar ist, nach solchen Zusammenhängen zu suchen, abnorme Stoffwechselvorgänge etwa als Grund dafür anzusehen, wäre völlig verfehlt. Nicht der geringste Beweis liegt dafür vor, daß pathologische Stoffwechselzustände überhaupt Hautveränderungen vom Typus Ekzem hervorzurufen vermögen. Die lange Zeit vertretene Lehre von einer ekzematösen Diathese hat sich als unhaltbar erwiesen. Lediglich Umstellungen in der Zellempfindlichkeit können aus regelwidrigen Stoffwechselvorgängen resultieren, die Ekzembereitschaft kann gefördert werden. Damit es zum Ekzem kommt, dazu gehört nun erst noch der entsprechende Reiz, welcher in der Überzahl der Fälle eben von außen angreift und durchaus nicht irgendwie spezifisch sein muß.

Die Ekzembereitschaft haben wir als im Epithel verankert bezeichnet und damit einen Standpunkt eingenommen, der immer noch einer gewissen Kritik unterliegt. Gerade in der letzten Zeit sind wieder Stimmen laut geworden, die an einer rein epithelialen Überempfindlichkeit zweifeln und glauben, daß in jedem Falle doch auch das cutane Gefäßnetz in Mitleidenschaft gezogen sei, mithin daß jede epitheliale Idiosynkrasie von einer vasculären begleitet werde. Die verschiedenen klinischen Phänomene seien auf das jeweils verschieden starke Hervortreten dieses oder jenes Systems im Reaktionsbild zu beziehen. Auch BLOCH und JADASSOHN neigen in letzter Zeit dieser Annahme zu, halten sie bzw. für möglich — strenge vertreten wird sie von URBACH u. a. Hauptbegründung dafür neben anderen Momenten: Epidermis und Papillarkörper gehören zusammen, sie bilden eine funktionelle Einheit und werden daher auch hinsichtlich des idiosynkrasischen Zustandes einheitlich eingestellt sein. Die Beweisführung erscheint mir nicht völlig zwingend. Daß Oberhaut und Cutis bei dem innigen Kontakte, in dem sie sich befinden, tatsächlich ein Organganzes darstellen, bedarf keiner weiteren Erörterung. Deshalb müssen aber die Dinge noch lange nicht so liegen, daß alle aufbauenden Gewebselemente dieselbe Affinität und Empfindlichkeit gegenüber Reizen besitzen. Ja, es ist dies von vornherein gar nicht wahrscheinlich; wenn es so wäre, könnten wir bei spezifischen Reizen eigentlich nie spezifische Reaktionen erwarten, denn offenbar müßten verschiedene Resultate entstehen, wenn derselbe Reiz bei gleicher Stärke einmal an dem, ein andermal an jenem Punkte angreifen würde. Die Lehre vom spezifischen Reiz und spezifischen Angriffspunkt würde damit jede Grundlage verlieren. Noch verschiedene andere Gründe, deren Auseinandersetzung uns aber zu weit abseits brächte vom eigentlichen Thema, sprechen gegen solche Vorstellungen, — und so sehe ich dermalen keine Veranlassung, von dem früher vertretenen Standpunkt abzurücken. Ich halte eine Trennung zwischen epithelialer und vasculärer Überempfindlichkeit für durchaus angängig, ja notwendig, um uns im ganzen Fragenkomplex überhaupt zurechtfinden zu können. Für das Ekzem haben wir mit einer angeborenen oder erworbenen Überempfindlichkeit des Epithels gegen Reize zu rechnen, einzelne Erytheme, vor allem die autotoxischer Natur, beruhen auf vasculärer Idiosynkrasie. Genetisch haben wir damit zwei ganz verschiedene Krankheitsgruppen vor uns. Daß Erytheme in Ekzeme übergehen können, hat, wie schon früher bemerkt, darin seinen Grund, daß es eben auch Erytheme gibt, wo die Erstlingsalteration infolge spezifischer Affinität der Noxe zur Epidermiszelle im Oberhautbereich entsteht, d. h. ob deren Überempfindlichkeit denselben Grundvorgang auslöst wie beim Ekzem.

Nun kehren wir zurück zur Ausgangsfrage: Warum löst der bei Scabies wirksame Reiz nicht jenen Zustand aus, den wir vom „Ekzematiker" her kennen? Warum findet das postscabiöse Ekzem, mag es noch so stark entwickelt sein, in der Regel mit einem Schlag seine Begrenzung? Offenbar deshalb, weil keine epitheliale Überempfindlichkeit zustande kommt. Der durch die Milbe bedingte, späterhin durch das Kratzen noch verstärkte Reiz ist allem Anscheine nach nicht geeignet, das Rete in seinem biologischen Zustande so umzuformen, daß hieraus Folgerungen hinsichtlich Empfindlichkeit entstehen würden. Die Sensibilisierung der Oberhaut bleibt aus und damit fehlt der Hauptfaktor für spätere ekzematöse Reaktionen. In der Tat verleiht dieser Umstand dem Prozeß eine gewisse Sonderstellung und, wenn wir von Ekzem im strengen Sinne des Wortes sprechen, gehört das Scabies-Ekzem trotz grundsätzlich gleicher Pathogenese eigentlich nicht dazu, da das Überempfindlichkeitsmoment mangelt. Insoweit Ekzeme kolloid-chemische Probleme sind, haben wir hier wohl zwei verschiedene Typen vor uns; ist der Weg, der zum Ziele führt, beide Male auch grundsätzlich in derselben Weise angelegt, die

Einzelheiten seines Verlaufes sind andere und müssen andere sein, weil andere Voraussetzungen für seine Entwicklung gegeben sind.

Zusammenfassend hätten wir das Ekzem als primäre Epidermiskrankheit zu definieren. Die dabei auftretenden Entzündungserscheinungen sind auf reflektorischem Wege bedingt; verschiedenartigste Reize kommen als auslösender Faktor in Betracht, in der Überzahl greifen sie von außen her an. Ihre Aufnahme muß gesichert sein durch besondere Empfindlichkeit der Oberhaut, idionsynkrasische Zustände derselben stellen eine Conditio sine qua non für die Bindung der Reize und die Art der durch sie ausgelösten Zellreaktionen dar. Die verschiedenen Ekzemformen

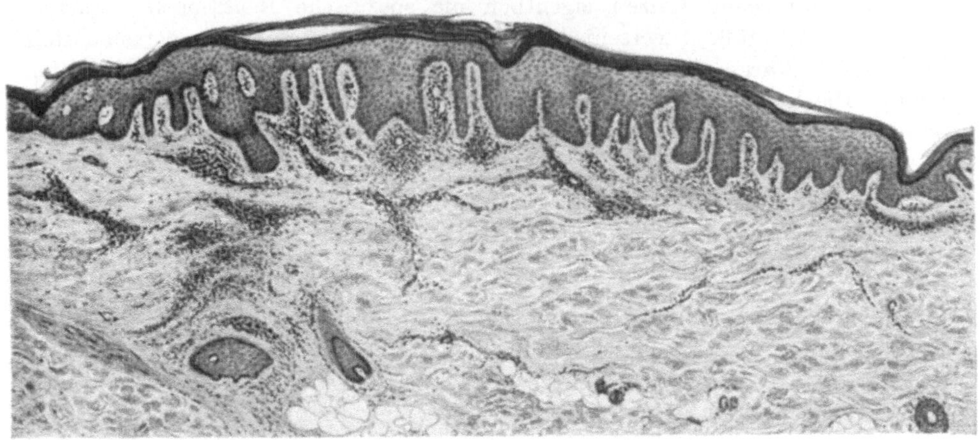

Abb. 47. Eczema papulatum. Vergrößerung 42.
Geringgradige Akanthose, Ansätze zu Parakeratose, im Papillarkörper mäßige Entzündungsreaktion.

und Entwicklungsstadien sind auf sekundäre Vorgänge zu beziehen, die in ihrer Gesamtheit als Antwort auf die Erstlingsalteration gedeutet werden müssen. Verschiedenste Momente, im einzelnen niemals ganz erfaßbar, bestimmen Art und Grad derselben und damit das proteusartige Bild der klinischen Erscheinungen.

Wenn wir uns nun nach diesen allgemein biologischen Bemerkungen der Histologie des Ekzems zuwenden, so versteht sich von selbst, daß bei der Vielheit der Symptome nur einzelne ausgewählte Präparate und natürlich nur solche, die besonders markante Stadien betreffen, vorgewiesen werden können. In der Tat ist auch nur bei ihnen ein charakteristisches Bild zu erwarten, auf allen Zwischenstufen und besonders, wenn sekundäre Prozesse Oberhand gewinnen (Eczema impetiginosum u. ä.), verliert sich jede Spezifität des anatomischen Zustandes. Das erste Bild (Abb. 47) stammt von einer Eczemapapulatum-Efflorescenz, und zwar einer ziemlich jungen Datums. Irgendwie für den Prozeß charakteristische Erscheinungen sind nicht gegeben, das histologische Bild erinnert durchaus an das von papulösen Erythemen, nur daß die perivasculäre Zellansammlung im obersten Abschnitt der Cutis vielleicht noch stärker entwickelt ist. Die Epidermis erscheint ein wenig verbreitert (Akanthose geringen Grades), Störungen in der Verhornung machen sich bereits geltend (beginnende Parakeratose). Von der Erstlingsalteration ist nichts zu sehen, die Epithelzellen erwecken den Eindruck normaler Gebilde; der Prozeß ist viel zu weit vorgeschritten, als daß man überhaupt erwarten könnte, die Erstlingsveränderungen noch anzutreffen. Die Primärläsion ist bisher nicht gesehen worden und es besteht wenig Wahrscheinlichkeit, daß sie je gesehen werden wird. Wenn wir die ersten klinischen Erscheinungen angezeigt bekommen, ist die Phase der Erstlingsalteration

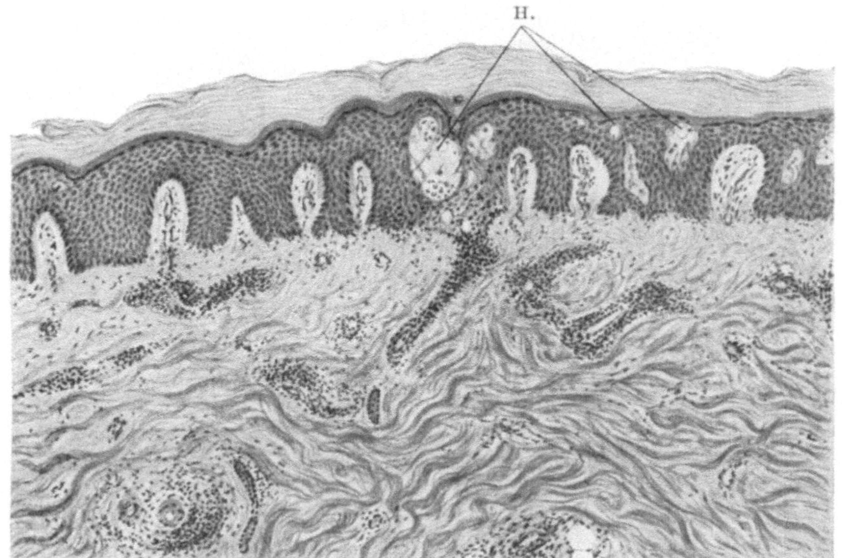

Abb. 48. Eczema vesiculosum. Jugendstadium. Vergrößerung 60.
Papillarkörper ödematös. In der Epidermis kleinere und größere Aushöhlungen (H.).

wohl stets schon vorüber, der entzündliche Reflex bereits in Wirksamkeit und damit eine Entscheidung darüber, was ist primäres, was sekundäres Ereignis unmöglich.

Das zweite Präparat (Abb. 48) trifft das Stadium der beginnenden Bläschenbildung. In der Cutis wieder ziemlich reichlich perivasculäre Entzündung. Im Bereiche des Papillarkörpers mächtiges Ödem, die einzelnen Bindegewebsleisten erscheinen aufgequollen und infolge der Überschwemmung mit Exsudat homogenisiert. Dort und da sieht man erweiterte Capillaren bis zur Papillenspitze verlaufen. Die Epidermis auch hier etwas dicker als de norma, die interpapillären Zapfen voluminöser. Reichlich seröse Durchtränkung des Epithels mit stellenweiser Bildung kleiner Höhlungen.

Diese Veränderungen der Oberhaut sind für das akute Ekzem charakteristisch und das Vollbild dessen, was UNNA Spongiose genannt hat. Grundlage des Prozesses ist das intraepitheliale Ödem: die Zwischenzellspalten und Lücken werden maximal erweitert, die Oberhaut erfährt dadurch schwammartige Auftreibung. Abb. 49 bringt diesen Zustand zur Darstellung. Das Entstehen der Lücken und Höhlungen wird meist ausschließlich auf Überdehnung

und Einreißen der Zellbrücken infolge übermächtigen Druckes der Flüssigkeits-
masse bezogen, das Ekzembläschen damit als Verdrängungsbläschen
gedeutet. In der Tat scheinen die Dinge aber nicht so einfach zu liegen. Das
Ödem allein genügt nicht zur Bildung intraepithelialer Bläschen, ja allem
Anscheine nach kann auf diesem Wege der hier vorliegende Typus überhaupt
nicht zustande kommen. Flüssigkeitseinbruch in die Epidermis kann zur vollen
Losreißung derselben vom Bindegewebe führen, oder zu diffuser Spalt- und

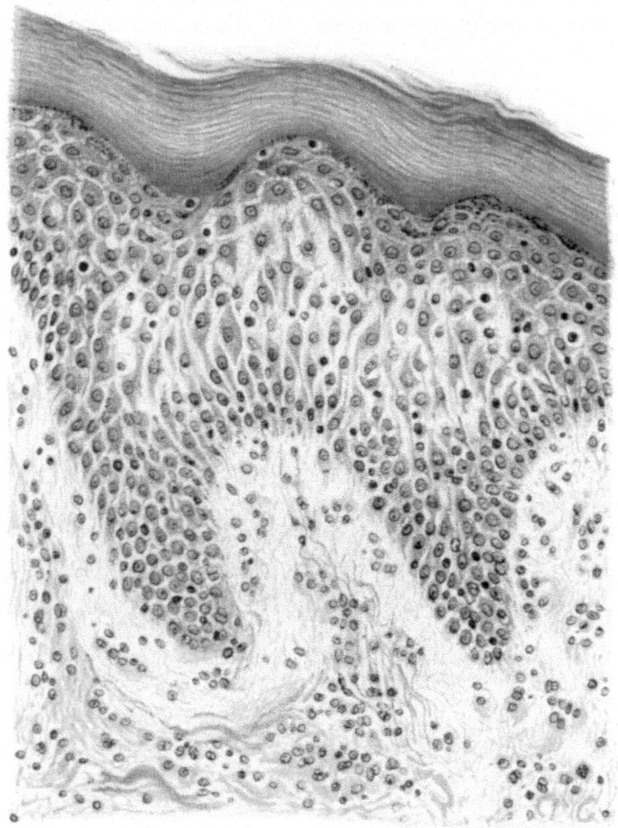

Abb. 49. Eczema vesiculosum. Hämalaun-Eosin-Färbung. Vergrößerung 160.
Im Epithel Status spongiosus hohen Grades. Papillarkörper ödematös durchtränkt.

Blasenbildung im MALPIGHI schen Zellsystem — so werden wir die Verhältnisse
bei der Verbrennungs- bei der Pemphigusblase kennen lernen —, nicht aber
können so, wie es scheint, umschriebene kleine Höhlungen entstehen, besonders
in den obersten Lagen des Rete. So lange die Zellen intakt sind, werden überall
dieselben Druck- und Gegendruckverhältnisse herrschen, erst wenn irgendwo
Störungen in der Zellstruktur gegeben sind, wird ein Locus minoris resistentiae
für Überdruckwirkung vorhanden sein. Höhlenbildung in der Epidermis
ohne bestimmte Zelläsionen ist allem Anscheine nach trotz
Ödem unmöglich, erstere müssen gegeben sein, damit der Flüssigkeitseinbruch wirksam werden kann. Daß das eindringende Exsudat erst den Schaden

an der Zelle setzt, ist nicht gut vorstellbar, wohl aber daß ein bereits bestehender dadurch zur Reife gebracht wird, d. h. die Zelle nun ganz zugrunde geht. Wir müssen also das Vorhandensein gewisser Zellveränderungen postulieren, um verstehen zu können, warum die Höhlenbildung an einzelnen Plätzen erfolgt und nicht gleichmäßig durch die ganze Schädigungszone. Damit sind wir zur Vorstellung der primären Epithelalteration gedrängt und damit weiter zur Annahme, daß die Bläschenbildung beim Ekzem in ähnlicher Weise ein komplizierter spezifischer Vorgang ist wie beim Herpes oder der Variola. Auch hier haben wir letzten Endes ein Degenerationsbläschen vor uns, nur von anderer Art als in der früher besprochenen Gruppe, entsprechend eben anderer pathogenetischer

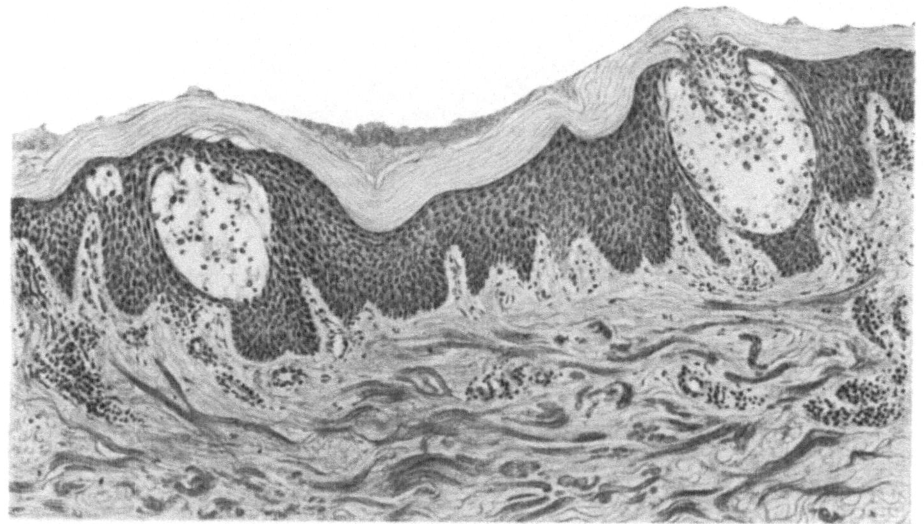

Abb. 50. Ekzembläschen vom Handrücken. Vergrößerung 85.
Typisches Bild.

Vorgänge. In der Tat werden solche Vorstellungen durch gewisse histologische Einzelheiten unterstützt. Man findet nämlich in jungen Bläschenstadien — auch in dem vorliegenden Präparat ist dies zu erkennen — eine Art der Zelldegeneration, die als für das Ekzem eigenartig bezeichnet werden muß. Die Franzosen haben sie Alteration cavitaire genannt; es handelt sich um eine Verquellung der Zellen, um die Umwandlung ihres Plasmas zu einer homogenen, unfärbbaren Masse; immer wieder findet man solche Gebilde in und neben den Höhlungen liegen. Wahrscheinlich sind sie in ähnlicher Weise Folge des primären Schädigungsvorgangs wie die verquollenen Zellen bei der ballonierenden Degeneration.

Die Bläschenbildung beim Ekzem hätten wir uns demnach folgendermaßen vorzustellen: Primäre Epithelläsion — vielleicht auf dem Umwege über Reizung der Nervenfaser ausgelöst, womit der Epithelnerv Angriffspunkt für die Noxe sein würde (Kreibich) —, die morphologisch zunächst nicht hervortritt. Nervöser Reflex, Vasomotorenerregung, Hyperämie, Exsudation, Ödemeinbruch in die Oberhaut — Spongiose, Höhlen-

bildung, die insoweit auf letzterer beruht, als sie vollendet, was degenerative
Vorgänge eingeleitet haben. Voraussetzung für das Entstehen der
Bläschen ist aber zweifellos die der Exsudation vorangegangene
Zellschädigung — der Ödemeinbruch allein würde nie zu diesem Ende
führen. Die Vergrößerung der zunächst kleinen Höhlungen erfolgt durch
weiteres Zuströmen von Flüssigkeit und damit Erhöhung des Druckes auf
die Umgebung. Vielfach kommt es zur Konfluenz benachbarter Räume; die
zwischen ihnen zunächst aufgerichteten Scheidewände werden mehr und mehr
gedehnt und gepreßt, schließlich reißen sie ein; nicht selten finden sich noch
Reste solcher Septen in Form feiner Epithelfasern im Innern der Blasen, zwischen

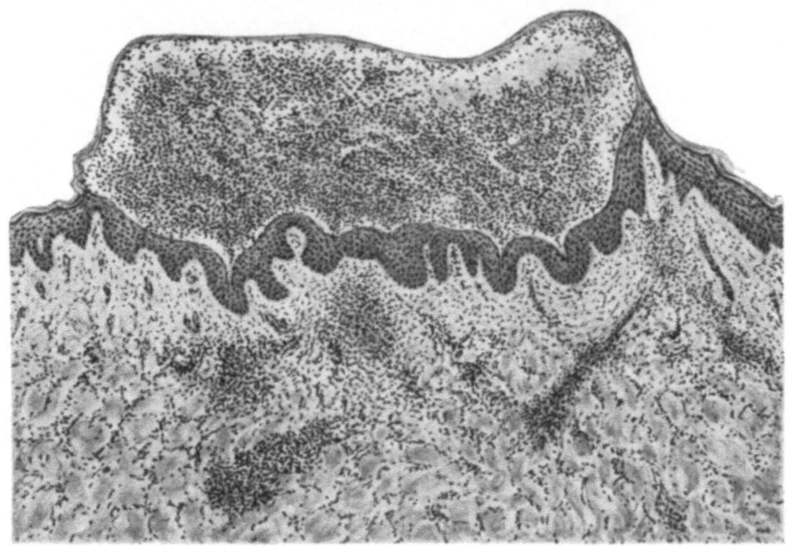

Abb. 51. Pustel bei Crotonöldermatitis. Vergrößerung 60.

sich degenerierte Zellen einschließend. Das vierte der vorzuweisenden Präparate (Abb. 50), das das Stadium des voll entwickelten Bläschenekzems
repräsentieren soll, zeigt diese Eigenheit des Prozesses auf.

Fünfter und sechster Schnitt (Abb. 51 und 52) endlich betreffen Endausgänge der Bläschen, Ekzempustel und Umwandlung derselben zur
Kruste. Voraussetzung für das Zustandekommen dieser Stadien ist, daß
die Bläschen längere Zeit bestehen bleiben.

Und dies kann nur sein, wenn die exsudativen Vorgänge nicht zu hohe
Grade erreichen. Ist die Entzündung sehr stark, so folgt bekanntlich dem
Eczema vesiculosum das Stadium madidans; die Bläschendecken vermögen
dem reichlich zuströmenden Serum nicht standzuhalten, sie werden gesprengt —
Folge dessen: nässende Oberfläche. Pustelbildungen bei Ekzem sagen uns
also immer, daß die perakute Entzündungsphase überwunden oder daß es zu
ihr überhaupt nicht gekommen ist.

Für das Entstehen der Ekzempusteln sind stets sekundäre Einflüsse
bestimmend. Kokken dringen von außen durch die Bläschendecke, finden
im Serum gute Wachstumsbedingungen und bewirken seine Umwandlung

in Eiter. Abb. 51 zeigt eine recht umfängliche Pustel. Sie stammt aus einer
Ekzemplaques an der Innenseite des Oberschenkels, nach Crotonölpinselung;
neben Pusteln waren auch Bläschen entwickelt. Das Bild ist durchaus anders,
als wir es früher gesehen haben. Erstens ist der Hohlraum viel größer und von
Eiterzellen erfüllt, dann aber und hauptsächlich sitzt er nicht im Rete, sondern
oberhalb desselben unter der Hornschicht. Er verhält sich damit ganz so, wie
wir dies nachher von der Impetigopustel kennen lernen werden. Der hohe Sitz
der Blase steht vielleicht mit den bereits begonnenen Reparationsvorgängen
in Zusammenhang. Wir sehen das Rete schon wieder mehr weniger intakt,
das Vorhandensein zahlreicher Mitosen spricht für rege Zellneubildung und auf

Abb. 52. Ekzempustel im Beginn der Austrocknung. Vergrößerung 60.
Pustel bis unter die Hornschicht gedrängt, Epithel unterhalb leicht akanthotisch gewuchert.
Papillarkörper ödematös. Links im Schnitt kleine, noch frischere Pustel.

diesem Wege kann die Blase hinaufgedrängt worden sein. Ob diese Erklärung
tatsächlich zutrifft, läßt sich nicht sicher entscheiden. Fraglich bleibt, ob man
im vorliegenden Fall überhaupt von Ekzem sprechen soll, ob es nicht zweckmäßiger ist von dieser Bezeichnung ganz abzusehen trotz der klinischen Übereinstimmung, und den Namen Dermatitis pustulosa zu wählen. Damit
wäre die Vorstellung berücksichtigt, daß hier die ekzematöse Primärläsion
vielleicht überhaupt gefehlt hat, daß mithin doch etwas anderes vorliegt als
Ekzem im strengen Sinne des Wortes. Hier zeigt sich wieder die Schwierigkeit
der Abgrenzung zwischen Ekzem und Dermatitis. In der Tat wissen wir, daß
Kokken verschiedener Art auf aus irgendwelchen Gründen entzündeter
Haut Pusteln hervorrufen können, die klinisch Ekzempusteln gleichen. Ich
erinnere ferner an das Entstehen pustulierender Dermatitiden von ekzematösem
Typus bei Einwirkung bestimmter chemischer Stoffe — die Crotonöldermatitis ist ja das beste Beispiel hierfür. Hier sind bei der Pustelbildung
keinerlei Bakterien am Werke, die Mobilisierung der Eiterzellen erfolgt direkt

durch den Reizstoff, der Entzündungsverhältnisse schafft, die ähnlich sind denen bei gewissen Formen des Ekzems, daher klinisch denselben Eindruck hervorrufen und dabei dem Wesen nach doch nicht dasselbe sind. In der Tat ist es deshalb zweckmäßig dann, so wie KREIBICH dies vorschlägt, von Dermatitis eczematosa pustulosa zu sprechen.

Ich habe diese Dinge erwähnt, weil man auch aus ihnen wieder ersehen kann, wie verwickelt die Verhältnisse beim Ekzem liegen, wie klinisch gleichsinnige Affekte ganz verschiedene Pathogenese haben können und wie vorsichtig man daher bei der Beurteilung sein muß. Die Veränderungen im vorgewiesenen Präparat sind am besten als Dermatitis pustulosa zu bezeichnen,

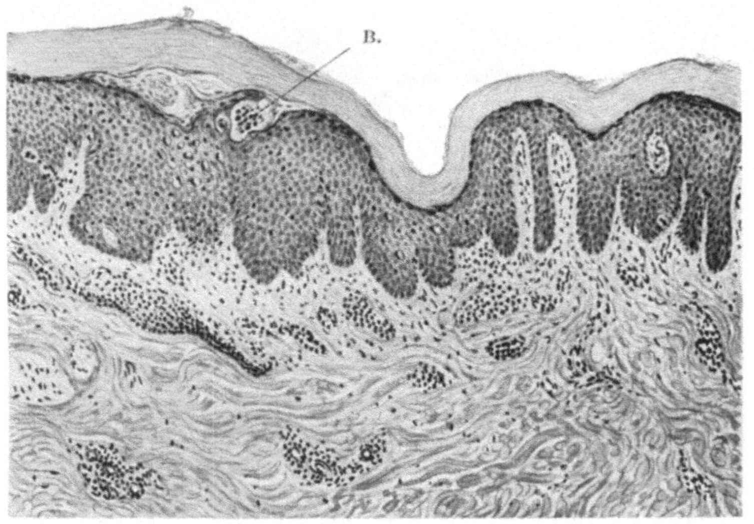

Abb. 53. Eczema chronicum mit Lichenifikation. Neurodermitis eczematosa chronica. Vergrößerung 85.
Epidermis akanthotisch verbreitert, Struktur des Papillarkörpers derb; bei B. Bläschenbildung, unterhalb links Erscheinungen der Alteration cavitaire.

der Name präjudiziert am wenigsten und läßt vor allem die Frage der Beziehungen zum Ekzem offen.

Der nächste Schnitt (Abb. 52), das Stadium der Umwandlung einer Ekzempustel zur Kruste repräsentierend, erinnert schon beim ersten Ansehen mehr an die früher kennen gelernten Bilder. Die Epidermis erscheint im Läsionsbereich etwas gewuchert, die interpapillären Zapfen sind länger, voluminöser, links im Gesichtsfeld findet sich eine ziemlich tief ins Rete vordringende Pustel, die wohl nur als aus einem Ekzembläschen hervorgegangen gedeutet werden kann. Die Hauptpustel, in der Mitte des Schnittes gelegen, sitzt wieder recht oberflächlich und erweckt den Eindruck des Zusammengefallenseins; ihr Inhalt erscheint infolge bereits ziemlich weit vorgeschrittener Gerinnung und Vertrocknung des Serums kompakt, an einzelnen Stellen ist es bereits zu einer Loslösung der Pustelmasse von der Decke des Hohlraums gekommen. Je mehr der Inhalt vertrocknet, um so mehr tritt dieses Phänomen in Erscheinung, Parallel der Vertrocknung läuft die Reparation von seiten des Rete und im

Endzustand können die Dinge dann so sein, daß die Reste des umgewandelten Pustelinhalts zwischen zwei Lagen von Hornelementen liegen, einer äußeren, der ursprünglichen Blasendecke, und einer inneren, die das Resultat bereits wieder im Gange befindlicher Verhornungsvorgänge unterhalb der früheren Läsionsstelle ist.

Zum Schlusse noch ein Bild vom chronischen, mit Lichenifikation einhergehenden Ekzem (Abb. 53). Klinisch gekennzeichnet ist dieser Zustand, wie bekannt durch gewisse hyperplastische Ereignisse. Neben einer eigenartig schmutzigen Verfärbung besteht Vergröberung des Hautreliefs, die Follikel treten deutlich hervor, bei Betasten erscheint die Haut derb, unelastisch, starker Juckreiz macht sich geltend, der Anlaß zum Kratzen und Scheuern gibt. Dies wieder bewirkt Entzündungsreaktion, mithin gesellt sich so zum bestehenden ein neuer Reiz hinzu, der Verstärkung der ekzematösen Erscheinungen bedingt — Neurodermitis eczematosa. Histologisch finden sich in solchen Stadien die ekzematösen Veränderungen einer verdickten Oberhaut aufgepflanzt. Das zeigt der vorliegende Schnitt sehr deutlich auf. Die Epidermis ist akanthotisch gewuchert, der Papillarkörper entsprechend verändert; das Rete zeigt neben Rundzellendurchwanderung Spongiose mit beginnender Höhlenbildung, an einer Stelle (links im Bilde) ein oberflächlich sitzendes Bläschen. In der Umgebung davon abnorme Verhornung.

Die folgenden Präparate sollen uns mit einer Bläschen-Pusteltype bekanntmachen, die lange Zeit dem Ekzem zugerechnet wurde, in der Tat aber, wie wir heute wissen, einen völlig anderen Prozeß darstellt, ich meine die

Impetigo.

UNNA definiert diese Gruppe als feuchte Hautkatarrhe, die durch Eindringen von Mikroorganismen von außen unter die Hornschicht erzeugt werden und unter dem Bilde von zerstreuten oder gruppierten, zur Vertrocknung neigenden Bläschen und Blasen verlaufen. In der Tat ist ein Hauptpunkt dieser Gruppe darin zu erblicken, daß Parasiten, Kokken, vor allem Streptokokken als krankheitserregendes Agens in Betracht kommen, daß wir es demnach mit einem infektiösen, von außen her der Haut aufgepflanzten Prozeß zu tun haben, der in seiner Auswirkung gelegentlich insoweit gewisse Anklänge an das Ekzem haben kann, als er eben auch mit Bläschen- und Pustelbildung einhergeht. Es bedarf eigentlich kaum eines Hinweises, daß trotz dieser Ähnlichkeit zwischen ihnen scharf unterschieden werden muß. Ekzem und Impetigo sind dem Wesen nach grundverschiedene Prozesse — das einzige Übereinstimmende liegt in der Tatsache, daß beide Male die Epidermis Sitz der Erstlingsalteration ist, die Impetigo mithin auch zu den primären Epithelerkrankungen zählt.

Die Klinik der Impetigo ist bekanntlich vielgestaltig, durchaus nicht alles, was so benannt wird, zeigt denselben Typus hinsichtlich Erscheinungsform, Auftretens und Verlaufes, ja hier sind Krankheitsbilder eingereiht, die dem Wesen nach gar nicht zusammengehören — ich erinnere Sie an die Impetigo contagiosa und herpetiformis; nur der Vorname ist den beiden Prozessen gemeinsam, sonst nichts. Wir werden darauf später noch zu sprechen kommen. Also, auch hier liegen die Dinge nicht so einfach, wie man beim ersten Ansehen vielleicht glauben möchte und UNNAS früher erwähnte Definition des Impetigobegriffes entspricht damit nicht völlig dem Tatsächlichen. Gewiß ist die Überzahl der Impetigoerkrankungen durch Bakterien, die von außen in die Epidermis eindringen, bedingt — Repräsentanten dafür: Impetigo Bockhart s. follicularis und Impetigo contagiosa s. vulgaris (Unna). Kokken sind in beiden Fällen das ursächliche Moment, Staphylokokken im ersten, Streptokokken im zweiten Falle, wie wir heute wissen (Jadassohn, Lewandowsky u. a.). Und beide Male ereignet sich grundsätzlich das gleiche: Die Parasiten dringen unter die Hornschicht vor, zunächst nicht tiefer, und bewirken, offenbar wieder auf reflektorischem Wege Entzündung, d. h. Capillarerregung mit Exsudation, die sich hauptsächlich epidermiswärts auswirkt und zur Bildung

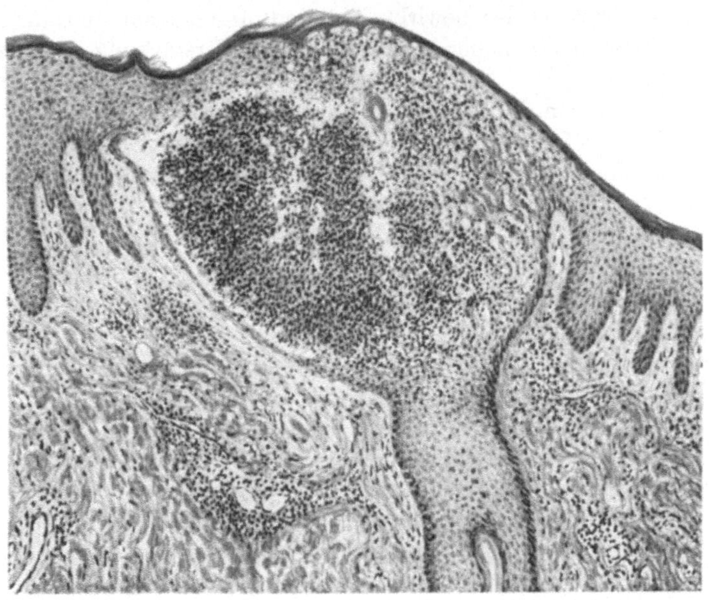

Abb. 53a. Impetigo follicularis. Vergrößerung 60.
Sitz der Pustel im Bereich des Follikels, Destruktion der Epidermis bis auf die Hornschicht.

der oberflächlichen Bläschen führt. Nach Unnas Auffassung locken die unter der Hornschicht wuchernden Mikroben auf chemotaktischem Wege das Exsudat an, ohne daß es zu entzündlichen Veränderungen im Bereich der Cutis kommt. Da meiner Erfahrung nach im Papillarkörper stets Entzündungszustand herrscht, wenn auch nur geringen Grades, erscheint mir die Reflextheorie das richtige zu sein. Wie übrigens die Dinge auch sein mögen, jedenfalls erfolgt Bläschenbzw. Pustelbildung sehr rasch nach Einbruch der Kokken und immer wieder unter der Hornschicht. Bei der Bockhartschen Form ist in der Regel die Follikelmündung der Einbruchsplatz. Von hier aus nehmen die Keime häufig den Weg weiter in die Tiefe. Dementsprechend verwandelt sich die zunächst oberflächliche Pustel oft zu einem umfänglicheren Eiterherd, der besonders dort, wo er um ein Haar gruppiert ist, charakteristisches Aussehen erhält, — klinisch das Bild der Sycosis coccogenes, der Bartfinne. Die voll entwickelte Impetigoefflorescenz stellt anatomisch ein intraepidermidales, verschieden tief vordringendes Eiterbläschen dar (Abb. 53a). Der Prozeß ist also hier durchaus nicht immer nur an die Hornschicht, bzw. die obersten Retelagen gebunden. Das ist ein Specificum der Impetigo contagiosa, deren histologische Struktur Sie aus dem folgenden Schnitt kennen lernen sollen (Abb. 54). Es handelt sich um eine schon etwas ältere Pustel, die streng unterhalb der Hornschicht gelegen ist. Das Rete Malpighi zeigt bis auf Leukocytendurchwanderung keine Regelwidrigkeit, nach oben zu wird es durch parakeratotische Zellagen begrenzt, die damit zugleich den Blasengrund bilden. Reparatorische

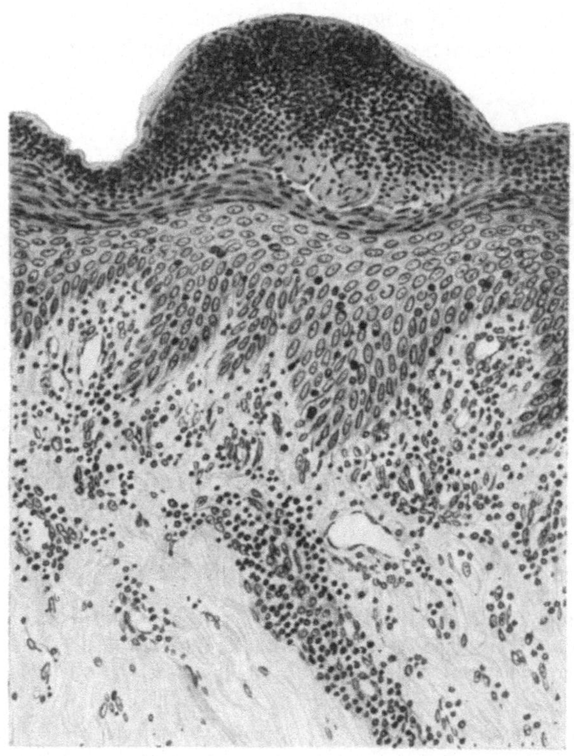

Abb. 54. Impetigo contagiosa. Vergrößerung 160.
Pustel unterhalb der Hornschicht, Abgrenzung gegen das Rete durch parakeratotisches Zellmaterial.

Vorgänge sind offenbar schon im Gange, die Entwicklung der parakeratotischen Hornschicht unterhalb der Pustel ist wohl als Ausdruck dafür anzusehen, daß die Epidermis mit dem Kokkeneinbruch in gewissem Sinne bereits fertig geworden, daß die Abriegelung des Krankheitsherdes vollendet, d. h. seine Ausstoßung in die Wege geleitet ist. Auf diese Weise geht ja die Abheilung vor sich, unterhalb der Pustel wird neue Hornschicht gebildet, der Pustelinhalt vertrocknet mehr und mehr und fällt schließlich als Kruste ab. Dort, wo die Pustel platzt oder aufgerissen wird, läuft der Regenerationsvorgang in der Regel schneller ab, als wenn es zur Eintrocknung des eitrigen Exsudates kommt. Charakteristisch für die Impetigo contagiosa ist, daß sie ein nur sehr kurz dauerndes

Bläschenstadium besitzt. Ihr Inhalt trübt sich infolge Leukocyteneinwanderung sehr rasch, doch kommt es nie zu jener rein eitrigen Form, wie dies bei der BOCKHART schen Impetigo die Regel ist.

Das nächste Präparat (Abb. 55) stammt von einem Falle circinärer Impetigo, und zwar von einer ganz frischen Efflorescenz der Gesichtshaut. Der klinisch selten prächtig entwickelt gewesene Fall betraf einen 20 jährigen Mann. Die mikroskopischen Veränderungen sind etwas anders als bei der früher erörterten Type, und zwar nicht nur deshalb, weil es sich um ein jüngeres Stadium handelt — der ganze Charakter der Blase ist anders. Zunächst erscheint schon nicht nur die Hornschicht abgehoben, der Blasendecke haften Retezellen an, das Bläschen sitzt demnach etwas tiefer, als das der Impetigo contagiosa. Dabei

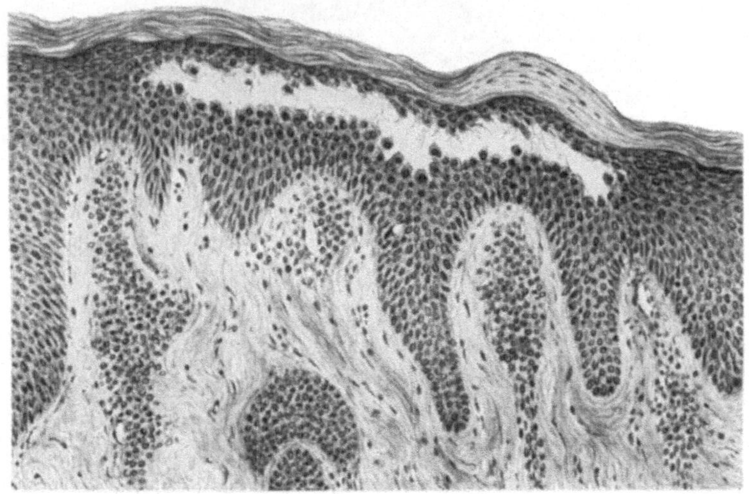

Abb. 55. Schnitt durch ein Bläschen von Impetigo circinata. Vergrößerung 85. Sitz des Hohlraums im obersten Epidermisabschnitt. Loslösung einzelner Zellen vom Blasenboden, ähnliche Bilder wie bei ballonierender Degeneration.

neigt ihr Inhalt nicht im selben Maße zur Vereiterung, der seröse Charakter des Exsudats bleibt relativ lange erhalten. Auffällig sind die Verhältnisse des Blasenbodens; hier stößt man auf Abrundung und Loslösung von Retezellen in ganz ähnlicher Weise wie bei Herpesbläschen, tatsächlich finden sich abgestoßene Elemente frei im Blasenraum. UNNA bezieht die Zellveränderungen auf ballonierende Degeneration und identifiziert damit den Vorgang mit jenem bei den Degenerationsblasen. Meiner Ansicht nach liegt doch ein anderer Schädigungstypus vor, allerdings mit ähnlichem Effekt. Neben verschiedenen morphologischen Einzelheiten, auf die ich nicht näher eingehen kann, spricht meines Erachtens vor allem der Sitz der Läsion gegen die Annahme, daß es sich hier um Ballonierung der Zellen im strengen Sinne des Wortes handelt. Die oberste Lage des Stratum spinosum ist davon in der Regel doch überhaupt nicht betroffen, wahrscheinlich befinden sich die Zellen an dieser Stelle ihres Entwicklungsganges bereits in einer Verfassung, die solche Ereignisse ausschließt. Ballonierende Degeneration ist an die tiefen Abschnitte des Rete Malpighii geknüpft, und wahrscheinlich nicht aus Gründen des Zufalls. Ich glaube also, man solle hier nicht von ballonierender Degeneration sprechen, sondern von einem eigenartigen, nur die oberste Retelage betreffenden Schädigungsvorgang, der nur bei der Impetigo circinata, nicht aber vulgaris zur Entwicklung gelangt.

Hier reiht sich nun von selbst das Krankheitsbild des Pemphigus neonatorum und der sogenannten Dermatitis exfoliativa ein; beide Prozesse werden heute als Erscheinungsformen der Impetigo contagiosa gedeutet (LEINER, JADASSOHN u. a.), und die von ihr abweichenden Krankheitssymptome durch die biologische Eigenart der Haut des Neugeborenen erklärt. Die Tatsache

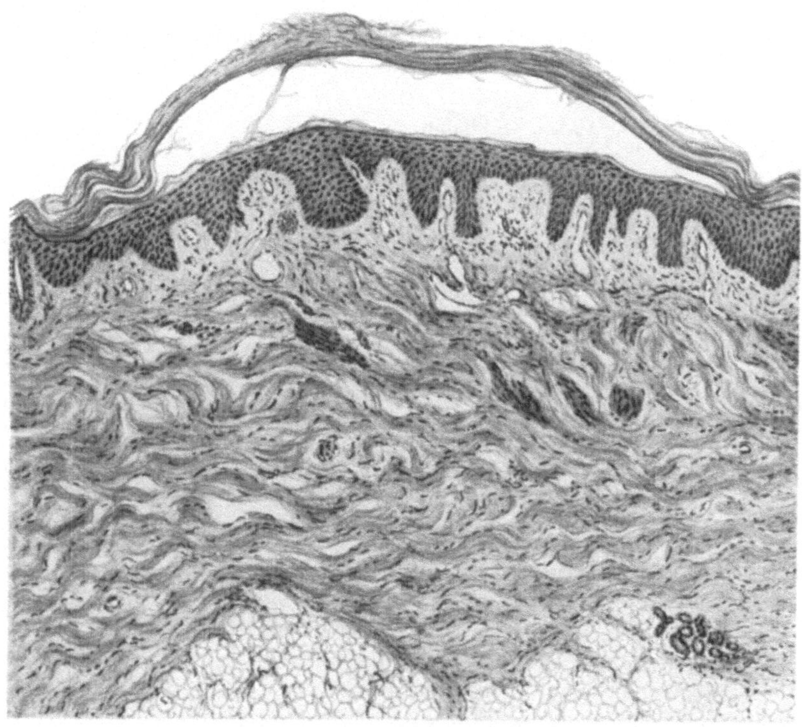

Abb. 56. Blase von Pemphigus neonatorum. Vergrößerung 85.
Abhebung der Hornschicht, im Papillarkörper Gefäßerweiterung.

des gar nicht seltenen gleichzeitigen Vorkommens von typischer Impetigo contagiosa und pemphigoiden Erscheinungen bei demselben Kind, sowie daß Inokulationen von Blaseninhalt beim Erwachsenen stets zur Impetigo führen — ich erinnere Sie an die mannigfach beobachteten Fälle, wo die Mutter Erscheinungen der Impetigo, der Säugling die des Pemphigus darbietet —, läßt an einem Zusammenhang der Prozesse kaum zweifeln. Ich will Ihnen zwei Schnitte aus dieser Gruppe vorweisen, einen, der das ganz frische Blasenstadium trifft — klinisch handelte es sich um einen typischen Fall von Pemphigus neonatorum —, und einen zweiten, von einer RITTERschen exfoliierenden Dermatitis stammend, der schon mehr den Endausgang zeigt, das Stadium erosionis mit Krustenbildung. Am ersten Präparat (Abb. 56) fällt der umfängliche Blasenraum auf — darin liegt ja der Hauptunterschied gegen die Impetigo, die nur bescheidene Bläschen

7*

bildet. Hier entstehen vielfach Bullae, und zwar ausschließlich unter der Hornschicht, das gesamte MALPIGHIsche Zellsystem nimmt an dem Prozeß direkt nicht teil. Die Papillarkörpergefäße, ja vielfach sogar auch noch die tiefer gelegenen, zeigen starke Erweiterung bei verhältnismäßig geringer leukocytärer Reaktion. Der Blaseninhalt trübt sich auch hier meist rasch — die Verhältnisse liegen also ganz so wie bei der Impetigo.

Die exfoliierende Dermatitis der Neugeborenen stellt bekanntlich das viel schwerere Krankheitsbild dar. Hier kommt es meist unter alarmierenden Allgemeinerscheinungen zu diffusen, oft ein wenig an Erysipel erinnernden Rötungen der Haut, die zum Teil von blasigen, zum Teil aber unregelmäßigfetzigen Abhebungen begleitet werden. Nicht selten läßt sich die Epidermis

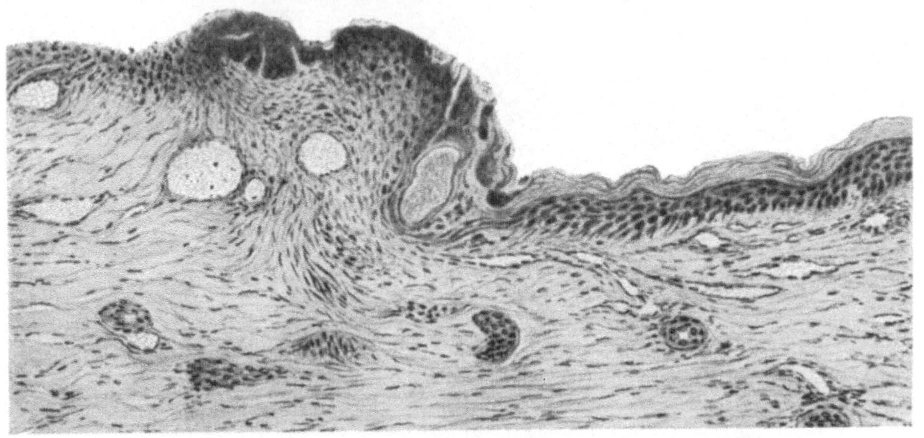

Abb. 57. Schnitt durch eine erodierte Stelle bei exfoliierender Dermatitis des Neugeborenen. Vergrößerung 110.
Rechterseits im Präparat Epidermis erhalten, links fehlt sie. Detritusmassen bedecken hier die Oberfläche; im Papillarkörper mächtige Erweiterung der Gefäße.

in langen Bändern abziehen; sind die Hände vom Prozeß ergriffen, so kann ihre Haut oft wie ein Handschuh abgestreift werden.

Histologisch finden sich einfache Verhältnisse (Abb. 57): Im Papillarkörper hochgradiger Entzündungszustand bei stark erweiterten und gefüllten Gefäßen. Die Epidermis fehlt stellenweise, stellenweise ist sie nur abgehoben; gelegentlich sind unter der Hornschicht Eiterzellen angesammelt. Wo es zur völligen Abstoßung der Oberhaut gekommen ist, bedecken Detritusmassen die frei liegende Papillarschicht. Nirgends sind Blasen oder Pusteln entwickelt.

Ich schalte hier ein Präparat von

Pemphigus syphiliticus

ein, um Ihnen den Unterschied zwischen dieser Affektion und der früher besprochenen klar zu machen. Beide tragen denselben Namen „Pemphigus", haben aber miteinander, wie bekannt, nichts zu tun, — die Kenntnis des anatomischen Substrats bewahrt hier vor jedem Irrtum. Beim syphilitischen Blasenausschlag, den es bekanntlich nur beim Säugling gibt — die Haut des Erwachsenen reagiert offenbar infolge der festeren Verbindung zwischen

Epidermis und Cutis niemals in dieser Weise —, handelt es sich um ein völlig anderes Entstehungsprinzip; hier ist nicht die Epidermis Sitz der Erstlingsalteration, sondern das Bindegewebe. Entzündliche Erscheinungen um erkrankte Gefäße leiten den Prozeß ein, infiltrative Vorgänge sind das Primäre, ihnen schließt sich erst die Blasenbildung an; sie ist damit sekundäres Ereignis, die Folge des Flüssigkeitseinbruches in die Oberhaut. Wir haben demnach hier keine Degenerationsblase vor uns, sondern das, was als Verdrängungsblase bezeichnet wird — wir werden ja später noch auf diesen Typus zu sprechen kommen. Charakteristisch ist der Blase, daß sie nicht intraepidermal beginnt.

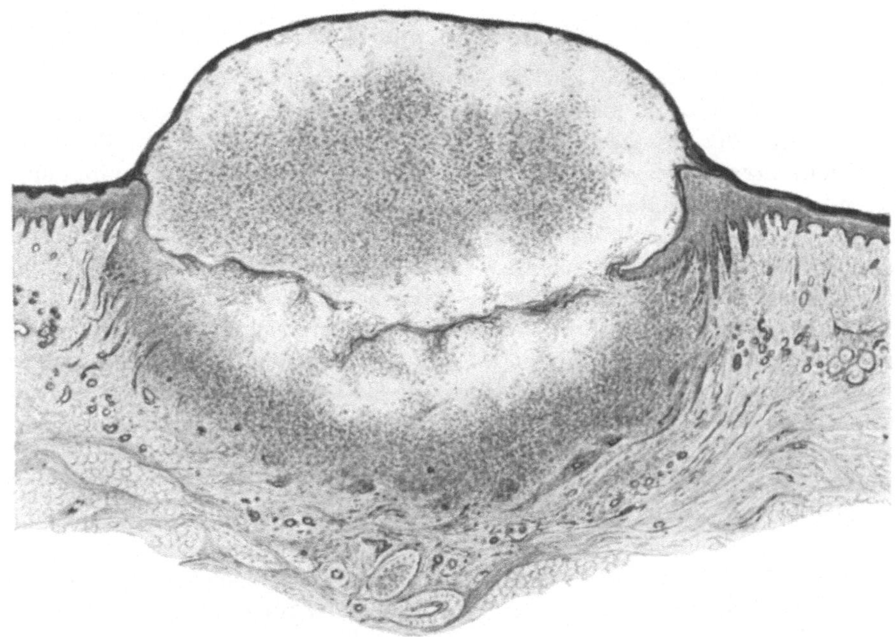

Abb. 58. Pemphigus syphiliticus. Übersichtsbild. Vergrößerung 24.
Tief in die Cutis sich erstreckende Entzündung. Völlige Zerstörung der Epidermis. Blase durch Epithelreste in zwei Abschnitte geteilt.

Offenbar wird durch den im Bindegewebe etablierten Entzündungsprozeß die Oberhaut als Ganzes geschädigt, offenbar kommt es zu Ernährungsstörungen in ihrem Bereiche und damit zu einem Locus minoris resistentiae, der dem Ödemeinbruch nicht standzuhalten vermag. Nur dadurch, daß die gesamten Epidermiszellen in die Destruktion einbezogen werden, kann ein Bild resultieren, wie wir es im vorliegenden Falle (Abb. 58) gegeben haben. Von der Oberhaut ist eigentlich nur mehr die Hornschicht erhalten, sie bildet die Blasendecke; da es sich um die Planta handelt, ist sie mächtig entwickelt, deshalb das verhältnismäßig lange Bestehenbleiben der Blasen und Pusteln an diesen Hautpartien. Durch die Mitte des Hohlraums zieht ein homogener Gewebsstrang, der seiner Konfiguration nach nichts anderes sein kann als der Überrest der nekrotisierten Basalschicht. Die Blase wird dadurch in zwei Abschnitte zerlegt und wahrscheinlich ist der Vorgang der gewesen, daß zunächst die Oberhaut blasig abgehoben wurde, vielleicht zwischen Basalschicht und Stratum spinosum, im weiteren Verlauf kam es zur Einschmelzung des Papillarkörpers, womit für die Ausbreitung des Exsudats noch mehr Raum geschaffen wurde. Das histologische Bild läßt also keinen Zweifel bestehen, daß beim Zustandekommen der Blase konsumptive Gewebsvorgänge als Folge des Entzündungsprozesses eine große Rolle spielen. Der erste Blick ins Mikroskop belehrt darüber, daß man es hier mit einer ganz anderen Blasentype zu tun hat als beim Pemphigus neonatorum.

Die letzten, in diesem Abschnitt vorzuweisenden Präparate sollen uns mit dem Krankheitsbild der

Impetigo herpetiformis

bekannt machen. Ein sehr seltener, hinsichtlich seines Wesens noch durchaus unerkannter Prozeß ist hier gegeben. Die Bezeichnung Impetigo wurde von HEBRA wegen der Primärefflorescenz gewählt, die in der Tat den Pusteln bei der BOCKHARTschen Type völlig gleicht. Diese äußere Übereinstimmung ist aber auch alles, was die zwei Dermatosen gemeinsam haben, pathogenetisch sowohl als ätiologisch handelt es sich zweifellos um grundverschiedene Prozesse. Dabei wissen wir allerdings nichts Näheres darüber, welche Umstände für das Auftreten der Impetigo herpetiformis maßgebend sind, welcher Art die Noxe ist, woher sie stammt u. dgl. m. Wir wissen nur, daß sich in den Pusteln keiner der gewöhnlichen Parasiten findet, — immer wieder wurde der Eiter als steril erkannt, von außen in die Haut eindringende Keime jener Art, wie wir sie früher kennen gelernt haben, spielen demnach als ursächliches Moment gewiß keine Rolle. Die Berechtigung einer scharfen Trennung gegenüber den banalen Impetigoformen ergibt sich damit von selbst. Als positives Faktum ist uns die Tatsache bekannt, daß durchwegs nur Schwangere von der Krankheit betroffen werden — was sich an Ausnahmen hiervon mitgeteilt findet, ist spärlich und immer wieder Ursache zu Auseinandersetzungen. Die Überzahl der Autoren, die auf Grund eigener Beobachtung zum Gegenstand Stellung genommen haben, hält die Impetigo herpetiformis für eine Graviditätsdermatose. In der Regel setzen die Erscheinungen erst gegen das Ende der Schwangerschaft zu ein. Unter schweren Allgemeinstörungen, Fieber, Erbrechen u. a. treten, mit Vorliebe an der Innenseite des Oberschenkels, in der Genitocruralfalte, in der Leistengegend, schließlich zerstreut über den ganzen Körper Gruppen von bis stecknadelkopfgroßen Pusteln auf, die sich nach der Peripherie ausbreiten, dadurch zur Bildung größerer Scheiben und Kreise führen, deren Zentrum verkrustet, z. T. sich schmierig-diphtheroid belegt, den Rand mit dem Kranz der Eiterbläschen aber immer weiter ins Gesunde vorschiebt. Die Entzündungserscheinungen sind im ganzen nicht zu hochgradig, jedenfalls nicht so stürmisch, daß es zum profusen Nässen der Herde käme. Der Ausgang des Leidens ist bekanntlich meist letal.

Die Präparate, welche ich Ihnen vorweisen will, stammen von einem typischen, in seinem Verlaufe außerordentlich schweren Falle mit letalem Ende. Er betraf eine 20jährige II-Gravide im siebenten Schwangerschaftsmonat. Während der ersten Gravidität war die Frau bis auf einen leichten Juckzustand von keinerlei Hauterscheinungen belästigt. Zur Zeit, wo die zweite Gravidität einsetzte, wurde bei der Patientin eine Strumektomie vorgenommen, an die sich

typische Anfälle von Tetanie schlossen, deren Intensität im weiteren Verlaufe
der Schwangerschaft Steigerung erfuhr. Mit dem Beginn der Impetigo herpetiformis (7. Monat der Gravidität) wurden die Krämpfe besonders betont und
hielten sich in diesem Ausmaß während der ganzen Beobachtungszeit bis zum
Tode der Patientin, der erst mehr als vier Monate später, etwa drei Monate
post partum, eintrat, zu einer Zeit, wo von Impetigoefflorescenzen nichts
mehr zu sehen, dafür aber eine diffuse desquamative Erythrodermie mit kom-
plettem Haarverlust u. dgl. m. entwickelt war. Es soll von diesem Endstadium,
der den Fall zu einem ganz besonders interessanten stempelt, nicht weiter die
Rede sein; warum ich die Krankengeschichte überhaupt so ausführlich erwähnt
habe, hat seinen Grund darin, daß sie die Kompliziertheit der Verhältnisse

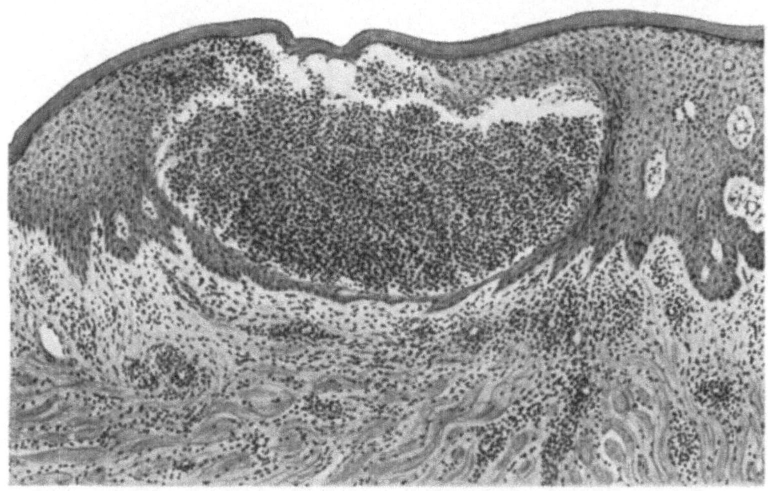

Abb. 59. Impetigo herpetiformis. Pustelbildung. Vergrößerung 85.
Die Pustel nimmt die ganze Epidermis ein.

bei diesem Zustand in besonderer Weise beleuchtet. Hier ist zur Schwangerschaft
noch ein Faktum hinzugetreten, der Verlust der Epithelkörperchen — in der
Tat konnte bei der Autopsie nichts von ihnen gefunden werden —, vielleicht
spielt dies in der Genese der Hautsymptome mit eine Rolle, — jedenfalls wird
es zweckmäßig sein, in Hinkunft auf diesen Punkt zu achten. Übrigens blieb,
wie hinzugefügt sei, die Implantation von Epithelkörperchen im vorliegenden
Fall ohne Wirkung.

Von den nun vorzuweisenden Präparaten betreffen die ersten die Randpartie einer Plaque, also die Pustelzone, die letzten den mittleren Anteil,
wo Krusten und diphtheroide Beläge entwickelt waren, und drittens endlich
die Übergangsstelle zwischen Peripherie und Zentrum. Der Herd war an der
Innenseite des Oberschenkels gesessen. Die Pustel (Abb. 59) nimmt die ganze
Breite der Epidermis ein, nach außen zu wird sie von Hornschicht bedeckt,
den Boden der Höhlung bildet ein schmaler Epithelrest. Degenerative Vorgänge
besonderer Art sind an den Retezellen nicht zu sehen, nur am Rand der Blase
erscheinen sie auseinandergedrängt und in die Länge gezogen. Hier kommt
es auch zur Loslösung und Abstoßung von Zellen ins Cavum. Gelegentlich

erfahren sie hierbei Abrundung und Quellung und damit ähnliche Umformung, wie wir sie bei der circinären Impetigo kennen gelernt haben. Abb. 60 zeigt solche Elemente dem Blaseninhalt beigemengt, der in der Hauptsache aus Eiterzellen besteht. Im Papillarkörper Entzündungserscheinungen mäßigen Grades, dort und da ziemlich stark erweiterte Gefäße. Die Epidermis im Umkreis der Pustel ist leicht verbreitert, stellenweise ziemlich ödematös und von Rundzellen durchsetzt.

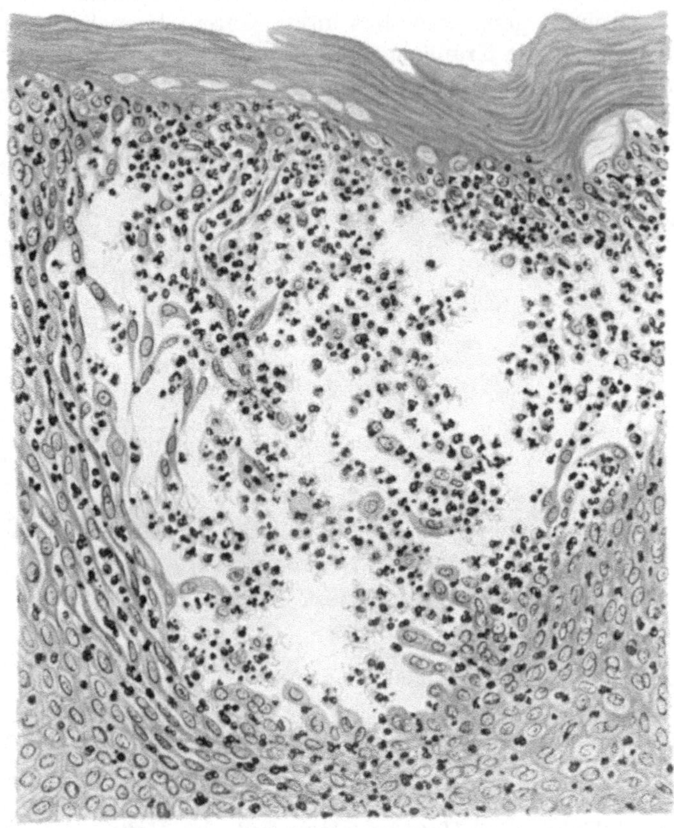

Abb. 60. **Impetigo herpetiformis.** Einzelheiten der Pustel. Hämalaun-Eosinfärbung. Vergrößerung 160.
Zwischen Eiterzellen liegen degenerierte, in den Hohlraum abgestoßene Epithelzellen. Am Blasenboden Zellen in Loslösung begriffen.

Der nächste Schnitt (Abb. 61) trifft eine etwas mehr gegen das Zentrum zu gelegene Stelle der Herpesplaque. Klinisch beginnt hier bereits die Vertrocknung der Pusteln bzw. ihre Umwandlung zu schmierigen Belägen. Im histologischen Schnitt tritt die Epithelwucherung bereits deutlich hervor. Links im Präparat ist eine Pustel getroffen, die aber nicht mehr bis zur Basalschicht reicht, und lediglich unter der Hornschicht ihren Sitz hat. Offenbar ist sie infolge der Zellwucherung des Blasengrundes nach aufwärts geschoben worden. Der rechte Anteil des Schnitts geht durch die Verkrustungszone.

In der Mitte die Übergangsstelle zwischen Bläschen bzw. Pustel, Saum und
Zentrum der Plaques mit Rückbildung bzw. Neigung zur Wucherung. Der
letzte Schnitt (Abb. 62) stammt streng aus der Mitte des Herdes. Hier stößt
man nirgends mehr auf Pustelbildungen, dafür auf eine eigenartige Epithelwucherung. Die Retezapfen erscheinen durchwegs länger, tiefer in die Cutis
vordringend, stellenweise verraten sie Ansätze zu Verzweigung. Dabei fehlt
in der Regel eine entsprechende Dickenzunahme, so daß im ganzen nur grazile
Zapfen gebildet sind. Der zwischen ihnen liegende Papillarkörper ist stark
durchfeuchtet, gelegentlich gewinnt man geradezu den Eindruck, daß die
Zapfen durch das Ödem ein wenig gedrückt werden, besonders dort, wo sie

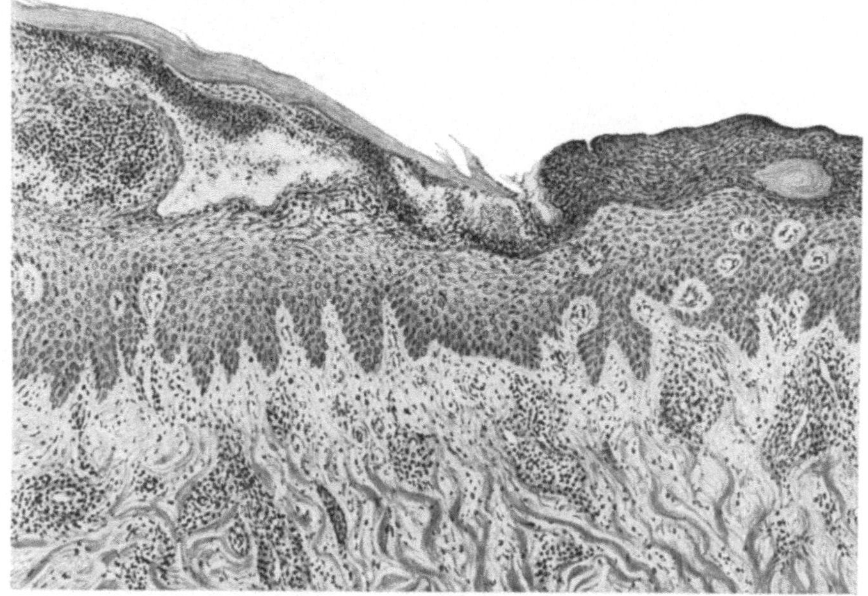

Abb. 61. **Impetigo herpetiformis.** Mehr zentralwärts gelegene Stelle einer Plaques.
Vergrößerung 85.
Links im Präparat Pustel, unterhalb gewucherte Epidermis; rechts epitheliale Auflagerung;
im Papillarkörper perivasculäre Zellanhäufung.

sich vom Oberflächenepithel abgliedern. Überall sind in den Zapfen reichlich
Mitosen zu finden. Außerhalb der Zapfen ist von Reteelementen kaum etwas
zu sehen, d. h. die Verhältnisse sind hier nicht so, daß sich an die Epithelleisten
nach oben eine Reihe von Stachelzellagen anschließt — kaum daß sie aus dem
Bindegewebe austreten, beginnt auch schon die abnorme Verhornung und
so wird das Leistensystem nach oben zu von einer dicken, parakeratotischen
Zellmasse überdeckt. Gelegentlich reicht die Parakeratose selbst bis in die
Zapfen hinein. Das oberflächlich gelegene Zellmaterial ist ziemlich durchfeuchtet,
zwischen den äußersten Lagen finden sich reichlich Eiterzellen — klinisch:
schmierige Beläge und Krusten. In der Cutis vielfach beträchtlich erweiterte
Gefäße mit mantelartiger Rundzellenumhüllung.

Aus dem Studium des früheren Präparates erkennt man leicht, wie es zu dem
gegenüber dem Pustelstadium so verschiedenen Endzustand kommt. Die Pustel

wird während ihres Bestandes offenbar mehr und mehr nach aufwärts gedrängt. Das Einsetzen von Wucherungsvorgängen im Epithel unterhalb des Hohlraumes (zahlreiche Mitosen) ist Ursache hierfür. Parallel damit scheint eine gewisse Vertrocknung ihres Inhalts zu gehen, — das muß daraus erschlossen werden, daß mehr zentralwärts im Herd Pustelchen gelegen sind, die schon

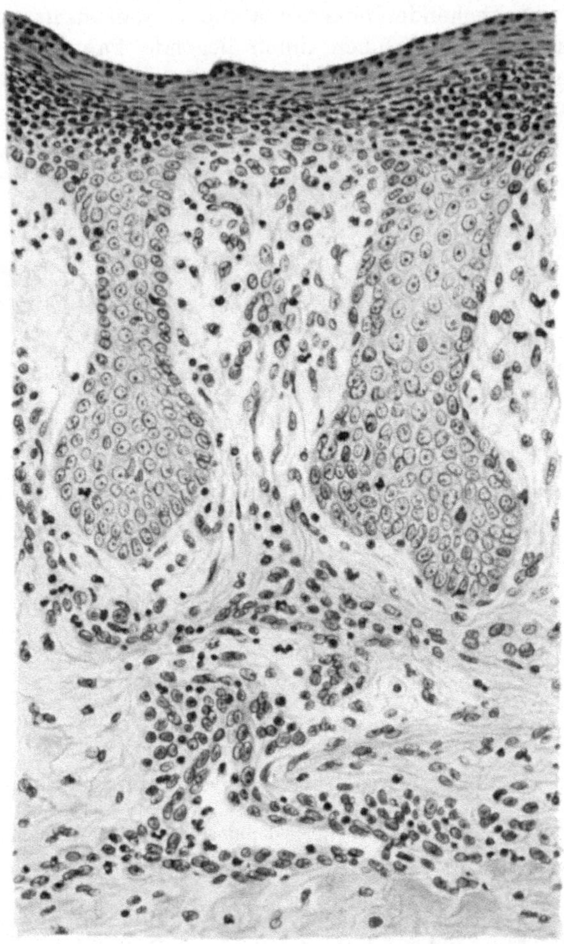

Abb. 62. Impetigo herpetiformis. Stelle aus der Mitte einer Plaques. Hämalaun-Eosin-Färbung. Vergrößerung 160.
Akanthotisch gewucherte Epidermis, im Epithel Mitosen. Parakeratose. Ödem im Papillarkörper, in der Cutis erweitertes Gefäß mit Zellanhäufung.

wesentlich geringeren Umfang aufweisen und vor allem kompakteren Inhalt. Sie lagern hoch oben, und sind nach unten durch parakeratotische Hornschicht abgeschlossen. An dieser Stelle erinnert der Prozeß ungemein an das früher bei der Impetigo contagiosa Gesehene. Noch mehr einwärts gegen die Mitte sind die Pusteln völlig verschwunden, hier besteht nur mehr Epithelwucherung. Die geweblichen Ereignisse können diesen Feststellungen gemäß nur folgendermaßen verlaufen: Die Pustel entsteht intraepidermal und breitet sich bis in die tiefen Lagen des Rete aus. In dieser Phase ist von Wucherungsvorgängen im Epithel nichts zu sehen, es macht den Eindruck, als wenn die Oberhaut dem Insult zunächst hilflos gegenüber stünde. Dieses Stadium dauert aber nicht lange, bald treten Abwehrvorgänge in Szene, und zweitens kommt es zu Wucherungserscheinungen im Bereiche des unterhalb der Pustel erhalten gebliebenen Retes. Folge dessen ist, daß die Pustel nach aufwärts rückt, dabei vertrocknet, d. h. sich zu einer feuchten Masse umformt, die nun aber nicht so wie etwa bei der vulgären Impetigo auf einmal abgestoßen wird, sondern haften bleibt, bzw. nur teilweise zur Abstoßung gelangt und von unten her immer wieder Ersatzmaterial zugeführt bekommt. Und daß dies erfolgt, liegt in dem Umstand begründet, daß die Retezellen nicht zur Ruhe kommen, daß sie in einer Phase erhöhter Proliferationstüchtigkeit verharren, dabei zugleich aber regelwidriger biologischer Einstellung insoweit, als sie nicht der Norm entsprechend verhornen, sondern parakeratotisch. Durch die gleichzeitig bestehende exsudative Komponente wird die eigenartige Krustenbildung bestimmt.

Wir haben damit hier einen streng zyklischen Ablauf von Gewebsvorgängen vor uns, der offenbar auf einer doppelten Wirkung des schädigenden Agens beruht. Zunächst löst es destruierende Vorgänge im Epithelbereich aus, dann aber produktive, die schließlich Überhand gewinnen, insoweit wenigstens, als sie Ursache für das viel beständigere Krankheitssymptom als die Pustel, die Schuppenkruste sind. Nun bleibt die Frage zu besprechen, was wir hinsichtlich der Erstlingsalteration des Prozesses wissen. Leider nichts irgendwie Sicheres. Die anatomische Untersuchung läßt hier völlig im Stiche. Untersucht man noch so junge Efflorescenzen, so ist man doch stets zu spät daran. Vielleicht, ja wahrscheinlich ist die Primärläsion histologisch überhaupt nicht greifbar, — was wir zu Gesicht bekommen, stets schon sekundäres Ereignis. Man ist also nur auf Vermutungen angewiesen. Meine persönliche Meinung geht dahin, daß wir es auch hier mit einer primären Epithelerkrankung zu tun haben. Schon der streng epitheliale Sitz der Pustel spricht dafür, vor allem aber bestärkt mich in dieser Auffassung das eigenartige epitheliale Wucherungs- und Verhornungsphänomen. Solche Ereignisse resultieren in der Regel ja doch nur dort, wo der Angriffspunkt der Noxe im Epithel selbst gelegen ist, gewöhnlich werden solche tiefgreifende Umformungen im biologischen Zustand der Zellen durch direkte Einwirkung des Agens erzielt, dabei gleichgiltig, ob dasselbe belebter oder unbelebter Natur ist. Daß auch unbelebte Noxen solche Störungen hervorrufen können, wissen wir vom Ekzem und den ihm nahestehenden Dermatitiden her. Ich erinnere an die Crotonöldermatitis als besonders gutes Beispiel dafür, wie chemische Substanzen in direktem Angriff auf die Oberhaut zu Zelläsionen führen können, die Pustelbildung im Gefolge haben. Ähnlich könnten die Dinge auch hier sein, nur daß das betreffende Agens nicht von außen eindringt, sondern im Körper gebildet wird und ob besonderer Affinität zur Epidermis in ihrem Bereich seine Wirkung entfaltet. Da wir die Substanz nicht kennen, ist das Erwähnte natürlich reine Hypothese; sie erhält aber dadurch eine gewisse Stütze, daß sich bisher keinerlei Anhaltspunkte für die Wirksamkeit einer belebten Krankheitsursache finden ließen. Alle Untersuchungen, die darauf abzielten, etwaige bakterielle Einflüsse aufzudecken, die septisch-pyämische Natur des Prozesses nachzuweisen, haben fehlgeschlagen und es gilt geradezu als Gesetz, daß die bakteriologische Untersuchung solcher Fälle negative Ergebnisse bringt — wenigstens mit den bisher zur Verfügung stehenden Methoden. Wo Keime aus der Gruppe der gewöhnlichen Eitererreger aufgefunden werden, ist die Zugehörigkeit des Falles zur herpetischen Impetigo von vornherein wenig wahrscheinlich, mögen die klinischen Erscheinungen noch so ähnlich sein. Ob sonst ein Virus, etwa aus der Gruppe des „invisiblen" in Betracht kommt, wissen wir nicht. Übertragungsversuche von Eiter auf die Kaninchencornea haben in unserem Falle zu keinem Effekt geführt, — kurz, es finden sich dermalen nach keiner Seite hin Anhaltspunkte dafür, daß die Impetigo herpetiformis durch ein Kontagium bedingt wird. Da nun aber eine spezifische Noxe vorhanden sein muß, gewinnt die Vorstellung einer aus regelwidrigem Stoffwechsel oder innersekretorischen Vorgängen resultierenden wirksamen Substanz an Boden — allerdings nicht mehr, als daß dadurch für zukünftige Studien ein gewisser Weg vorgezeigt erscheint.

15.–17. Vorlesung.

Die folgenden Präparate betreffen Blasenprozesse, die in der Regel unter dem Titel „Verdrängungsblasen" zusammengefaßt werden. Der Name soll sagen, daß der Exsudateinbruch hier eigentlich alles besorgt, daß die Entstehung der Höhlung auf rein mechanischer Wirkung beruht, auf der Trennung des Zellverbands durch die Kraft der epidermiswärts vordringenden Flüssigkeit. Die bisher besprochenen Blasentypen werden, wie wir gehört haben, im Gegensatz hierzu „Degenerationsblasen" genannt. Für sie ist eine primäre Epithelläsion Voraussetzung, die Bildung eines Locus minoris resistentiae in der Oberhaut erstes Ereignis. In der Tat ist der Unterschied zwischen den zwei Typen kein so strenger. Auch die Verdrängungsblase hat eine gewisse Epidermisläsion zur Vorbedingung. So lange die Oberhautzellen unbeschädigt sind, gibt es allem Anscheine nach keine Trennung ihres Kontaktes durch Flüssigkeitseinbruch. Das können wir aus jenen Fällen erschließen, wo der Papillarkörper mit Ödem überschwemmt ist, wo demnach alle Voraussetzungen für einen derartigen Insult zutreffen und in der Tat auch reichlich Flüssigkeit in die Epidermis vorgedrungen ist (Oberhautödem, Spongiose), ohne daß es zur blasigen Abhebung kommt. Das Ödem selbst kann wahrscheinlich die Epithelzelle gar nicht so schädigen, daß sie aus dem Verbande gerät; damit Flüssigkeit in das Plasma eindringen und Umformungen desselben bewirken kann, muß offenbar eine gewisse Schädigung der Zellsubstanz vorangegangen sein. Und wo das Plasma geschädigt ist, sind es natürlich auch die Zellbrücken. Die in Frage kommenden Schädigungen müssen für uns nicht direkt sichtbar sein, vor allem läßt sich in voll ausgebildeten Blasen davon kaum je etwas Sicheres erkennen und das ist eben der Grund, warum an der epithelialen Erstlingsalteration immer wieder gezweifelt wird. Bei den Degenerationsblasen liegen die Dinge einfacher, hier finden sich auch noch in höheren Entwicklungsstadien Zellbilder, die nur als Ausdruck spezifischer Läsionen gedeutet werden können, ich erinnere Sie an das Auftreten mehrkerniger Riesenzellen bei ballonierender Degeneration u. a. m. Derartige Befunde sind bei den Verdrängungsblasen niemals anzutreffen. Deshalb aber zu glauben, daß bei ihnen selbständige Epithelläsionen

überhaupt nicht in Frage kommen, wäre Irrtum, sie sind nur anderer Art und morphologisch nicht sicher greifbar.

Als erstes Beispiel aus dieser Gruppe sei das Präparat einer

Brandblase

vorgewiesen. Bekanntlich kann sie sowohl als Folge einer örtlichen Verbrennung (Flammenwirkung), als Verbrühung (heiße Flüssigkeit) auftreten. Der Schädigungsvorgang ist beide Male grundsätzlich derselbe: Die einwirkende Hitze verändert den chemischen Aufbau der Zellen, sie bedingt Koagulation der Eiweißsubstanzen und damit Absterben des Gewebes. Angriffspunkt der Noxe ist in erster Linie die Oberhaut, Grad und Ausdehnung der Läsion abhängig von der Stärke des Insults; nach dem Effekt desselben werden, wie bekannt, vier Stadien unterschieden: Erster Grad, wo lediglich Hautrötungen zustande kommen, zweiter, das Stadium der Blasenbildung, dritter, die Dermatitis ambustionis escharotica, wo bereits Gewebsnekrose entwickelt ist und schließlich, als vierter Grad, die Verkohlung. Auch im ersten Stadium spielen wohl zweifellos durch Hitze direkt gesetzte Epithelläsionen eine Rolle, wenn wir sie auch nicht mikroskopisch fassen können. Offenbar handelt es sich um Eingriffe in den Zellchemismus mit gewissen Änderungen der Zellleistungsfähigkeit, zugleich auch um Reizung der sensiblen Epithelnerven, die auf reflektorischem Wege zu Vasomotorenerregung führt. Die Hautrötung wäre dieser Vorstellung gemäß nicht durch Hitzewirkung auf das Bindegewebe bzw. Gefäßsystem ausgelöst, sondern indirekt, reflektorisch durch die Epithel-Nervenläsion, demnach in derselben Weise, wie wir es beim Ekzem oder gewissen medikamentösen Erythemen kennen gelernt haben. Das Erythem nach Sonnenbestrahlung, um das einfachste Beispiel herauszugreifen, würde damit genetisch auf einer Linie stehen mit einem Jodoform- oder Quecksilbererythem. Nur die Qualität der Noxe ist verschieden, grundsätzliche Übereinstimmung herrscht aber hinsichtlich ihres Angriffspunktes (Epidermis) und der dem Insult folgenden Ereignisse (reflektorische Hyperämie). Entsprechend der offenbar nur geringfügigen Epithelalteration sind auch die Gegenwirkungen nur geringfügig, der Schaden ist durch einfache Hyperämie auszugleichen.

Anders liegen die Dinge, wenn Blasen entstehen. Hier führen allem Anscheine nach verschiedene Wege zum selben Ende. Einmal kann wieder nur die Oberhaut Sitz der Primärläsion, die Schädigung aber intensiver als im früher besprochenen Falle sein, — daher auch stärkere Entzündungsreaktion. Ebenso wie sich an ein Jodoformerythem Dermatitis mit Bläschenbildung anschließt, wenn die Zellschädigung eine gewisse Höhe erreicht, verhält sich die Sache hier; in der Tat ist auch der klinische Effekt übereinstimmend. Ich erinnere Sie an Fälle von Sonnenerythem, die sich in Dermatitis verwandeln, wo auf geröteter ödematöser Haut gerade so wie nach chemischen Irritationen zahlreiche kleinste Bläschen entstehen, und wo sich gelegentlich Hautnässen einstellt. Pathogenetisch stehen die Bläschen in solchen Fällen auf einer Stufe mit Ekzembläschen.

Ist die Epithelschädigung noch stärker, kommt es zu schwerer Zellalteration, ja dort und da zum Absterben von Epithelien, so nimmt die Entzündungsreaktion hohe Grade an, mit dem Erfolg, daß die Oberhaut in ausgedehntem Maße blasig abgehoben wird. Meist erfolgt dies so, daß der Blasenboden vom

Epithel bedeckt ist. Die Zellen verraten unter solchen Bedingungen oft weitgehende Degeneration, vielfach fehlt ihnen der Kern oder er ist geschrumpft,
das Plasma erscheint verquollen, oft vakuolisiert. Das ist das äußerste Stadium,
mit dem wir bei rein epithelialer Verankerung der Noxe zu rechnen

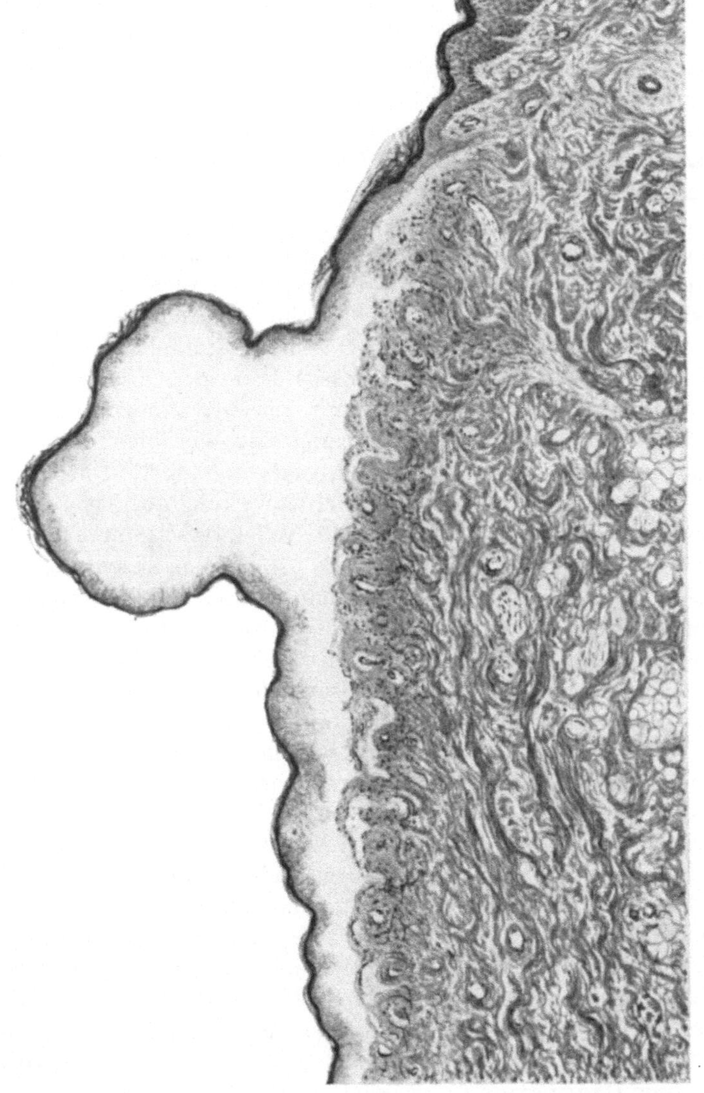

Abb. 63. Verbrennungsblase. Lupenvergrößerung.
Abhebung der gesamten nekrotischen Epidermis. Im Papillarkörper erweiterte Gefäße.

haben. Hier ist noch immer der Parallelismus mit Dermatitiden infolge Einwirkung bestimmter Chemikalien gegeben.

    Anders wird die Sache, wenn der Hitzeinsult über die Epidermis hinaus
in die Cutis vordringt. Hier entstehen auch Blasen, die sich aber strukturell
auch von den früher besprochenen unterscheiden, und zwar vor allem dadurch, daß die gesamte Epidermis nekrotisiert ist. Präparat 63 soll Sie

darüber informieren. Sie sehen eine recht umfängliche Epithelabhebung und nirgends mehr normale Epidermiszellen. Die Blasendecke wird von einer homogenen nekrotischen Masse gebildet; dem Papillarkörper, der selbst seine normale Struktur verloren hat, sind dort und da Detritusmassen aufgelagert, offenbar die Reste des Stratum basilare. Die stellenweise mächtig erweiterten Capillaren im obersten Cutisbereich sind als Ausdruck der Entzündung zu werten, der Mangel einer entsprechenden Rundzellenemigration weist auf schwere Capillarschädigung hin.

Nach H. Pfeiffer, dem wir eingehende Studien über die Verbrennung verdanken, werden die Gefäße bei Einwirkung von Hitze, die 50° C übersteigt, für Plasma ungewöhnlich durchlässig, bei noch stärkerer Hitze verengern sie sich, werden starr, d. h. verlieren die Erweiterungsfähigkeit. Gleichzeitig kommt es zur Nekrose des Gefäßendothels, sowie zu Gerinnungsvorgängen am Gefäßinhalt, Thrombose tritt in Erscheinung mit anschließender Nekrose des vom betreffenden Gefäß versorgten Gewebsbezirkes. Zwei Schädigungseffekte sind demnach unter solchen Umständen überlagert:. die durch die Hitze direkt bedingte Gewebsläsion und die Folge der Zirkulationsstörung. Bei entsprechender Stärke des Insults ergibt sich daraus zwangsläufig Vernichtung des präexistenten Gewebes (3. Stadium der Verbrennung). Blasen, die unter solchen Bedingungen zustande kommen, sind durchwegs kurzlebig, oft werden sie überhaupt nicht voll ausgebildet, es entstehen nur fetzige Epithelabhebungen, die der freiliegenden Cutis anhaften. War die Bindegewebsschädigung sehr intensiv, so wird dies schon klinisch durch einen eigenartig weißen Farbenton der obersten Cutisschicht angezeigt.

Bekanntlich gehen Verbrennungen höheren Grades mit Allgemeinstörungen einher; ist mehr als ein Viertel der gesamten Körperoberfläche betroffen, so tritt regelmäßig der Tod ein. Dabei muß die Läsion durchaus nicht etwa den Charakter der Verkohlung zeigen. Liegt diese Schädigungstype vor, so ist von vornherein wenig Aussicht auf Heilung, selbst bei viel geringerer Größe des Krankheitsherdes. Die Ursache der Allgemeinstörung und des Todes bei Verbrennungen liegt, wie vor allem durch Pfeiffers Untersuchungen sichergestellt ist, in einer Selbstvergiftung des Organismus durch Spaltprodukte von Eiweißkörpern. Pfeiffer nennt den Verbrühungstod einen Sonderfall aus der großen Gruppe der Autotoxikosen durch Eiweißschlacken und weist auf die weitgehende Übereinstimmung der Krankheitserscheinungen mit jenen bei der Peptonvergiftung hin. In der gleichen Weise wie bei ihr Absinken des Blutdrucks, Temperatursturz, Leukopenie, Ungerinnbarkeit des Blutes, Verlust der Lipoide und des Adrenalins in den Nebennieren zustande kommt, verhalten sich die Dinge nach schwerer Verbrennung, — in Fällen leichter genau so wie bei geringer Peptonintoxikation: Jetzt findet sich Leukocytose mit Eosinophilie, Fieber, Erhöhung des Blutgerinnvermögens, die Nebennieren sind frei von Blutungen und anderen Läsionen. Sehr richtig betont Pfeiffer, daß es unter Zugrundelegung dieser Erkenntnisse möglich wird zu erklären, warum zwischen der Größe der verbrannten Körpermasse und der Schwere der Folgeerscheinungen ein Zusammenhang besteht: Je mehr Eiweiß zugrunde geht, in um so größeren Mengen werden bei seinem Abbau giftige Spaltprodukte entstehen, die — günstige Resorptionsverhältnisse vorausgesetzt — in den Körper übertreten und nun allerorts ihre Wirksamkeit entfalten. So erkläre sich auch, warum Fälle schwerster Verschorfung weniger gefährlich seien als ausgedehnte oberflächliche Verbrennungen: unter letzteren Bedingungen könnten vielmehr Eiweißschlacken resorbiert werden, als in Fällen von Verschorfung, wo der Übertritt giftiger Zerfallskörper infolge thrombotischen Gefäßverschlusses nur mangelhaft sei. In welcher Weise der Eiweißabbau im Organismus vor sich geht, ist noch nicht entschieden, mithin das letzte Wort über den Chemismus der durch die Verbrennung ausgelösten schweren Stoffwechselstörung ausständig; jedenfalls handelt es sich aber, wie PFEIFFER sagt, um eine Art Selbstverdauung des Erkrankten. Ich bin auf diese Verhältnisse etwas näher eingegangen, weil das Kapitel Verbrennung besonders interessante Hinweise auf die eigenartigen Zusammenhänge zwischen Haut und Gesamtorganismus enthält und die Bedeutung des Integumentes als lebenswichtiges Organ klar hervortreten läßt.

Genau so wie bei Verbrennung entstehen bekanntlich auch bei der

Erfrierung

Blasen auf der Haut. Grundsätzlich handelt es sich dabei um dasselbe anatomische Substrat — Abb. 64 und 65, die von einer frischen, bzw. voll ausgebildeten Blase stammen, demonstrieren dies —, um eine Blase, deren Entstehungsmechanismus insoweit der gleiche ist, als auch hier eine Epithelläsion vorangeht. Blasige Abhebungen intakter Oberhaut kommen bei Erfrierungen ebensowenig in Betracht wie bei Verbrennungen. Sonst ist allerdings der Weg, der zur Blasenbildung führt, ein wesentlich anderer. Verbrennungsblasen entstehen in der Regel bei ganz kurzer Einwirkung entsprechender Hitzequellen und unmittelbar im Anschluß daran. Bei Erfrierung muß der Insult stets länger andauern und die Blase tritt durchaus nicht sofort in Erscheinung, sondern erst nach Ablauf einer bestimmten Zeit. Das Tempo hängt ab von der Stärke der Schädigung. Immer wieder läßt sich dies wie in einem Experiment bei Ver isungen der Haut mit Kohlensäure schnell feststellen. Hebt man den Eisklumpen, der unter Druck auf der Haut gelegen ist, ab und ist die der Haut anhaftende Eiskruste aufgetaut, so löst zunächst eine zarte Rötung die anämische Phase ab, allmählich nimmt die Hyperämie zu, lokales Hitzegefühl stellt sich ein, desgleichen Schwellung der Haut und endlich, oft erst nach Stunden, tritt die Blase in Erscheinung. Der Verlauf des Prozesses ist also ein viel gestreckterer als bei Verbrennungen und der Grund dafür liegt in den andersgearteten Reaktionsvorgängen im Gewebe. Das erste, was sich bei Kälteinsulten ereignet, ist eine Verengerung der Hautgefäße. Auf diese Weise sucht sich der Körper vor zu großem Wärmeverlust zu schützen; entsprechend den Gesetzen der Wärmephysik müßte ja so viel Wärme abfließen, bis ein Ausgleich mit der Außentemperatur erzielt ist. Durch die Kontraktion der Gefäße wird die Blutzufuhr an der betreffenden Stelle vermindert und damit die Möglichkeit einer erhöhten Wärmeabgabe benommen; an und für sich sinkt ja auch infolge geringerer Durchblutung der Haut im Kältebereich ihre Temperatur ab. Der Gefäßkrampf ist reflektorisch bedingt und zeitlich begrenzt; schließlich geht er in Lähmung über. Klinisch kommt dies durch Übergang der Ischämie (Leichenblässe) in Hyperämie (Rötung) zum Ausdruck. Die Hyperämie wird entsprechend der Gefäßlähmung rasch eine passive, die Blutströmung im Krankheitsbereich infolgedessen verlangsamt, die

Ernährung des Gewebes damit herabgesetzt, in Fällen starker Störung so wesentlich, daß Gewebstod eintritt. Solche Ereignisse stellen sich nun bekanntlich

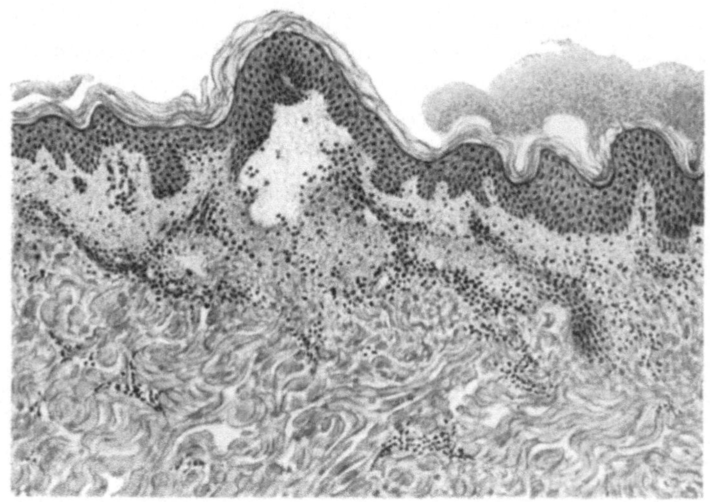

Abb. 64. **Blase bei Erfrierung der Haut.** Vereisungseffekt. Anfangsstadium. Vergrößerung 85.
Subepidermale Höhlenbildung, in der Umgebung Entzündungsreaktion.

nicht nur bei Erfrierung im strengen Sinn des Wortes ein, also wenn Temperaturen unter 0 wirksam sind, sondern auch bei höheren, die aber doch

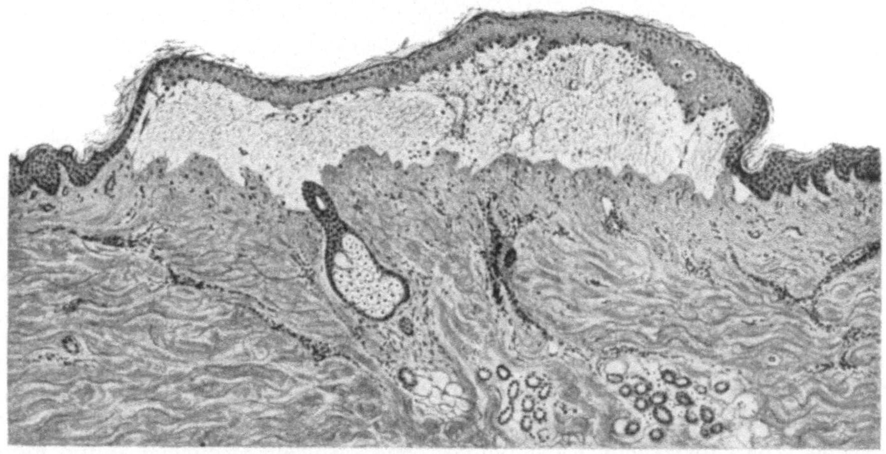

Abb. 65. **Blase bei Erfrierung.** Vollbild. Vergrößerung 42.
Die nekrotische Epidermis in toto abgehoben. In der Cutis mangeln stärkere Entzündungsvorgänge.

zu einer wesentlichen Abkühlung des Gewebes führen. Hier ist es besonders länger andauernde nasse Kälte, die Gewebstod bedingt. Ich erinnere Sie an die Fälle von Nässegangrän, wie sie während der Kriegszeit so vielfach beobachtet wurden. Sie als „Erfrierungen" zu bezeichnen, trifft nicht ganz das Richtige — in der Überzahl dieser Fälle haben Frosttemperaturen überhaupt nicht eingewirkt, von einem Gefrieren des Gewebes war nicht die Rede, lediglich starke, lang anhaltende Abkühlung war wirksam und genügend, um Zirkulationsstörungen auszulösen mit folgendem Gewebstod. Die Läsion bei Kältewirkung ist also hauptsächlich am Gefäßsystem verankert, und der größte Teil dessen, was wir bei „Erfrierungen" an Krankheitserscheinungen zu sehen bekommen, darauf zu beziehen. Vom

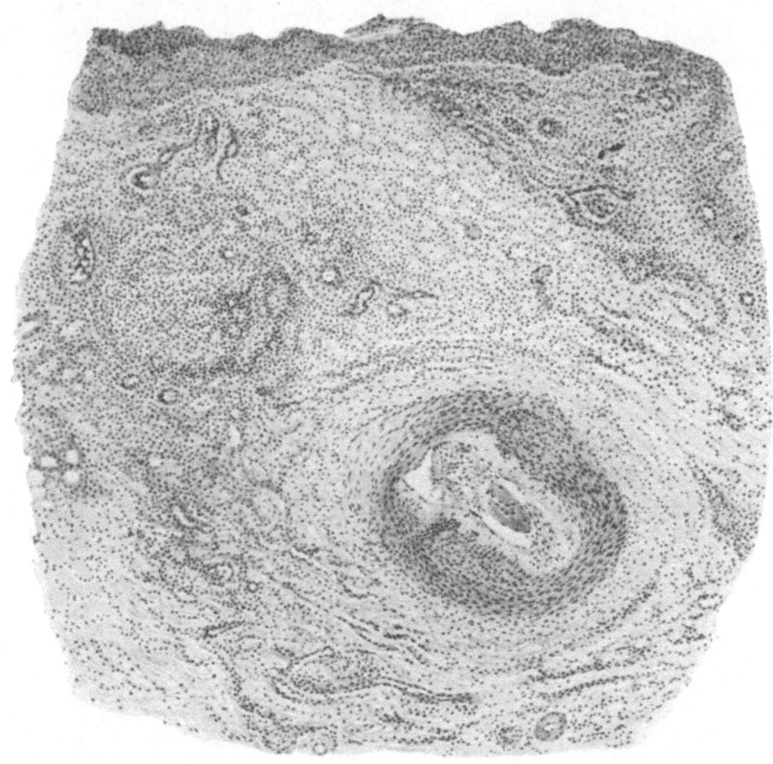

Abb. 66.   Gefäßveränderung nach Erfrierung.   Vergrößerung 60.
Verdickte Gefäßwände, im Lumen ein Thrombus.

Standpunkte der Pathogenese müssen geradezu zwei Typen auseinandergehalten werden: Fälle, bei denen das Absterben des Gewebes durch Gefrieren desselben direkt bedingt ist — seltene Vorkommnisse, Voraussetzung dafür: sehr bedeutende, lang einwirkende Kälte bei gestörtem Abwehrvermögen — und Fälle, die eigentlich als nichts anderes als eine Art ischämischer Gangrän anzusprechen sind, ausgelöst durch Gefäßkontraktion bzw. Lähmung mit Stase und Thrombenbildung. Selbst dort, wo Bedingungen für das Erfrieren des Gewebes vorhanden waren, wird das Erkennen dieses Effektes unmöglich, da ja natürlich auch die Gefäßalteration mit ihren Auswirkungen vorhanden ist.

Präparat 66 soll Sie über die Gefäßschädigung orientieren; es stammt von einer älteren, in Ausheilung begriffenen Erfrierung des Unterschenkels und

zeigt mitten im Granulationsgewebe den Querschnitt eines ungemein verdickten Gefäßes mit einem in Organisation begriffenen älteren Thrombus.

Den folgenden Schnitt (Abb. 67) weise ich Ihnen wegen der bei Erfrierungen
als charakteristisch beschriebenen Muskelveränderungen vor. Willkürliche
Muskulatur verliert ihre Querstreifung und zerfällt schließlich in unregelmäßig
homogene Fragmente. Dies zeigt das Präparat, gewonnen von einer Frostgangrän

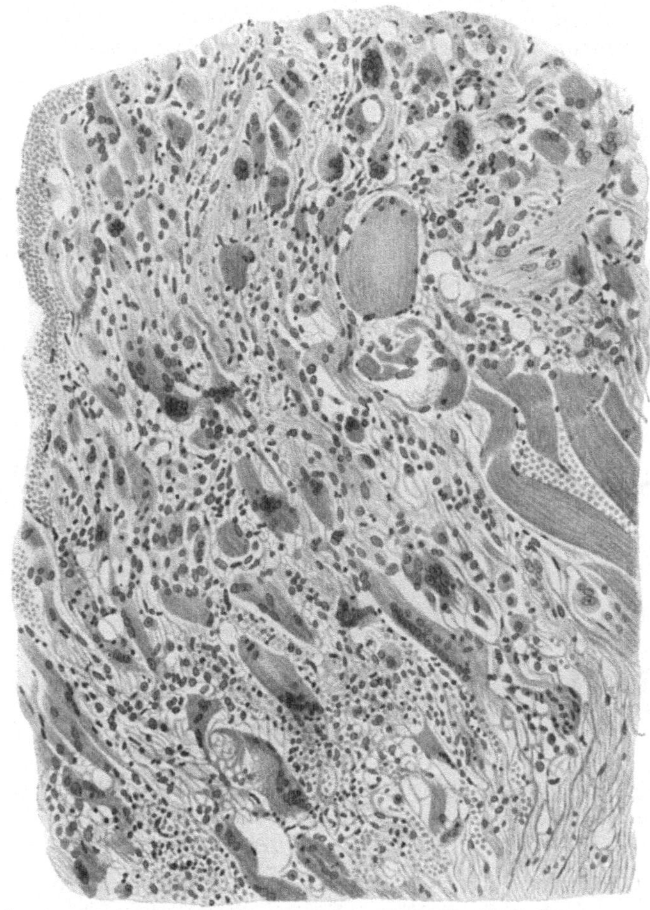

Abb. 67. Muskelveränderungen bei Erfrierung. Vergrößerung 160.
Zerfall der Muskelfasern. Riesenzellartige Bildungen.

des Fußes, in eindeutiger Weise. Die Muskelfasern sind nur mehr in Resten
erhalten, zwischen ihnen sieht man entzündliches Gewebe; die Fragmente
selbst haben zum größten Teil keine Querstreifung, erscheinen als homogene,
vielfach kernlose Schollen. Daneben aber liegen Elemente mit Kernanhäufung,
riesenzellartige Gebilde. Diese Befunde an der quergestreiften Muskulatur
sind außerordentlich typisch für Kältetraumen. Ein sicherer Entscheid darüber,
wieviel davon auf Rechnung der Ischämie und wieviel auf direkten Temperatur-
einfluß zu setzen ist, läßt sich nicht fällen.

8*

Neben den erörterten, durch mehr weniger schwere Kälteinsulte hervorgerufenen Prozessen kennen wir noch eine zweite Gruppe, die in der Regel gleichfalls den „Erfrierungen" zugezählt wird, in gewisser Hinsicht aber doch davon verschieden ist: Ich meine das Krankheitsbild der sogenannten Perniosis. Um was es sich dabei klinisch handelt, brauche ich nicht näher auseinanderzusetzen. Bemerkt sei nur, daß Individuen, die an diesem Zustand leiden, ihre Hände in der Regel nie ganz normal haben; schon geringe Temperaturschwankungen genügen, um Cyanose der Haut, ja selbst Schwellung und Knotenbildung hervorzurufen. Dabei muß der Beginn der Läsion durchaus nicht immer an ein Kältetrauma im strengen Sinne des Wortes geknüpft sein, oft

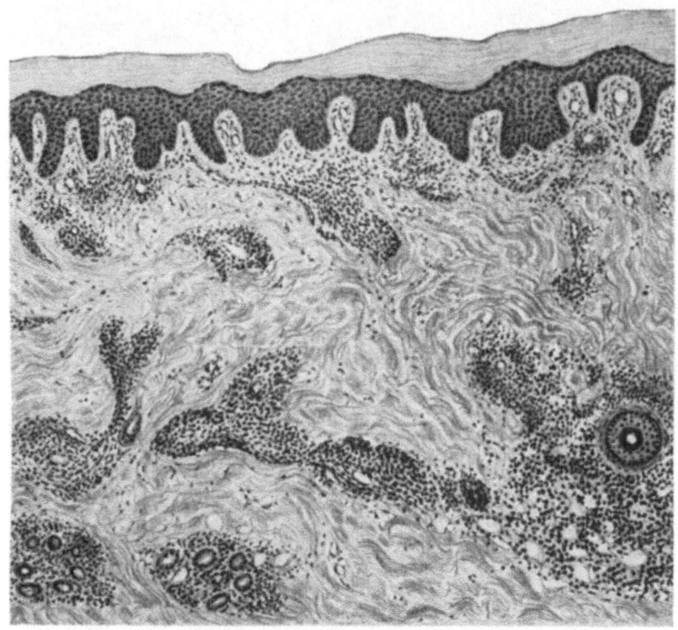

Abb. 68. Schnitt durch ein oberflächliches Infiltrat bei Perniosis. Vergrößerung 82. Entzündliche Veränderungen geringen Grades im obersten Cutisbereich.

genug sehen wir, wie vor allem bei jungen anämischen Mädchen solche Zustände zu einer Zeit hervortreten, wo von „Kälte" eigentlich noch nicht gesprochen werden kann. Der Beginn des Herbstes mit dem feucht-kalten Wetter ist hiefür bekanntlich die gefährliche Zeit.

Das Wesentliche solcher Fälle liegt in der mangelhaften Anpassungsfähigkeit der Haut an die Temperatur der Außenwelt. Die Wärmeregulierung versagt in gewisser Hinsicht, Temperaturschwankungen, vor allem wenn sie plötzlich in Erscheinung treten und nach der Minus-Seite ausschlagen, werden nicht gehörig beantwortet, und zwar deshalb, weil der Gefäßapparat nicht der Regel entsprechend funktioniert. Minderwertige Leistungsfähigkeit der Hautgefäße, Störungen ihrer Contractilität, entweder von der Anlage her bestimmt oder im Laufe der Zeit erworben, stellen die Grundlage der

Perniosis dar. Der Unterschied gegenüber echter Erfrierung ergibt sich daraus von selbst. Natürlich müssen Kombinationen und Übergänge zwischen beiden vorkommen und höchstgradige Läsionen werden dort entwickelt sein, wo größere Kältetraumen auf einen Boden stoßen, der sich in besonders ungünstigen Reaktionsverhältnissen befindet.

Die anatomischen Bilder bei der Perniosis stimmen in der Hauptsache mit denen der Erfrierung überein. Untersucht man Frostknoten, so zeigen sich die Gefäße dilatiert und in ihrer Wand, besonders im arteriellen Abschnitte vielfach verdickt. Schädigungen der Endothelschicht gehören zur Regel. Im Inneren der Gefäße werden häufig, worauf vor allem HODARA hingewiesen hat, Haufen von weißen Blutkörperchen angetroffen, die zu hyalinen Massen koaguliert erscheinen. Hyaline und fibröse Thromben, wie sie bei der echten Erfrierung zu sehen sind, fehlen. Um die Gefäße stark celluläre Infiltration ohne spezifischen Charakter, beträchtliches Ödem kann vorhanden sein. Die Epidermis oft etwas verbreitert, gelegentlich Spongiose und Parakeratose.

Schnitte von Fällen, wo keine Knoten entwickelt sind, wo also nur das Bild der feucht-kalten, livid verfärbten Haut gegeben ist, zeigen grundsätzlich dieselben Veränderungen, nur in geringgradigerer Entwicklung. Meist sind nur schmale perivasculäre Zellmäntel vorhanden. Abb. 68 stellt diese Verhältnisse dar; klinisch handelte es sich um einen typischen Fall von Perniosis mit beginnender Knotenbildung an einzelnen Fingern.

Der nächste Blasentypus, mit dem wir uns beschäftigen wollen, ist die

Pemphigusblase.

Auch sie wird den Verdrängungsblasen zugerechnet. Anatomisch handelt es sich um höchst einfache Verhältnisse, wie schon aus dem ersten der vorzuweisenden Schnitte, eine Pemphigus vulgaris-Blase betreffend, ersichtlich ist (Abb. 69). Eine streng epidermale Blase liegt vor, d. h. die Höhlung ist nur in die Oberhaut eingelassen, auch der Blasenboden wird von Epithelzellen gebildet. Das muß nicht immer so sein, gelegentlich kommt die gesamte Epidermis zur Abhebung, der Flüssigkeitseinbruch erfolgt demnach zwischen Oberhaut und Papillarkörper. So liegen die Dinge beispielsweise in dem zweiten Präparat (Abb. 70). Hier grenzt der Blasenraum direkt ans Bindegewebe; eine schlecht färbbare, nekrotische Gewebsmasse, von der nicht sicher zu entscheiden ist, inwieweit sie aus zugrunde gegangenem Epithel und Papillarkörper besteht, bildet den Grund der Höhlung. Schattenartig ist dort und da noch angezeigt, wo die Retezapfen ins Corium eingefügt waren. Rechts und links von der Seite her überzieht neugebildete Epidermis den Grund der Blase; so kommt es ja in allen Fällen dieser Schädigungstype zur Ausheilung; das Epithel unterwächst gewissermaßen den Hohlraum und schließt damit den Krankheitsherd ab. Der Blaseninhalt ist in beiden Fällen sero-fibrinös, er enthält wenig celluläre Elemente. Eosinophile Zellen, die vielfach als geradezu pathognomonisch für Pemphigusblasen beschrieben werden, fehlen hier.

Auffallend gering sind die entzündlichen Erscheinungen; das gehört zum Wesen des vulgären Pemphigus und entspricht der klinischen Tatsache, daß die Blasen fast nie auf stark geröteter, häufig hingegen völlig normaler Haut aufschießen; daß ältere Blasen gelegentlich von entzündlichen Höfen umgeben sind, ist sekundäres Ereignis.

Der Mangel intensiver Entzündungserscheinungen verleiht dem Prozeß besonderes Gepräge. Eigentlich wäre das Gegenteil zu erwarten; Blasenbildung von dem Umfang wie beim Pemphigus vulgaris setzt weitgehende Gefäßwand-

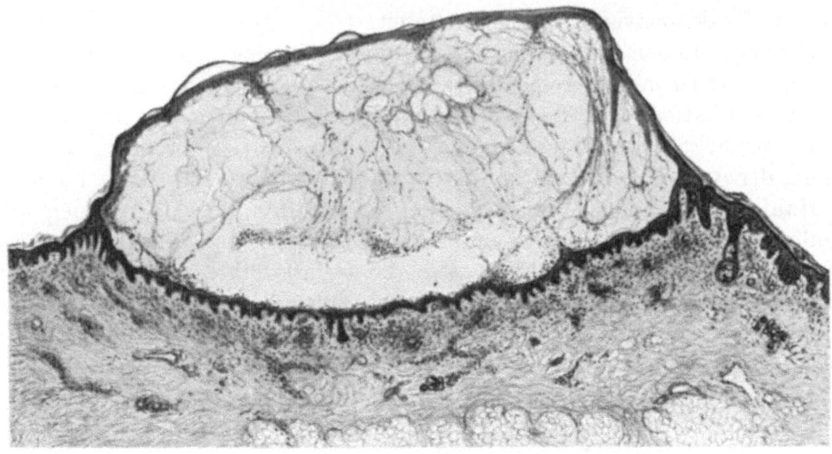

Abb. 69. Junge Pemphigusblase. Lupenvergrößerung.
Intraepidermale Blase.   Entzündungszustand im Papillarkörper gering.

schädigung voraus, und wo sie entwickelt ist, kommt es in der Regel auch zur cellulären Emigration und Infiltratbildung.   Hier nun führt die Gefäßwandläsion nur zu einem exsudativen Prozeß, der infiltrative bleibt aus.   Die

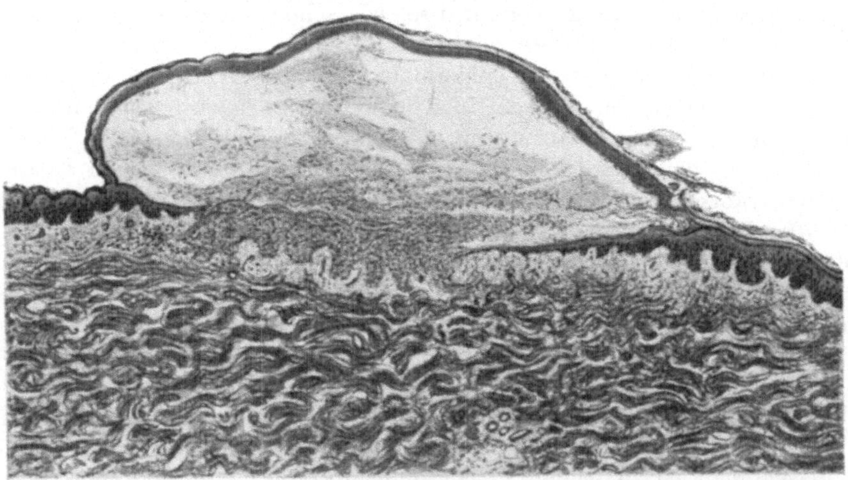

Abb. 70. Ältere Pemphigusblase. Lupenvergrößerung.
Blasenboden im mittleren Abteil ohne Epithelbelag, von rechts und links beginnt Epidermisierung.

Verhältnisse sind damit denen bei der Urticaria ein wenig ähnlich, wo wir gleichfalls Exsudation ohne nennenswertem Zellaustritt kennen gelernt haben. Die Besonderheit beim Pemphigus liegt nun darin, daß sich die Flüssigkeit fast ausschließlich in die Epidermis ergießt, während der Papillarkörper davon kaum betroffen wird. Daher sitzt die Pemphigusblase nie einer ödematös geschwellten Basis auf.

Die Entstehung der Blase läßt sich wieder nur durch die Annahme einer vorangegangenen Epithelalteration verständlich machen. Flüssigkeitseinbruch in die Oberhaut kann nur dort zu blasiger Abhebung führen, wo Epithelzellen geschädigt worden sind, — dies haben wir im früheren als Grundsatz aufgestellt, und daran muß festgehalten werden. Die histologische Untersuchung von Pemphigusblasen läßt davon allerdings nichts erkennen, niemals stößt man, wenigstens in älteren Blasen, auf Zellbilder, die als Ausdruck einer spezifischen Läsion gedeutet werden könnten. Das ist aber noch lange kein Beweis, daß nicht doch eine solche vorliegt, — sie kann durch die weiteren Ereignisse, vor allem durch den Exsudateinbruch verwischt sein. Schließlich stehen wir hinsichtlich der Annahme einer primären im Bindegewebsbereich gesetzten Schädigung vor derselben Schwierigkeit, auch für sie findet sich im anatomischen Substrat kein Anhaltspunkt. Wir wollen also bei der Vorstellung einer Epithelläsion bleiben, wenn dafür auch ein strikter Beweis nicht zu erbringen ist. Damit würde der Pemphigus vulgaris den Oberhauterkrankungen zugehören, eine Ansicht, die JESIONEK vor allem vertritt. Für ihn wird die Exsudation durch den im Epithelbereich primär angreifenden Insult ausgelöst, demnach in ähnlicher Weise, wie wir es früher schon wiederholt kennen gelernt haben.

Eine gewisse Schwierigkeit bietet dieser Erklärung nur die Gefäßwandläsion. Sie ist zweifellos etwas für den Prozeß Wesentliches, auf ihr beruht Art und Form des Auftretens der Blasen. Sie lediglich als auf reflektorischem Wege bedingt anzusehen, hat etwas Gezwungenes an sich, da wir gewohnt sind, so qualifizierte Störungen, wie hochgradige Durchlässigkeit der Gefäßwand für Serum, hingegen kaum für Zellen auf direkt einwirkende Schädigungen zu beziehen. Die Analyse der exsudativen Ereignisse läßt also an eine Primäralteration im Bereich der Gefäße denken — ob sie tatsächlich gesetzt wird, wissen wir nicht, und wenn: ja, ebensowenig, in welchem Verhältnis sie zur Oberhautläsion steht. Unsere Kenntnisse über die Pathogenese der Pemphigusblase sind also recht mangelhaft, alle darüber geäußerten Meinungen mehr weniger Hypothese, so gut Klinik und Verlauf der Krankheit erkannt sind, so beschränkt ist unser Wissen hinsichtlich ihres Wesens, und zwar nicht nur, was das Zustandekommen der Blasen betrifft, sondern das Krankheitsprinzip überhaupt. Die Streitfrage: Ist der Pemphigus eine Infektionskrankheit, ist ein Kontagium auslösende Ursache, oder ein regelwidriger Vorgang im Stoffwechsel, harrt noch immer der Lösung. Aus der anatomischen Untersuchung ist diesbezüglich kein Entscheid zu gewinnen, auch die bakteriologische hat bisher versagt — kurz, was Pemphigus ist, wissen wir nicht. Dabei immer wieder die Frage: Gehört alles, was so genannt wird, überhaupt zusammen? Ist der Pemphigus eine ätiologisch einheitliche Krankheitsgruppe oder sind hier wesensverschiedene Prozesse mit demselben Namen belegt? Wahrscheinlich trifft letzteres zu, jedenfalls ist aus der einheitlichen Benennung nichts hinsichtlich Zusammengehörigkeit der Fälle zu erschließen; bekanntlich fußt die Bezeichnung Pemphigus auf rein klinisch-morphologischer Betrachtung, chronisch verlaufende, mit Blasenbildung einhergehende Prozesse werden seit alters her so benannt, das Wesen der Erkrankung ist und konnte bei der Namensgebung kaum irgendwie berücksichtigt werden. Tatsächlich finden sich in der Pemphigusgruppe dem Verlaufe und der klinischen Erscheinungsform nach verschiedenartige Prozesse zusammengefaßt und es bereitet daher Schwierigkeit, an eine einheitliche Ätiologie der Fälle zu glauben. Ich erinnere Sie nur an den Unterschied zwischen der vulgären Type und jener Form, die maligner Pemphigus, oder wegen des oft so raschen Verlaufes auch Pemphigus malignus acutus genannt wird. Seine Zugehörigkeit zu den Infektionskrankheiten ist auf Grund des Gesamteindrucks kaum zweifelhaft. Unter hohem Fieber entstehen, meist zuerst im Bereiche der Mundschleimhaut, schmerzhafte, zu diphtheroider Umwandlung neigende Epithelabhebungen; Zunge und äußeres Genitale werden mit Vorliebe betroffen, auf der Haut treten schlappe, wenig beständige Blasen in Erscheinung, vielfach kommt es überhaupt zu keiner Blasenbildung, sondern sogleich zu umschriebener Abstoßung der Oberhaut. Das Bild voll entwickelter Fälle dieser Art unterscheidet sich durchaus von dem des vulgären Pemphigus. Beim ersten Ansehen erkennt man, daß es sich um eine schwere Allgemeinkrankheit handelt. Statt Blasen finden sich auf der Haut umschriebene nässende, sattrote, an der Peripherie oft von fetzig abgehobener Epidermis begrenzte Erosionen; wo sie zusammenfließen, entstehen umfängliche, in der Regel von kreisförmigen Linien umsäumte Substanzverluste. Im Gegensatz zum Pemphigus vulgaris fiebern diese Kranken oft ganz nach septischem Typus, subjektives Wohlbefinden, bei der vulgären Type bekanntlich oft lange erhalten, mangelt ihnen völlig — kurz der Gesamteindruck ist der eines schweren Allgemeinprozesses, nicht einer Hautkrankheit, die zu lokalen Störungen führt. Bekanntlich endet maligner Pemphigus stets rasch letal, vulgärer zieht sich mit Remissionen oft über Jahre hin, Übergang der einen Form in die andere ist allem Anschein nach größte Seltenheit, persönlich habe ich nie einen vulgären Pemphigus zu einem malignen werden gesehen.

Meiner Auffassung nach sind also Pemphigus vulgaris und malignus zwei verschiedene Krankheiten. Jedenfalls ist das Krankheitsprinzip nicht das gleiche, das muß man wohl auf Grund des so wesentlich verschiedenen Verlaufes der beiden Typen und der ganzen Art ihres Auftretens annehmen. Dazu kommen nun noch gewisse Differrenzen im anatomischen Befund. Für den Pemphigus vulgaris ist, wie wir gehört haben, neben anderem der Mangel infiltrativer Ereignisse kennzeichnend; trotz der hohen Durchlässigkeit der Gefäßwände treten kaum Rundzellen ins Bindegewebe aus, — beim malignen Pemphigus liegen die Dinge anders, davon soll Sie das folgende Präparat überzeugen (Abb. 71). Es stammt von einer erodierten, etwa 24 Stunden alten Plaques. Klinisch lag jene Form des Pemphigus vor, die auch als ulcerosus bezeichnet wird. Im histologischen Schnitt sehen Sie eine von Epithel entblößte Hautstelle, deren Papillarkörper reichlich Rundzellen eingelagert enthält. Die Gefäße sind hochgradig erweitert, besonders auch die knapp unter der Oberfläche gelegenen Capillaren; rechter Hand im Bild schließt Haut mit erhaltener Epidermis an, auch hier ist noch Gefäßdilatation gegeben. Der anatomische Befund ist damit weitgehend verschieden von dem früher beim vulgären Pemphigus kennen gelernten. Noch auffälliger werden die Unterschiede, wenn sich zu den Entzündungsvorgängen im Bindegewebe Wucherung der Oberhaut gesellt, wenn es sich also um den sogenannten vegetierenden Pemphigus handelt. Er ist bekanntlich eine Abart der gerade besprochenen Type; nicht jeder Pemphigus ulcerosus muß zum vegetans werden, immer wieder finden sich Fälle, wo diese Komponente ausbleibt, häufig aber verläuft der Prozeß so, daß wenige Tage nach Auftreten der nässenden Hautstelle ihr mittlerer Anteil zu wuchern beginnt; er tritt über die Umgebung ein wenig hervor und bedeckt sich mit weißlichen, schmierigen Belegen, die fest an der Unterlage haften und sich allmählich nach der Peripherie fortschieben. Gewöhnlich verbreitert sich auch die Erosion im gleichen Tempo, die Oberhautabhebung schreitet peripherwärts fort und so erreicht die vom Zentrum

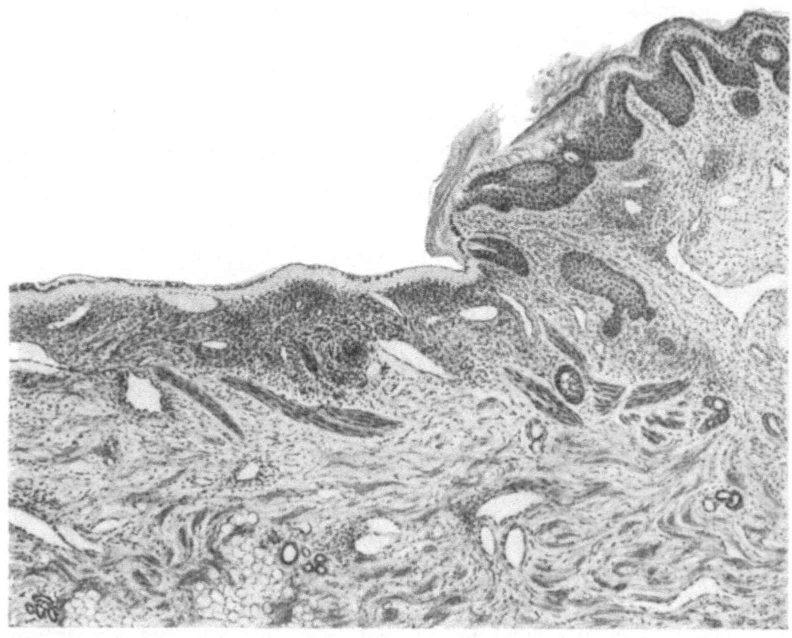

Abb. 71. Schnitt durch eine erodierte Stelle bei Pemphigus malignus. Vergrößerung 42. Links im Präparat fehlt die Oberhaut, Papillarkörper stark entzündlich verändert, mächtige Erweiterung der Kapillaren. Rechts Epithel vorhanden, auch hier in der Cutis erweiterte Gefäße.

aus vegetierende Epithelmasse oft längere Zeit nicht den Rand des Herdes. Daraus ergeben sich die bekannten Bilder: umschriebene Plaques mit dem mehr weniger papillomatös gewucherten Zentrum und dem entzündlich-geröteten, nässenden Rand, dem dort und da Epidermisfetzen anhaften.

Die anatomische Untersuchung solcher Herde zeigt typischen Befund, Schnitt 72 läßt das Wesentliche desselben in Übersicht erkennen. Das Präparat wurde so angefertigt, daß die Übergangsstelle zwischen Vegetationszone und ulcerösen Rand getroffen ist. Links im Bilde grundsätzlich die gleichen Veränderungen wie im früher vorgewiesenen Fall; die Gefäßerweiterung ist nur noch mächtiger, desgleichen die celluläre Infiltration. Die ganze Cutis propria ist hier Sitz der Entzündung. Die Epidermis fehlt im Randbereich, gegen die Mitte zu schiebt sich ein schmaler Saum von der Wucherungszone über die

Erosion hin. Der rechte Anteil des Präparates entspricht der Vegetation. Hier ist Oberhaut vorhanden, und zwar acanthotisch gewucherte. Überall sieht man die Epithelzapfen tief in die Cutis vordringen, gegen den Rand zu sind sie kürzer und grazil, im ganzen überhaupt nicht zu voluminös, mehr lang als breit und in der Hauptsache ziemlich regelmäßig. Zwischen ihnen liegt hypertrophischer Papillarkörper und aus dem Zusammenspiel der beiden Faktoren Wucherung des Epithels nach der Tiefe, der Papillen nach aufwärts — ergibt sich das warzige Oberflächenrelief und damit die Ähnlichkeit mit kondylomatösen Bildungen. Gefäßerweiterung und Rundzelleninfiltration besteht auch hier noch in erheblichem Grade und dies ist in jüngeren Herden die Regel. Oft findet sich, besonders im Bereiche der gewucherten Oberhaut, reichlich Ödem, gelegentlich begleitet von Zelleinbruch und so stößt man nicht selten auf um-

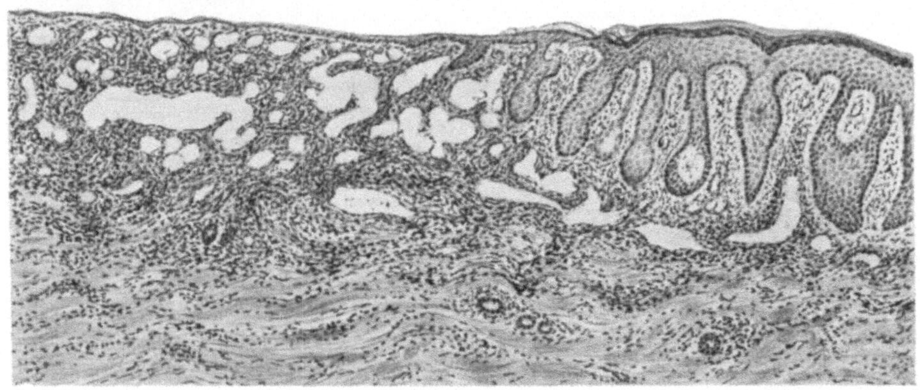

Abb. 72. **Pemphigus vegetans.** Schnitt durch Erosion und Vegetation. Vergrößerung 42. Links im Schnitt liegt die stark entzündete Cutis frei, hochgradige Gefäßdilatation. Rechts Epithel acanthotisch gewuchert, auch hier Gefäßerweiterung.

schriebene epidermale Absceßchen, ähnlich wie wir dies bei kondylomatösen syphilitischen Papeln kennen lernen werden. Die schmierigen diphtheroiden Beläge solcher Vegetationen stehen damit in Zusammenhang.

Nicht immer aber sind solche „feuchte" Wucherungen entwickelt, auch eine „trockene" Form derselben gibt es, und zwar findet man sie nicht nur bei längerer Dauer des Prozesses, es gibt Fälle, die von vornherein geringe Exsudation aufweisen und drusige, eigenartig schmutzig braungelbe Vegetationen bilden. Von einem solchen Falle will ich Ihnen ein Präparat demonstrieren, insbesondere auch um Sie auf gewisse Eigentümlichkeiten der gewucherten Epithelmasse und des Pigmentes aufmerksam zu machen (Abb. 73). Sie sehen in dem Präparat wieder die stark acanthoisch gewucherte Oberhaut, den kondylomatösen Bau derselben, dabei aber, daß keine einheitliche Zellstruktur vorliegt, sondern daß der mittlere Anteil der Zapfen von eigenartig in die Länge gezogenen, stellenweise auseinandergerissenen Elementen erfüllt wird, die zweifellos in besonderer Weise degenerierte Retezellen sind. Sie tragen alle einen Kern und sind auffallend stark mit Eosin gefärbt. Womit diese Degeneration zusammenhängt und was sie bedeutet, ist unbekannt; jedenfalls handelt es sich um eine Form der **Dyskeratose,** und zwar um eine mit dem

Wesen des Grundprozesses offenbar in Beziehung stehende, da man ihr immer wieder begegnet, wo solche Vegetationen in Erscheinung treten.

Verweisen muß ich noch auf die in der Cutis liegenden Pigmentmassen; sie sind offenbar mit Ursache für die eigenartig schmutzig braune Farbe solcher Wucherungen. Gelegentlich zeigt auch die Basalschicht stärkeren Pigmentgehalt; wo solches zutrifft, haben wir es wahrscheinlich mit einem, den pro-

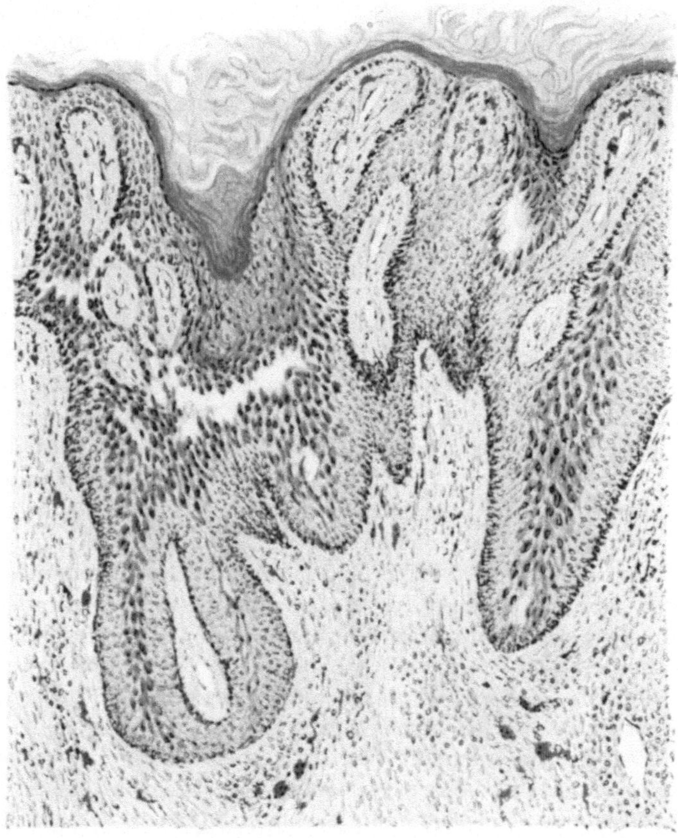

Abb. 73. Schnitt durch eine ältere Pemphigusvegetation. Vergrößerung 110.
Epidermis acanthotisch gewuchert, dabei eigenartige Zelldegeneration im mittleren Anteil der Zapfen-Lückenbildung. Basalschicht stellenweise stärker pigmentiert. Pigment in der Cutis.

liferativen Ereignissen adäquaten Phänomen zu tun, mit hypersekretorischen Äußerungen der Basalzelle. Der im Bindegewebe liegende Farbstoff gibt keine Berlinerblau-Reaktion, ist also nicht Hämosiderin, sondern offenbar abgeführtes Epidermispigment und damit ein Beweis mehr dafür, daß die Basalzellen in der Tat eine Phase erhöhter Farbstoffbildung hinter sich haben. Vielleicht wechseln hier in ähnlicher Weise, wir wie es seinerzeit bei der Arsenhaut kennen gelernt haben, Perioden verstärkter Pigmenterzeugung mit solchen völliger Erschöpfung ab. Damit würden Befunde wie hier — intensive Pigmentierung der Cutis bei verhältnismäßig geringem Farbstoffgehalt der Basalschicht — von selbst erklärt werden. Im ganzen bedarf die Frage der Pigmentverhältnisse in den Vegetationen des Pemphigus weiterer Studien, vor allem unter Zuhilfenahme des DOPA-Verfahrens. Hierbei wird sich zeigen, ob das erhöhte Farbstoffbildungsvermögen der Epidermis in solchen Fällen tatsächlich zur Regel gehört, ob die Basalzellen stets auch nach der sekretorischen Seite hin auf abwegige Bahn geraten, nicht nur nach der proliferativen. Eindeutige Feststellungen dieser Art wären danach angetan, das Pemphigusproblem in bestimmter Richtung zu fördern; spezifische Zelleistung läßt stets auf spezifische Reize schließen, Fehlen solcher Äußerungen auf Fehlen von solchen. Daß es beim Pemphigus vulgaris nicht zu Epithelwucherungen kommt, ist offenbar kein Zufall, sondern zwangsläufige Folge des Krankheitsprinzips und daß der maligne vegetiert, offenbar auch. Verschiedene Insulte müssen in Geltung sein, das muß aus den so weitgehend verschiedenen Gewebsreaktionen erschlossen werden; daß diese immer wieder in derselben Form auftreten, daß Mischungen beider Typen kaum vorkommen, wie wir gehört haben, spricht im besonderen für die Spezifität des Einzelngeschehens. Alles drängt also zur Vorstellung, daß Pemphigus vulgaris und vegetans zwei verschiedene Krankheiten sind, — vielleicht stehen sie im System nahe, irgendwie Sicheres darüber auszusagen, ist unmöglich. Meines Erachtens hat die Annahme, daß es sich um zwei ätiologisch differente Affekte handelt, mehr Wahrscheinlichkeit als die verschiedener Reaktionsäußerungen einer Noxe bei verschiedenem Terrain. Wäre dies der Fall, so müßten größere Schwankungen im Krankheitsbild vorkommen und vor allem häufige Übergänge zwischen der einen und anderen Type. Damit soll die Bedeutung des dispositionellen Momentes in der ganzen Frage nicht in Abrede gestellt oder gering eingeschätzt sein, — wir benötigen die Annahme besonderer, wahrscheinlich von der Anlage her festgelegter Gewebsverhältnisse, um uns die Geschehnisse beim Pemphigus überhaupt halbwegs erklären zu können. Auch wenn sich ergeben sollte, daß in der Tat ein Virus als auslösendes Agens in Betracht kommt, können wir diese Vorstellung nicht entbehren, denn nur sie hilft uns verstehen, warum immer wieder nur gewisse Menschen, Angehörige bestimmter Rassen (Bevorzugung der jüdischen Rasse) betroffen werden, warum keine Kontagiosität besteht, wenigstens für uns nicht ersichtlich, warum alle Übertragungsversuche bisher fehlgeschlagen haben u. a. m. Die Eigenart des Bodens spielt nach allem eine solch hervorragende Rolle, daß das auslösende Agens dagegen fast an Bedeutung zurücktritt. Vielleicht ist es öfter vorhanden als wir glauben, vielleicht überhaupt ubiquitär, aber nur deshalb so selten wirksam, weil eben die nötigen Gewebsvoraussetzungen so selten gegeben sind. Hier sind also noch Fragezeichen genug! Kaum ein zweites Kapitel der Dermatologie ist so schlecht fundiert als das des Pemphigus. Jeder hat hier mehr weniger seine eigene Auffassung. Das sehen wir im besonderen auch immer wieder, wenn wir daran gehen, über die

Dermatitis herpetiformis Duhring

zu verhandeln. Ob sie tatsächlich zum Pemphigus gehört oder nicht, weiß niemand. Einzelne rechnen sie bekanntlich dazu, andere wieder trennen sie davon, DUHRING selbst hat sie als spezielle Krankheitsform sondergestellt und meiner Auffassung nach mit Recht. In der Tat bestehen zwischen dem typischen, der DUHRINGschen Definition entsprechenden Krankheitsbild und vulgären

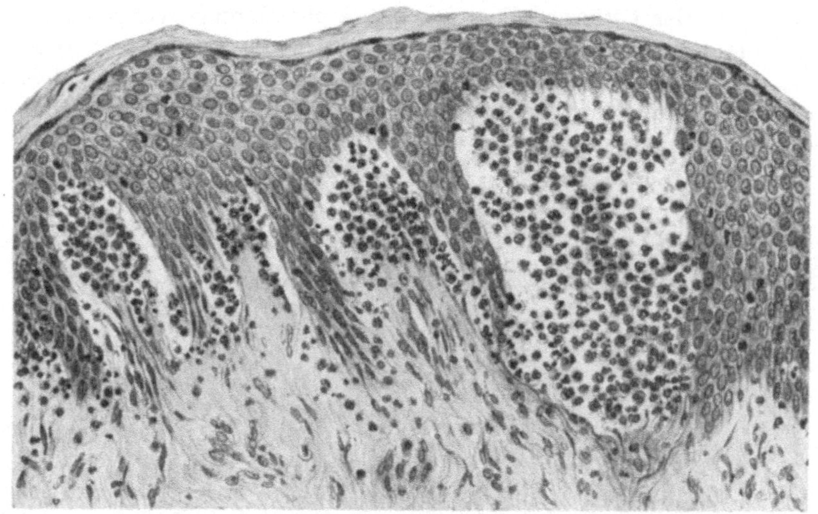

Abb. 74. Dermatitis herpetiformis. Gruppe kleiner Pusteln. Vergrößerung 210. Die Epidermis erscheint von unten her ausgehöhlt. Eiterzellen in der Höhlung. Keinerlei spezifische Epitheldegeneration.

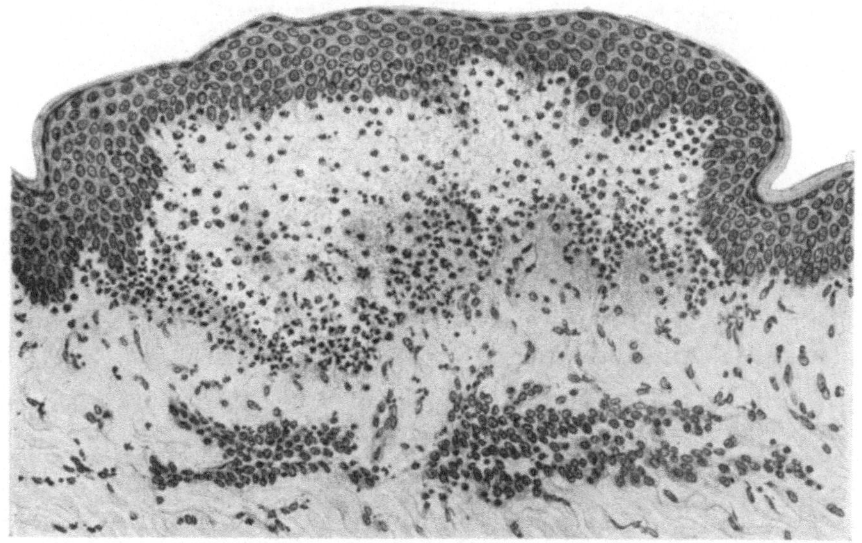

Abb. 75. Dermatitis herpetiformis. Größeres Bläschen. Vergrößerung 160. Gleicher Blasentypus wie im früheren Fall.

Pemphigusfällen so weitgehende Unterschiede, daß ein Zusammenfassen der Prozesse gewaltsam erscheint. Gemeinsam ist ihnen eigentlich nur der chronische Verlauf und das Auftreten von Blasen, in allen übrigen Punkten trennen sie sich. Niemals zeigt der vulgäre Pemphigus figurierte Erytheme, urticarielle Efflorescenzen, niemals Bläschen mit randständiger Anordnung um erythematöse Plaques, stets fehlt das Jucken und Brennen, die Schmerzhaftigkeit der Haut — kurz alles, was der DUHRINGschen Dermatose ihr Gepräge verleiht. Nun gibt es aber Fälle, bzw. es werden immer wieder solche als Dermatitis herpetiformis beschrieben, die nach der einen oder anderen Richtung vom Typus abweichen, beispielsweise kaum Erytheme zeigen, kaum herpetiforme Anordnung der Bläschen, dabei aber jucken, neben kleinen Bläschen größere Blasen produzieren,

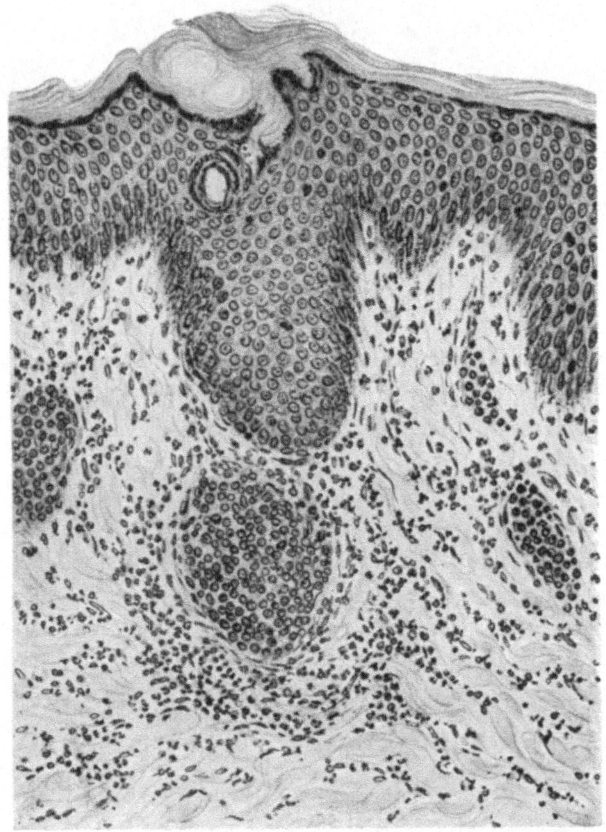

Abb. 76. Schnitt durch eine erythematöse Plaques bei Dermatitis herpetiformis.
Vergrößerung 210.
Veränderungen so wie bei anderen Erythemen.

— kurz ein polymorphes Bild mit Anklängen an vulgären Pemphigus. Hier richtig und einheitlich abzugrenzen ist in der Tat schwierig und wird nie übereinstimmend erfolgen. Die Frage läßt sich eben auf Grund klinischer Beobachtung allein nicht sicher entscheiden; so lange wir über das Wesen des Pemphigus und der Dermatitis herpetiformis nichts Näheres wissen, wird der Streit darüber, gehören sie zusammen oder nicht, keine Erledigung finden. Meiner Auffassung nach ist es am zweckmäßigsten, die Übergangsfälle zunächst beiseite zu stellen, sich streng an die DUHRINGsche Beschreibung zu halten und die ihr entsprechende

Krankheitsgruppe als Entität vom Pemphigus abzusondern. Die Klinik verlangt dies — die anatomische Untersuchung bringt allerdings kein Argument dafür bei. Die Histologie der Dermatitis herpetiformis im Blasenstadium unterscheidet sich in nichts von der des vulgären Pemphigus. Abb. 74 und 75 soll Sie davon überzeugen. Derselbe Blasentypus wie früher ist entwickelt, Abb. 74 zeigt mehrere kleine Bläschen nebeneinander, Abb. 75 einen größeren Hohlraum. Der Blaseninhalt ist beide Male stark mit Eiterzellen durchsetzt, und beide Male die Epidermis in toto abgehoben, dabei ohne daß die Epithelien der Blasendecke besondere Degenerationserscheinungen aufweisen würden. Die entzündlich-reaktiven Vorgänge im Papillarkörper sind etwas mehr betont als in den früher demonstrierten Pemphigusblasen. Aber diese Unterschiede sind für differentialdiagnostische Erwägungen zu gering.

Das dritte Präparat (Abb. 76) stammt von einer leicht ödematös geschwellten Erythemplaque, die dort und da aufgekratzt war. Histologisch: Geringgradige Gefäßdilatation, ödematöse Durchtränkung der Cutis und mäßige Infiltratbildung — ein Bild völlig übereinstimmend mit dem bei Erythemen — vielleicht gehört die DUHRINGsche Krankheit überhaupt zu ihnen, vielleicht steht sie den toxischen Erythemen (Lichen urticatus?) näher als dem Pemphigus.

Der letzte Schnitt aus dieser Gruppe (Abb. 77) stammt von einem sogenannten

Pemphigus congenitalis.

Bekanntlich bestehen zwischen ihm und den früher besprochenen Pemphigusformen keine anderen Gemeinsamkeiten als der Name. Pemphigus congenitalis

Abb. 77. Pemphigus congenitalis, Epidermolysis bullosa congenita.
Vergrößerung 60.
Blase aus der Haut des Zeigefingers eines Erwachsenen. Die Epidermis von der Unterlage losgelöst, zeigt keinerlei Degeneration. Im Papillarkörper erweiterte Gefäße, keine celluläre Infiltration.

oder nach der geläufigeren Bezeichnung Epidermolysis bullosa congenita beruht auf Entwicklungsstörungen der Haut, ist demnach eigentlich den Mißbildungen zuzuzählen, allerdings ohne Klarheit darüber, welche Stelle regelwidrig angelegt wurde. So weit man aus dem Effekt des Geschehens auf die Grundlage desselben schließen kann, liegt der Entwicklungsfehler nach verschiedenen Seiten verankert. Einmal besteht eine ungewöhnliche Bereitschaft der Gefäße zum Durchlassen von Serum. Geringste Traumen, die die Haut treffen, genügen schon, um den Capillarapparat in einen Zustand zu versetzen, der mit erhöhtem Durchtritt von Blutflüssigkeit beantwortet wird. Cutis und Gefäßsystem besitzen also vermindertes Resistenzvermögen. Dazu kommt mangelhafte Verlötung zwischen Derma und Oberhaut. Dies müssen wir aus der Tatsache erschließen, daß der Flüssigkeitserguß im Papillarkörper Abhebung der Epidermis bewirkt, und zwar in einer Vollständigkeit, wie man sie sonst nur bei schwersten Schädigungen der Haut zu Gesicht bekommt. Abb. 77 lehrt, daß die Blasen subepidermidal sitzen, mithin daß das Epithel in toto abgehoben wird. Ob das jeweilige Trauma an der Verbindung zwischen Oberhaut und Cutis rüttelt, d. h. einen Locus minoris resistentiae setzt für die Ansammlung des austretenden Serums, oder ob der Flüssigkeitsdruck an sich genügt, um den schwachen Kontakt zu lösen, muß dahingestellt bleiben. Bei den schweren Formen der Erkrankung, bei der dystrophischen Form der Epidermolyse, die mit Atrophie und narbiger Destruktion der Haut einhergeht, scheint es so zu sein, denn hier sieht man oft Blasen auftreten ohne Einwirkung eigentlicher Traumen.

Die nächsten zwei Präparate betreffen die

Miliaria cristallina.

Hierbei handelt es sich um Bläschenbildungen in der Hornschicht bei mangelnder Entzündung der Haut. Bekanntlich kommt es zu solchen Eruptionen bei verschiedenen, mit Fieber einhergehenden Allgemeinerkrankungen, Typhus abdominalis, Pneumonie im Stadium der Krise, gelegentlich präagonal u. a. m. Auch epidemische Ausbrüche sind beobachtet worden (Miliaria epidemica). Immer wieder treten die Bläschen unvermittelt, vor allem ohne Jucken oder Schmerzen hervor — plötzlich entstehen zahlreiche, tautropfenartige Gebilde —, TROUSSEAU hat sie mit Tränen verglichen — in der Regel nicht größer als Hirsekörner, vor allem den Rumpf und die seitlichen Thoraxpartien bedeckend. Nirgends zeigt sich Rötung, überall sitzen die Bläschen normaler Haut auf. Gewöhnlich vertrocknen sie rasch, gelegentlich trübt sich ihr Inhalt, nur selten kommt es zur Sekundärinfektion, i. e. Pustelbildung. Der Sitz der Bläschen ist durchwegs die Gegend der Schweißdrüsenausführungsgänge, daher wird auch von Schweißfriesel, Sudamina, gesprochen.

Das erste Präparat (Abb. 78), gewonnen von einem Falle hochfiebernder Sepsis, bei dem es präagonal zur Bläscheneruption gekommen war, zeigt die typische Primärefflorescenz im Bereich der Mündungsstelle eines Schweißdrüsenganges; lediglich die Hornschicht ist blasig abgehoben, sonst finden sich keinerlei Epithelläsionen, auch nicht entzündliche Erscheinungen im Bindegewebe.

Den gangbaren Vorstellungen entsprechend hängt das Entstehen der Bläschen mit der Behinderung des Schweißabflusses zusammen, und diese wieder mit der Verstopfung der Poren durch Hornelemente. Während des Fiebers werde Schweiß nicht der Norm entsprechend abgesondert, vor allem nicht in Tropfenform abgeschieden, daher fehle der regelmäßige Abtransport der im Mündungsgebiet des Schweißdrüsenganges liegenden Hornzellen; eine Anhäufung derselben sei die Folge und damit eine Verstopfung des Porus, die sich im selben Augenblick geltend mache, wo beim Nachlassen des Fiebers wieder reichlich Schweiß sezerniert werde, die Hornschicht müsse jetzt blasig abgehoben werden. Daß der Bläscheninhalt in der Tat Schweißdrüsensekret ist, kann nicht bezweifelt

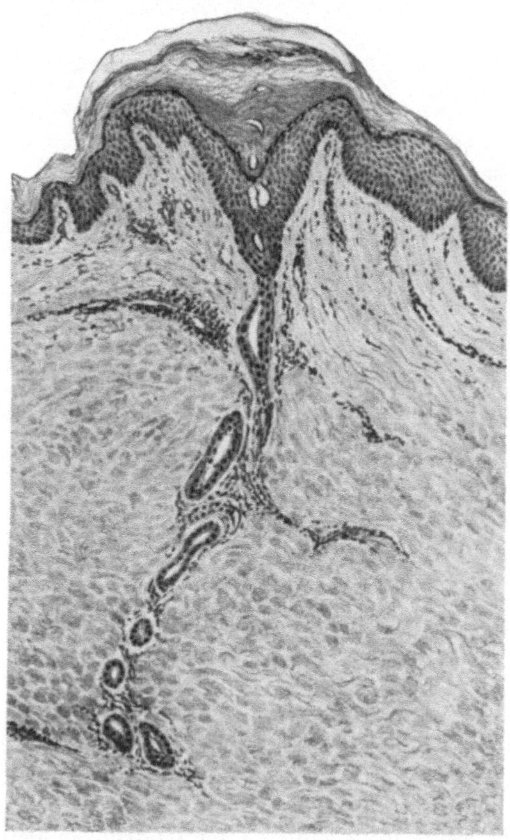

Abb. 78. Schnitt durch ein Miliaria cristallina-Bläschen. Vergrößerung 110. Abhebung der Hornschicht im Bereich der Mündungsstelle des Schweißdrüsenausführungsganges.

werden, vor allem geht dies aus seiner saueren Reaktion hervor. Ob sich die Bläschenbildung aber tatsächlich so abspielt, wie ich es kurz skizziert habe, muß dahingestellt bleiben. Vielleicht sind die Vorgänge wesentlich verwickelter. Jedenfalls ist es auffällig, daß die Vorbedingungen zum Auftreten von Miliariaeruptionen viel häufiger gegeben sind als die Ausbrüche selbst. So habe ich beispielsweise bisher unter mehr als 1000 mit Malaria behandelten Syphiliskranken nicht einmal Miliaria gesehen, trotzdem im Abklingen der Anfälle Schweißausbrüche von einer Mächtigkeit auftreten, wie man dies sonst nur

ausnahmsweise zu Gesicht bekommt. Dies läßt immerhin daran denken, daß
an der Genese des Schweißfriesels noch ein Faktor beteiligt ist, den wir nicht
kennen.

Gelegentlich reichen Miliariabläschen über das Gebiet der Schweißdrüsen-
pori hinaus, mehr diffuse Abhebungen der Hornschicht kommen zustande.
Präparat 79 soll diese Abart vergegenwärtigen. Sonst finden sich dieselben

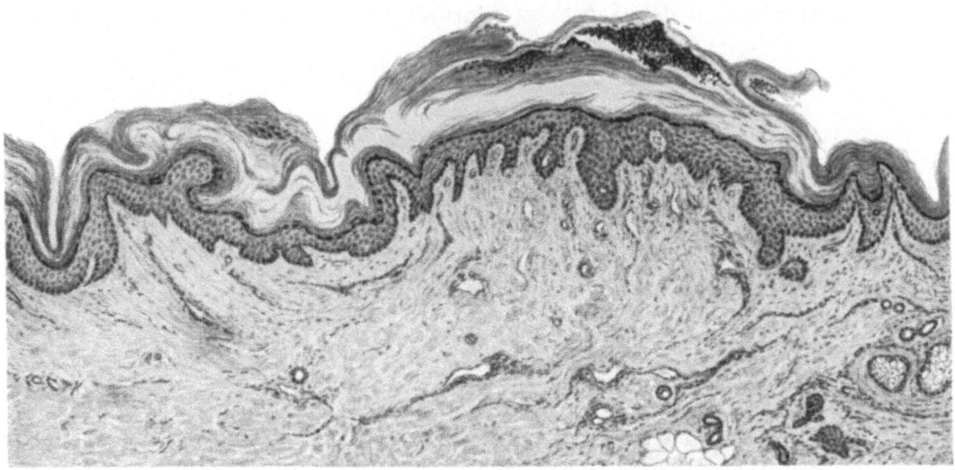

Abb. 79. **Miliaria cristallina.** Ausgedehntere Hornschichtabhebung. Vergrößerung 110.

Verhältnisse wie im vorher gezeigten Schnitt, vor allem fehlt jede Entzündung
sowie jede Alteration des MALPIGHIschen Zellsystems. An einer Stelle im
Präparat beginnende Pustelbildung.

Als letzten Vertreter aus der Gruppe der blasenbildenden Prozesse will
ich einen Schnitt von akutem

Rotz der Haut

vorweisen. Er soll uns zugleich hinüberführen zu jenen akut entzündlichen
Dermatosen, wo mächtige Infiltrationsvorgänge in der Cutis das Bild
beherrschen. Rotz der Haut tritt bekanntlich als akuter und chronischer Prozeß
in Erscheinung. Der akute Rotz zählt zu den eindrucksvollsten Erscheinungen,
die uns im Bereiche der Haut überhaupt begegnen. In voll entwickelten
Fällen erscheint die Haut mit Pusteln, ganz nach Art einer Variola vera übersät,
es besteht ein septischer Allgemeinzustand, dem die Kranken durchwegs rasch er-
liegen. Das vorliegende Präparat stammt von einem Fall besonders hochgradiger
Entwicklung; der Bruder des Patienten, der sich vom selben Pferd infiziert hatte,
erkrankte an chronischem Rotz, was ich deshalb bemerke, weil sich daraus
ergibt, daß die Form, unter der der Malleusinfekt verläuft, in starker Abhängigkeit von dispositionellen Momenten steht.

Das Präparat der Pustel (Abb. 80) lehrt beim ersten Ansehen, daß der Schwerpunkt des Geschehens im Bindegewebe und nicht in der Oberhaut liegt; was
sich in ihr abspielt, ist sekundärer Vorgang. Die Erstlingsalteration sitzt in
der Cutis und ist Antwort auf die mit der Blutwelle ins Gewebe eindringenden

Bacillen. Stürmische Entzündungsvorgänge von exsudativ-eitrigem Charakter mit Neigung zu raschem Zerfall werden manifest, am präexistenten Gewebe

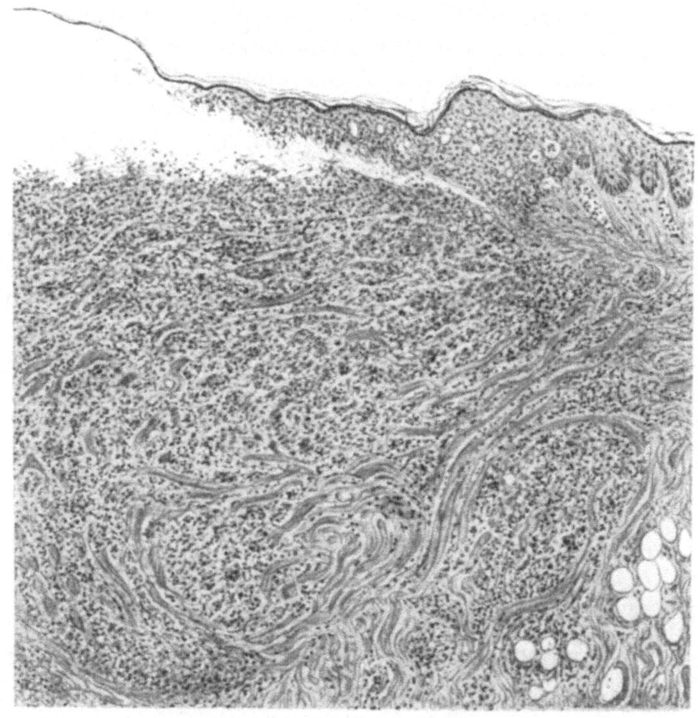

Abb. 80. Blasen-Pustelbildung bei akutem Rotz der Haut. Vergrößerung 42. Mächtig entzündliche Infiltration der Cutis; das Präparat erweckt den Eindruck, als wenn es von Farbstoffniederschlägen überschwemmt wäre. Epidermis nekrotisch, blasig abgehoben.

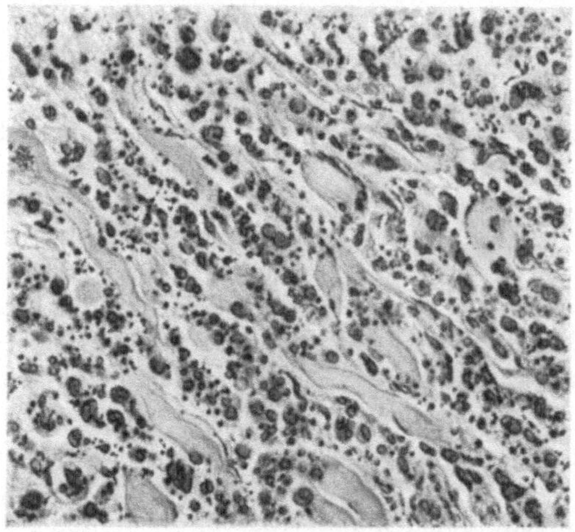

Abb. 81. Stelle aus dem früheren Präparat. Vergrößerung 380. Darstellung des Kernzerfalls der Infiltratzellen.

treten unter dem Einfluß der Infiltrationsmasse Destruktionsvorgänge in Erscheinung, die kollagenen Bündel zerfallen, — kurz ausgedehnte Nekrose des Gewebes resultiert, in die auch die Epidermis einbezogen wird. Kennzeichnend für den Prozeß ist das schnelle Tempo, in dem sich all dies abspielt, — offenbar sind hoch giftige Substanzen (Stoffwechselprodukte der Bacillen) in Wirkung. Als histologischer Ausdruck ihres deletären Einflusses muß der eigenartige Kernzerfall gewertet werden. Sie sehen die Cutis von einer Unmenge verschieden großer, mit Hämatoxylin intensiv gefärbter Körnchen und Körner durchsetzt — fast könnte man glauben, das Präparat sei von Farbstoffniederschlägen erfüllt —, das sind alles Kerntrümmer im Gewebe. Bei starker Vergrößerung (Abb. 81) erhält man darüber eindeutigen Aufschluß. Dieser Kernzertrümmerungsvorgang ist eine ständige Erscheinung im Bereiche von Malleusinfiltraten, immer wieder findet es sich, und zwar in so einzig prägnanter Form, daß man es geradezu für diagnostische Zwecke verwenden kann.

Die Blasen beim Rotz müssen natürlich den Verdrängungsblasen zugerechnet werden, wenn man diese Form überhaupt gelten lassen will. Daß es zur Blasenbildung erst kommt, wenn die Epidermis entsprechend geschädigt ist, versteht sich von selbst.

Dritter Teil.

Akute und subakute Entzündungsprozesse mit mächtiger Infiltratbildung und Zerstörung der Haut.

18. Vorlesung.

Meine Herren! Was wir bisher an entzündlichen Erscheinungen kennen gelernt haben, war der Hauptsache nach auf den Papillarkörper beschränkt. Immer wieder spielte sich der Entzündungsvorgang im Bereich der obersten Cutisschicht ab und in solchen Grenzen, daß bleibende Schädigungen sich hieraus meist nicht ergaben. Im folgenden sollen nun Prozesse zur Besprechung gelangen, wo viel ausgedehntere und stürmischere Entzündungsvorgänge und dementsprechend auch tiefergreifende Veränderungen der Haut hervortreten.

Als erstes Präparat (Abb. 82) zeige ich Ihnen einen Schnitt durch einen

Furunkel.

Sehr mächtige Entzündungsreaktion ist hier entwickelt, und zwar in den tiefen Abschnitten der Cutis. Jeder Furunkel ist, wie Sie wissen, Folge einer exogenen Kokkeninfektion (Staphylokokken), die Eintrittspforte für das Virus in der Regel der Haarfollikel. Die Parasiten dringen von ihm aus ins Bindegewebe vor und veranlassen die Bildung massiger Infiltrate, die zur Vereiterung und damit Zerstörung präexistenten Gewebes neigen. Die Zellanschoppung erfolgt durchwegs in den tieferen Schichten des Dermas und greift vielfach auf die Subcutis über. In der Regel kommt es zu streng umschriebenen, kugeligen Einlagerungen, die nach außen zu von mehr weniger normalem Bindegewebe gedeckt wird. So verhalten sich die Dinge auch in dem vorliegenden Schnitt, der von einem noch nicht völlig reifen Knoten stammt. Sie sehen die

Infiltratmasse im scharfen Bogen gegen das Gesunde abgesetzt. Die Cutis oberhalb der Einlagerung zeigt bis auf Gefäßerweiterung normale Verhältnisse, der Entzündungsherd im peripheren Anteil Rundzellenanhäufung, hauptsächlich Leukocyten, in der Mitte Detritusmassen als Ausdruck des Gewebszerfalls, der zum Wesen jedes Furunkels gehört und auf die Giftwirkung der Erreger zu beziehen ist. Allem Anscheine nach zählt das Entstehen der Nekrose zu den ersten Ereignissen; sehr rasch kommt es dort, wo sich die Kokken ansiedeln, zu Schädigungen des Bindegewebes, der für jeden Furunkel charakteristische Pfropf wird demgemäß schon frühzeitig angelegt, seine Reifung bedarf allerdings längerer Zeit, — mannigfache reaktive Vorgänge müssen in Erscheinung treten, bis

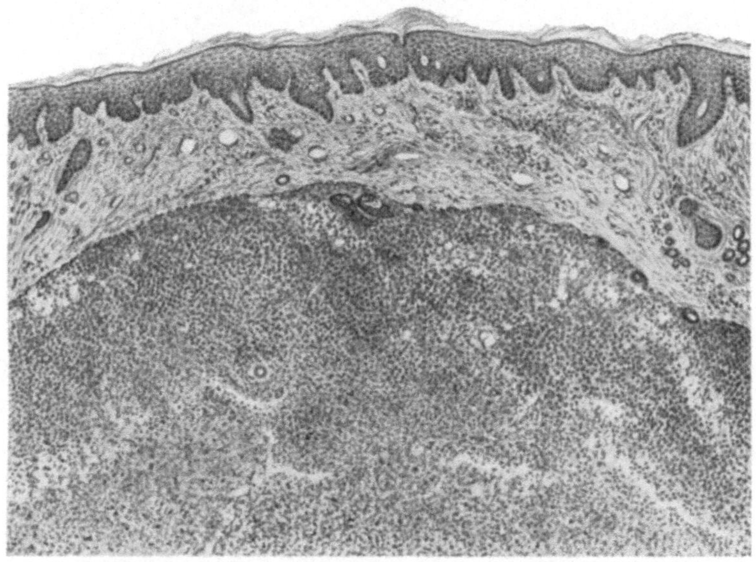

Abb. 82. Furunkel der Haut. Vergrößerung 42.
Umschriebene Anhäufung von Rundzellen in der Cutis. In der Mitte des Herdes Zerfall der Einlagerung.

die Dinge so weit gedeihen, daß das Corpus mortuum ausgestoßen werden kann. Der mächtige periphere Entzündungswall ist als Ausdruck dieser Bestrebungen anzusehen, und der Weg, der zum Ende führt, immer wieder der gleiche: Umsichgreifen der Entzündung, allmähliche Einbeziehung des zunächst verschont gebliebenen Cutisabschnittes oberhalb des Krankheitsherdes, Ausbreitung der Nekrose, schließlich bis zur Epidermis, Durchbruch der Eitermassen nach außen, der eigentliche Pfropf wird zuletzt abgestoßen. Nicht immer muß es, wie bekannt zum Durchbruch nach außen kommen, gelegentlich tritt Lyse ein, d. h. Infiltrat samt zentraler Nekrose werden resorbiert.

Furunkel können vereinzelt oder in größerer Zahl und vor allem in Schüben auftreten. Wenn letzteres der Fall ist, sprechen wir von Furunculose. Voraussetzung für das Entstehen von Furunkeln ist eine besondere Empfänglichkeit der Haut für den Infekt. Die Epidermis vor allem muß bereit sein, das Virus aufzunehmen, ein gewisser Grad von Überempfindlichkeit muß bestehen, damit die Kokken haften und ihre deletären Eigenschaften entfalten können. Wodurch dieser Zustand bedingt wird, wissen wir nicht; die Tatsache, daß Furunculose unter so verschiedenen Verhältnissen in Erscheinung tritt — ich erinnere Sie an ihr Entstehen bei Diabetes, in der Rekonvaleszenz nach fieberhaften Erkrankungen, bei Verdauungsstörungen u. a. m. —, spricht für eine gewisse Mannigfaltigkeit der in Betracht kommenden Faktoren. Jedenfalls handelt es sich auch hier wieder um Änderungen von Zellstrukturen im kolloid-chemischen Sinne, vor allem um einen Umbau der

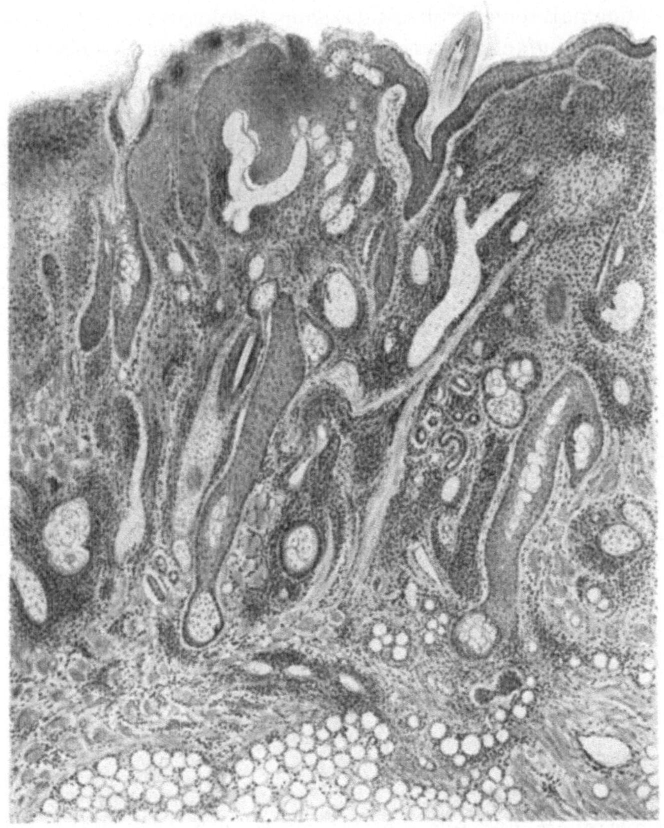

Abb. 83. Milzbrand-Pustel. Vergrößerung 30.
Hochgradiger Entzündungszustand der Cutis. Vielfach schon schlechte Färbbarkeit des Gewebes als Ausdruck der Nekrose. Mächtige Erweiterung der Gefäße.

Epidermis mit der Wirkung, daß bakterielle Schädigungen, die von ihr früher unbeantwortet blieben, jetzt Reaktionen auslösen. Und die Empfindlichkeit ist so stark, daß der Reiz an Bedeutung offensichtlich zurücktritt — durchaus nicht nur besonders virulente Keime, wie sie sich im Eiter der Krankheitsherde finden, kommen als Agens für neue Knotenbildung in Betracht, die auf der Haut all-überall als Schmarotzer vegetierender Kokken vermögen nun auch krankmachend zu wirken —, die Empfindlichkeit ist eben alles, der Reiz fast nichts. Damit haben wir in der Furunculose ein gutes Beispiel dafür, welch große Rolle die Gewebs-bereitschaft auch beim Entstehen bakteriell bedingter Hautentzündungen spielt.

Der nächste Schnitt (Abb. 83) stammt von einem

Milzbrand

der Haut, von einer Pustula maligna. Auch er soll den Zustand hochgradiger, mit Gewebsnekrose einhergehender Entzündung zeigen. Die Infiltration ist hier noch viel mächtiger und nicht so streng umschrieben wie beim Furunkel. Ferner tritt ein Faktor auf, den wir früher nicht kennen gelernt haben: enorme Gefäßerweiterung. Die Capillaren erscheinen zu weiten, mit Blut strotzend gefüllten Räumen verwandelt — die Entzündung erhält dadurch hämorrhagischen Charakter. Besonders an der Grenze gegen die normale Umgebung ist die Gefäßerweiterung stets sehr deutlich entwickelt. Es unterliegt keinem Zweifel, daß wir es hier mit Lähmungserscheinungen am Gefäßapparat zu tun haben, die wohl eine Folge der von den Milzbrandbacillen ausgehenden Giftwirkung sind. Das Ergebnis der einschneidenden Gewebsschädigung und· der durch sie ausgelösten stürmischen Entzündungsvorgänge ist weitgehende Nekrose, durchwegs viel umfänglicher wie bei Furunkelbildungen. Das Maß der Zerstörung reicht an das bei Karbunkeln, den excessiven Formen der Furunkeln, heran.

Gemeinsam ist den beiden erörterten Fällen die Neigung zum raschen Zerfall der Infiltratmasse und damit haben wir in ihnen die besten Vertreter für den Typus der stürmisch verlaufenden, mit Zerstörung präexistenten Gewebes einhergehenden Hautentzündungen vor uns.

Der nächste Schnitt betrifft das

Ulcus venereum s. molle.

Es gliedert sich hier ungezwungen an, weil grundsätzlich gleichsinnige Gewebsveränderungen bestehen wie in den beiden früher gezeigten Fällen. Wieder handelt es sich um mächtige Entzündungsvorgänge in der Cutis, und zwar hauptsächlich in ihren obersten Schichten. Wie Abb. 84 lehrt, sind Stratum papillare und reticulare von Rundzellmassen erfüllt, ja geradezu durch sie ersetzt. Gegen die Tiefe des Dermas zu klingt die Infiltration allmählich ab, hier finden sich nur mehr erweiterte Gefäße und dort und da Zellanhäufungen in ihrer Umgebung; eine gleichmäßige Überschwemmung des Gewebes mit Entzündungselementen fehlt aber. Das Beschränktbleiben des Infiltrationsvorganges auf den obersten Cutisabschnitt ist für den Prozeß charakteristisch — verschiedene seiner klinischen Eigentümlichkeiten hängen damit zusammen, so vor allem, daß es in der Regel nicht zu tiefgreifende Substanzverluste und daher keine Narben setzt.

Daß es zur Geschwürsbildung überhaupt kommt, hat seinen Grund in der geringeren Widerstandsfähigkeit des Infiltrates. Die von den im Gewebe wuchernden Keimen, den UNNA-DUCREYschen Bacillen gebildeten Giftstoffe wirken so vernichtend, daß die zur Abwehr des Insultes herangeführten Entzündungsprodukte selbst rasch zugrunde gehen. Daher das nur so kurz dauernde Knötchenstadium des Ulcus venereum! In der Regel sehen wir es gar nicht; wenn der Kranke zur Beobachtung kommt, ist es längst vorbei, und doch war es in jedem Falle vorhanden. Das lehren uns vor allem die Impfeffekte! Wenn man Ducreybacillen-haltigen Eiter in eine Hauterosion einbringt, so verwandelt sich dieselbe innerhalb der nächsten 24 Stunden zu einem entzündlichen Knötchen. Sehr rasch entsteht an seiner Kuppe eine Pustel, ebenso rasch

zerfällt sie und ebenso rasch verbreitert sich die Durchbruchsstelle des Eiters
nach der Umgebung. 48 Stunden post inoculationem ist all dies in der Regel
geschehen, der Ablauf der Entzündungsreaktion mithin ungemein beschleunigt,
kaum daß das Infiltrat gebildet ist, wird es schon wieder zerstört, zu Eiter
verwandelt und nach außen abgestoßen. Der Weg hierfür wird durch Einbeziehung der Oberhaut in die Nekrose freigemacht, und zwar verfällt ihr nur
jener Teil, der unmittelbar über der Erweichungszone des Infiltrates liegt.
Daher bei jungen Geschwüren nur schmale, lochförmige Öffnungen — entsprechend dem Umsichgreifen des Gewebszerfalles wird der Epithelverlust

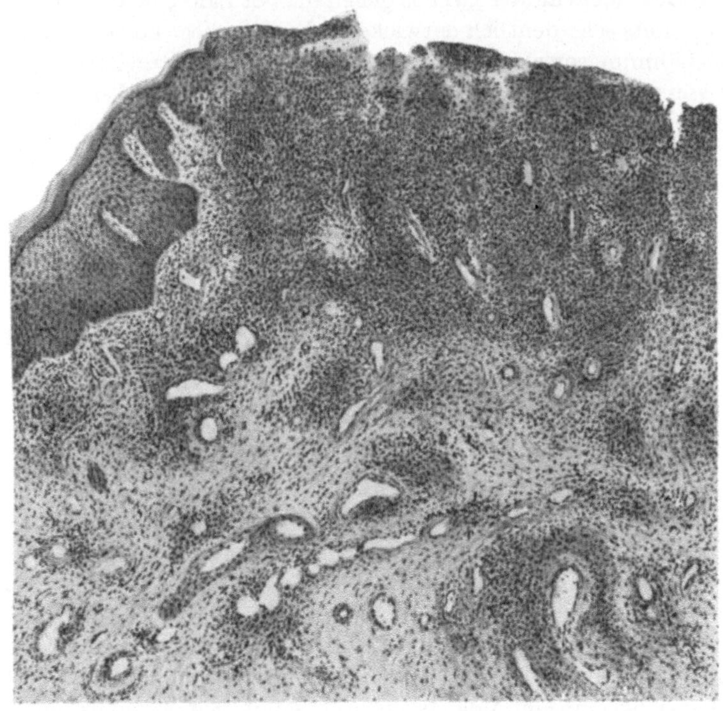

Abb. 84.   Ulcus venereum s. molle.   Vergrößerung 42.
Akut entzündliche Infiltration, am stärksten im obersten Cutisanteile entwickelt, gegen
die Subcutis zu allmählich abklingend. Starke Gefäßerweiterung. Der Entzündungszustand
reicht über den Geschwürsbereich hinaus.

größer. Charakteristisch ist seine stets scharfe Abgrenzung gegen das Gesunde:
Soweit das Geschwür reicht, fehlt die Oberhaut, am Rande des Ulcus setzt
sie unvermittelt ein, und zwar ist sie meist etwas akanthotisch verbreitert.
Dabei findet hier der Entzündungszustand noch durchaus nicht seine Grenze —
das Infiltrat greift nach allen Seiten über das Geschwür hinaus; allerdings nicht
mehr in derselben Massigkeit und vor allem ohne Neigung zum Zerfall. Lediglich perivasculäre Zellmäntel, aufgebaut aus Lymphocyten, mehrkernigen
Leukocyten und Plasmazellen finden sich, und sie werden um so spärlicher,
je weiter sie vom Geschwür entfernt sind. Aber auch noch in recht beträchtlicher
Entfernung davon finden sich entzündliche Einlagerungen.

Wir haben demnach bei Ansiedelung UNNA - DUCREY scher Bacillen im Gewebe mit zweierlei Reaktionsereignissen zu rechnen: 1. mit der Bildung eines mehr weniger umschriebenen, massigen, rasch vereiternden Infiltrates und 2. mit sich oft weit ins Gesunde erstreckenden entzündlichen Vorgängen einfacher Art in der Umgebung des eigentlichen Krankheitsherdes. Der Grund für diese verschiedene Gewebsreaktion liegt offenbar im Verhalten des Virus. Am Orte seines Eindringens scheint es höchste Wachstums- und Schädigungsqualitäten zu entfalten; das Gewebe setzt dagegen alle ihm zur Verfügung stehenden Hilfskräfte ein, erzielt damit aber nicht sogleich einen vollen Erfolg, der Feind ist zunächst stärker, zerstört einen Teil der aufgebotenen Kräfte, allerdings unter eigenen Verlusten: Mit dem Eiter wird Bacillenmaterial ausgestoßen, der Krankheitsherd demnach auf mechanischem Wege vom Giftstoff befreit — aber nicht genügend. Zahlreiche Parasiten bleiben zurück, wandern, vor allem die Lymphspalten hierzu benützend, in die Umgebung aus und veranlassen hier dasselbe Spiel mit derselben Wirkung. Die rasche Vergrößerung der ursprünglich kleinen Perforationslücke, i. e. das rasche Größerwerden des Geschwürs ist der sichtbare Ausdruck dessen. Allmählich gewinnt das Gewebe aber doch die Oberhand. Entzündungsreaktionen der Art, wie sie hier in Szene treten, laufen nicht ohne Änderung des Gewebschemismus ab, die entzündeten Hautpartien geraten in andere biologische Verhältnisse und dies muß rückwirken auf die Vitalität des Bacillenmaterials. Änderung des Bodens ändert die Reizwirkung. In der Tat spricht der Umstand, daß das Tempo der Vergrößerung eines Ulcus um so langsamer wird, je länger es besteht, und daß schließlich die Überzahl aller venerischen Geschwüre spontan ihr Wachstum einstellt, für weitgehende Beschränkung der Aktivität des Virus im entzündeten Gewebe. Und zwar erfolgt sie allem Anscheine nach schrittweise vom Zentrum gegen die Peripherie zu, die am weitesten vorgedrungenen Parasiten besitzen offenbar nur mehr geringe Aktionskraft, das Gewebe läßt ihre volle Kraftentfaltung nicht mehr zu, — daher die nur geringgradige Entzündungsreaktion in der Umgebung des Geschwürs. Daß Bacillen weit ins Gesunde vordringen, ohne daß es zu ähnlich stürmischen Abwehrmaßnahmen kommt, bzw. kommen muß, wie am Orte der Erstlingsalteration, ist zweifellos. Am besten sehen wir dies an jenen Fällen, wo im Anschluß an lymphogene Ausbreitung des Virus Tochtergeschwüre entstehen, — ich meine die sich auf dem Boden eines perforierenden Bubonulus oder Bubo entwickelnden Ulcerationen. Hier dringen die Bacillen von ihrer Einbruchsstelle aus in größere Lymphgefäße und entlang derselben in Lymphdrüsen bzw. das sie umgebende Gewebe, vor, ohne daß der Weg ihrer Wanderung jedesmal durch Entzündungserscheinungen markiert wäre. Es kann ja sein (Lymphangitis dorsalis!), muß aber nicht zutreffen, — die Bacillen können bei ihrem Vordringen Virulenz und damit die Fähigkeit, bedeutendere Entzündungsreaktion auszulösen, verlieren. Vielleicht ereignet sich dies häufiger, als wir glauben, vielleicht dringt das Virus in jedem Falle weit über die Geschwürsstelle hinaus, vielleicht bis zum regionären Drüsensystem, und vielleicht erfolgt dort sehr oft sein Abbau ohne Zuhilfenahme stärkerer Entzündungsvorgänge. Sie werden erst dann nötig, wenn die Gewebsverfassung durch irgendwelche Einflüsse, beispielsweise von außen her (Traumen), derartige Änderung erfährt, — letzten Endes handelt es sich natürlich wieder um kolloid-chemische

Änderungen —, daß die Bacillen nun dieselben zerstörenden Eigenschaften entfalten können, wie am Orte ihrer ersten Ansiedlung. Die Gegenmaßnahmen des Gewebes sind grundsätzlich die gleichen: Wieder kommt es zur Bildung mächtiger, rasch zerfallender Infiltratmassen, die Oberhaut wird in den Zerfall einbezogen, so entsteht die Durchbruchslücke für den Eiter, die sich in der Folge geschwürig verändert. Die Entwicklung des Tochtergeschwürs verläuft demnach in ganz derselben Art wie die des primären Ulcus. Grund dafür ist das übereinstimmende Verhalten des Virus, das Aufflackern seiner Lebenskraft an vom Orte seines Eindringens weit entfernter Stelle, das Wiedererwachen von Eigenschaften, die bei der Ausbreitung im Gewebe zunächst gebannt wurden.

Wir sehen damit hier in besonders überzeugender Weise die Abhängigkeit der Entzündungsreaktion vom jeweiligen Zustand des schädigenden Agens, und diesen wieder bestimmt von der Verfassung des Gewebes. Jeder Wechsel in ihrem Verhalten ändert die Folgen des Geschehens, und daß aus diesen verschiedenen Reaktionsphasen sich ein Gesamtbild von so eigener Art ergibt, spricht für die Besonderheit der Gewebsvorgänge. Es kann kein Zufall sein, daß jedesmal, wenn DUCREY-Bacillen ins Gewebe kommen, Geschwüre entstehen von so spezifischem Aussehen und Verlauf und nicht Abscesse oder furunkelartige Bildungen ähnlicher Art, wie wir sie beispielsweise in den vorher demonstrierten Präparaten kennen gelernt haben. Grobanatomisch liegt ja dasselbe Substrat vor: akute, destruierende Entzündung — dieselben Zellelemente sind mobilisiert, mikroskopisch herrscht daher weitgehende Ähnlichkeit —, biologisch handelt es sich aber doch um wesentlich verschiedene Vorgänge, da Art der Wirksamkeit und daher auch der Unschädlichmachung des jeweils in Betracht kommenden Entzündungsreizes verschieden ist. Staphylokokken, Milzbrandbacillen, UNNA-DUCREYsches Virus — sie alle lösen morphologisch grundsätzlich gleichsinnige Entzündungsvorgänge aus —, der Chemismus des Geschehens ist aber offenbar jedesmal ein anderer. Die Dinge liegen damit ganz ähnlich, wie wir sie bei den Erythemen kennen gelernt haben: gleiche anatomische Veränderungen, aber verschiedene Wege, die zu ihnen führen, wobei uns die morphologische Betrachtung hinsichtlich der biologischen Einzelheiten keinerlei Aufschluß vermittelt.

Haben wir in den eben besprochenen Fällen Vertreter von Entzündungsprozessen kennen gelernt, die durch belebte Ursachen hervorgerufen sind, so sollen nun zwei Präparate vorgewiesen werden, wo andere Momente denselben Zustand auslösen. Der erste Schnitt betrifft das Krankheitsbild der

Hautgangrän,

und zwar jener Form, wie sie bei trophischen Störungen in Erscheinung tritt. Es handelte sich um einen Fall schwerer Schußverletzung des Rückenmarks, bei dem es in der Kreuzbein- und Glutäalgegend zu ausgedehnter, tiefgreifender Geschwürsbildung gekommen war. Der Schnitt ist durch die Randpartie des Herdes geführt, wo die Oberhaut noch erhalten war, allerdings bereits livid verfärbt; das Präparat (Abb. 85) zeigt im linken Anteil entzündungsfreie Cutis mit normaler Bedeckung — die Stelle entspricht der Umgebung des Geschwürs — rechts weitgehend verändertes Gewebe. Eine strenge Grenze zwischen Epidermis und Cutis fehlt hier, beide Gewebe sind zu einer homogenen Masse verwandelt, die von Kerntrümmern durchsetzt ist. Nirgends findet sich der normale

Bau des Gewebes, alle Zellstrukturen sind verwischt und aufgehoben. Der Zerstörungsprozeß betrifft den obersten Hautanteil, die tieferen Schichten der Cutis sind frei, hier zeigen sich die Anfänge der demarkierenden Entzündung; um erweiterte Capillaren sind Rundzellen angehäuft, dort und da sieht man Züge davon bereits in die nekrotische Masse eindringen.

Der Ablauf der Ereignisse ist hier ein wesentlich anderer als in den früher erörterten Fällen — ihr Ende insoweit dasselbe, als wieder entzündliche Vorgänge mit Geschwürsbildung gegeben sind. Eingeleitet wird hier der Prozeß durch Gewebsnekrose, Aufhebung der Zelltrophik führt zum Absterben des Gewebes, Entzündungserscheinungen spielen zu diesem Zeitpunkt des Geschehens keine Rolle, sie treten erst später in Erscheinung; das auslösende

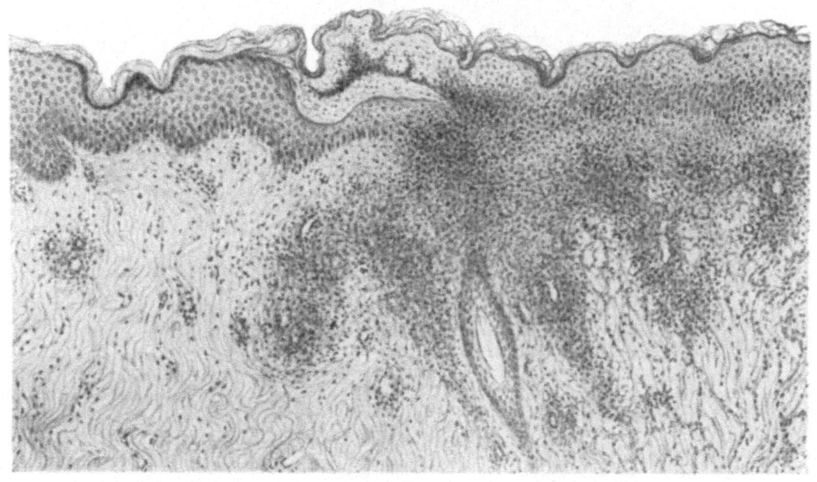

Abb. 85. Schnitt durch die Übergangsstelle zwischen normaler und gangränescierender Haut. Vergrößerung 60.
Der linke Anteil des Präparates zeigt in der Hauptsache normale Verhältnisse, rechts ist die gewöhnliche Färbbarkeit des Gewebes verloren gegangen. Epidermis und Cutis sind zu einer homogenen, kernlosen Masse verwandelt.

Moment für ihr Auftreten, mithin Entzündungsreiz im eigentlichen Sinne ist das absterbende Gewebe selbst, es entfaltet eine Giftwirkung und verursacht dadurch Abwehrmaßnahmen der Umgebung. Bakterielle Einflüsse sind hierbei ohne Bedeutung; späterhin gesellen sie sich allerdings dazu, d. h. die endgültige Form der Geschwürsbildung, i. e. Gewebsdestruktion wird mit von den sich am Krankheitsherd sekundär ansiedelnden Mikroben bestimmt. Der rein chemisch-abakterielle Charakter der Entzündung geht demnach mit dem Älterwerden des Prozesses verloren und schließlich ist nicht mehr zu entscheiden, was von den Erscheinungen durch diesen und was durch jenen Faktor ausgelöst wurde.

Als Vertreter chemisch bedingter Entzündungen soll das folgende Präparat (Abb. 86), von einem

Bromoderma tuberosum

stammend, dienen; es soll zugleich auch ein Beispiel für Entzündungsvorgänge von mehr subakutem Charakter sein. Die Infiltration ist hier nicht so streng umschrieben wie beispielsweise beim Furunkel, mehr flächenhaft entwickelt und nicht so tiefgreifend — das Subcutan-Gewebe bleibt frei. In Mitleidenschaft gezogen erscheint der Follikelapparat, die Entzündung ist vorwiegend um ihn gruppiert, greift auf ihn über und bewirkt oft in weitem Maße seine Zerstörung. Immer wieder finden sich in der Infiltratmasse Reste zugrundegegangener Follikel — vielleicht sind sie überhaupt die Stelle der Erstlingsläsion. Bekanntlich werden die Halogene Brom, Jod mit auf dem Wege der Talgdrüsen ausgeschieden, der Follikelapparat ist mithin der Platz, wo die Noxe zunächst hinkommt, und die Entzündung wahrscheinlich nicht das erste Ereignis,

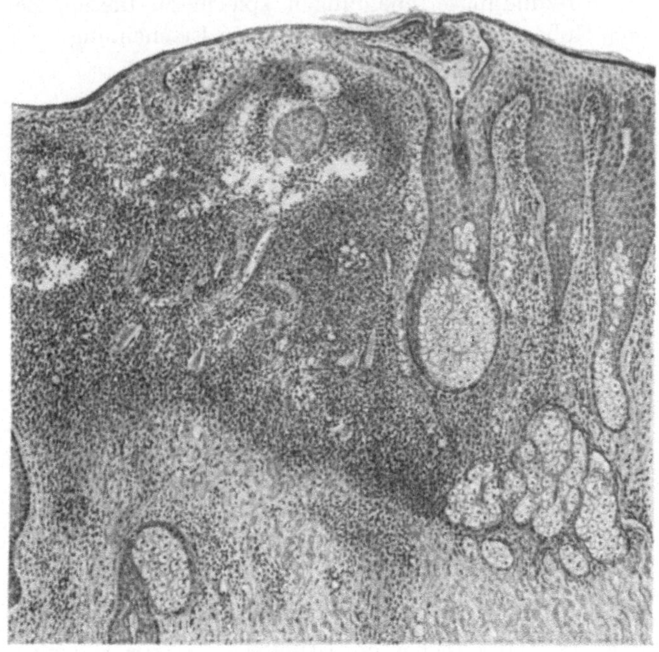

Abb. 86. Schnitt durch einen Bromoderm-Knoten. Vergrößerung 42.
Mächtige Infiltration mit Neigung zu Zerfall. Epidermiswucherung.

sondern Antwort auf Gewebsstörungen, die in regelwidriger Ausscheidung oder Umformung des Halogens ihren Grund haben. Allem Anscheine nach versagt jener Gewebsanteil, der de norma die Ausscheidung oder den Umbau des Broms, bzw. Jods zu besorgen hat — wahrscheinlich ist dies das Epithel. In ähnlicher Weise wie wir bei der Salvarsanintoxikation oder bei Ekzemen aus äußeren Gründen anzunehmen gezwungen sind, daß die Oberhautzellen unfähig sind, die betreffende Noxe in richtiger Weise zu entgiften, müssen wir hier eine verminderte abwegige Leistungsfähigkeit des Follikel- bzw. Drüsenepithels in Rechnung stellen. Sie ist offenbar Voraussetzung dafür, daß es zur Entzündungsreaktion kommt; solange das Epithel der Regel entsprechend funktioniert, wird der Giftstoff ohne Hilfeleistung des Bindegewebes unschädlich gemacht — eine Entzündung bleibt aus. Worauf die Leistungsfähigkeit im Einzelfall beruht, ist nicht zu entscheiden. Wahrscheinlich gilt ganz Ähnliches wie beim Ekzem. Sicher spielen hierbei Fehler von der Anlage her eine Rolle; wahrscheinlich gibt es Menschen, deren Oberhaut ab ovo unfähig ist, Halogene in richtigem Maße zu binden. Werden bei solcher Voraussetzung dem Körper diese Stoffe zugeführt, so treten als Ausdruck der Insuffizienz Entzündungserscheinungen auf, und zwar manifestieren sie sich entweder in akuter Form: Acne, oder in subakuter: geschwulstartige Bildungen. Jede der beiden Arten hängt offenbar von Besonderheiten des Gewebszustandes ab. Wo es zur Acne kommt, scheint das Follikelepithel vollständig zu versagen, deshalb akute Entzündung mit Nekrose und Eiterbildung. Bei der knotigen Form ist der Ablauf des Geschehens weniger stürmisch, Gewebswucherung erhält gegenüber Gewebszerfall das Übergewicht, und an ihr beteiligt sich vor allem auch das Epithel selbst; die Follikel beginnen zu proliferieren, von seiten der Oberhaut treten akanthotische Erscheinungen hervor — kurz die Noxe bedingt neben Epithelzerstörung Epithelwucherung mit dem Erfolg, daß warzige, tumorartige Wucherungen zum Vorschein kommen. Ablauf und Charakter des Entzündungsvorgangs ist also in beiden Fällen verschieden, zugleich für den Einzelfall spezifisch, was daraus erschlossen werden muß, daß durchaus nicht jede Jod- oder Bromacne zur vegetierenden Form wird, sondern das bleibt, als was sie begonnen hat.

19. Vorlesung.

Entzündungsvorgänge der Art, wie wir sie gerade kennen gelernt haben, klingen stets in Granulationsgewebsbildung aus. Zu den alterativen und exsudativen Ereignissen gesellen sich nun proliferative, bzw. lösen diese ab, — der Entzündungsprozeß gerät damit in seine letzte Phase. Beginn der Granulationsgewebsbildung ist gleichbedeutend mit Beginn der Heilung, die destruierende Seite der Entzündung tritt nun zurück, ihre reparative in den Vordergrund. Der Wiederersatz des zerstörten Gewebes erfolgt von der Umgebung des Krankheitsherdes aus und kann, wie sich von selbst versteht, um so leichter und vollständiger durchgeführt werden, je geringer die Gewebszerstörung war. Volle Restitutio ad integrum, d. h. Rückkehr zum Ausgangszustand tritt nur dort ein, wo es im Verlauf der Exsudationsperiode zu Gewebszerfall nicht gekommen ist. Wird Cutis und Oberhaut zerstört, so muß eine Änderung im Aufbau des Gewebes die Folge sein, die bei entsprechend geringer Schädigung allerdings so unbedeutend sein kann, daß sie makroskopisch nicht hervortritt. Im allgemeinen besitzt die Haut große Reparationsfähigkeit. Man ist immer wieder erstaunt, in welchem Ausmaße der Ersatz zerstörten Gewebes erfolgt und wie nahe das Regenerat an den Normalzustand herankommt. Narben nach Geschwürsprozessen sind oft so unscheinbar, daß sich daraus richtige Vorstellungen über Grad und Ausdehnung des seinerzeitigen Entzündungsvorganges nicht mehr gewinnen lassen. Ich erinnere hier beispielsweise an die Defekte nach Ulcera venerea oder nach pustulierenden Exanthemen. Wie wenig bleibt oft im Verhältnis zur Stärke der Entzündungsreaktion zurück! Gelegentlich heilen solche Affekte ab, ohne daß man nachher nennenswerte Strukturverschiebungen nachweisen kann.

Wo die Heilung entzündlicher Hautprozesse durch Granulationsgewebsbildung erfolgt, haben wir also einerseits wohl mit bleibenden Gewebsveränderungen zu rechnen, anderseits aber mit einer großen Anpassungsfähigkeit der neugebildeten Masse, so daß der Reparationseffekt dem Ausgangszustand durchwegs viel näher kommt, als man nach der Stärke des Entzündungsvorganges und dem Grad der hierbei auftretenden Gewebszerstörung eigentlich erwartet hätte.

Die Histologie des

Granulationsgewebes

ist ungemein typisch. Der Schnitt, den ich Ihnen davon vorführe (Abb. 87), stammt von Wucherungen auf dem Boden einer Verbrennung. Im Vordergrund

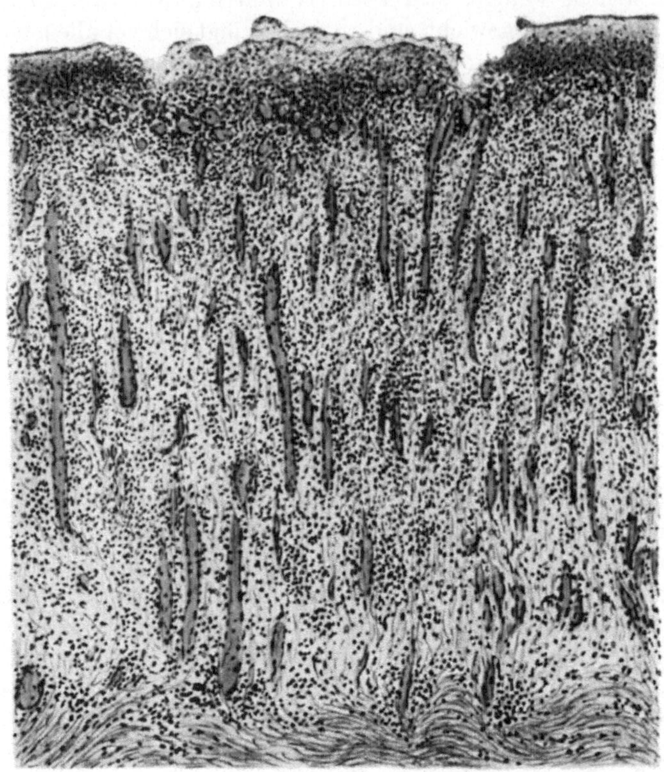

Abb. 87. Granulationsgewebe auf dem Boden einer Verbrennung. Vergrößerung 42. Ödematöses, zellreiches, von parallel zueinander und senkrecht zur Oberfläche gerichteten Capillaren durchzogenes Gewebe, an der Oberfläche von Detritusmassen bedeckt.

steht der Gefäßreichtum des neugebildeten Gewebes. Zahlreiche, dünnwandige Capillaren, parallel zueinander und senkrecht zur Oberfläche gestellt, durchziehen den Herd. Überall herrscht starker Füllungszustand, — die Grundlagen für den sattroten Farbenton und das leichte Bluten der Granulationen. Die Gefäße gliedern sich von größeren Stämmchen der gesunden Umgebung ab, und zwar geschieht dies so, daß zunächst solide Sprossen in den Krankheitsherd vorgetrieben werden, die später allmählich eine Lichtung erhalten. In der Regel setzt die Gefäßneubildung stürmisch und schon sehr frühzeitig, d. h. zu einem Zeitpunkte ein, wo die exsudativen Vorgänge noch voll im Gange sind, die Grenze zwischen Exsudations- und Regenerationsphase ist demnach nicht scharf.

Gleichzeitig mit der Gefäßsprossung treten Zellwucherungen in Erscheinung, die zu dem Ende führen, daß die Capillaren schließlich in einer eigentümlich weichen, ödematösen Gewebsmasse eingebettet liegen. Der Aufbau derselben nimmt von verschiedenen Seiten seinen Ausgang, die Polymorphie der Gewebselemente erschwert eine sichere Deutung, woher die einzelne Zellgattung stammt. Zweifellos beteiligen sich an ihrer Bildung bodenständige Elemente, Fibroblasten und die ihnen nahestehenden adventiellen Zellen, sowie Histiocyten. Sie bilden vielgestaltige, zum Teil stern-, zum Teil spindelförmige Elemente, die den Capillaren eng anliegen und einen Stoff absondern, der zum Stützgewebe der ganzen Neubildung wird. Wir haben demnach einen ähnlichen Vorgang vor uns wie in der embryonalen Entwicklungsperiode: Junge Fibroblasten bilden ein Zellprodukt, das als Grundsubstanz den eigentlichen Träger der Regenerationsmasse darstellt. Die unter normalen Verhältnissen kaum irgendwie bedeutungsvoll erscheinenden Fibroblasten treten hier als hochwichtige Elemente hervor, als Grundpfeiler der Cutis, als Matrixzellen, von deren Tätigkeit, Ausheilung und Wiederersatz zerstörten Gewebes abhängt.

Das Kollagen in der Umgebung des Entzündungsherdes beteiligt sich am Aufbau der Granulationen nicht, es fehlt ihm jede Ersatzfähigkeit — die GRAWITZsche Lehre von der Ausschmelzung junger Zellen aus Intercellularsubstanz hat sich als unhaltbar erwiesen, der Fibroblast allein ist der Zellbildner, d. h. das Ausgangsmaterial für den Gewebsersatz, insoweit derselbe von bodenständigen Elementen besorgt wird.

Ein zweiter Baustein des Granulationsgewebes wird von den weißen Blutzellen beigestellt. Daß solche in den Entzündungsherd einwandern und sich am Heilungsvorgang aktiv beteiligen, kann auf Grund eingehender Studien, von denen vor allem die F. MARCHANDs zu nennen sind, nicht bezweifelt werden. Unentschieden ist nur noch immer, was alles von ihnen geleistet wird und welche der im Granulationsgewebe vorhandenen Zellen auf sie zurückzuführen sind. Es finden sich hier nämlich verschiedene Formen: Kleine Rundzellen vom Typus der Lymphocyten, dann große, plasmareichere Elemente, MARCHANDs große leukocytoide Wanderzellen, MAXIMOWs Polyblasten, die phagocytäre Eigenschaften besitzen und von manchen für befähigt erachtet werden, sich in fixe Bindegewebszellen umzuwandeln. Jedes Granulationsgewebe enthält ferner sog. Plasmazellen, von UNNA zuerst eingehend beschrieben, und mehrkernige Leukocyten. Erstere sind protoplasmareiche, rundliche, oft eiförmig gestaltete Zellen mit nicht zu großem, exzentrisch gelegenem Kern vom Typus eines Lymphocytenkerns, d. h. mit der Randstellung der Chromiolen, so daß es zur sog. Kern-Radstruktur kommt. Der Reichtum an Plasmazellen ist nicht in jedem Granulationsgewebe der gleiche, gelegentlich sind sie nur sehr spärlich vorhanden, gelegentlich aber in so großer Zahl, daß alle anderen Formen dagegen zurücktreten — wir werden Beispiele hiervon kennen lernen. Plasmazellen färben sich bekanntlich elektiv, mit UNNAS polychromem Methylenblau oder mit PAPPENHEIMS Pyronin (rot). Immer mehr gewinnt die Auffassung an Boden, daß sie Abkömmlinge der Lymphocyten sind und nicht von Fibroblasten, i. e. Gewebszellen herstammen.

Polymorphkernige, fein gekörnte (neutrophile) Leukocyten sind in jedem Granulationsgewebe mehr oder weniger zahlreich vorhanden, hauptsächlich finden sie sich in seinen obersten Schichten, besonders in der Umgebung der

Detritusmasse, die jeder Granulation nach außen zu aufliegt.   Grobgekörnte
eosinophile Leukocyten kommen im Granulationsgewebe nicht so regelmäßig
vor als neutrophile.

Neben den erwähnten Zellformen finden sich ferner noch ein- und mehrkernige große, zum Teil sternförmige, zum Zeil mehr spindelige
Elemente, von denen nicht zu entscheiden ist, ob sie von Blutzellen oder Fibroblasten abstammen.   Sie stellen einen regelmäßigen Baustein der Granulationen
dar und stehen wahrscheinlich in Beziehung zu den riesenzellartigen
Gebilden, denen man im Wucherungsgebiet gleichfalls so häufig begegnet.

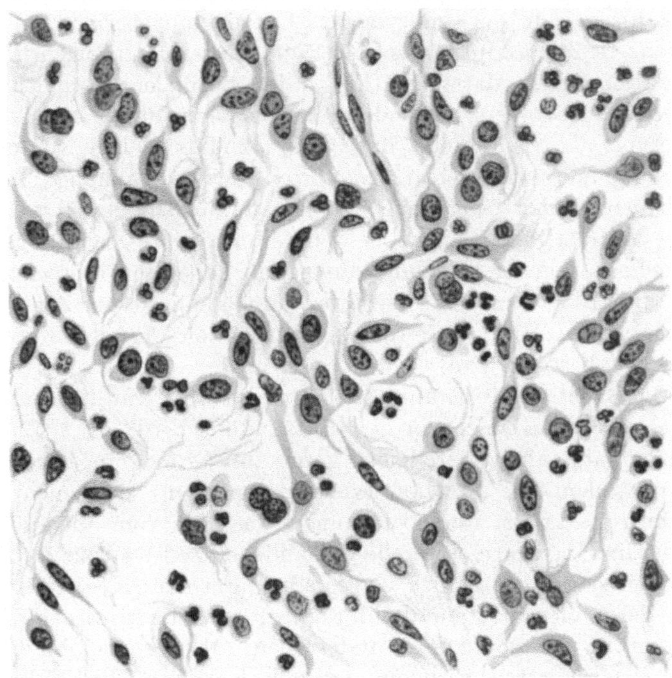

Abb. 88.   Stelle aus dem früheren Präparat.   Hämalaun-Eosin-Färbung.
Vergrößerung 380.
Soll über die verschiedenen Zelltypen des Granulationsgewebes informieren und den lockeren
Bau desselben zeigen.

Die Zellen des Granulationsgewebes sind also durch großen Formenreichtum
ausgezeichnet (Abb. 88), alle Arten von weißen Blutzellen, rote Blutkörperchen
und Abkömmlinge des bodenständigen Gewebes sind im bunten Wechsel
vorhanden, nicht immer in derselben Reichlichkeit und im selben Verhältnis,
sondern entsprechend den verschiedenen Phasen des Abbaues und Ersatzes der
zugrunde gegangenen Masse einmal mit Überwiegen dieser, ein andermal jener
Zellart.   Chemische Vorgänge bestimmen Art und Verlauf des Geschehens
und damit den jeweils gegebenen Aufbau der Neubildung.

Von besonderer Bedeutung ist das Verhalten der Oberhaut zum
Granulationsgewebe. Wo die Cutis durch akut entzündliche Vorgänge zerstört
wird, geht auch stets die Oberhaut zugrunde; ihr Ersatz wird in gleicher Weise

von der gesunden Umgebung in Angriff genommen, wie der des bindegewebigen Defekts. Die Basalzellen sind, wie sich von selbst versteht, Träger der Epithelreparation. Sie geraten im selben Augenblick, wo die Granulationsgewebsbildung eine gewisse Höhe erreicht hat, in Wucherung, und zwar sowohl an der Grenze zwischen Krankheitsherd und gesunder Umgebung, als auch am Rande von Follikeln, die zufällig in die Nekrose einbezogen wurden. Bei der Überhäutung größerer Substanzverluste spielt das Hervorsprießen junger Zellen aus den Follikelresten eine große Rolle, es entstehen so auch, abseits vom Rand, dem Hauptpunkt der reparatorischen Vorgänge, im Inneren des Herdes Zentren für Epithelwachstum. Die Epithelisierung erfolgt unter solchen Verhältnissen sowohl von außen nach innen zu als auch in umgekehrter Richtung. Das Prinzip der Überhäutung ist stets das gleiche: Die Basalzellen kriechen vom Rand über die Granulation und bedecken sie zunächst nur mit einer einzigen Zellschicht; jeder Vorsprung, jede Vertiefung der Neubildung wird gleichmäßig überzogen, die Form der Grenzlinie zwischen ihr und der Decke daher bestimmt vom Oberflächenrelief der Granulation, Ist dasselbe sehr unregelmäßig, so muß es auch die Grenzlinie sein, niemals sind jene regelmäßigen Bilder zu erwarten, die man unter normalen Verhältnissen zu Gesicht bekommt. Das wuchernde Epithel ist nicht imstande, der wuchernden Bindegewebsmasse eine bestimmte äußere Form zu geben, d. h. ihre Oberflächenkonfiguration wesentlich zu beeinflussen. Die Dinge liegen also ganz anders wie bei der Entwicklung der Haut im Embryonalleben. Auch dort haben wir ein Stadium kennen gelernt, wo nur einschichtiges Epithel das neugebildete saftreiche Bindegewebe bedeckt; je mehr seine Differenzierung fortschreitet, um so mehr gewinnt es Einfluß auf die Gestaltung der Cutis — daß ein Papillarkörper gebildet wird, ist durch das Epithel veranlaßt, nicht durch Wachstumsvorgänge des Bindegewebes. Das Granulationsgewebe, trotzdem es junges Bindegewebe ist und manche Anklänge an embryonale Entwicklungsbilder zeigt, verhält sich der Oberhaut gegenüber durchaus verschieden, es paßt sich ihren Wachstumsqualitäten nicht an und wird daher von ihr auch bei Gestaltung des Oberflächenreliefes nicht entsprechend beeinflußt. Die Folge dessen ist, daß kein Papillarkörper zustande kommt; Granulationsgewebe überziehende Epidermis ist nicht imstande eine Gliederung der Oberfläche herbeizuführen, ähnlich, wie sie früher bestanden hat. Darin liegt ein wesentlicher Unterschied des neuentstandenen gegenüber dem ursprünglichen Gewebe — wir werden später noch darauf zurückkommen.

Das die Granulationen bedeckende Epithel gerät allmählich in die normale Leistungsbahn, d. h. es wird mehrschichtig, beginnt zu verhornen, und unterscheidet sich nun grundsätzlich nicht mehr vom Ausgangsmaterial. Der Übergang zur regulären Funktion ist ein allmählicher, zuerst erreicht sie das älteste Regenerat am Rande der Überhäutungszone, zuletzt das vom Rande am weitesten gegen die Mitte zu vorgeschobene Zellmaterial. Schnitt 89 soll diese Verhältnisse illustrieren. Er zeigt wie das Epithel vom Rande aus gegen die Mitte des Substanzverlustes niederer wird und dabei unfähig ist, zu verhornen. Erhöhte Leistungsfähigkeit erreicht der Epithelüberzug erst, wenn das Granulationsgewebe eine gewisse Entwicklungsstufe erreicht hat, wenn seine Umformung zur Narbe beginnt. Nur dort, wo dieses Stadium gegeben ist, sehen wir die Oberhaut in Verhältnissen, die schon an den Normalzustand erinnern. Abb. 90 erläutert dies, zugleich auch, wodurch die erste Phase der Narbenbildung gekennzeichnet ist. Der Unterschied gegenüber dem in Abb. 89 getroffenen Stadium der Granulationsgewebsbildung tritt klar hervor: Die Gefäße

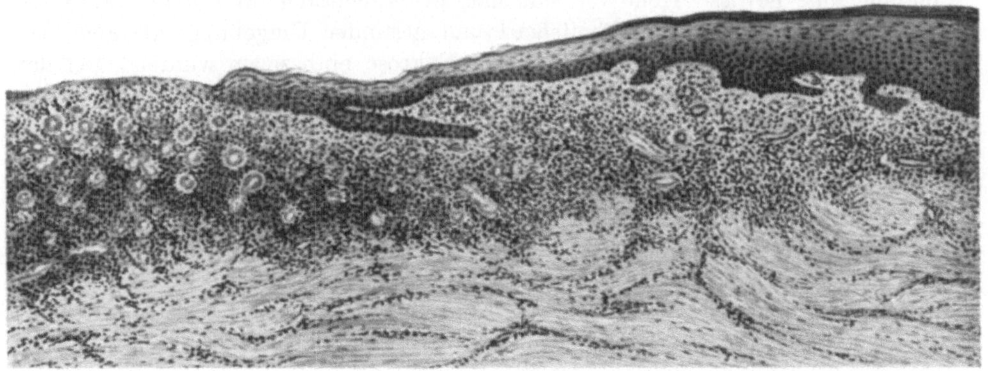

Abb. 89. Überhäutung eines Granulationsgewebes. Vergrößerung 42.
Allmähliches Schmälerwerden der Epidermis vom Rand gegen die Mitte des Granulationsherdes zu. Parallel dazu erhöht sich der Zellreichtum des Gewebes.

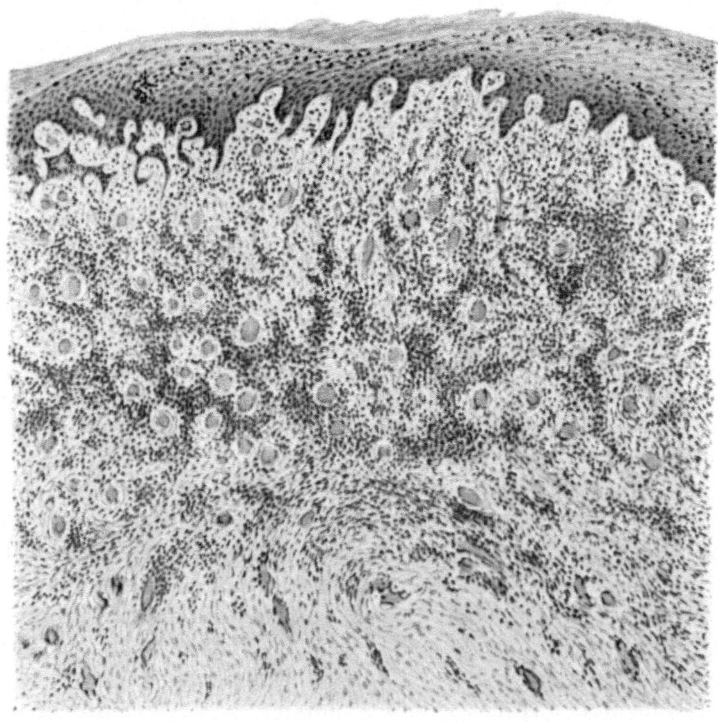

Abb. 90. Umwandlung des Granulationsgewebes zur Narbe, neugebildete Epidermis. Hämalaun-Eosin-Färbung. Vergrößerung 42.
Im unteren Anteil des Schnittes bereits fibrilläre Gewebsstruktur.

sind hier schon weniger zahlreich, der ödematöse Zustand des Gewebes ist beträchtlich verringert, desgleichen sein Gehalt an entzündlichen Rundzellen; spindelige,
vielfach parallel zueinander gelagerte Bindegewebselemente überwiegen besonders
in den tieferen Schichten der Neubildung. Der Charakter der Zellstruktur
ist aus Abb. 91 ersichtlich.

Eingeleitet wird diese Umwandlung des Granulationsgewebes durch Rück-
bildungsvorgänge am Blutgefäßapparat, — was dafür auslösendes Moment ist,
wissen wir nicht. Histologisch zeigt sich, daß die Capillaren enger sind, vielfach
stellen sie nur mehr solide Stränge dar, dabei ist ihre Zahl geringer. Parallel

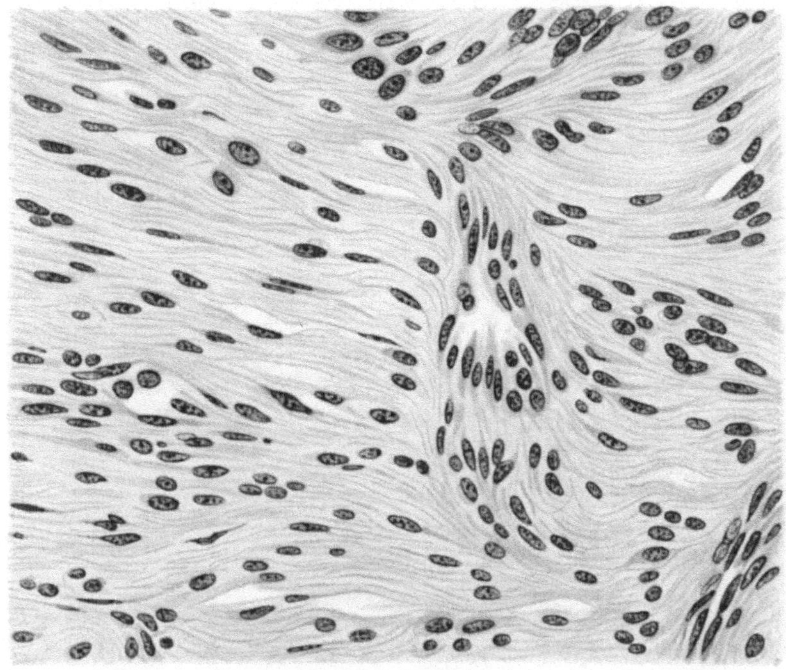

Abb. 91. Stelle aus dem früheren Präparat. Hämalaun-Eosin-Färbung.
Vergrößerung 380.
Zeigt den Charakter des jungen Narbengewebes. Die Stelle entspricht dem untersten
Abschnitt des früheren Präparates.

dieser Rückbildung verschwinden Leukocyten und Rundzellen aus dem Gewebe,
gleichzeitig setzt Bindegewebsbildung ein, und zwar in solcher Mächtigkeit,
daß schließlich außer ihm überhaupt kaum mehr andere Zellelemente vorhanden
sind. Ist dieser Zustand erreicht, so sprechen wir von Narbengewebe. Histologisch ist ihm der Mangel an Gefäßen eigen, sowie an zellulären Elementen,
eine derbfaserige Masse liegt vor von ähnlicher Struktur wie das Kollagen (Abb. 92).
Sie ist das Abscheidungsprodukt der Fibroblasten und steht damit in der Tat auf
einer Stufe mit der Grundsubstanz normaler Cutis. Nur ist sie offensichtlich doch
chemisch anders gebaut, das müssen wir daraus erschließen, daß sie andere physi-
kalische Eigenschaften besitzt, sie ist viel derber als Kollagen, nicht elastisch
und neigt vor allem zur Schrumpfung. Die Fibroblasten des Granulations-

gewebes unterscheiden sich demnach hinsichtlich ihrer biologischen Stellung von denen der normalen Haut, sie besitzen insoweit andere Leistungsqualitäten, als sie nicht dasselbe, sondern nur ein dem physiologischen ähnliches Produkt zu bilden vermögen. Der Gewebsersatz erreicht nicht die physiologische Höhe. Der Unterschied des neugebildeten Gewebes gegenüber normalem kommt auch in dem Mangel resorcinophiler, elastischer Fasern

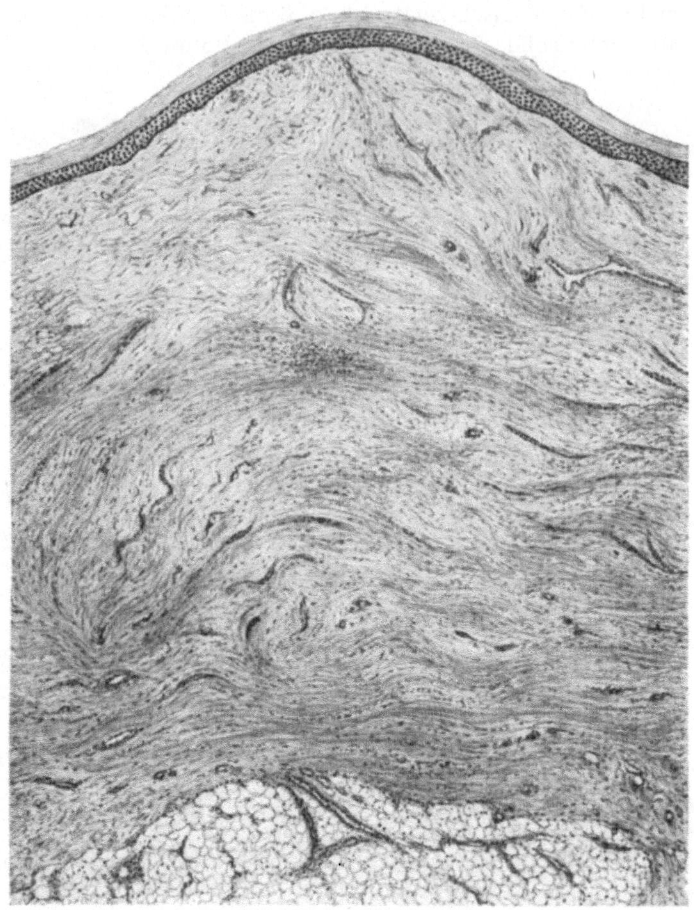

Abb. 92.   Schnitt durch eine alte hypertrophische Narbe.   Vergrößerung 42.

zum Ausdruck. Narben sind stets frei davon, den Fibroblasten fehlt damit eine Bildungsfähigkeit, die ihr Muttergewebe von der Anlage her besitzt, wir wissen ja, daß im embryonalen Entwicklungslauf die Fibroblasten Kollagen und Elastica zu erzeugen vermögen. Bei Regenerationsvorgängen in der Postfötal-Zeit liegen die Dinge anders, der Fibroblast hat gewisse Fähigkeiten verloren und bildet daher ein Gewebe, das sich strukturell von normalem unterscheidet. Gewebsersatz durch Granulationsbildung kann daher nie zu Restitutio ad integrum führen, das Ersatzgewebe ist nie völlig ausdifferenziert, stets ein biologisch minderwertiges Produkt, das daher auch funktionell minderwertig sein wird. Und wir sehen dies auf Schritt und Tritt. Das Narbengewebe beteiligt sich durchaus nicht in jener vielseitigen Form an Allgemeinvorgängen des Organismus wie normales Bindegewebe. Seine Organnatur ist verloren gegangen, eine mehr weniger anpassungsfähige Masse liegt vor, die hauptsächlich nur mechanischen Anforderungen gerecht zu werden vermag. Und ihnen wird sie gerecht, und zwar besser als die normale Cutis — das verdankt sie ihrem eigenartigen Aufbau, der ihr vor allem besondere Festigkeit verleiht. Die Armut an Gefäßen, der Mangel einer irgendwie regulären Nervenversorgung stempelt das Gewebe von vornherein zu einem wenig empfindlichen — mannigfache Insulte mit spezifischem Verankerungsvermögen an diesen Systemen scheiden damit von selbst aus —, aber auch unbrauchbaren, um Noxen an sich zu ziehen und unschädlich zu machen; das Gewebe bleibt gewissermaßen ausgeschaltet aus dem Spiel der Kräfte, das fortwährend abrollt, und wird daher in dieser Richtung wenig abgenützt. Dazu kommt, daß das Gewebe ob seines chemischen Aufbaues besondere Widerstandsfähigkeit besitzt, eine höhere, als normalem Bindegewebe je eigen ist. Den erwähnten Umständen ist es zuzuschreiben, daß wir im Bereiche von Narben so selten pathologische Veränderungen sehen — mag die ganze Decke krankhaft verändert sein —, narbige Stellen reagieren in der Regel nicht mit; stets verraten sie eine weitgehende biologische Selbständigkeit, einen Ausnahmszustand ganz besonderer Art.

Bemerkenswert ist noch das Verhalten der Oberhaut zum Narbengewebe. Trotz Mangels eines Papillarkörpers besteht innigste Verbindung zwischen beiden, die auch beim Schrumpfen der Bindegewebsmasse nicht Schaden leidet. Alten, eingezogenen Narben sitzt die Epidermis ebenso fest auf wie jungen, kollagenreichen, trotzdem keinerlei Gewebsgliederung im Sinne von Papillarkörperbildung vorhanden und die Oberhaut selbst atrophisch ist.

Die erwähnten Eigentümlichkeiten des Narbengewebes hängen von einem richtigen Aufbau der Granulationen ab; nur wenn sie in jener Form entwickelt sind, wie wir sie kennen gelernt haben, kommt dieser Endeffekt zustande. Sowie normale Hornschicht einen bestimmten Chemismus des Zellmaterials im Rete Malpighi voraussetzt, muß auch das Granulationsgewebe in einer ganz bestimmten chemisch-physikalischen Verfassung sein, damit daraus reguläres Narbengewebe entstehen kann. Wird der Granulationsprozeß irgendwie gestört, so muß sich dies in dem Bau und damit im biologischen Verhalten des Endproduktes auswirken. In der Tat kennen wir Zustände, wo die Dinge so liegen — ich erinnere Sie zunächst einmal an die hypertrophischen, keloidartigen Narbenbildungen. Wo es dazu kommt, muß das Ausgangsmaterial in regelwidriger Verfassung sein, Mehrleistung eines Gewebes setzt gegenüber der Norm geänderten Chemismus voraus, dabei gleichgültig, durch welchen Faktor dies ausgelöst ist und ob es mikroskopisch angezeigt wird. Wo Keloide entstehen, verrät das Granulationsgewebe in der Regel durch nichts die Neigung zur späteren Wucherung.

Anders ist es in jenen Fällen, wo ein von normalem Narbengewebe gleichfalls abweichendes Gebilde entsteht, aber nicht ein hyper-, sondern hypoplastisches, d. h. vielleicht besser gesagt minderwertiges, nicht voll ausgereiftes Gewebe. Ich meine die Ausheilungsverhältnisse beim

Ulcus cruris.

Narben nach Fußgeschwüren sind bekanntlich oft wenig dauerhaft, vielfach genügen geringe Traumen, um die Oberhaut abzustoßen, mithin Substanzverluste und im Anschluß daran Ulcusrückfälle zu setzen. Dabei besteht eine stets eigenartig schmutzigbraune Verfärbung der betroffenen Hautpartien, wie sie durchaus nicht zum gewöhnlichen Bilde von Narben gehört.

Der Grund für diese Besonderheiten liegt in dem anatomischen Bau, bzw. in den Gewebsvorgängen, die bei der Granulations- bzw. Narbenbildung maßgebend sind. Betrachtet man einen Schnitt durch eine ältere Narbe (Abb. 93),

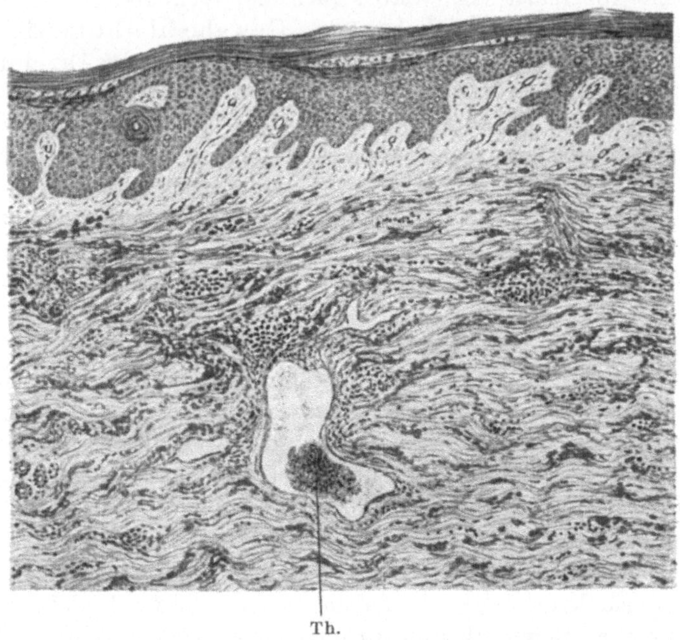

Abb. 93. Narbe nach Ulcus cruris. Vergrößerung 42.
Völlig unregelmäßige Grenzlinie zwischen der neugebildeten Oberhaut und dem Bindegewebe. Hämosiderineinlagerungen in der Cutis. Fibrilläre Struktur derselben, erweiterte Gefäße durchziehen sie. Bei Th. Gefäßthrombus.

so ergibt sich im Gegensatz zu den früher festgestellten Verhältnissen ein größerer Gefäßreichtum des Gewebes. Unter der Epidermis sind zahlreiche Capillaren getroffen und in den tieferen Lagen größere Gefäßäste, deren einer einen Thrombus enthält. Das Gewebsstroma besteht aus dünnen, langgezogenen Fibrillen, zwischen denen reichlich Hämosiderin eingelagert ist. Beim ersten Blick ins Mikroskop ergibt sich der Unterschied gegenüber normalem Narbengewebe, wie beispielsweise Abb. 92 es zeigt.

Ganz analog liegen die Verhältnisse in jüngeren Stadien des Prozesses — auch hier ein weitgehender Unterschied gegenüber dem entsprechenden Zustand unter normalen Verhältnissen. Schnitt 94 zeigt dies auf. Er stammt von einer älteren Granulation auf dem Boden eines torpiden Ulcus cruris. In der Tiefe ist bereits die Narbe entwickelt, größere Gefäße durchziehen sie, nach oben zu sitzt ihr eine breite Schicht von Granulationsgewebe auf, das noch nirgends Überhäutung erkennen läßt, — Detritusmassen schließen es nach außen ab. Der Aufbau des Gewebes gleicht insoweit dem früher kennen Gelernten, als auch hier die Gefäß neubildung vorherrscht, aber der Charakter der Capillaren ist ein anderer, wir haben es durchwegs mit dickwandigen Exemplaren zu tun,

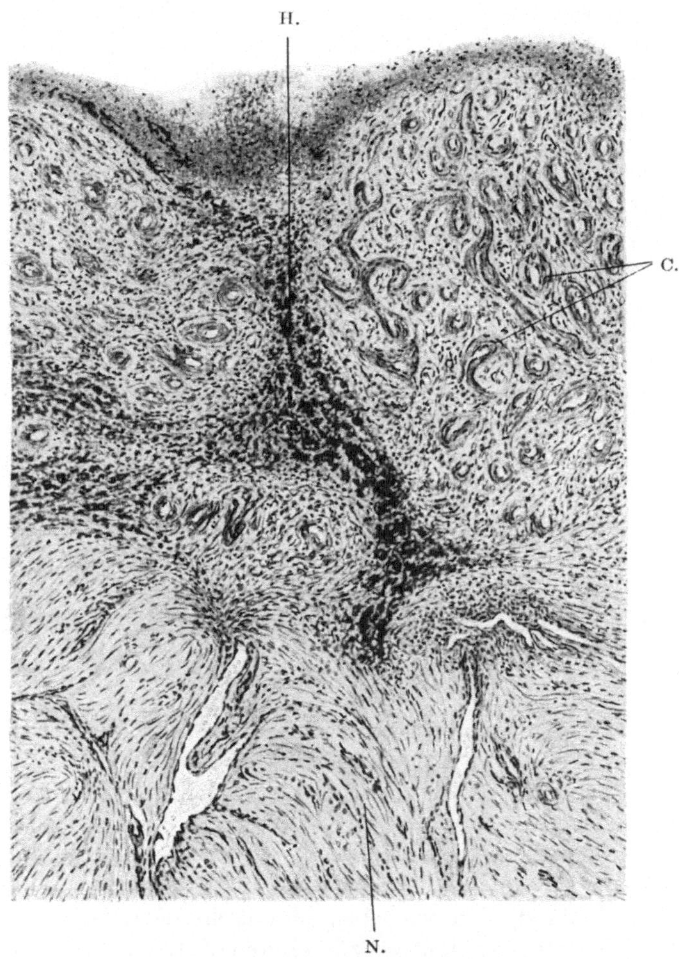

Abb. 94. Granulationsgewebe auf dem Boden eines torpiden Ulcus cruris. Vergrößerung 85.
C. Dickwandige Capillaren durchziehen die Neubildung. H. Hämosiderotische Einlagerung nach Blutung. Bei N. Narbengewebe, von erweiterten Gefäßen durchzogen.

nicht normale Gefäße werden gebildet, sondern pathologische. Der Grund dafür liegt offenbar in der Tatsache, daß ihr Ausgangsmaterial pathologisch ist. Arterien und Venen befinden sich beim Ulcus cruris in regelwidriger Verfassung, die Gefäßwandläsion ist die Grundlage der Gewebszerstörung und damit auch des verzögerten, abwegigen Gewebsersatzes. Die Gefäßsprossung erfolgt irregulär; dickwandige, funktionell minderwertige Capillaren sind entstanden — mit ihrer leichten Zerreißlichkeit steht die Gewebsblutung und Pigmentation im Zusammenhang —, deren Rückbildung nicht der Norm entsprechend vor sich geht, was Störungen im Umbau der Infiltratmasse zur Folge hat. Und so resultiert ein Gewebszustand der Art, wie wir ihn hier vor uns haben: Zwischen den dickwandigen Capillaren liegt zellreiches, junges Bindegewebe, dort und da sind Blut und Pigmentmassen eingesprengt, Rundzellen fehlen, mithin ist die Erstlingsphase der Granulationsbildung überschritten. Dementsprechend sollte auch die Gefäßrückbildung weiter gediehen sein. Dies trifft aber nicht zu und so besteht ein offensichtliches Mißverhältnis zur Entwicklungshöhe der Bindegewebsmasse. Wo unter normalen Verhältnissen das hier vorliegende Gefüge des Bindegewebes erreicht ist, darf von Gefäßen wenig oder nichts mehr zu sehen sein, die Capillaren sind schon zu verödeten Strängen umgeformt oder verschwunden; so reiche Vascularisation findet sich nur im Erstlingsstadium normaler Granulationen. Beim Ulcus cruris-Prozeß zeigt sie sich nun gelegentlich auch noch in alten Narben. Abb. 94 soll diese Verhältnisse darlegen.

Das Regelwidrige beim Heilungsvorgang von Fußgeschwüren beruht also darauf, daß infolge des krankhaften Gefäßzustandes kein normales Granulationsgewebe und infolgedessen auch Narbengewebe entsteht, — ein minderwertiger Ersatz kommt zustande, der oft lange braucht, bis er leistungsfähig wird.

Vierter Teil.

Chronische und „spezifische" Entzündung der Haut.

20. Vorlesung.

M. H.! Das Ulcus cruris vermittelt von selbst den Übergang zur Besprechung des Kapitels: chronische Entzündung der Haut.

Zunächst ist hier festzustellen, daß sie einmal als Ausgang akut entzündlicher Ereignisse in Erscheinung treten kann; ist das Gewebe nicht imstande, sich der als Reiz wirkenden Schädlichkeit rasch zu entledigen, setzt die Noxe fortwährend neue Alterationen, so entwickelt sich allmählich ein, vom früheren abweichender Zustand, den wir eben chronische Entzündung nennen. Hier bestehen also direkte Beziehungen zur akuten Entzündung, — die Antwort des Gewebes auf den fortwirkenden Reiz wird allmählich eine andere. Bestimmte Reaktionsfähigkeiten gehen verloren, bzw. werden derartig umgeformt, daß nicht mehr derselbe Effekt sich ergeben kann. Die Noxe selbst braucht keinerlei Änderung zu erfahren, sie kann qualitativ und was die Stärke ihrer Wirksamkeit anlangt, im selben Zustand verbleiben, Änderungen der Gewebsverfassung allein genügen, um geänderte Reaktionen zur Auslösung zu bringen. Mit anderen Worten: Wo akute Entzündung in chronische übergeht, löst ein und derselbe Reiz zu verschiedenen Zeiten verschiedene Zustände aus, die Form, in der anfänglich gegen ihn Front gemacht wird, geht späterhin, wahrscheinlich auf Grund von Änderungen des Gewebschemismus, die sich beim Abwehrkampf ergeben, verloren, ein anderer Weg muß eingeschlagen, andere Hilfe aufgeboten werden, um die Noxe unschädlich zu machen. Akute und chronische Entzündung sind damit biologisch durchaus verschiedene Ereignisse, der Ausdruck für wesensungleiche Vorgänge, die nur unvermittelt hintereinander ablaufen und dadurch den Eindruck des Zusammengehörens erwecken können, ohne aber in der Tat breitere Berührungsflächen zu haben. Der gleichlautende Name „Entzündung" betont das Gemeinschaftliche der Prozesse mehr, als es der Wirklichkeit entspricht. Volle Bestätigung verleihen dieser Auffassung jene Fälle von chronischer Entzündung, die ein akutes Vorstadium überhaupt nicht besitzen oder bei denen ein solches gelegentlich vorhanden sein kann, aber nicht gegeben sein muß, wo demnach der betreffende Reiz in verschiedener Weise beantwortet wird, einmal nach dem Typus der akuten, ein andermal der chronischen Entzündung, ohne daß der eine Zustand in den anderen übergeht. Wir werden im späteren Beispiele hierfür kennen lernen.

Auch bei der chronischen Entzündung lassen sich in ähnlicher Weise wie bei der akuten verschiedene Stadien unterscheiden, es wird auch hier von alterativer, exsudativer und proliferativer Entzündung gesprochen. Eine scharfe Trennung der einzelnen Phasen ist unmöglich, insbesondere muß darauf verwiesen werden, daß bei chronischen Hautentzündungen die proliferative Komponente meist stark in den Vordergrund tritt. Im allgemeinen läßt sich der Grundsatz aufstellen, je stärker und anhaltender der Gewebsreiz, um so stärker die Gewebswucherung.

Die exsudativen Ereignisse unterscheiden sich morphologisch in der Regel durchaus von denen bei der akuten Entzündung. Haben wir für sie auf der Höhe des Prozesses Ödem und Übertritt von vielkernigen Weißzellen ins Gewebe als eigenartig kennen gelernt, so bauen sich hier die Infiltrate der Hauptsache nach aus kleinen Rundzellen, Lymphocyten auf, denen meist Plasma-, oft Mastzellen und andere Elemente im verschiedenen Verhältnis zueinander und in verschiedener Zahl beigemengt sind. Das Vorherrschen dieser oder jener Type verleiht der Zellansammlung jeweils besonderes Gepräge und stempelt damit das Substrat zu einem für den betreffenden Fall pathognomonischen. Ich will hier sogleich ein klassisches Beispiel dafür einschalten — einen Schnitt von

Rhinosklerom.

Wir Dermatologen werden für diesen Prozeß erst zuständig, wenn er von der Stelle der Erstlingsläsion, so gut wie immer der Schleimhaut der Nase, auf die äußere Haut übergreift und jene derbharten, geschwulstartigen Bildungen erzeugt, durch die der Naseneingang in der Regel völlig verschlossen wird. Histologisch zeigt sich jeder solcher Knoten aus einem ungemein dichten Infiltrat aufgebaut, das in der Hauptsache aus Plasmazellen besteht, und zwar überwiegend großen Exemplare derselben. Wir können hier mit vollem Rechte von einem Plasmom sprechen. Abb. 95 läßt die Dichte der Zellansammlung gut erkennen. In der Tat ist hier von präexistentem Gewebe nichts mehr zu sehen, es ist vollkommen ersetzt von Infiltratmassen. Die Oberhaut ist erhalten, erweckt nicht den Eindruck des Atrophischen, trotzdem sie ihren Papillarkörper verloren hat. Die Zelleinlagerung reicht knapp an sie heran, ein schmaler Streif von Lymphocyten trennt beide Gewebe voneinander. Anhangsgebilde der

Epidermis sind im Bereiche des Knotens nirgends zu finden, sie gehen in der Infiltratmasse durchaus zugrunde.

Die Einförmigkeit des histologischen Bildes, die ob des Überwiegens der Plasmazellen gegeben ist und besonders in jungen Knoten auffällig hervortritt, erfährt durch das Vorhandensein eigenartig geblähter Zellen und mit Eosin gefärbter Gebilde eine gewisse Abwechslung — schon das Übersichtsbild zeigt die Verhältnisse auf. Bei starker Vergrößerung (Abb. 96) werden die Einzelheiten

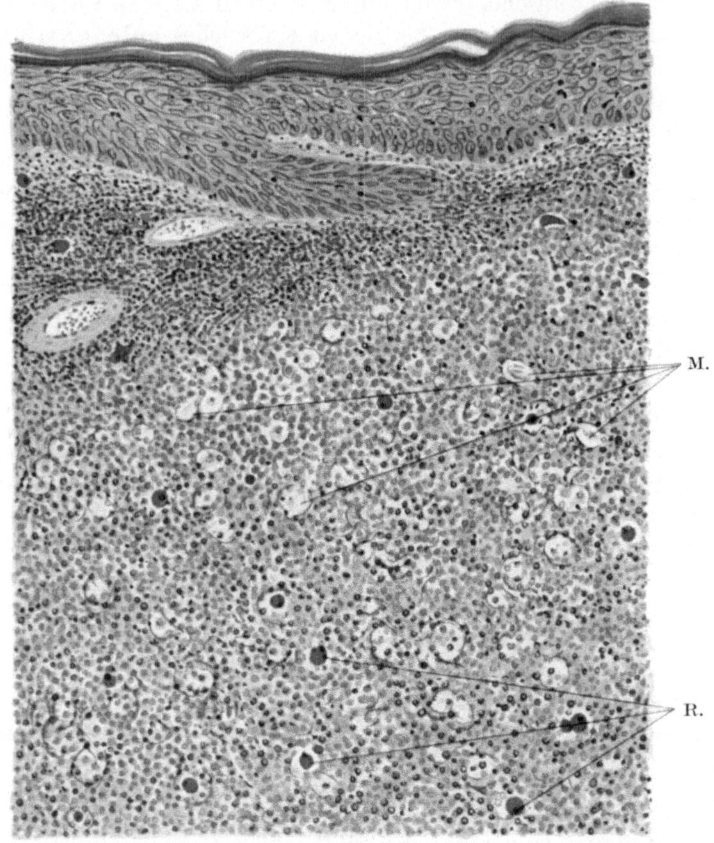

Abb. 95. Rhinosklerom. Hämalaun-Eosin-Färbung. Vergrößerung 110.
R. RUSSEL-Körperchen. M. MIKULICZ-Zellen. Die Hauptmasse des Infiltrates
sind Plasmazellen.

klar: Sie sehen inmitten der Plasmazellen eine Gruppe ovaler, übergroßer, hydropischer Zellen, die nur vereinzelt einen Kern, und stellenweise eigenartig wabige Struktur besitzen — wir haben die sog. MIKULICZschen Bläschenzellen vor uns. Sie sind die Hauptträger der Rhinosk.erombacillen — jener kurzen, plumpen, von FRISCH zuerst beschriebenen, vielleicht mit den FRIEDLÄNDERschen Pneumoniebacillen identischen Stäbchen, die sich in den Knoten so reichlich finden — und wahrscheinlich Abkömmlinge der Plasmazellen bzw. Umwandlungsprodukte derselben. Besondere chemische Vorgänge, die beim Abbau der von den Zellen phagocytierten Bacillen in Szene treten, werden für das Zustandekommen dieser Gebilde maßgebend sein.

Der zweite auffällige Befund bezieht sich gleichfalls auf eine Zellquellung; hier aber erleidet die Zelle eine eigenartig hyaline Degeneration, mit Eosin gut färbbare Körnchen und Kugeln treten im Plasma auf, dabei vergrößert sich die Zelle um ein beträchtliches gegenüber der Norm, bleibt aber im Gegensatz zu den MIKULICZ-Zellen kugelig bzw. rund und tritt meist nicht in Haufen, sondern vereinzelt, aber oft an vielen Stellen zugleich in Erscheinung. Oftmals werden

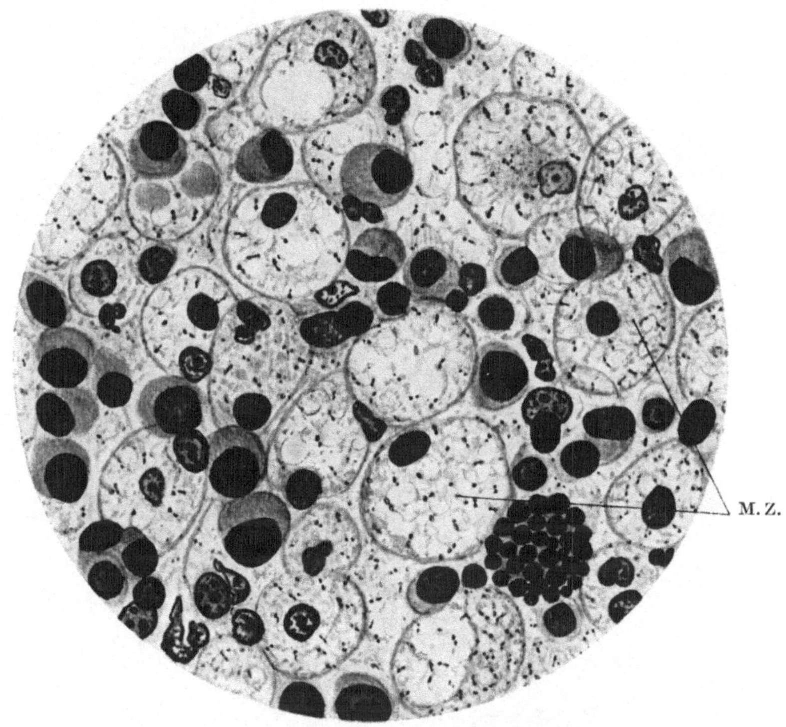

Abb. 96. Rhinosklerom. Färbung nach HEIDENHAIN. $^1/_{12}$ Immersion, Ok. 4. Vergrößerung 780.
MIKULICZsche Zellen (M. Z.), Rhinosklerombacillen enthaltend.

die eosinophilen Kugeln ins Gewebe ausgestoßen, sie liegen nun frei, gelegentlich zu mehreren vereinigt zwischen den anderen Infiltratzellen. Stellenweise erweckt es den Eindruck, als wenn sie den Rest eines Kernes tragen würden. Diese Gebilde werden als RUSSELsche Körperchen bezeichnet, sie gehören mit zum charakteristischen Bild des skleromatösen Prozesses (Abb. 97). Darüber, von welchen Zellen sie sich eigentlich ableiten, welche Elemente der hyalinen Degeneration verfallen und damit zum Ausgangsmaterial der RUSSEL-Körper werden, ist noch nicht endgültig entschieden. Nach SCHRIDDE kommen auch hierfür die Plasmazellen in Betracht, von denen demnach alle Degenerationsformen des Infiltrates abstammen würden, — in der Tat stößt man, besonders in jüngeren Rhinoskleromknoten, immer wieder auf Stellen, die solche Annahmen wahrscheinlich machen. Welche Kräfte beim Hervorkommen der RUSSEL-Körperchen im Spiele sind und was ihr Auftreten bedeutet, wissen wir nicht, ebensowenig, welche Beziehungen zwischen ihnen und den MIKULICZ-Zellen bestehen. Pathognomonisch für das Sklerom sind beide Elemente, ihr Reichtum hängt ab vom jeweiligen Entwicklungszustand des Prozesses, sehr alte, dem Endstadium nahe Knoten zeigen sie viel weniger als junge Bildungen.

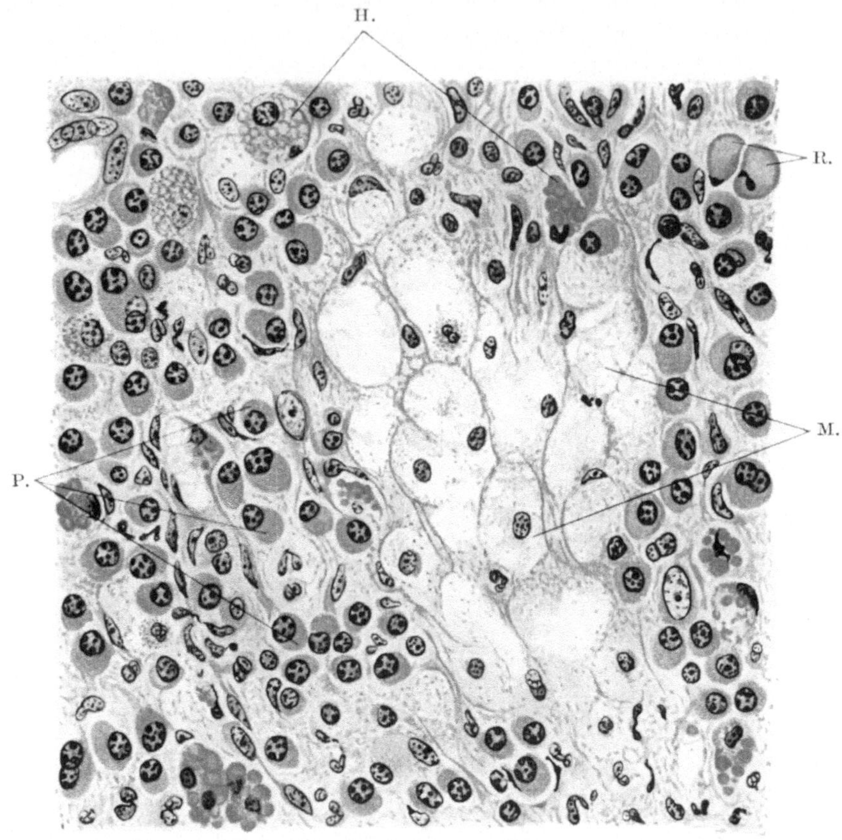

Abb. 97. Stelle aus Präparat 95. Hämalaun-Eosin-Färbung. $^{6}/_{12}$ homogenes Immersion-Okk. 3. Vergrößerung 750.
Darstellung der Zellverhältnisse im Rhinosklerom. P. Plasmazellen. M. MIKULICZsche Bläschenzellen. H. Hyalin degenerierte Zellen. R. RUSSEL-Körperchen.

Dem Rhinosklerom verleihen nicht nur die erwähnten Zellformen Eigenart und Besonderheit, — alles, was hier zur Infiltratbildung gehört, ist ungewöhnlich und einzig dastehend. Rhinoskleromknoten sind, wie früher schon bemerkt, durch besondere Härte ausgezeichnet, desgleichen dadurch, daß sie niemals erweichen und ulcerieren. Mit dem Älterwerden nimmt ihre Härte zu, schließlich ist ein Gewebe gebildet vom Typus eines derben, keinerlei Umwandlung mehr fähigen Fibroms. Wodurch die eigenartige Derbheit der Rhinoskleromknoten bedingt ist, wissen wir nicht, jedenfalls kommt etwaigen Quellungsvorgängen im Kollagen, das zwischen den Infiltratmassen dort und da erhalten bleibt, keine besondere Bedeutung zu, da auch dort, wo das gesamte präexistente Gewebe vom Infiltrat ersetzt ist, die Härte der Einlagerung vorhanden ist. Das Infiltrat selbst, die chemische Beschaffenheit der es aufbauenden Elemente ist für seine Konsistenz verantwortlich und wohl auch dafür, daß die Knoten so lange bestehen, ohne irgendwelche Umformung zu erfahren, vor allem ohne zu vereitern und geschwürig zu zerfallen. In der Dauerhaftigkeit der Zellneubildung liegt etwas Besonderes. Gewöhnlich neigen Infiltrate zu regressiven Veränderungen, Gewebseinschmelzung irgendwelcher Art tritt in Erscheinung, an die sich Granulations- und Narbenbildung anschließt — all das fehlt hier. Darüber wie schließlich aus dem Infiltrat die derbfaserige Endmasse entsteht, wissen wir nichts, jedenfalls ist der Weg nicht der, daß das Infiltrat von Granulationsgewebe ersetzt wird, das sich weiter zur fibrösen Masse umwandelt. Man stößt in Skleromknoten nie auf Gefäßneubildung und Zellwucherungen, wie man sie immer wieder dort sieht, wo Granulationsgewebe entsteht — das Infiltrat scheint sich direkt in die keloidähnliche Masse zu verwandeln, ein höchst merkwürdiger Vorgang, dessen Einzelheiten noch durchaus ungenügend erkannt sind. Jedenfalls stellt das Rhinosklerom ein besonders gutes Beispiel für chronische Entzündungsvorgänge der Haut dar, bei denen ein Gewebe produziert wird ganz eigener Art, „spezifisch", wenn wir es so nennen wollen, jedenfalls verschieden von dem, was wir beim Ersatz eines durch akute Entzündung zerstörten Gewebes kennen gelernt haben, oder bei anderen chronischen Entzündungsprozessen noch kennen lernen werden.

Das nächste Präparat soll uns mit den Verhältnissen bei

Aktinomykose der Haut

bekannt machen. Ich füge es deshalb hier ein, weil es wieder eine andere Form chronischer Entzündung darstellt und damit zur Erweiterung unserer Kenntnisse vom Reichtum der Erscheinungsformen dieser Prozesse im besonderen beizutragen vermag. Wenn Strahlenpilze in die Haut eindringen, so kommt es ähnlich wie beim Rhinosklerom zu einer mächtigen Zellwucherung, zur Bildung knotiger Gewebseinlagerungen, die sich aber aus anderen Elementen aufbauen und vor allem Neigung zum Zerfall, zur Vereiterung besitzen. Aktinomykotische Affekte der Haut gehen stets mit Geschwürsbildung einher, Abscedierung der Infiltratmassen, Eiterabsonderung durch Fistelgänge gehört zum Wesen der Erkrankung — mithin ein völlig anderes Geschehen wie beim Rhinosklerom und dabei insoweit Beziehungen zu ihm, als wir dort und da von chronischer Entzündung reden. Hier zeigt sich damit besonders eindringlich, wie verschiedenartige biologische Prozesse unter dem Begriff „chronische Entzündung" zusammengefaßt sind und wie verfehlt es daher wäre, daraus irgendwelche Vorstellungen über ihre Wesenszusammengehörigkeit abzuleiten.

Das Infiltrat eines Aktinomycesknoten (Abb. 98) besteht in der Hauptsache aus Leukocyten, neben ihnen sind dort und da Herde von Epitheloidzellen entwickelt. Auch Riesenzellen können vorhanden sein. Die Epitheloidzellen erscheinen vielfach gequollen und mit Fetttröpfchen erfüllt, das Vorhandensein zahlreicher Fettkörnchenzellen gehört zum typischen Befund. Die Infiltratmasse ist von zahlreichen Gefäßen durchzogen, wir haben damit das Bild eines Granulationsgewebes vor uns, das in der Tat auch die Umwandlung zur Narbe erfährt, allerdings meist nur an einzelnen Stellen, während daneben

Verfettung und Erweichung der Zellmasse eintritt. Im Eiter finden sich stets reichlich die Erreger des Prozesses, gewöhnlich zu drusigen Gebilden vereinigt von dem bekannten charakteristischen Aussehen.

Sklerom und Aktinomykose stellen dem Gesamteindruck nach zwei durchaus verschiedene Formen chronischer Entzündungsvorgänge der Haut dar; warum sie hier unmittelbar nebeneinander gesetzt sind, hat seinen Grund in der Tat-

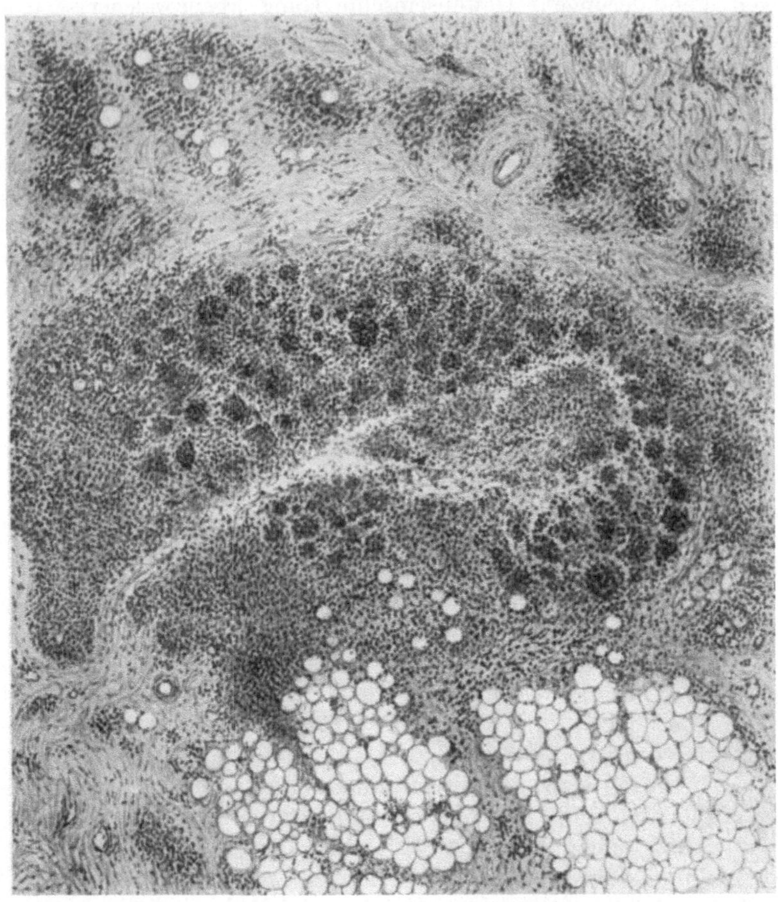

Abb. 98. Aktinomykose der Haut. Vergrößerung 42.
Subcutanes Infiltrat mit beginnender Nekrose. Zahlreiche riesenzellartige Gebilde finden sich im Infiltratbereich vor.

sache, daß bei ihnen alle Stadien des Entzündungsprozesses, die alterative, exsudative und proliferative Phase, gleichzeitig gegeben erscheinen. Im Vordergrund steht beide Male die Gewebsvermehrung, die proliferativen Ereignisse sind am stärksten betont, ihr Übergewicht bestimmt den geschwulstartigen Charakter der Läsionen. Die Art der Gewebswucherung ist allerdings beide Male so grundverschieden, daß Zustände sich ergeben, die einander in keiner Weise ähnlich sind. Damit stehen aber Sklerom und Aktinomykose nicht vereinzelt dar, immer wieder stoßen wir bei chronischen Entzündungsprozessen auf die Tatsache weitgehendster Verschiedenheit der Reaktionsbilder. Die Dinge liegen diesbezüglich ganz anders wie bei der akuten Entzündung, wo, wenigstens in den Hauptzügen gleichsinnige Gewebsreaktionen zur Entwicklung gelangen, — daher sind ja auch die mikroskopischen Befunde hierbei so übereinstimmend und verhältnismäßig einfach. Chronische Entzündungsprozesse der Haut verlaufen unter ungleich polymorpherem Bilde. Der Grund dafür liegt in den mannigfachen Reaktionsmöglichkeiten, über die das Gewebe zur Abwehr der hierfür in Betracht kommenden Schädigungen verfügt.

Die einfachste Form, in der länger einwirkende Hautreize, dabei gleichgültig, ob sie der belebten oder unbelebten Natur entstammen, unschädlich gemacht werden können, ist die der banalen, chronischen Entzündung und es gibt Schädigungen genug, bei denen immer wieder diese Art zur Auslösung gelangt. Charakterisiert ist sie durch den Mangel besonderer infiltrativer Vorgänge; niemals werden Zellmassen gebildet, wie etwa beim Sklerom oder bei der Aktinomykose, Gewebswucherung tritt zwar auf, aber nie in exzessiver Form — der Effekt des Geschehens hält sich daher stets in mehr weniger bescheidenen Grenzen. Bis zu welcher Höhe die Gewebsreaktion im Einzelfalle gedeiht, ist übrigens für die uns hier interessierende Frage gleichgültig.

Um richtig verstanden zu werden, will ich Sie an das Beispiel vom chronischen Ekzem erinnern; hier haben wir chronische Entzündung vor uns, aber von ganz anderer Art, wie in den gerade früher erörterten Fällen! Lediglich geringe perivasculäre Zellansammlung ist vorhanden, die Cutis wenig gewuchert, nirgends ein Ersatz präexistenten Gewebes durch Infiltratmassen, nirgends die Bildung spezifischer Granulationen — im ganzen höchst geringfügige anatomische Veränderungen. Die Haut macht hier mithin gegen den chronischen Entzündungsreiz in ähnlich einfacher Form Front wie seinerzeit gegen den akuten, banale Entzündung hier wie dort, bei der chronischen Form nur gewisse Änderungen im anatomischen Substrat, entsprechend der geänderten Reaktionsfähigkeit des Gewebes. Ekzemreize verhalten sich immer so, sie vermögen akute und chronische Entzündung auszulösen, letztere aber nur in ganz bestimmtem Ausmaß, niemals unter dem Bilde irgenwie besonders auffälliger Gewebswucherung. Es ist klar, daß wir es hier mit einem spezifischen Reaktionstypus zu tun haben und daß, trotzdem wir hier in gleicher Weise wie bei den eingangs erörterten Fällen von „chronischer Entzündung" sprechen, doch absolut wesensverschiedene Vorgänge vorliegen. Es gibt nun genug Entzündungsreize, wo sich die Dinge so verhalten, wie wir es gerade ausgeführt haben, auch belebte Noxen bewirken gelegentlich dieselben Effekte, ich erinnere z. B. an gewisse Kokkenerkrankungen der Haut oder an Fälle aus der Pemphigusgruppe (chronische Form), wo niemals geschwulstähnliche Bildungen erzeugt werden, sondern stets unspezifische, banale Entzündungsreaktionen. Darin liegt ein Prinzip, das in diesen Fällen niemals durchbrochen wird.

Bei einer zweiten Gruppe entzündlicher Prozesse fehlt dem schädigenden Agens die Fähigkeit, jeweils akute oder chronische Entzündung hervorzurufen, immer wieder wird derselbe Reaktionszustand ausgelöst, die Noxe kann nur in einer Form bekämpft und unschädlich gemacht werden, das Ergebnis der

Abwehrmaßnahmen ist daher stets das Gleiche, ihr klinisches Bild höchst einförmig und übereinstimmend. Als Beispiel dafür möge das Sklerom dienen. Niemals führt die Invasion von Sklerombacillen zu akuter Entzündung; andere Hilfskräfte müssen hier aufgeboten werden, der gewöhnliche Weg der Abwehr genügt nicht, er wird von vornherein nicht beschritten, spezifische Zellwucherung tritt in Erscheinung, ein mächtiges spezifisches Infiltrat, das schließlich das gesamte präexistente Gewebe ersetzt, wird zur Abwehr des Feindes herangezogen. Und immer tritt dieses Phänomen in Szene, niemals kommt es zu anderen reaktiven Vorgängen, vor allem nie zu banal entzündlichen, akuter oder chronischer Art, stets ist es das gleiche spezifische Granulom mit dem charakteristischen Verlauf.

Hier haben wir also einen Entzündungsreiz mit sehr beschränktem Wirkungskreis vor uns. Nur in ganz bestimmter Richtung vermag er das auszulösen, was wir chronische Entzündung nennen, abwegig von allen anderen Reizen läuft seine Bahn, abwegig ist daher auch der Effekt seiner Wirkung. Daß ein so eigenartiges Reaktionsprodukt zustande kommt, spricht für das hohe, vielseitige Leistungsvermögen des Gewebes, für die mannigfachen Hilfsquellen, über die es zur Abwehr besonders gearteter Schädigungen verfügt. Daß wir den Vorgang „Entzündung“ nennen, entspricht einem alten Brauch, in der Tat liegt ein Phänomen für sich vor, nach jeder Richtung abweichend von dem, was der Begriff chronische Entzündung im gewöhnlichen Sinne des Wortes umschließt; daß von „spezifischer“ Entzündung gesprochen wird, soll die Sonderstellung des Vorgangs zum Ausdruck bringen. Solange der Entzündungsbegriff nicht einheitlich und enger abgegrenzt ist — und daß dies erfolgt, kann sobald nicht erhofft werden —, müssen die vielen wesensverschiedenen Vorgänge, bei denen das Prinzip der örtlichen Gegenwirkung des Organismus, besonders des Blut- und Bindegewebsapparates auf örtliche Gewebsschädigung zur Geltung kommt, hier eingereiht werden.

Eine dritte Gruppe von Reizen vermag akute, subakute und chronische Entzündungsbilder zu provozieren, und zwar im Gegensatz zu den Verhältnissen beim Ekzem in der chronischen Variante nicht nur solche vom banalen Typus, sondern eigenartig spezifische Läsionen, die genau so wie jene beim Sklerom oder bei der Aktinomykose charakteristisch sind für die betreffende Noxe und unter bestimmten Verhältnissen regelmäßig entwickelt werden. Umschriebene, knötchenartige Bildungen kommen zustande, Tuberkula, aufgebaut aus besonderen Zellformen, aus sog. epitheloiden Zellen, denen oftmals übergroße, mehrkernige Elemente, Riesenzellen, beigemengt sind. Stets treten diese Zellformen in geschlossenen Verbänden auf, kleinere und größere kugelige Gewebseinlagerungen werden gebildet, durch Konfluenz von ihnen entstehen oft mächtige diffuse Infiltrate. Wo der Knötchencharakter gewahrt ist, werden die Einsprengungen als Tuberkel bezeichnet, wo mehr diffuse Infiltrationen entwickelt sind, gelegentlich mit gewissen morphologischen Abweichungen vom Grundtypus, sprechen wir von tuberkuloiden Strukturen. Tuberkel und tuberkuloide Strukturen gehören zu den spezifischen Granulationsbildungen, sie sind ebenso Ausdruck bestimmter, im Verlaufe chronischer Entzündungsvorgänge in Erscheinung tretender Gewebsreaktionen, als die Infiltratmasse beim Sklerom. Die Vorgänge sind nur ganz andere, das Gewebe mobilisiert hier einen Hilfsapparat völlig differenter Natur, der aber insofern als viel „banaler" bezeichnet werden muß, als er unter verschiedensten Verhältnissen in Aktion tritt, d. h. nicht nur von einem Reiz ausgelöst wird, sondern von vielen verschiedenen Noxen und dabei nicht etwa so wie beim Sklerom gesetzmäßig, sondern fakultativ — oft genug sehen wir uns, wie sich später zeigen wird, in der Erwartung tuberkuloider Strukturen getäuscht, finden banale Entzündung statt spezifischer Granulome. Derartiges kommt, wie wir gehört haben, beim Sklerom nicht vor, hier paßt damit in der Tat das Wort „spezifisch" in vollem Umfang — wo wir Tuberkel und tuberkuloide Strukturen vor uns haben, liegen die Dinge durchaus nicht so eindeutig. Hier darf man nie vergessen, daß das Gesetzmäßige insoweit fehlt, als ein und derselbe Reiz auch andersartige Gewebsreaktionen zu provozieren vermag und wesensverschiedene Ursachen denselben Zustand herbeiführen können. Zur Bekräftigung letzterer Behauptung erinnere ich an die Tatsache, daß wir tuberkuloiden Strukturen bei Einwirkung belebter und unbelebter Entzündungsreize begegnen (Fremdkörper-Tuberkel) und daß, um ein Beispiel aus der belebten Natur zu bringen, im System soweit voneinander stehende Keime wie der Tuberkelbacillus und das Virus der Syphilis übereinstimmende Veränderungen hervorzubringen imstande sind.

21.—24. Vorlesung.

Das beste Material, um zu dem interessanten, der Deutung so mannigfache Schwierigkeiten bereitenden Kapitel: Tuberkel und tuberkuloide Strukturen näher Stellung nehmen zu können, bieten die tuberkulösen Erkrankungen der Haut. Ihnen wollen wir uns zunächst zuwenden.

Nicht umsonst besteht zwischen Tuberkulose, Tuberkelbacillus und Tuberkel eine gewisse Verquickung in der Namensgebung — die meisten Erscheinungsformen der Tuberkulose gehen mit Tuberkelbildung einher, längere Zeit hat man ja geglaubt, daß es das eine ohne das andere überhaupt nicht gäbe. Der Tuberkel wurde für ein Specificum gehalten, man meinte nur eine ganz bestimmte Noxe sei imstande, solche Gebilde hervorzurufen; als dann in ihnen bestimmte Keime gefunden wurden, war es naheliegend, sie auch in der Namensgebung als das Um und Auf des Prozesses zu kennzeichnen, von den Bacillen der Tuberkel zu sprechen, ja die ganze Krankheit nach ihnen zu benennen; und der Name hat sich bis heute erhalten, trotzdem man lange weiß, daß Tuberkel nicht nur durch Tuberkelbacillen hervorgerufen werden können, daß demnach eine Spezifität im erwähnten Sinne nicht besteht, ja daß sie sogar insoweit nicht zutrifft, als selbst beim Vorhandensein von Bacillen Tuberkel und tuberkuloide Strukturen nicht entstehen müssen. Wenn sie aber unter Einwirkung des KOCHschen Virus gebildet werden, treten sie in klassischer Form in Erscheinung; kaum an einem zweiten Objekt sind die Eigentümlichkeiten solcher Neubildungen, die mannigfachen strukturellen Veränderungen hierbei so gut zu erkennen und zu studieren wie bei den tuberkulösen Erkrankungen. Wir wollen daher gerade an Hand von Präparaten aus dieser Krankheitsgruppe die Besprechung des ganzen Fragekomplexes beginnen.

Der erste Schnitt (Abb. 99) stammt von einem

Lupus vulgaris,

und zwar von jener Abart desselben, die Lupus tumidus genannt wird. Ein mächtiges, blaurotes, tumorartig über das Niveau der Haut hervortretendes Infiltrat war entwickelt, nach außen zu gedeckt von normaler Epidermis.

Histologisch erscheint die gesamte Cutis gleichmäßig von Zellmassen durchsetzt, die schon beim ersten Ansehen ihren verschiedenen Charakter erkennen

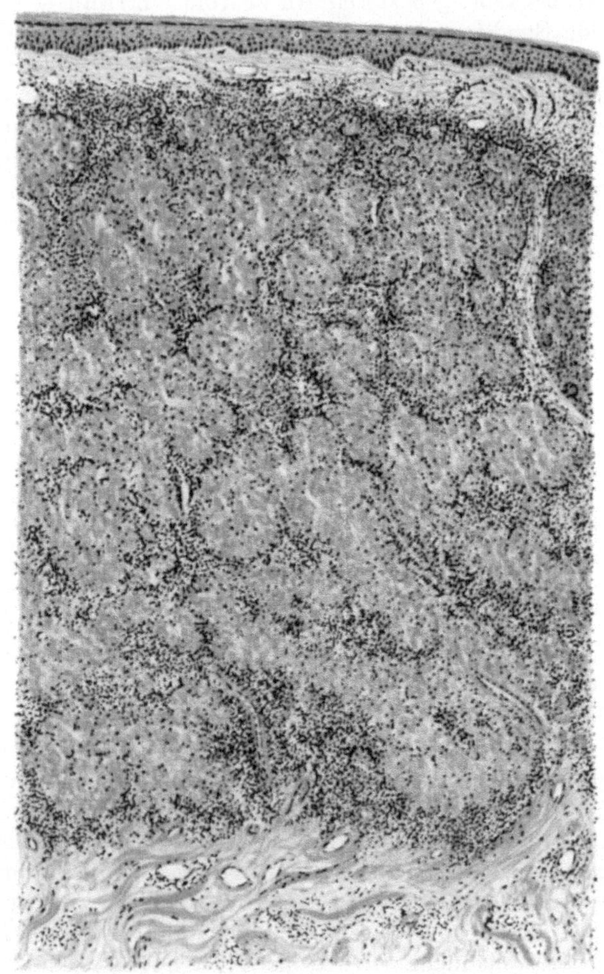

Abb. 99. Lupus tumidus. Hämalaun-Eosin-Färbung. Vergrößerung 30.
Mächtige Epitheloidzellhaufen, zum Teil konfluierend, durchsetzen die Haut, zwischen ihnen sind Rundzellen gelagert.

lassen. Die Hauptmenge wird von großen, mit Eosin färbbaren, zu Haufen und geschlossenen Verbänden vereinigten Elementen beigestellt — die sog. Epitheloidzellen sind es, die hier vorherrschen; zwischen ihnen liegen kleine, mit intensiv gefärbtem Kern ausgestattete Zellen, stellenweise auch in größeren Häufchen angeordnet — entzündliche Rundzellen, hauptsächlich Lymphocyten. Der Kontrast zwischen beiden Zellarten ist ein in die Augen springender, die rötlich-gelb gefärbten Epitheloidzellmassen heben sich scharf von dem blauschwarzen Grund, den kleinen Rundzellen ab.

Abb. 100 zeigt die Zellverhältnisse und damit den Unterschied zwischen Epitheloid- und Rundzelle bei starker Vergrößerung. Die Epitheloidzellen besitzen durchwegs einen großen, blassen, meist mehr ovalen als rundlichen Kern, der von einem ziemlich breiten, im ganzen unregelmäßig geformten Protoplasmasaum umgeben wird. Das reichliche Plasma mit seiner Affinität zu sauren Farbstoffen verleiht den Zellen eine gewisse Ähnlichkeit mit Epithel-

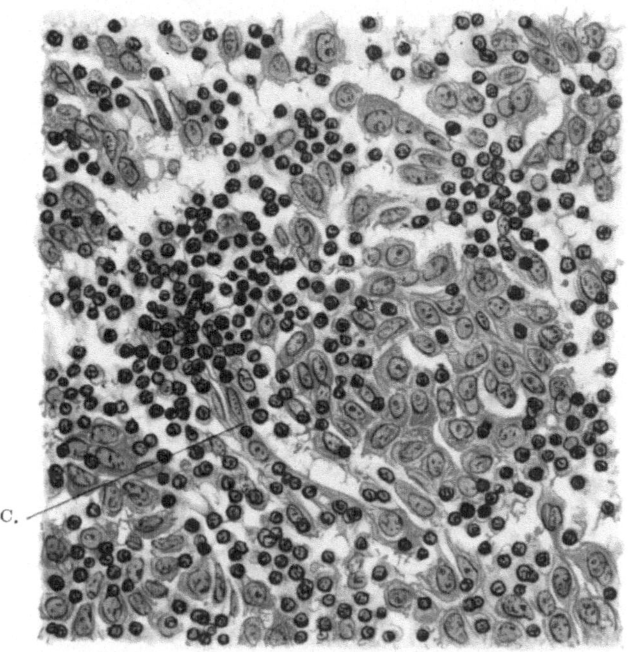

Abb. 100. Stelle aus dem früheren Präparat. Vergrößerung 380.
Die Abbildung soll über den Charakter der Epitheloidzellen Aufschluß geben und ihre knötchenförmige Anhäufung. Bei C. zieht eine Capillare am Rande des Tuberkels. Der Unterschied zwischen Rundzellen und spezifischen Elementen tritt deutlich hervor.

zellen, was ihnen auch den Namen „Epitheloide" eingetragen hat. Übrigens verrät sich auch darin eine gewisse Übereinstimmung mit ihnen, daß sie ohne besondere Zwischensubstanz aneinander liegen.

Die Rundzellen sind im Gegensatz zu den Epitheloiden arm an Plasma, ihr kleiner rundlicher Kern ist stark empfindlich für Hämatoxylin und tritt deshalb sehr deutlich hervor. Der Unterschied zwischen beiden Zellformen ergibt sich damit von selbst.

In der Regel bilden die Epitheloidzellen streng umschriebene Ansammlungen, knötchenförmige Herde von nicht zu großem Umfang, die nach außen von den Rundzellen mehr oder weniger vollständig begrenzt und abgeschlossen werden; oft ist in der Tat ein förmlicher Wall von lymphoiden Elementen um

die spezifischen Zellhaufen entwickelt, gelegentlich dringen Rundzellen in die
Masse der Epitheloiden ein und stören damit ihren geschlossenen Verband.

Der Aufbau lupöser Infiltrate wird also in der Hauptsache von zwei, ihrer
Herkunft nach verschiedenen Elementen besorgt; von „banalen" Entzündungs-
zellen, wenn wir sie so nennen wollen, die aus dem Kreislauf stammen, und von
spezifischen Elementen, die das geschädigte Gewebe selbst hervorbringt. Darüber
daß, die Epitheloiden Abkömmlinge fixer Gewebszellen und nicht in den Krank-

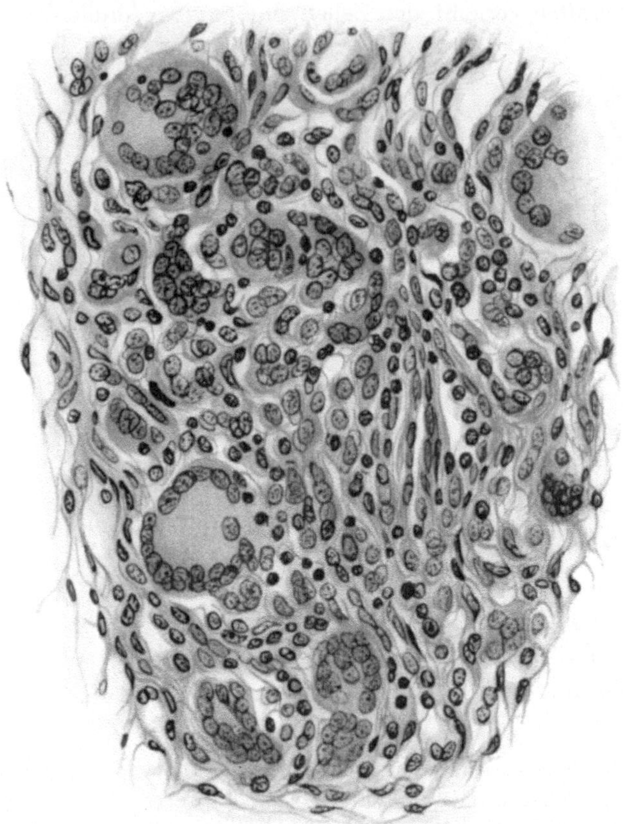

Abb. 101. Andere Stelle von dem früheren Fall. Vergrößerung 380.
Riesenzellbildungen verschiedener Art.

heitsherd eingewanderte Elemente sind, besteht heute kaum mehr eine Meinungs-
verschiedenheit. Erörtert wird nur noch immer die Frage, welche von den fixen
Gewebszellen Mutterzellen der Epitheloiden sein können. Sicher stehen in erster
Linie die fixen Bindegewebszellen, die Fibroblasten, auch das Gefäßendothel
scheint sich an ihrer Bildung gelegentlich zu beteiligen —, hinsichtlich aller
anderen Bausteine der Haut ist die Frage nicht eindeutig geklärt, vor allem inwieweit dabei epitheliale Elemente eine Rolle spielen. Bei tuberkulöser Erkrankung einzelner innerer Organe, z. B. Niere, Hoden, steht die Beteiligung epithelialer Elemente am Aufbau der Tuberkel außer Frage (LUBARSCH), für die Haut

ist darüber nichts Sicheres bekannt. Jedenfalls stammt die Hauptmasse aller epitheloiden Zellen, denen man in spezifischen Hautinfiltraten begegnet, vom Bindegewebe und nicht vom Epithel oder seinen Abkömmlingen.

Ein weiteres, im Bereich der epithelialen Zellverbände immer wieder feststellbares Element ist die Riesenzelle, vertreten durch den sog. LANGHANSschen Typus. Um was es sich dabei handelt, soll Abb. 101 zeigen. Sie sehen hier auffallend große, um ein Mehrfaches größere Zellen als die gewöhnlichen Epitheloiden; ihr Plasma enthält zahlreiche Kerne, die entweder peripherwärts in Form eines mehr weniger regelmäßigen Kreises angeordnet sind — dies ist der eigentliche LANGHANSsche Typus — oder in der Zellmitte angehäuft liegen. Form und färberisches Verhalten der Kerne sowie des Zellplasmas gleicht ganz dem der Epitheloiden, von denen sie ja auch, wie heute fast allgemein angenommen wird, herstammen. Sie entstehen aus ihnen nicht durch Agglutination, durch Zusammenfließen mehrerer nebeneinander liegender Elemente, sondern, wie BENDA, WAKABAYASHI, G. HERXHEIMER u. a. nachgewiesen haben, durch amitotische Teilung der Epitheloidzellkerne, der die Protoplasmateilung nicht folgt. Aus bestimmten Lagerungsverhältnissen der Zentralkörperchen im Zentrum des Plasmas geht diese Tatsache eindeutig hervor. Niemals wurden bei Umwandlung der Epitheloidzellen zu Riesenzellen Mitosen beobachtet (HERXHEIMER). Bei der allgemein geltenden Auffassung, daß der amitotische Zellteilungsvorgang an einen gewissen Degenerationszustand der Zelle gebunden ist, ja daß Zellen, die derartiges aufweisen, nicht als proliferationsfähige, zum Gewebsaufbau tüchtige Elemente anzusehen sind, sondern als dem Untergang verfallen, müssen wir die Riesenzelle für geschädigte, im Zugrundegehen begriffene Epitheloidzellen halten. Welche Reize ihre Degeneration bedingen, davon wird später zu reden sein. Der Reichtum an Riesenzellen ist fallweise sehr verschieden, wir stoßen auf Tuberkel, denen sie völlig fehlen, ein andermal sind sie in großer Zahl vorhanden. Bestimmend dafür ist der jeweilige Gewebszustand — auch darauf wird noch zurückzukommen sein; soviel sei nur hier schon gesagt, daß wir uns die Riesenzelle nicht als fixes Element vorstellen dürfen, sie kann heute da sein und morgen fehlen. Was wir im Mikroskop feststellen, ist ein Augenblicksbild, das vor- und nachher wieder anderen Charakter aufweist. Mangel oder Vorhandensein von Riesenzellen in tuberkuloidem Gewebe kann daher nicht als pathognomonisches Zeichen für diese oder jene Erscheinungsformen gelten — Untersuchung zu verschiedenen Zeiten der Entwicklung des Granuloms bringt verschiedene Bilder, darunter immer wieder solche, wo sich Riesenzellen finden, und solche, wo sie fehlen.

Voll ausgebildete Tuberkel bestehen demnach aus Epitheloiden und Riesenzellen, lymphocytäre Elemente umschließen sie vielfach wallartig, — das histologische Bild ist damit an und für sich sehr einfach. Gewisse Verwicklungen kann es nun aber dadurch erfahren, daß Nebenumstände verschiedener Art der Veränderung ein vom gewöhnlichen abweichendes Aussehen verleihen. Hier spielt vor allem der Reichtum an Knötchen eine Rolle. Wenn an begrenzter Stelle sehr viele Tuberkel gleichzeitig entstehen, wie beispielsweise im Präparat 98, so muß es zur Konfluenz der Knötchen kommen, i. e. zur Bildung größerer, unregelmäßig begrenzter Herde und Infiltrate, die der Deutung beim ersten Aussehen gewisse Schwierigkeiten bereiten können. Wir bezeichnen immer die Knötcheneinlagerung als das Wesentliche lupöser Prozesse, und in solchen

Fällen sind „Knötchen" meist gar nicht vorhanden, sondern diffuse Infiltrationen. Wo Tuberkel mehr vereinzelt im Gewebe liegen, ist klinisch das Bild des umschriebenen Knötchens gesichert — die Primärefflorescenz des Lupus tritt deutlich hervor, wo hingegen Verhältnisse obwalten, wie im früher erwähnten Falle, geht der Knötcheneindruck verloren, die Infiltratplatte zeigt keinerlei Auflösung in Einzelheiten. Dabei muß noch darauf verwiesen werden, daß das, was uns klinisch als Primärefflorescenz des Lupus imponiert, durchaus nicht identisch ist mit der Erstlingsalteration im Gewebe. Der einzelne Tuberkel ist viel zu wenig umfänglich, als daß er klinisch hervortreten würde, mehrere Primärknötchen müssen zusammenfließen, um ein „Tuberkulum" zu erzeugen; der relativ große Herd im Schnitt, der einem Lupusknötchen entspricht, ist stets aus mehreren Tuberkeln aufgebaut. Tuberkel und Lupusknötchen decken sich demnach begrifflich nicht ganz, was auch aus der früher erwähnten Tatsache hervorgeht, daß der Knötchencharakter eines Herdes dort völlig verloren geht, wo so reichlich Tuberkel entwickelt sind, daß ein voller Ersatz der Cutis durch Infiltratmassen stattgefunden hat — Lupus tumidus.

Ein zweiter Punkt, der das Aussehen tuberkuloider Hautprozesse wesentlich beeinflußt, ist das Verhalten des Gefäßapparates im Infiltratbereich und im Zusammenhange damit die jeweils entwickelte banal entzündliche Gewebsreaktion. Tuberkel werden im allgemeinen als gefäßlos bezeichnet. So sehr dies für die inneren Organe, Lunge, Leber, Niere usw. stimmen mag, für die in die Haut ausgestreuten Knötchen trifft es durchaus nicht gesetzmäßig zu, im Gegenteil hier findet man der Fälle genug, wo sowohl zwischen den einzelnen Epitheloidzellenherden, im innigsten Anschluß an sie, Gefäße vorhanden sind als auch innerhalb der Zellverbände selbst. Ich verweise diesbezüglich wieder auf Abb. 100 und 101. Erstere zeigt bei C. zwei Capillaren, von denen die eine nahe einem spezifischen Knötchen in Rundzellmassen eingebettet liegt, während die andere direkt von Epitheloidzellen umgeben wird. In Abb. 101 sieht man Haargefäß und Knötchen unmittelbar aneinander grenzen.

Wo sich reichlich Gefäße finden, sehen wir auch stets reichlich banale Entzündung, d. h. in solchen Fällen sind die Tuberkel immer wieder von mächtigen Rundzellenansammlungen begleitet, zum Teil werden sie von breiten Lymphocytenwällen umschlossen, zum Teil sind unregelmäßig begrenzte Zellhaufen zwischen die konfluierten Knötchenmassen eingesprengt. Verschiedenste Bilder kommen so zustande und der Formenreichtum tuberkulöser Hautinfiltrationen beruht im besonderen mit auf diesem Umstand. Stärker betonte Entzündungsreaktionen verleihen dem Krankheitsherd ein eigenartiges Aussehen. Wieder belehren uns hierüber die Verhältnisse beim Lupus tumidus. Der blaurote Farbenton, die Succulenz solcher Bildungen hängt mit der banal entzündlichen, nicht der spezifischen Komponente des Prozesses zusammen. Die tuberkuloiden Einlagerungen treten im Gesamtbild der Farbe völlig zurück, sie zeigen erst bei Anämisierung des Gewebes durch Druck ihre Besonderheit —, das bekannte Verfahren der diaskopischen Betrachtung eines Lupusherdes mit dem Sichtbarwerden der apfelgeleefarbigen Flecke beruht darauf.

Wo im Umkreis tuberkuloider Infiltrate reaktive Entzündungsvorgänge fehlen oder nur spärlich entwickelt sind, fehlt der Einsprengung auch der blaurote Farbenton, die Knötchen zeigen mehr weniger das Kolorit der angrenzenden Haut, sind braun-gelb, nicht entzündlich rot. Ein gutes Beispiel dafür bietet der

Lichen scrophulosorum und der ihm nahestehende Lichen nitidus.

In beiden Fällen beherrscht der tuberkuloide Bau das anatomische Bild. Beim Lichen scrophulosorum (Abb. 102) halten sich die Infiltrate in der Regel

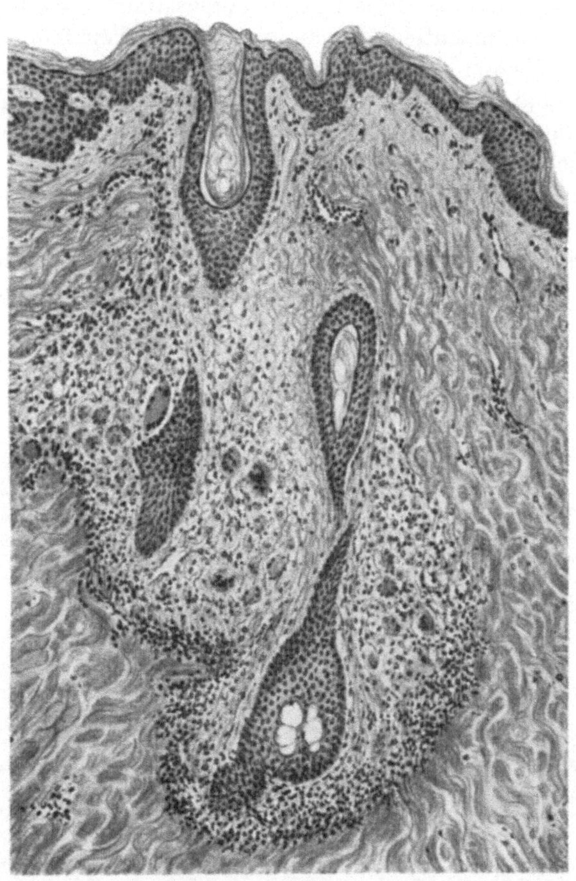

Abb. 102. Lichen scrophulosorum. Vergrößerung 85.
Epitheloidzellhaufen mit Riesenzellen im Umkreis eines Follikels. Wenig lymphocytäre Elemente.

an die Haarfollikel, und zwar ihre obersten Abschnitte. Epitheloidzellknötchen, durchwegs von bescheidenem Umfang, oft reichlich ausgestattet mit Riesenzellen hängen der Follikelwand an, gelegentlich mehreren Stellen derselben, so daß die Haartasche in größerer Ausdehnung vom Infiltrat umschlossen erscheint. Dabei behält das Infiltrat durchwegs seinen Knötchencharakter, nirgends fließen die Tuberkel zu größeren, unregelmäßig begrenzten Herden zusammen. Nicht selten entsteht eine größere Zahl von Knötchen auf relativ beschränktem Raum, vielfach bildet auch hier ein Follikel den Mittelpunkt der Gruppe, gelegentlich allerdings liegen Zellhaufen auch abseits davon, unregelmäßig ins Gewebe versprengt. Immer ist es nur der oberste Cutisabschnitt, der die Einlagerungen trägt, nie finden sich Herde in der Tiefe, etwa im Subcutangewebe und niemals kommt es zur Konfluenz der Knötchen. Auf letzterem Umstand beruht die Tatsache, daß selbst in umfänglicheren Lichenscheiben der Kleinknötchencharakter des Prozesses stets gewahrt bleibt.

Banale Entzündung ist, wie früher schon bemerkt, durchwegs nur in geringem Maße entwickelt; es finden sich ja Lymphocytensäume im Umkreis der Tuberkel, nie aber erreichen sie mächtige Ausdehnung und vor allem fehlt in ihrem Bereiche jedwede stärkere Gefäßreaktion. Bilder, wie wir sie beim Lupus tumidus kennen gelernt haben, sind nirgends auffindbar, Gefäßsprossung mangelt völlig, selbst Erweiterung präexistenter Capillaren im Rundzellengebiet ist selten anzutreffen.

Ganz ähnlich liegen die Verhältnisse beim

<h2 style="text-align:center">Lichen nitidus,</h2>

auf welche Erscheinungsform bekanntlich PINKUS zuerst aufmerksam gemacht hat. Klinisch ist er dadurch vom Lichen scrophulosorum unterschieden, daß die Knötchen mehr polygonales Aussehen haben, als noch oberflächlichere

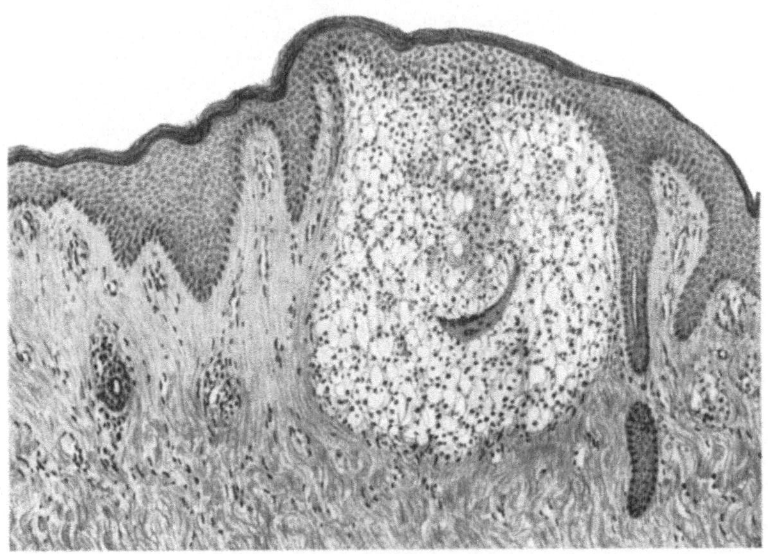

Abb. 103. Lichen nitidus. Vergrößerung 85.
Umschriebene Epitheloidzelltuberkel, der Oberhaut innigst angepreßt. In der Mitte
Riesenzelle.

Einlagerungen imponieren und keine Beziehung zum Follikularapparat verraten. In der Farbe gleichen die Knötchen denen des Lichen scrophulosorum; auch beim Lichen nitidus fehlt jedes Entzündungsrot.

Histologisch (Abb. 103) sind wieder typische Epitheloidzelltuberkel gegeben. Sie sind nur noch weniger umfänglich als beim Lichen scrophulosorum und immer an der gleichen Stelle verankert. Das Stratum papillare ist Sitz der Läsion, nirgends sonst kommen Knötchen zur Aussaat; der Platz ihres Entstehens

bringt sie notwendig in Beziehung zur Oberhaut und in der Tat verleiht,
worauf PINKUS schon hingewiesen hat, das Angepreßtsein der Tuberkel an die
Epidermisunterseite dem Affekt eine gewisse spezifische Note. Das Granulom
enthält Riesenzellen, die Epitheloiden weisen vielfach eigenartige Plasmaquellung
auf, so daß sich im ganzen ein eigenartiges Aussehen der Einlagerung ergibt.
Abb. 104 läßt gut erkennen, welcher Art diese Veränderungen sind.

Banale Entzündung fehlt dem Infilrat völlig, nicht einmal jener schmale Rund-
zellensaum ist entwickelt, den wir beim Lichen scrophulosorum feststellen konnten.

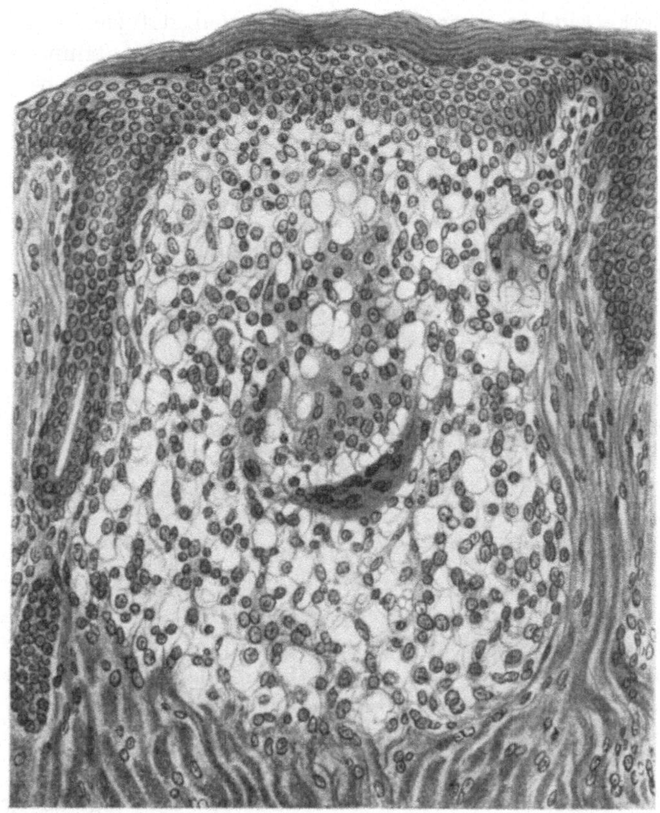

Abb. 104. Derselbe Fall wie früher. Vergrößerung 210.
Darstellung der eigenartigen Zellquellung, in der Mitte des Herdes Riesenzellen.

Der Gesamteindruck der Gewebsveränderung in den drei vorgewiesenen Fällen
ist ein so weitgehend verschiedener, daß geradezu Zweifel hinsichtlich der Zusammengehörigkeit der Prozesse entstehen müssen und in der Tat ist ja auch lange
darüber verhandelt worden, ob Lupus vulgaris und Lichen scrophulosorum
zusammengehören, Erscheinungsformen ein und desselben Grundprozesses
sind; heute wissen wir, daß sich die Dinge so verhalten. Bezüglich des Lichen
nitidus sind ja die Akten noch nicht endgültig geschlossen, immerhin aber ist es
wahrscheinlich, daß auch er den tuberkulösen Hautmanifestationen zugerechnet
werden muß.

Welche Gründe für das Zustandekommen so verschiedener Erscheinungsformen durch ein gemeinsames Agens maßgebend sind, soll später erörtert werden — hier interessiert uns zunächst das rein Morphologische, die Tatsache, daß nicht das Auftreten der Tuberkel an und für sich entscheidend ist für das Gesamtbild der Schädigung einschließlich ihres klinischen Ausdruckes, sondern daß es darauf ankommt, in welcher Reichlichkeit die Granulome entwickelt sind, an welcher Stelle sie ihren Sitz haben und inwieweit banal entzündliche Veränderungen die spezifischen begleiten. Beim Lupus tumidus haben wir nach jeder Richtung exzessive Verhältnisse gegeben: Tuberkel sind in so großer Zahl vorhanden, daß sie zusammenfließen. Keine Stelle der Haut ist frei von Einlagerungen, es fehlt damit jede Neigung für die Aussaat von Knötchen, mächtige banale Entzündung beherrscht mit das Bild.

Beim Lichen scrophulosorum ist die Knötchenentwicklung viel bescheidener und an bestimmte Stellen gebunden, reaktiv entzündliche Vorgänge banaler Art spielen eine nur untergeordnete Rolle, jedenfalls treten sie gegenüber den spezifischen Vorgängen an Bedeutung zurück.

Der Lichen nitidus endlich zeigt die geringste Betonung sowohl hinsichtlich spezifischer als banal entzündlicher Gewebsreaktion, nur kleine, streng umschriebene Epitheloidzellknötchen werden gebildet, stets im obersten Anteil des Papillarkörpers, der Epidermis enge anliegend, ohne Beziehung zum Follikelapparat und ohne entzündliche Randzone — der beste Vertreter des nach jeder Richtung unkomplizierten, vereinzelt im Gewebe liegenden Epitheloidzelltuberkels, den der Mangel banal entzündlicher Veränderungen noch im besonderen abhebt von den Veränderungen, wie sie die beiden anderen Fälle darbieten.

Das nächste Präparat (Abb. 105) soll die Reihe der durch Schwankungen im Entzündungszustand und in der Reichlichkeit der Tuberkelbildung bedingten Unterschiede im anatomischen Aussehen beschließen und zugleich jenen seltenen Fall aufzeigen, wo nur spezifische Veränderungen vorliegen, und zwar in hochgradiger Weise entwickelt, während die banale Entzündung völlig unterdrückt ist. Es handelt sich um einen Schnitt vom sog.

Boeck schen Lupoid.

Dasselbe tritt bekanntlich in drei Abarten in Erscheinung: als großknotige, kleinpapulöse und diffus infiltrierende Form. Von letzterer stammt das vorliegende Präparat, und zwar von einem Herd in der Palma; braungelbe, ziemlich derb sich anfühlende Infiltrate waren in die Hohlhand eingesprengt, daneben fanden sich zahlreiche, gleichartig aussehende Flecke und stellenweise Knötchen, zerstreut über den Körper, besonders Gesicht und Nacken waren ausgiebig damit besetzt. Das anatomische Bild ist ein ganz besonderes: Große, streng umschriebene Verbände epitheloider Zellen durchsetzen Cutis und Subcutis; nirgends fließen die Herde zusammen, überall erscheinen sie von den zur Seite gedrängten Kollagenbündeln kapselartig abgeschlossen. Dort und da verraten die Infiltratzellen eine gewisse Quellung, ähnliche Bilder, wie wir sie im Lichen nitidus-Knötchen kennen gelernt haben, treten uns entgegen. Riesenzellen sind vorhanden, im ganzen aber spärlich. Irgendwie umfänglichere Ansammlungen banal entzündlicher Elemente fehlen völlig und dies ist es ja,

was den Veränderungen ein so besonders ungewöhnliches Aussehen verleiht.
Wir haben hier in der Tat das rechte Gegenstück zum Lupus tumidus vor uns;
gleichfalls höchstgradige Entwicklung spezifischer Veränderungen — das präexistente Gewebe ist in weitem Ausmaß von Granulommassen ersetzt — dabei aber
Mangel jener Entzündungsreaktion, die dem Lupus tumidus mit sein Gepräge gibt.
Ein völlig anderes Bild entsteht infolge des Wegfalls der banal entzündlichen
Komponente, ein Bild, das zunächst fast ein wenig daran zweifeln läßt, ob man
es überhaupt mit einem Granulationsprozeß zu tun hat; bekanntlich hat

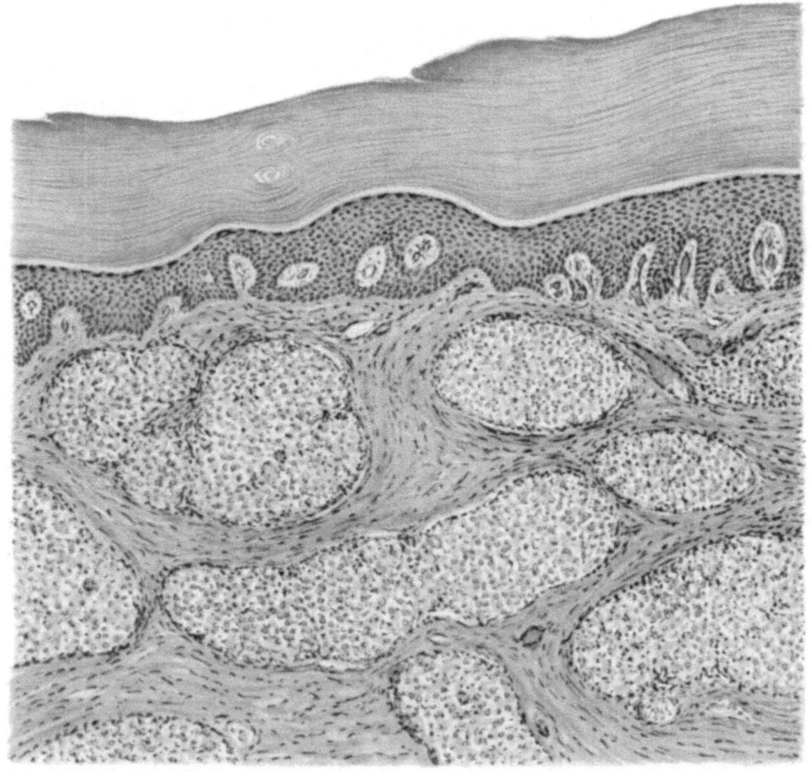

Abb. 105. BOECKsches Lupoid. Hämalaun-Eosin-Färbung. Vergrößerung 85.
Infiltrat aus dem Handteller. Epitheloidzell-Einlagerung ohne banale
Entzündungsreaktion.

BOECK deshalb zuerst geglaubt, einen Tumor vor sich zu haben und von Sarkoid
gesprochen — die großknotige Variante des Prozesses verleitet im besonderen
zu solcher Annahme —, heute zweifelt aber niemand mehr daran, daß es sich um
eine chronisch entzündliche Affektion spezifischer Art handelt, um eine Granulationsgeschwulst, die mit dem Lupus grundsätzlich auf einer Basis steht. Durch
welche Umstände die verschiedenartige Gewebsreaktion bedingt ist, warum es
einmal zur Bildung des Lupus, ein andermal zu der des Lupoids kommt, soll später
erörtert werden. Augenblicklich interessiert uns nur die Tatsache, daß beide
Krankheiten trotz des abweichenden anatomischen Befundes zusammengehören,

daß man bei tuberkuloiden Strukturen eben mit mannigfachen, durch Nebenumstände bedingten Verschiedenheiten im histologischen Bilde zu rechnen hat, daß man sich daher nicht auf eine Läsion, als gewissermaßen typische, zu sehr festlegen darf.

Die Richtigkeit dieses Standpunktes beweisen auch die folgenden zwei Präparate (Abb. 106 und 107). Sie zeigen wieder andere Verhältnisse, als wir sie bisher kennen gelernt haben, Abweichungen beträchtlicher Art von der Struktur des Lupus oder Lupoids, so daß beim ersten Ansehen Zweifel hinsichtlich ihrer Zusammengehörigkeit entstehen können. Und doch sind sie wesenseins!

Der

Lupus follicularis acutus disseminatus;

von ihm stammen die beiden Schnitte, ist ebenso eine bacilläre Hauttuberkulose wie der Lupus vulgaris oder das BOECKsche Lupoid — daran kann auf Grund der gewonnenen Forschungsergebnisse kaum mehr gezweifelt werden.

Die Unterschiede im anatomischen Aussehen des akuten follikulären Lupus gegenüber dem vulgären ergeben sich einerseits aus der spezifischen Lokalisation der Gewebseinsprengungen und andererseits aus der Tatsache, daß hier ein Vorgang in Erscheinung tritt, den wir bei tuberkulösen Veränderungen so häufig antreffen, ja der fast zur Regel gehört und nur beim Lupus vulgaris und einigen ihm nahestehenden Erscheinungsformen so oft vermißt wird: Die Nekrobiose im Zentrum der Epitheloidzellknötchen.

Abb. 106 zeigt zwei knapp nebeneinanderliegende Tuberkelbildungen, Konglomerattuberkel, deren einer deutliche Beziehungen zum Follikularapparat erkennen läßt; ähnlich, doch noch inniger und regelmäßiger wie beim Lichen scrophulosorum hängen die Zellmassen der Haartasche an, es entsteht ein Bild, das sehr an eine Traube erinnert, deren Beeren ihrem Stiel allseits enge angepreßt sind. Mit großer Regelmäßigkeit tritt die Beziehung der Infiltrate zum Follikel in Erscheinung — nur selten sieht man Knötchen abseits davon im Gewebe liegen — und zwar entwickeln sich die Einlagerungen stets entsprechend dem oberen Anteil der Taschen, nicht in der Umgebung ihres Bodens, und immer wieder in Form streng umschriebener Konglomerattuberkel. Die Knötchen sind durchwegs umfänglicher wie beim Lichen scrophulosorum — daher auch ihr stärkeres Hervortreten im klinischen Bilde — gemeinsam ist ihnen nur die Lagebeziehung zum Follikel. Auch in der Farbe herrscht ein Unterschied, die Efflorescenzen des akuten follikulären Lupus disseminatus haben mehr entzündlichen Charakter, ähneln vielfach Acneknötchen. KAPOSI hat deshalb die Affektion Acne benannt und das Wort „teleangiectodes" beigefügt, um zum Ausdruck zu bringen, daß die Rötung auf chronischer Capillarerweiterung beruhe und nicht auf akut entzündlicher Basis. In der Tat spielen banal entzündliche Vorgänge eine untergeordnete Rolle, nur in geringem Grade sind Rundzellen angesammelt und nur schmale Lymphocytensäume grenzen die Einlagerung gegen die Umgebung ab; Gefäßneubildung ist nirgends festzustellen, dafür Ektasie präexistenter Capillaren. In Abb. 107 sind einige erweiterte Gefäße am Rand des Tuberkels getroffen, so wie auch abseits davon in der gesunden Umgebung. Der entzündliche Farbenton der Knötchen muß auf diese Capillarektasie bezogen werden.

Der Aufbau der Granulome geht aus Abb. 107 gut hervor. Das Bild des im Zentrum verkäsenden Konglomerattuberkels, dessen Einzelknötchen stellenweise reichlich Riesenzellen enthalten, ist in aller Form gegeben. In der Mitte des Knotens findet sich kaum mehr ein regelmäßiger Kern, das Gewebe ist zu einer homogenen Masse verwandelt, nekrobiotische Vorgänge sind in Erscheinung getreten. In der Regel erreicht die Gewebseinschmelzung nicht sehr viel höhere Grade, als es sich hier zeigt, und ein Abtransport der käsigen Massen nach außen findet nicht statt. Pustulation, Ausstoßung des zugrundegegangenem Gewebsmaterial gehört nicht zum Wesen der Acne teleangiectodes. Jene gelblichen Pünktchen, die sich gelegentlich im Kuppenbereich finden, sind nicht als echte Pustelbildung zu deuten, die käsige Masse im Papillarkörper schimmert nur

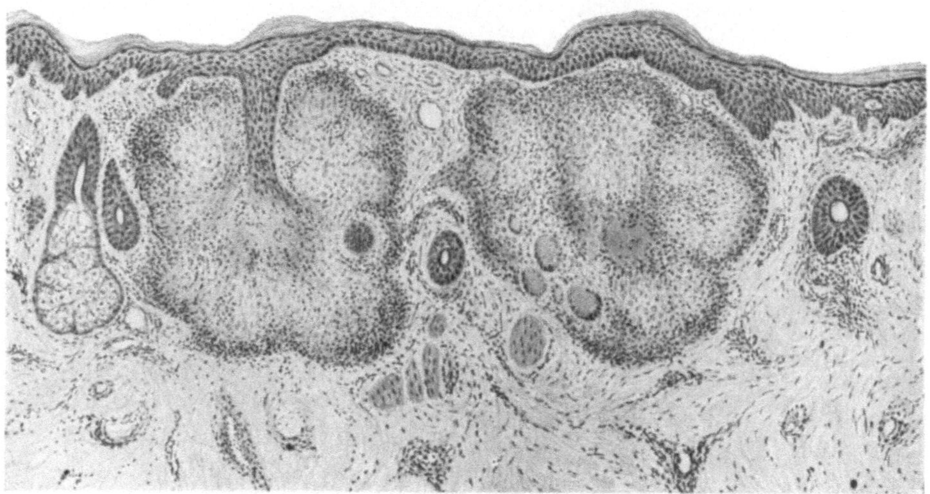

Abb. 106. Lupus follicularis acutus disseminatus. Vergrößerung 42. Zwei umschriebene Konglomerattuberkel mit Riesenzellen und Nekrobiose im Zentrum, Beziehung des Infiltrates zum Follikulärapparat.

durch und dazu gesellen sich gewisse Veränderungen im Bereiche der Oberhaut. Die Verhornung wird gestört, Parakeratose tritt in Erscheinung mit der Folge eigenartiger Schüppchenbildung. Das klinische Aussehen der Efflorescenzen ist also hier durch die epidermalen Veränderungen mitbestimmt.

Das Verhalten der Oberhaut über Tuberkeln und tuberkuloiden Gewebseinlagerungen spielt im Gesamtbild der Läsion immer wieder eine besondere Rolle. Es sollen daher hier ein paar Worte darüber gesagt werden. Selbstverständlich müssen infiltrative Vorgänge so einschneidender Art, wie sie die Tuberkelbildungen darstellen auf die Epidermis abfärben — bei den vor allem in nutritiver Hinsicht innigen Beziehungen zwischen ihr und der Cutis kann dies nicht anders sein, und je ausgedehnter und stürmischer die Bindegewebsalteration ist, um so mehr wird die Oberhaut betroffen werden. In der Tat sieht man dies auch immer, nur die Art der Reaktion ist verschieden. Die einfachste derselben stellen geringgradige Verhornungsregelwidrigkeiten dar. Beim Lichen scrophulosorum oder der gerade früher besprochenen Krankheit liegen die Dinge so: die Oberhaut ist hier weder gewuchert, noch atrophisch, lediglich in ihrer Verhornung gestört, wahrscheinlich als Ausdruck dafür, daß die Ernährung der Zellen nicht der Norm entsprechend vor sich geht.

Wo mächtige, die gesamte Cutis ersetzende Infiltrate vorhanden sind, verfällt
die Oberhaut häufig in einen Zustand der Atrophie. So finden wir die Verhältnisse beispielsweise in der Regel beim Lupus tumidus. In dem Ihnen vorgewiesenen Fall (Abb. 99) tritt der Epidermisschwund allerdings nicht so
deutlich hervor, daß nur eine dünne Epithelschicht den Knoten decken würde.

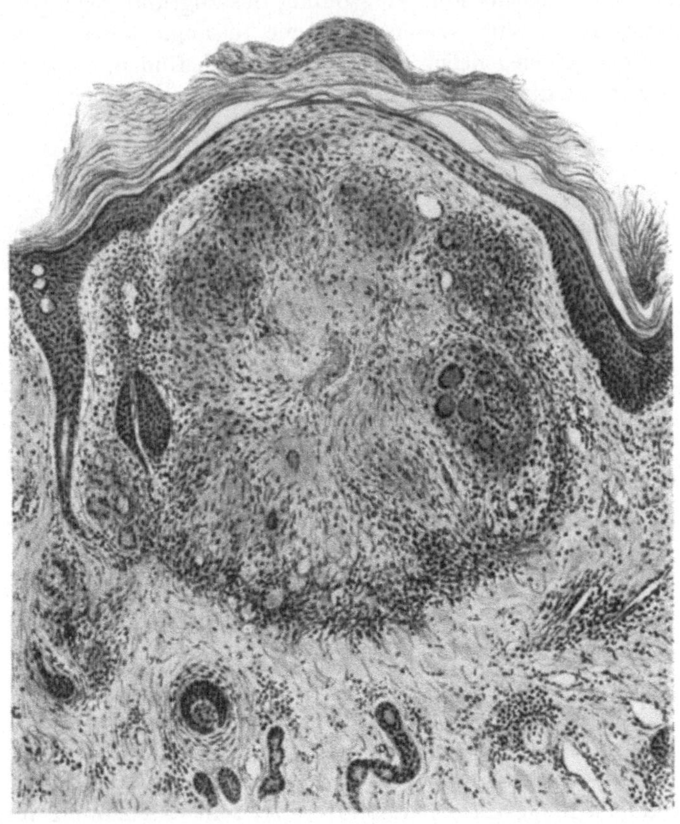

Abb. 107. **Lupus follicularis acutus disseminatus.** Vergrößerung 85.
Vereinzelter, im Bindegewebe liegender Konglomerattuberkel. Stellenweise reichlich Riesenzellen, in der Mitte beginnende Verkäsung, in der Umgebung des Herdes da und dort
erweiterte Gefäße. Die Epidermis über der Einlagerung im Zustand von Parakeratose.

Der Grund für diese Abweichung liegt offenbar darin, daß die Infiltratmasse
hier nicht bis zur Oberhaut reicht, sondern von ihr durch einen Streifen normalen
Bindegewebes getrennt wird. Wo die Epidermis weitgehend verdünnt ist,
sind natürlich besonders günstige Bedingungen für das Durchscheinen der im
Gewebe liegenden Knötchen gegeben, und daß wir beim Lupus vulgaris die
Einsprengungen so regelmäßig sehen können, hängt damit zusammen. Bei
normal dicker oder verdickter Oberhaut geht dieses Bild verloren — das lehren
uns die Fälle von papillärem, verrukösem Lupus und je intensiver die Epithelwucherung ist, um so mehr tritt das Phänomen des Durchscheinens der Ein-

sprengungen in den Hintergrund. Die epidermalen Veränderungen bestimmen in solchen Fällen überhaupt das Gesamtaussehen der Läsion. Das beste Beispiel dafür ist:

die Tuberculosis verrucosa cutis,

von der ich Ihnen ein Präparat vorlegen will (Abb. 108), das uns auch wieder mit einer etwas anderen Form tuberkulöser Hautveränderungen bekannt

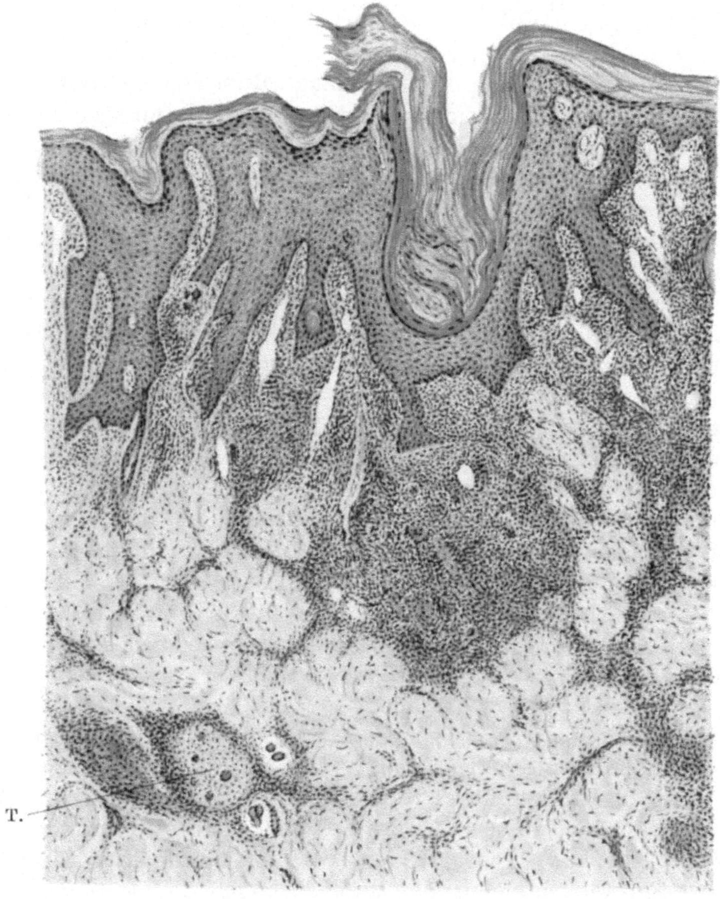

Abb. 108. Tuberculosis verrucosa cutis. Hämalaun-Eosin-Färbung.
Vergrößerung 42.
In der Hauptsache banal entzündliches Infiltrat bei starker Gefäßerweiterung, vornehmlich im Bereich der obersten Cutis. Bei T. Epitheloidzelltuberkel mit Riesenzellen. Epidermis gewuchert und im Zustand von Hyperkeratose.

machen soll, mit jener nämlich wo die banale chronische Entzündung in weit stärkerem Maße entwickelt ist als der spezifische Granulationsprozeß. Das Bild zeigt, um was es sich handelt: Der ganze oberste Cutisanteil ist von Rundzellenmassen gleichmäßig erfüllt, in der Hauptsache sind es Lymphocyten nur wenige Polynukleäre und Plasmazellen. Spezifische Elemente, epitheloide und Riesenzellen finden sich darin nicht, erst unterhalb stößt man auf Knötchen von typischem Aussehen, aber auch hier liegen die Tuberkel nur vereinzelt, durchaus nicht an jeder beliebigen Stelle des Gesichtsfeldes. In jüngeren Entwicklungsphasen des Prozesses — der vorliegende Fall stammt von einem mehrere Jahre alten Knoten — sind reichlicher Tuberkel vorhanden und zwar vielfach knapp unter der Epidermis; in solchen Fällen ist die banal entzündliche Infiltrationszone nicht so einheitlich ausgebildet, wie wir es gerade kennen gelernt haben, Epitheloidzellhaufen liegen in ihr vielfach eingesprengt, so daß ein Aussehen sich ergibt, das durchaus an das von Lupus vulgaris-Fällen erinnert. Mit dem Älterwerden des Prozesses ändert sich das Bild, die knötchenförmigen Infiltrate werden allmählich von banalen Rundzellenmassen ersetzt; dabei treten Capillarektasien auf; hauptsächlich sind es die Lymphgefäße, die solche Veränderungen erfahren. Parallel dazu schreitet der Epithelumbau fort, die Oberhaut wird allmählich dicker, die interpapillären Zapfen dringen tiefer in die Cutis vor und werden voluminöser, an der Oberfläche verbreitert sich die Hornschicht entsprechend dem ständigen Materialzuschub von unten her. Nicht immer muß das Bild der Hyperkeratose in so reiner Form gegeben sein wie im vorliegenden Falle, gelegentlich ist es mit Parakeratose untermischt.

Das anatomische Substrat der Tuberculosis verrucosa cutis weist demnach mannigfache eigene Züge auf, besonders die epithelialen Veränderungen verleihen ihm in gewissem Sinne Spezifität. Warum es in der Mehrzahl der Fälle, wo Tuberkelbacillen von außen her durch Verletzungen in die Haut eindringen, zu so mächtiger Epithelwucherung kommt — und die meisten Fälle verruköser Hauttuberkulose beruhen ja bekanntlich auf exogenem Infektionsmodus — wissen wir nicht; wahrscheinlich bestehen Beziehungen zwischen Epithelwucherung und der hier auftretenden eigenartigen Entzündungsform. Jedenfalls zeigt die Tuberculosis verrucosa cutis, und damit kommen wir zum Ausgang dieser Erörterungen zurück, in welch exzessiver Form sich die Oberhaut an den spezifischen Krankheitsvorgängen im Cutisbereich beteiligen kann. Sie tut es verhältnismäßig selten, atrophisierende Vorgänge gesellen sich unvergleichlich häufiger hinzu — ich erinnere an das Obenerwähnte, daß die Überzahl der Lupusfälle eine dünne Epidermis trägt. Merkwürdigerweise kommt es nur selten zum Verlust derselben. Daß Lupusherde ulcerieren, ist, wie bekannt, durchaus nicht das Gewöhnliche; trotz mächtiger, bis an die Oberhaut heranreichender Infiltration der Cutis, also weitgehendster Unterbindung der Ernährungswege, hält die Decke. Kommt es einmal zu ihrer Einschmelzung, so bleibt der Substanzverlust in der Regel nicht auf die Oberhaut beschränkt, das Infiltrat wird in die Nekrose einbezogen, das Cutisgewebe geht dabei zugrunde, es entsteht nun das, was wir

Lupus ulcerosus

nennen. Auch davon will ich Ihnen einen Schnitt zeigen (Abb. 109). Er soll uns zugleich auch über die Zerstörung des elastischen Gewebes im Bereiche der spezifischen Einlagerungen Aufschluß geben. Der Schnitt stammt von einem zerfallenen Lupusknoten in der Gesichtshaut einer 76jährigen Frau. Die Veränderungen der Elastica am Rande des Präparates, dort wo noch Epidermis erhalten ist, sind als Erscheinungen der senilen Degeneration und nicht als durch den spezifischen Prozeß bestimmt zu werten. Wo sich Epitheloidzellen finden, sind alle Resorcinfasern verschwunden — Tuberkel und tuberkuloide Strukturen beinhalten niemals solche Elemente, höchstens Reste zugrundegegangener Fibrillen. Der zerstörende Charakter des infiltrativen Prozesses kommt dadurch zum Ausdruck und es versteht sich von selbst, daß eine Restitutio ad integrum unmöglich ist, wo solche Einlagerungen im Gewebe abgesetzt werden. Das Ausheilen lupöser Affekte mit narbigem Schwund der Haut steht damit im Zusammenhang.

Im Ulcusbereich beherrschen banal entzündliche Veränderungen das Bild, nach

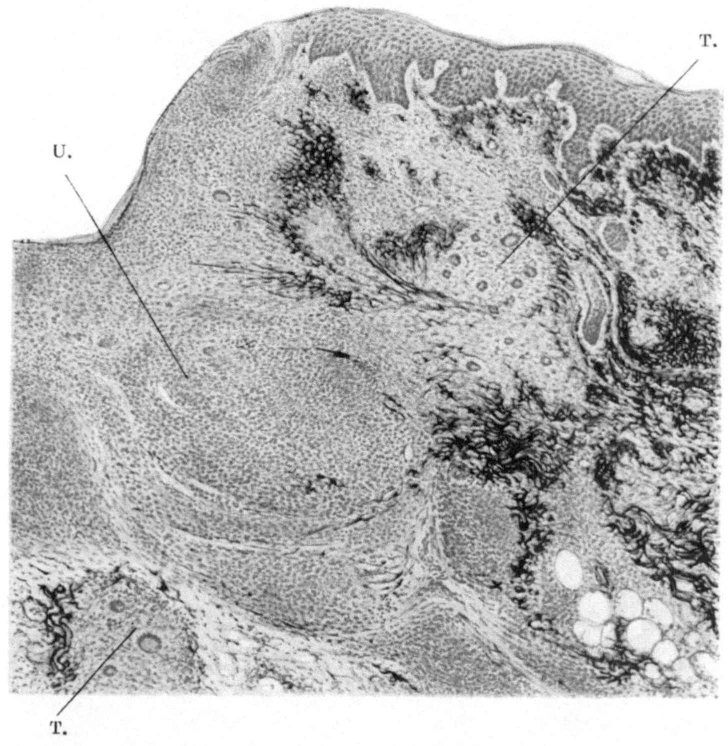

Abb. 109. **Lupus vulgaris ulcerosus.** Lithion-Carmin-WEIGERTS Elastica-Färbung. Vergrößerung 42.
Bei U. Ulceration, hauptsächlich banal entzündliche Struktur. Bei T. Epitheloidzelltuberkel mit Riesenzellen. Im Entzündungsbereich fehlen alle Resorcinfasern, in der Umgebung des Ulcus Degeneration der Elastica und des Kollagens.

außen zu bedecken Detritusmassen den Substanzverlust. Der oberste Anteil des Geschwürsgrundes wird von gefäßreichem Granulationsgewebe gebildet, in das dort und da Epitheloidzellknötchen eingesprengt sind. Mit dem Vorhandensein dieser Gebilde im Reparationsbereich steht offenbar die Erfolglosigkeit, bzw. der beschränkte Effekt der Heilvorgänge im Zusammenhang — ich meine die klinische Tatsache, daß solche Geschwürsprozesse einen ungemein torpiden Verlauf nehmen und wenn sie schließlich zur Überhäutung kommen, immer wieder Neigung zu Rückfällen zeigen. Die Umwandlung des Granulationsgewebes zur Narbe geht eben nicht der Norm entsprechend vor sich, die eingelagerten Tuberkel wirken störend, sie hemmen den Ablauf der Umbauvorgänge zum Endprodukt, bzw. fügen der Neubildung eine Gewebsmasse bei, die von vornherein zum Zugrundegehen bestimmt ist. Untersucht man ältere Stadien von Granulationsgewebe, das mit spezifischen Einlagerungen versetzt ist, so tritt der Unterschied zwischen den beiden Gewebselementen sehr deutlich hervor. Schnitt 110 soll darüber Aufschluß geben. Er stammt von einem frisch überhäuteten, mit

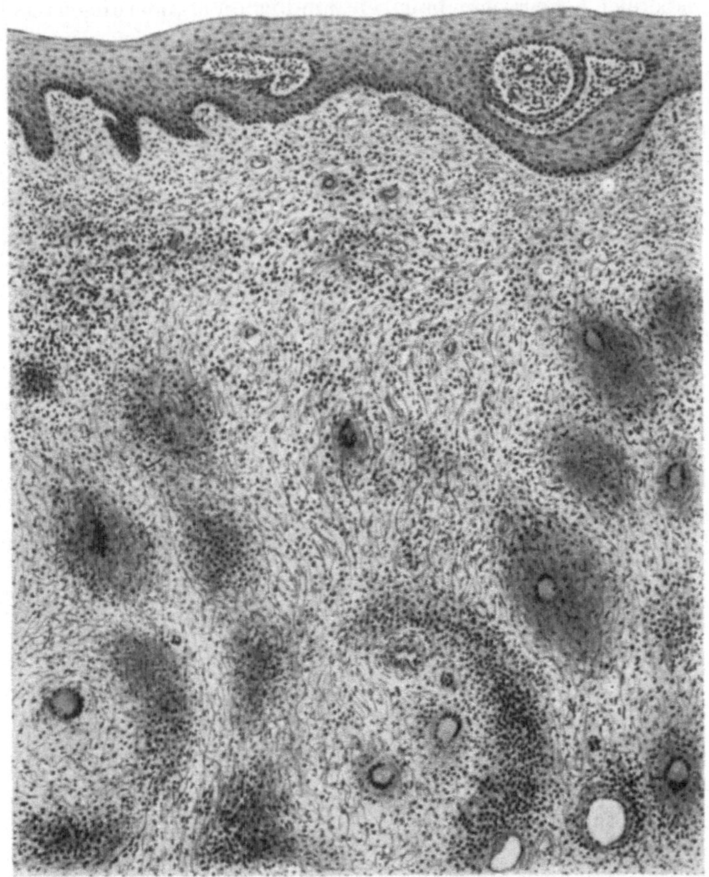

Abb. 110. Überhäutetes Scrophuloderm. Vergrößerung 42.
Granulationsgewebe, stellenweise in Umwandlung zu Narbe mit zahlreichen Tuberkeleinsprengungen.

starken Wucherungen einhergehenden Scrophuloderm. Das Verhalten der Oberhaut sagt beim ersten Ansehen, daß es sich hier nur um neugebildete Epidermis handeln kann. Das Bindegewebe, dem sie aufsitzt, zeigt alle Eigentümlichkeiten des in Umwandlung zur Narbe begriffenen Granulationsgewebes — ich erinnere Sie diesbezüglich an die seinerzeit vorgezeigten Präparate, besonders an Abb. 92. Abweichend von den dort festgestellten Verhältnissen, sind die Knötcheneinsprengungen im Gewebe; zahlreiche verkäsende Riesenzelltuberkel sind ausgestreut — ein eigenartiges Bild kommt dadurch zustande, wesentlich verschieden von dem, wie es normale Granulationen zeigen. Daß aus solchem Material richtiges Narbengewebe nicht werden kann, versteht sich von selbst.

Daß es zu so mächtiger Granulationsbildung kommt wie in dem gerade demonstrierten Fall, dazu ist ausgiebiger Gewebszerfall Voraussetzung. Lupöse Affekte führen gewöhnlich nicht dazu. Sie neigen ja, wie wir früher gehört haben, im ganzen wenig zu geschwürigem Zerfall und, wo dies eintritt, entstehen in der Regel nur oberflächliche Substanzverluste, und damit fehlt von vornherein der Boden zu exzessiver Granulationsgewebsbildung. Sie finden wir hauptsächlich im Gefolge von erweichenden, verkäsenden Tuberkuloseformen und in erster Linie von solchen, die in den tiefen Schichten der Cutis oder Subcutis ihren Sitz haben und nach außen durchbrechen, — da sind für reparatorische Vorgänge größeren Stieles die rechten Vorbedingungen gegeben. Das beste Beispiel dafür ist ja das früher erwähnte Scrophuloderm, bzw. die zu diesem Endzustande führende

Tuberculosis colliquativa.

Ich will ein Präparat davon demonstrieren (Abb. 111), vor allem auch deshalb, weil es uns mit einer, in gewissem Sinne neuen Form spezifischer Gewebsläsionen bekannt macht. Sie sehen in dem Schnitt die Cutis bis zur subcutanen Fettschicht von einem großen, streng umschriebenen Knoten durchsetzt, der weder Beziehungen zum Follikelapparat noch zu anderen Hautanhängen aufweist. Von der Epidermis trennt ihn ein breiter Streifen normalen Bindegewebes, dessen Gefäße vielfach starken Füllungszustand aufweisen; auch sonst herrscht in der Umgebung des Knoten beträchtliche Gefäßfüllung, hauptsächlich im venösen Abschnitt.

Der Bau des Knotens verrät exquisit tuberkuloide Struktur — große Massen epitheloider Zellen sind entwickelt, stellenweise erscheinen sie zu Knötchen formiert und gegen die Umgebung durch schmale Säume dichter Rundzellenansammlungen abgeschlossen. Im Zentrum ist ausgiebige Verkäsung eingetreten, das verflüssigte Gewebsmaterial hat sich stellenweise bereits vom Infiltrat losgelöst, wodurch im Knoteninnern Lücken und Spalten entstanden sind. Die reichliche Verkäsung gibt dem Infiltrat sein Gepräge und bestimmt auch Verlauf und Endausgang des Prozesses. Nekrotisierte Gewebsmassen müssen weggeschafft werden. Zwei Wege stehen hierfür zur Verfügung, Resorption oder Abstoßung nach außen — beide werden beschritten. Nicht jeder erweichende Knoten muß perforieren, besonders tiefer liegende Infiltrate zeigen hiervon gelegentlich Ausnahmen, allmählicher Ersatz des spezifischen Granuloms durch unspezifisches Granulationsgewebe findet hier statt, wobei die neugebildeten Gefäße das Aufsaugen der käsigen Massen besorgen — Endausgang: Narbe, und zwar atrophische Narbe, meist Einziehung und Verlötung der Haut mit ihrer Unterlage. Wenn es zum Durchbruch des Knotens kommt, entstehen Substanzverluste, Geschwüre der Haut — verschieden tief je nach dem primären Sitz der Einlagerung — mit anschließender Granulationsgewebsbildung, die nun eben — und damit kehren wir zum Ausgangspunkt dieser Erörterungen zurück — verschiedenen Intensitätsgrad und verschiedenes Entwicklungstempo aufweisen kann. Die Überzahl der Fälle kolliquativer Hauttuberkulose geht mit Perforation einher, die nekrobiotischen Vorgänge im Granulombereich sind so betont, daß dieses Ende in der Regel folgen muß.

Die nächsten Präparate, die ich vorweisen will, betreffen insoweit ähnliche Verhältnisse, wie die gerade kennen gelernten, als es sich auch hiebei um umfangreiche, im tiefen Teile des Dermas entstehende Knoten spezifischer Art handelt. Ich meine jene Erscheinungsform, die als

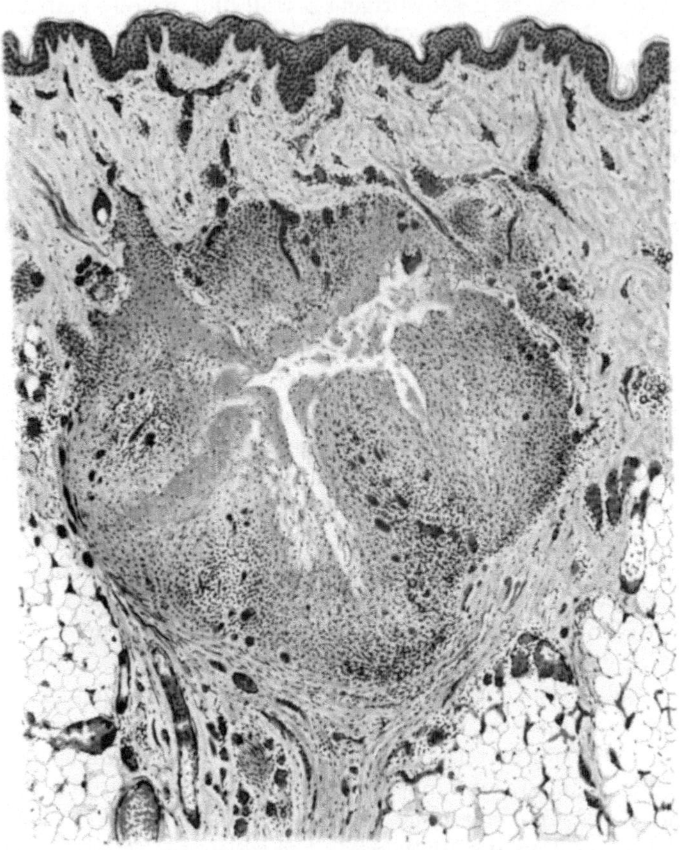

Abb. 111. **Tuberculosis colliquativa.** Hämalaun-Eosin-Färbung. Vergrößerung 24. In der Tiefe der Cutis sitzender Epitheloidzellknoten mit Erweichung im Zentrum. Gefäße in der Umgebung stark gefüllt.

Erythema induratum, Erythème induré BAZIN

bezeichnet wird. Bekanntlich finden sich diese Läsionen mit Vorliebe an den Unterschenkeln, und zwar in Form meist subcutan sitzender, wenig schmerzhafter Knoten und plattenartiger Infiltrate, die im ganzen wenig Neigung zum Zerfall, zur Geschwürsbildung zeigen. Darin liegt ein wesentlicher Unterschied gegenüber der kolliquativen Tuberkulose; was bei ihr Regel ist, Erweichung und Durchbruch der käsigen Massen nach außen, gehört beim Erythema induratum zur Ausnahme.

Der Aufbau des Infiltrates ist eigenartig und, was vor allem bemerkt werden muß, nicht einheitlich, d. h. verschiedene anatomische Bilder können entwickelt sein, der Hauptsache nach zwei Formen: banal entzündliche Struktur

oder spezifische Veränderungen, gelegentlich von beiden etwas. Der
erste Schnitt (Abb. 112) zeigt die rein entzündliche Form bei charakteristischer
Lokalisation des Knotens in der subcutanen Fettschicht. Immer wieder finden
wir diese Gegend vom Prozeß betroffen, in der Regel reicht das Infiltrat nicht
sehr weit in die eigentliche Cutis hinein, die Subcutis ist Hauptsitz der Läsion.
Und hier sind nun reichlich Lymphocyten ausgestreut, das gesamte Stroma
des Fettgewebes ist von Rundzellenhaufen und Strängen durchsetzt. Fettzellen
sind unter Einwirkung der Infiltratmassen zum Teil zugrunde gegangen, zum

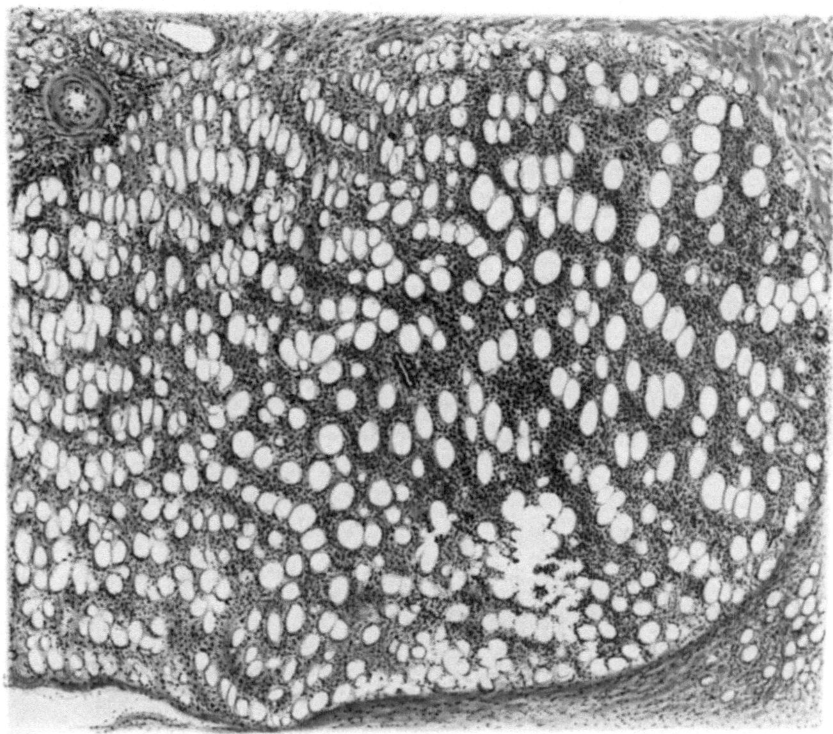

Abb. 112. Erythème induré BAZIN. Hämalaun-Eosin-Färbung. Vergrößerung 42.
Banal entzündliche Infiltration der Fettschicht. Wucheratrophie des Fettes.

Teil aber in Wucherung geraten. Das, was als Wucheratrophie des Fettes,
besser Vakatwucherung bezeichnet wird, ist hier gegeben.

Ständig begleitet ist die Infiltratbildung von Gefäßläsionen, und zwar
sind Arterien und Venen betroffen. Arteriitische und phlebitische Veränderungen mit Verdickung der Gefäßwand gehören zur Regel. Die Venen zeigen
meist den höheren Schädigungsgrad. Vielfach kommt es zum vollständigen Verschluß ihres Lumens (Abb. 113 G., G.'). Gefäßveränderungen und Fett-
gewebsinfiltration gehören zum typischen Bild des indurierten
Erythems. Von tuberkuloider Struktur muß nichts vorhanden sein, banal
entzündliche Massen können das Feld allein beherrschen. In der Regel finden
sich spezifische Zellnester eingestreut, allerdings oft nur vereinzelt, nicht in

jedem Schnitt und oft in geringster Entwicklung. Abb. 114 soll dafür ein Beispiel sein. Hier findet sich inmitten mächtiger Rundzellenlager ein kleiner
umschriebener Riesenzelltuberkel. Nirgends sonst im Schnitt ist ähnliches
nachzuweisen, das Bild gleicht völlig dem früher gezeigten, nur die Fettwuche-
rung ist stärker ausgeprägt.

Ganz andere Verhältnisse sind in dem Präparat Abb. 113 gegeben. Hier
werden wir sogleich an das Bild der kolliquativen Tuberkulose erinnert,
aber das Infiltrat sitzt tiefer, wieder vornehmlich in der subcutanen Fettschicht, und es bestehen so weitgehende Gefäßläsionen, daß sie beim ersten

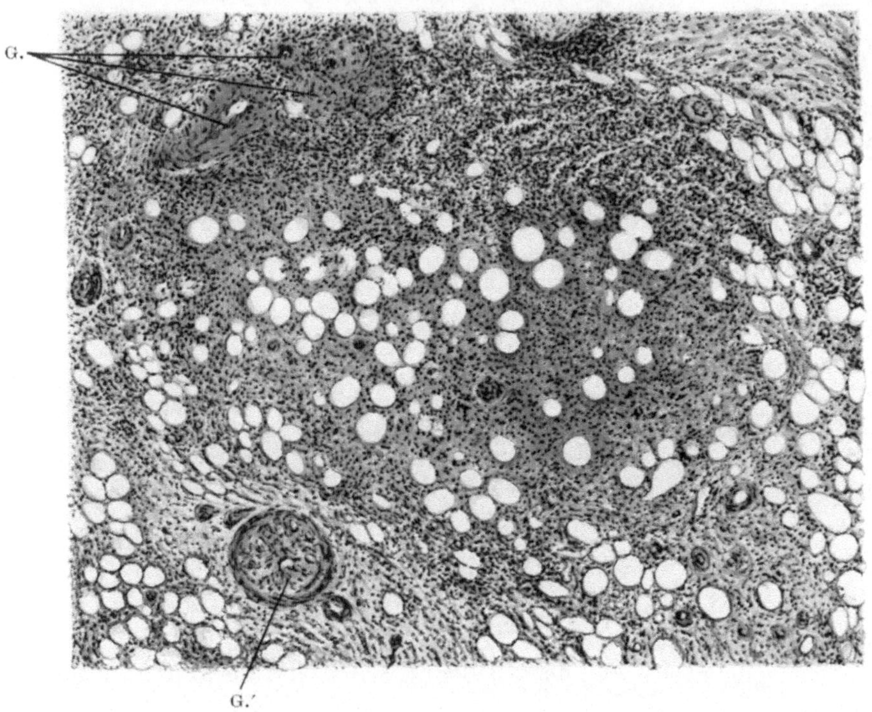

Abb. 113. Erythème induré BAZIN. Vergrößerung 42.
Knoten in der Fettschicht mit zentraler Verkäsung. Bei G. stark verdickte Gefäße mit
verengtem Lumen. G.' verschlossenes Gefäß.

Ansehen auffallen. Alle im Schnitt getroffenen Gefäße zeigen starke Wandverdickung, an einzelnen Stellen ist ihr Lumen völlig verschlossen, so daß man Quer-
und Längsschnitte solider Stränge vor sich zu haben den Eindruck gewinnt.
Der Knoten zeigt in seinen Randpartien banal entzündlichen Aufbau — wieder
durchsetzen Rundzellenmassen allerorts das Fettgewebsstroma — im Zentrum
aber epitheloide Struktur mit Verkäsung, die allerdings keine so hohen Grade
erreicht, wie dies bei den kolliquativen Formen die Regel ist. Stellenweise finden
sich auch Epitheloidzelltuberkel isoliert im Gewebe verstreut, und zwar oft abseits vom eigentlichen Krankheitsherd, gelegentlich selbst in der Cutis. Abb. 114a
hält eine solche Stelle fest; hier umlagert ein Infiltrat, das Epitheloidzellknötchen enthält, einen Haarfollikel.

In den letzten Fällen haben wir' also banal entzündliche Veränderungen mit spezifischen kombiniert und damit ein Bild gegeben, das sich von selbst in das bisher vorgewiesene Material einfügt. Besonderheiten weist es nur insoweit auf, als es nicht etwas unbedingt Fixes darstellt, d. h. in der Form entwickelt sein kann, aber nicht muß. Bei allen früher erörterten Erscheinungsformen kommt dem anatomischen Substrat eine gewisse Gesetzmäßigkeit zu. Wenn wir klinisch die Diagnose Lupus tumidus, BOECK sches Lupoid oder Lichen scrophulosorum stellen, so können wir auf einen bestimmten histo-

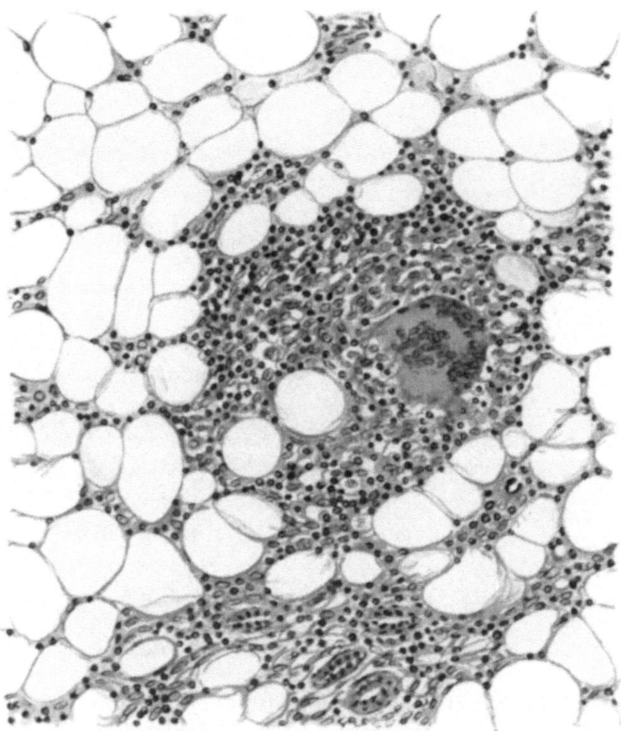

Abb. 114. Erythème induré BAZIN. Hämalaun-Eosin-Färbung. Vergrößerung 160. Riesenzellbildung im Infiltratbereich. Vakatwucherung der Fettzellen noch stärker betont als im früheren Fall.

logischen Befund aus der Gruppe: Tuberkel — tuberkuloide Struktur zählen —, beim Erythema induratum ist dies nicht der Fall. Mag klinisch das Vollbild der Läsion noch so entwickelt sein — ob reine Rundzelleninfiltrate den Knoten aufbauen oder spezifische Granulommassen kann niemand voraussagen. Hier trennen sich also die Wege! Alle bisher besprochenen Krankheitsformen sind durch mehr weniger einheitlichen Reaktionstypus ausgezeichnet, d. h. der bacilläre Insult wird in allen Fällen grundsätzlich gleich beantwortet, Tuberkel und tuberkuloide Strukturen entstehen — ob es in ihrem Bereich zur Verkäsung kommt oder nicht, ob sie isoliert und an gewisse Stellen gebunden auftreten oder anscheinend regellos, ist demgegenüber belanglos. Spezifische Granulombildung verleiht all diesen Fällen ihr Gepräge.

Anders die Verhältnisse beim Erythema induratum! Hier stoßen wir auf die Tatsache, daß der bacilläre Gewebsreiz — und daran, daß das Erythème induré BAZIN eine Bacillose ist, zweifelt kaum jemand — zweierlei auszulösen vermag: banale Entzündung subakuter Art oder Epitheloidzellstruktur, gelegentlich beides. Die Verhältnisse gestalten sich damit viel verwickelter, etwaigen Vorstellungen, daß überall dort, wo Tuberkelbacillen im Gewebe wirksam sind, Tuberkel und tuberkuloide Strukturen entstehen müssen,

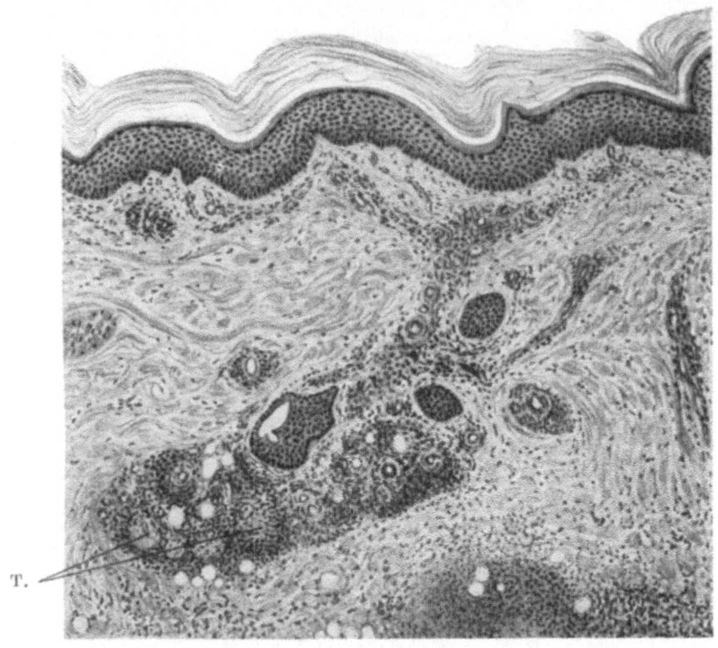

Abb. 114a. Erythème induré BAZIN. Vergrößerung 42.
Stelle oberhalb des eigentlichen Knotens. Epitheloidzellknötchen im Umkreis eines
Follikels (T.).

wird hier der Boden entzogen. In der Tat hat man ja lange Zeit gemeint, daß die Dinge so liegen, den Tuberkel einerseits für ein Specificum der Tuberkulose gehalten, andererseits an gesetzmäßige Zusammenhänge zwischen seinem Auftreten und dem Vorhandensein von Bacillen geglaubt. Bacilläre Insulte ohne tuberkuloide Gewebsreaktion kämen nicht zur Beobachtung, war die Lehre; und sie herrschte so lange, bis vor allem experimentelle Studien ihre Unrichtigkeit erwiesen. Heute sind die Akten darüber geschlossen, daß die KOCHschen Bacillen viel mannigfachere Gewebsreaktionen hervorzurufen vermögen, als man früher gedacht hatte, und daß durch ihre Einwirkung banal entzündliche Strukturen ebenso entstehen können wie tuberkuloide. Das Erythème induré BAZIN ist ein gutes Beispiel dafür, zur Beleuchtung der Verhältnisse besonders geeignet, weil beide Strukturformen getrennt, gelegentlich aber gleichzeitig nebeneinander vorhanden sein können, womit der Beweis für das verschiedenartige Reaktionsvermögen des Gewebes auf ein und denselben Reiz von selbst erbracht ist. Wo nur banal entzündliche Veränderungen ausgelöst werden, wo spezifische Granulombildung ausbleibt, erwachsen der Deutung größere Schwierigkeiten, weil hier die Übergänge zum gewohnten Bild fehlen. In der Tat wissen wir aber, daß es tuberkulöse Hautaffekte gibt, die ausschließlich unter dem Bilde banaler Entzündung, und zwar sogar, im Gegensatz zu den Verhältnissen beim Erythema induratum, dem akuter Entzündung verlaufen, mithin unter Erscheinungen, wie sie bei verschiedenen banalen Hautinfekten zur Entwicklung gelangen. Vertreten wird dieser Typus im besonderen durch die

akute hämorrhagische Miliartuberkulose der Haut,

wie sie Leiner und Spieler beschrieben haben. Ihr Vorkommen beschränkt sich, wie bekannt, auf das Säuglings- und Kleinkindesalter. Exanthematische

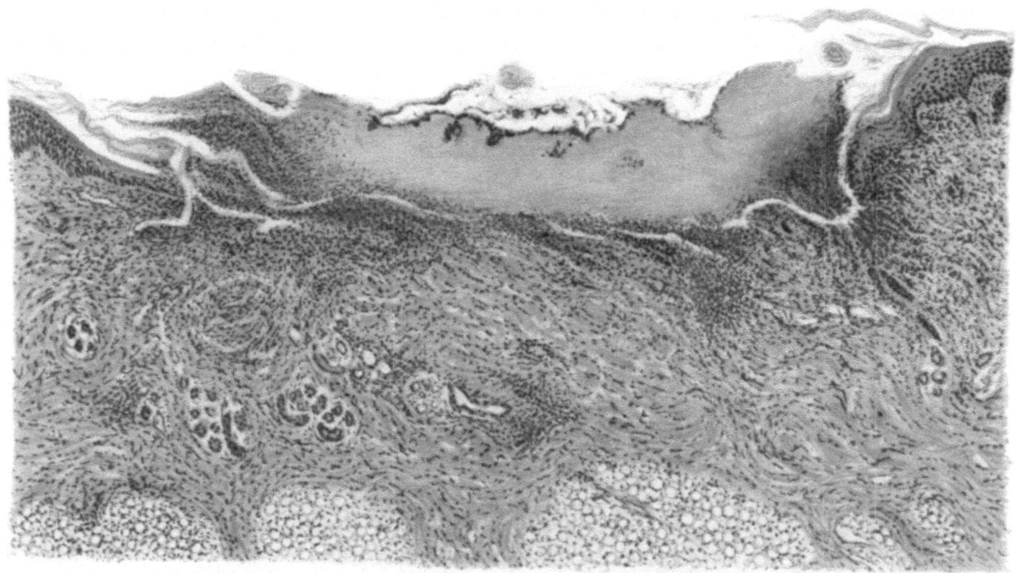

Abb. 115. Schnitt durch ein ulceriertes Infiltrat bei akuter hämorrhagischer Miliartuberkulose der Haut (Type Leiner-Spieler). Hämalaun-Eosin-Färbung. Vergrößerung 42. Banale Entzündung mit Vereiterung.

Ausbrüche von septischem Charakter treten in Erscheinung, die Haut wird gelegentlich geradezu übersät von entzündlichen Flecken und Knoten, die durchwegs Neigung zum Zerfall, zur Vereiterung zeigen. Das anatomische Substrat der Läsion ist höchst einfach (Abb. 115): nekrotisierende Entzündung, auf die obersten Schichten der Haut beschränkt, stellt ihren Inhalt dar. Im vorliegenden Schnitt ist ein ziemlich weit vorgeschrittenes Stadium des Prozesses getroffen — Geschwürsbildung ist bereits gegeben, der schüsselförmige Substanzverlust wird nach außen durch Detritusmassen gedeckt. Im Papillarkörper Rundzellenanhäufung, nirgends tuberkuloide Einlagerungen. Das histologische Bild erinnert damit nach dem, was man bei tuberkulösen Affekten zu sehen gewohnt ist, in nichts daran, daß man es hier mit einer dahingehörigen Erscheinungsform zu tun hat. Und doch liegt eine solche vor! Der Befund säurefester Bacillen im Eiter entscheidet diesbezüglich und es gehört ja mit zum Wesen solcher Prozesse, daß sie bei mangelnder Epitheloidzellstruktur reichlichst Erreger im nekrotischen Gewebe beherbergen — wir werden später noch darauf zurückkommen. Gelegentlich gesellen sich nun aber doch auch bei der akuten Miliartuberkulose der Haut spezifische Veränderungen zur banalen Entzündung — Voraussetzung dafür ist, daß das betreffende Kind die akute Krankheitsphase überlebt, nicht, wie das in der Mehrzahl der Fälle zutrifft, dem septischen Ansturm erliegt; und wo nun der Prozeß so verläuft, treten im anatomischen Bild die Anklänge an den Aufbau lupöser Infiltrate mehr und mehr hervor. Es ergeben sich damit wieder grundsätzlich ähnliche Verhältnisse wie beim Erythèma induré, nur daß hier das Vorkommen tuberkuloider Struktur eine Seltenheit, das der banal entzündlichen Veränderungen die Regel darstellt.

Die nächsten Präparate, gleichfalls aus der Gruppe tuberkulöser Hautaffekte stammend, zeigen wieder andere Verhältnisse und erweitern damit den Kreis der durch das Kochsche Virus auslösbaren Gewebsläsionen in ganz bestimmter Richtung. Es handelt sich um Schnitte vom sog.

papulo-nekrotischen oder acneiformen Tuberkulid.

Die klinischen Erscheinungen setze ich als bekannt voraus, nur daran sei erinnert, daß die Knötchen in der Regel zuerst als harte, wenig entzündete Einlagerungen imponieren; erst allmählich tritt der entzündliche Charakter hervor, und die Nekrose, das Vereitern des Infiltrates, bzw. die Einschmelzung

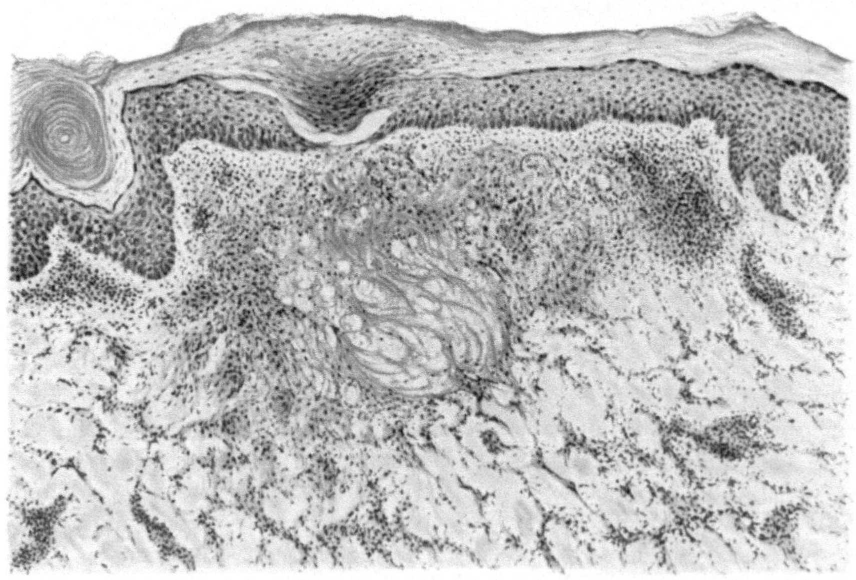

Abb. 116. Papulo-nekrotisches Tuberkulid. Anfangsstadium. Hämalaun-Eosin-Färbung. Vergrößerung 85.
Eigenartige umschriebene Nekrose des Kollagens. In der Umgebung banale Entzündung. Durchbruchsstelle nach außen durch Epidermisläsion bereits angezeigt.

der Knötchen im Kuppenanteil ist die letzte Phase des Prozesses. Gewöhnlich laufen diese Stadien ziemlich rasch hintereinander ab, so daß das Vollbild der Läsion, dem sie ihren Namen verdankt, verhältnismäßig rasch erreicht wird.

Der erste Schnitt, den ich vorweise (Abb. 116), betrifft ein Jugendstadium der Erkrankung. Klinisch war ein kleinschrotkorngroßes, im ganzen wenig gerötetes Knötchen vorgelegen, das an der Oberfläche ziemlich festhaftende Schüppchen trug. Histologisch finden sich ungewöhnliche Verhältnisse: Im Mittelpunkt steht eine eigentümliche Verflüssigung des Kollagens.

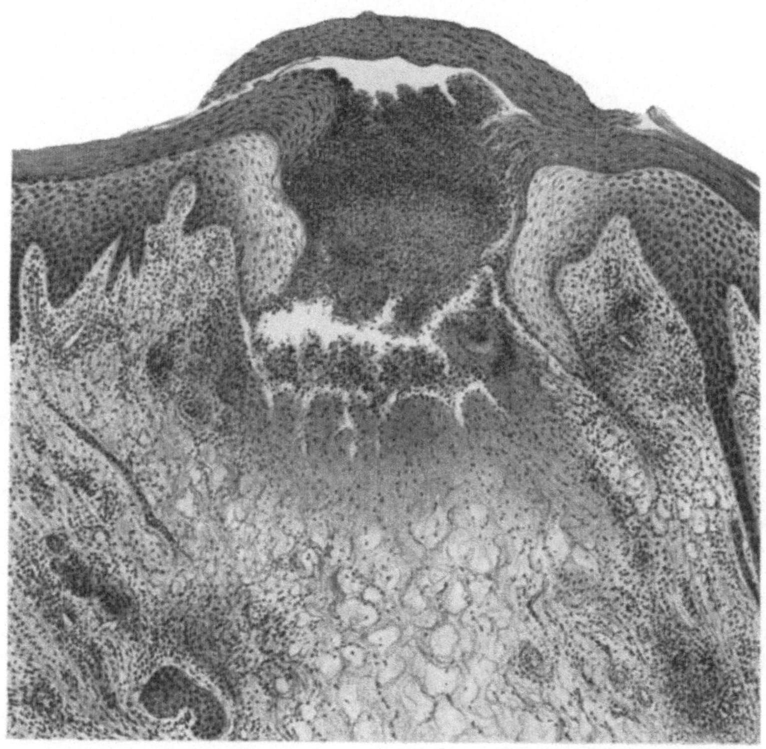

Abb. 117. **Papulo-nekrotisches Tuberkulid.** Älteres Stadium. Vergrößerung 60. Durchbruch der nekrotischen Masse nach außen im Gange. Keine tuberkuloide Struktur.

Das Bindegewebe ist an umschriebener Stelle einer Koagulationsnekrose verfallen, seine fibrilläre Struktur ist verloren gegangen, erweichte fädige Massen sind an seine Stelle gesetzt. Der Herd sitzt im obersten Corium und reicht bis knapp unter die Oberhaut. Wenig Entzündung ist in seinem Umkreise entwickelt und, wo sich Erscheinungen davon finden, tragen sie durchaus banalen Charakter, nirgends im Schnitt stößt man auf Einlagerungen von lupusähnlichem Aufbau. Die Epidermis verrät oberhalb des Infiltrates den Beginn der Nekrose. Parakeratotische Hornmassen sind pfropfartig zusammengeballt und von der Unterlage bereits losgelöst, nur mehr eine ganz dünne Epithelschicht überzieht die Cutis.

Das vorhandene anatomische Substrat unterscheidet sich von all dem, was wir bisher bei tuberkulösen Affekten kennen gelernt haben und es kann

daher nicht wunder nehmen, daß es so geraume Zeit gedauert hat, bis die Natur
der Läsion richtig erkannt wurde.

Das zweite Präparat (Abb. 117) vergegenwärtigt ein vorgeschritteneres Stadium
des Prozesses. Klinisch war das Bild der acneiformen Efflorescenz voll gegeben.

Wieder ist die Bindegewebsnekrose sichtbar, keilförmig durchsetzt sie den
obersten Anteil der Cutis. Relativ wenig Entzündungsreaktion in ihrer Umgebung, dafür mächtige Rundzellenansammlung im Bereiche der Nekrose selbst.
Ein umfänglicher Eiterpfropf lagert ihr auf, er hat sich bereits durch die Epidermis hindurch Platz geschaffen und dabei die in der Oberhaut gesetzte Lücke

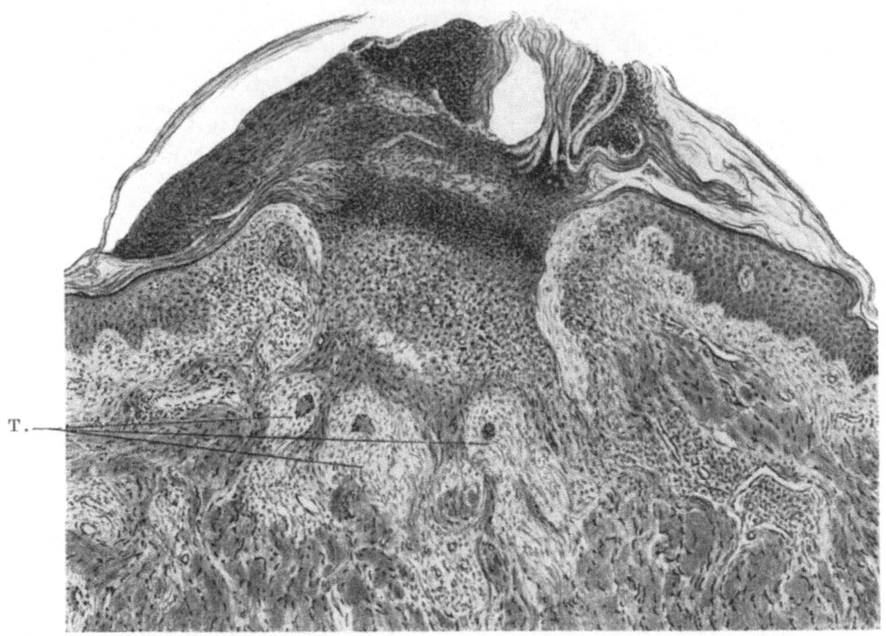

Abb. 118. Acneiformes Tuberkulid. Vergrößerung 42.
Stadium der Pustelbildung. Eine dünne Hornlamelle schließt die Eitermasse noch nach
außen ab. Breite Durchbruchsstelle in der Epidermis. Am Boden des Infiltrationsherdes
Tuberkel mit Riesenzellen (T.).

wieder verschlossen; nach außen wird er von parakeratotischen Massen überdeckt. Auch hier sind nirgends Anklänge an tuberkuloide Strukturen festzustellen.

Das Bild dieses Falles erinnert durchaus an das vorangehende; grundsätzlich gleichartige Gewebsreaktionen liegen vor, nur das Entwicklungsstadium
hier ist höher und es gehört nun eben zur Regel, daß sich an die Phase der Bindegewebskoagulation jene der Vereiterung anschließt. Auf diesem Wege wird das
Corpus mortuum entfernt und damit die Basis für wirksame reparatorische
Vorgänge geschaffen.

Das dritte Präparat (Abb. 118) erinnert beim ersten Ansehen an das gerade
vorgewiesene. Wieder war klinisch das Vollbild der Folliclis oder Acnitis, wie
solche Affekte bekanntlich auch genannt werden, erreicht, ja vielleicht sogar

in gewisser Überreife entwickelt. Histologisch grundsätzlich derselbe Aufbau wie im früheren Fall: Die Oberhaut zeigt eine breite Perforationslücke, durch die sich Eiter und Nekrosemasse nach außen ergießen. Das in Abstoßung begriffene Gewebsmaterial hat sich unter der Hornschicht angesammelt, die damit zur Pusteldecke wird. Der Eiterpfropf reicht ziemlich tief in das Corium; rechts und links wird er von gewucherter Epidermis umgeben, nach unten zu — und darin liegt nun ein wesentlicher Unterschied gegenüber den früheren Fällen — von Epitheloidzellknötchen mit Riesenzellen. Der eigentliche Krankheitsherd erscheint so nach allen Seiten hin gut abgegrenzt.

Hier sind damit Veränderungen gegeben, die nicht mehr so weit abstehen von jenem Bild, das wir bei tuberkulösen Affekten in der Regel zu sehen bekommen. Tuberkuloide Strukturen finden sich neben banaler Entzündung und allem Anscheine nach entstammen diese der jüngsten Zeit, d. h. zuerst waren offenbar nur banal entzündliche Zustände entwickelt, erst allmählich gesellten sich die spezifischen hinzu. Das muß man aus der ganzen Anlage der Läsion erschließen und übereinstimmend mit solchen Vorstellungen ist ja auch die Tatsache, daß lupösen Aufbau stets nur ältere Efflorescenzen aufweisen, in Jugendstadien ist davon nichts zu sehen, ausschließlich akut entzündliche Gewebsreaktion beherrscht hier das Bild. Grundsätzlich verschiedene Prozesse spielen sich demnach hintereinander ab, zuerst beantwortet das Gewebe den bacillären Insult — und daran, daß die acneiformen Tuberkulide Bacillosen sind, zweifelt kaum mehr jemand — mit eigenartiger Nekrose des Kollagens, dann tritt akute Entzündung auf, die zu Vereiterung führt, und im Anschlusse daran werden Tuberkel und tuberkuloide Strukturen gebildet. Drei Etappen durchläuft der Prozeß, die beiden letzten gleichen weitgehend denen bei der akuten hämorrhagischen Miliartuberkulose der Haut. Und dadurch, daß im Endstadium tuberkuloide Strukturen gebildet werden, ergeben sich nun für beide Erkrankungstypen die Übergänge zum Lupus und den ihm histologisch nahestehenden Erscheinungsformen. Die auf Grund der in Jugendstadien vorliegenden morphologischen Befunde entstehende Kluft zwischen den erwähnten Prozessen erfährt damit Überbrückung, das Trennende verschwindet mehr, das histologische Substrat unterstützt jetzt sogar die Annahme von der Zugehörigkeit dieser Fälle zur Tuberkulose. Daß man so lange Zeit anderer Meinung war, die Tuberkulide vom Lupus, als den erklärten Vertreter der Hauttuberkulose strenge getrennt hat, beruht vor allem auf den erwähnten histologischen Differenzen. Solange das Dogma von der Spezifität des Tuberkels für die Tuberkulose Geltung hatte, konnten andere Meinungen in dem erwähnten Fragenkomplex nicht Fuß fassen und histologisch-morphologische Studien allein wären wohl nie imstande gewesen, hierin Wandel zu schaffen. Experimentelle Erkenntnisse mußten hier eingreifen und wenn wir heute weitere Auffassungen hinsichtlich der tuberkuloiden Strukturen haben, wenn wir von der Vorstellung endgültig frei sind, daß der Tuberkelbacillus immer spezifische Gewebseinlagerungen erzeugen müsse, so ist dies in erster Linie auf ihre Rechnung zu setzen. Die Kochschen Bacillen können tuberkuloide Struktur provozieren, lautet heute die Lehre, sie müssen dies aber nicht — genug durch sie veranlaßte Affekte verlaufen unter dem Bilde banaler Entzündung — vielleicht sind es mehr, als wir dermalen glauben; wo Tierexperiment und histologische Untersuchung versagen, wird die Deutung schwierig und unsicher. In der Tat kennen wir Prozesse, wo die Dinge so liegen, wo immer wieder darüber verhandelt werden muß, ob sie zur Hauttuberkulose gehören, durch Bacillenwirkung bedingt sind, weil weder das Virus irgendwie gesetzmäßig nachzuweisen ist, noch anatomische Läsionen spezifischer Art sich finden. Auch aus dieser Gruppe wollen wir einige Präparate besichtigen. Zunächst eines von

Acne varioliformis (Hebrae), s. frontalis.

Den Namen verdankt die Affektion, wie bekannt, dem Umstande, daß die, hauptsächlich entlang der Stirn-Haargrenze auftretenden Knötchen nach ihrer Vereiterung mit eingesunkenen, an überstandene Pocken erinnernden Narben

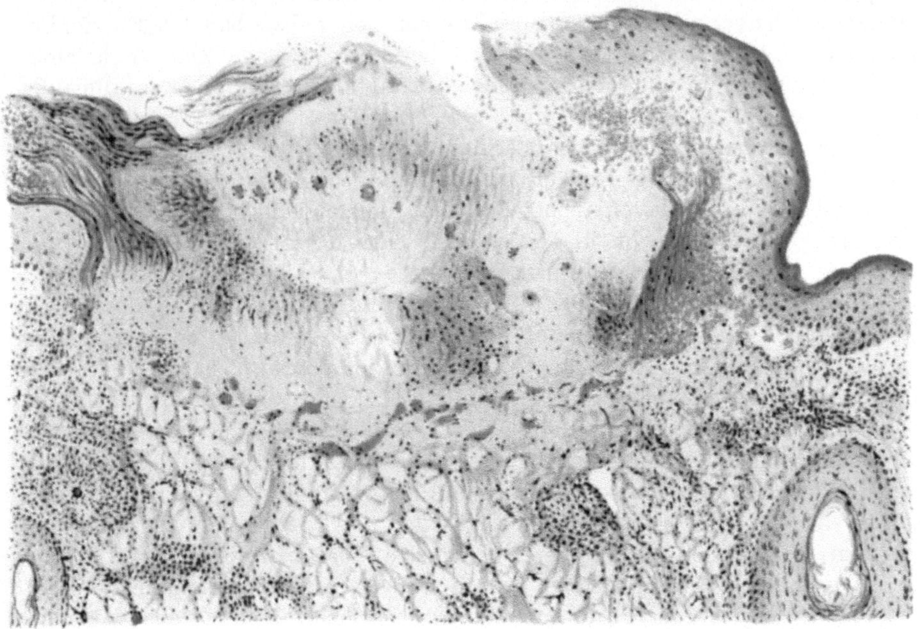

Abb. 119. Schnitt durch eine Acne varioliformis-Efflorescenz. Hämalaun-Eosin-Färbung. Vergrößerung 85.
Herdförmige, auf den obersten Cutisanteil beschränkte Bindegewebsnekrose, in der Umgebung banale Entzündung.

abheilen. Der Verlauf des Prozesses ist meist protrahiert und zu Rückfällen neigend, hinsichtlich etwaiger Beziehungen zur Tuberkulose ist nichts Sicheres bekannt. Das anatomische Substrat unterstützt zwar Vermutungen dieser Art; es ergeben sich nämlich gelegentlich Bilder, die Anklänge an acneiforme Tuberkulide zeigen. Abb. 119 soll darüber informieren. Wieder steht die Bindegewebsnekrose im Mittelpunkt des Geschehens. Genau so wie beim papulonekrotischen Tuberkulid stellt sie die Primäralteration dar, die entzündlichen Vorgänge treten erst sekundär hinzu; sie bewirken die Ausstoßung des zugrunde gegangenen Gewebes. Einschmelzung der Epidermis ist die notwendige Folge der Vorgänge im Corium; im vorliegenden Falle ist sie schon ziemlich weit gediehen, die nekrotischen Massen liegen bereits frei nach außen zu. Die Umgebung des Krankheitsherdes ist entzündlich infiltriert, stellenweise reichen die Infiltrate ziemlich tief ins Gesunde hinein. In der Regel sind es banale Rundzelleneinlagerungen, Lymphocytenstränge — gelegentlich allerdings sind auch Epitheloidzellen vorhanden, nicht in Form streng umschriebener Knötchen, sondern unregelmäßiger Einsprengungen. Allem Anscheine nach ist das Vorkommen tuberkuloider Strukturen selten, immer wieder wird der banal entzündliche Charakter der Affektion betont und aus dieser Tatsache, sowie dem Umstande der stets negativen Ergebnisse bei Tierimpfungen mit solchem Gewebsmaterial ihre Zugehörigkeit zur Tuberkulose abgelehnt. Die strukturellen Verhältnisse bieten meiner Meinung nach keine Handhabe zu solchem Urteil. Sowohl die primäre Bindegewebskoagulation als das gelegentliche Hervortreten spezifischer Zelleinlagerungen passen in den Rahmen der Tuberkulose durchaus hinein — natürlich sind die Befunde nicht ausreichend, um daraus irgendwie sichere Entscheidungen ableiten zu können. Auch hier ist zukünftigen Studien das letzte Wort vorbehalten und erst aus einer möglichst lückenlosen Untersuchung der verschiedenen Entwicklungsstadien des Prozesses, im besonderen seiner allerersten Anfänge Aufklärung zu erhoffen.

Ähnlich steht es mit dem nächsten Falle, von dem ich Ihnen Präparate vorweisen will, mit dem sog.

Granuloma anulare.

Auch hier wissen wir nichts Sicheres darüber, wohin die Erkrankung eigentlich gehört, ob sie eine Erscheinungsform der Hauttuberkulose ist oder ein Prozeß sui generis. Klinisch steht die Affektion außerhalb der Reihe der gewöhnlichen tuberkulösen Hautmanifestationen. Wie bekannt sind Infiltrate entwickelt, in der Regel im Bereiche der Finger oder Handrücken von eigenartiger Transparenz, braungelb-livider Farbe und durchwegs beträchtlicher Härte; sie zeigen chronischen Verlauf, sinken im Zentrum allmählich ein und erhalten dadurch Ringform. Distinkte Knötcheneinsprengungen sind im Infiltratbereich nirgends zu sehen, wodurch Anklänge an lupöse Bildungen völlig fehlen.

Das anatomische Substrat zeigt wieder sehr verschiedene Bilder je nach dem Entwicklungsstadium, das gerade zur Untersuchung gelangt, und es ist bei dem an und für sich seltenen Vorkommen der Affektion schwer, eine völlig geschlossene Reihe aller Ereignisse aufzustellen. Ich will Ihnen drei besonders markante Typen aus den vielen Bildern vorweisen, die zugleich auch die Brücke zu den früher erörterten Präparaten schlagen sollen. Der erste Schnitt (Abb. 120) zeigt umschriebene Bindegewebsnekrosen besonderer Art; sie sitzen durchwegs im tieferen Anteil des Coriums, sind strenge abgegrenzt und kaum von Entzündungselementen umgeben. Der Charakter der Nekrose erinnert sehr an das bei den papulo-nekrotischen Tuberkuliden kennen gelernte. Allem Anscheine nach handelt es sich auch hier um einen Koagulationsprozeß des Bindegewebes, der aber nicht zur vollen Verflüssigung führt, sondern eine mehr faserige Masse als Endprodukt schafft. Wie sich die Befunde darstellen, muß man der Meinung sein, daß die Nekrose hier als Erstlingsalteration des Gewebes auftritt, infiltrative Vorgänge spielen im Anfang offensichtlich keine Rolle, wo man schließlich auf sie stößt, sind sie sekundär hinzugetreten. So wären demnach die Verhältnisse im zweiten Präparat zu deuten (Abb. 121), das schon viel umfänglichere Läsionen erkennen läßt. Wieder ist das Bindegewebe in ausgedehntem Maße nekrotisiert, und zwar wieder in den tiefen Schichten der Cutis. Diesmal handelt es sich um einen mehr streifenförmigen und nicht rundlich abgegrenzten Herd — in seiner Umgebung reichlich Infiltratbildung von banal entzündlichem Charakter. Hauptsächlich sind es Lymphozyten, die sich an ihrem Aufbau beteiligen, stellenweise liegen dazwischen eigenartige spindelige Elemente und größere Rundzellen, so daß abschnittsweise ein recht polymorphes Bild sich ergibt. Das Infiltrat ist reich an Gefäßen, vielfach macht es den Eindruck — nicht gerade an der hier festgehaltenen Stelle —, daß Gefäß-

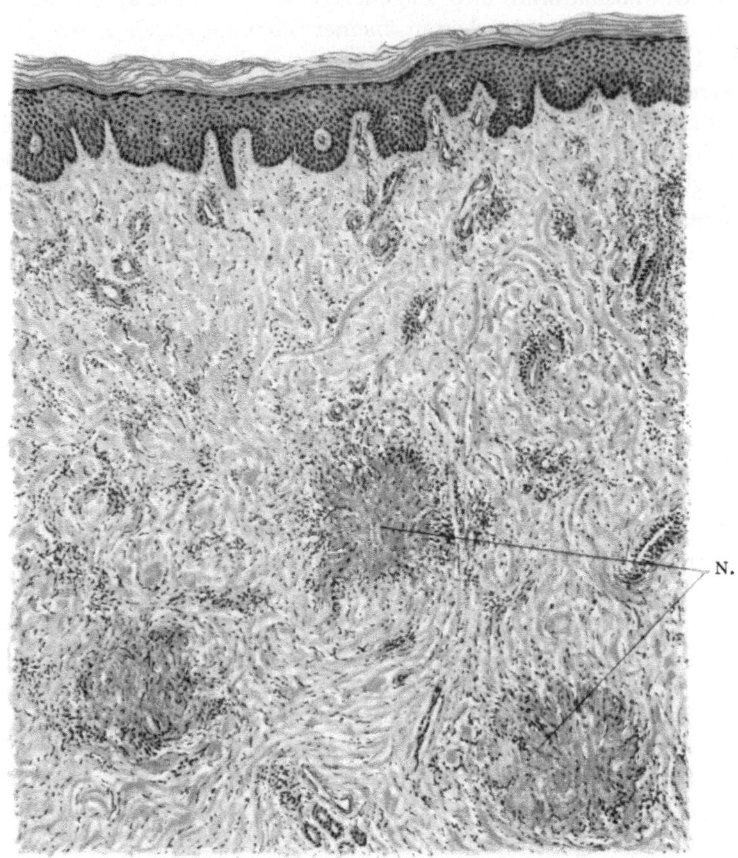

Abb. 120. Granuloma anulare. Hämalaun-Eosin-Färbung. Vergrößerung 42. Jugendstadium. Umschriebene Bindegewebsnekrosen (N.) ohne besondere reaktive Entzündungserscheinungen.

sprossung stattgefunden hat. Der Nekroseherd im Zentrum des Knotens — und als solcher imponiert die Einlagerung — erscheint nirgends von Eiterzellen durchsetzt, sie hebt sich als solide Masse von der Umgebung ab. Epitheloide oder Riesenzellen sind hier nicht vorhanden — sie zeigt aber das nächste Präparat (Abb. 122). Es stammt von demselben Falle, nur von einem anderen Knoten. Grundsätzlich liegt dieselbe Läsion vor: Ausgedehnte Nekrose in der Tiefe der Cutis, im Umkreis davon Gewebsneubildung, die aber nicht mehr ausschließlich aus Rundzellen besteht, sondern auch aus Epitheloiden, die stellenweise sogar knötchenförmige Gruppierung erkennen lassen. Damit sind Anklänge an frühere Befunde gegeben und es kann auf Grund dessen nicht wundernehmen, wenn immer wieder Stimmen laut werden, die das Granuloma anulare mit Tuberkulose in Beziehung bringen wollen. Irgendwie verläßliche Beweise liegen dafür nicht vor, alle tierexperimentellen Bestrebungen sind erfolglos verlaufen — so viel kann mit Sicherheit ausgesagt werden, daß wir es mit einem Granulationsprozeß zu tun haben, der gelegentlich mit Bildung tuberkuloider Struk-

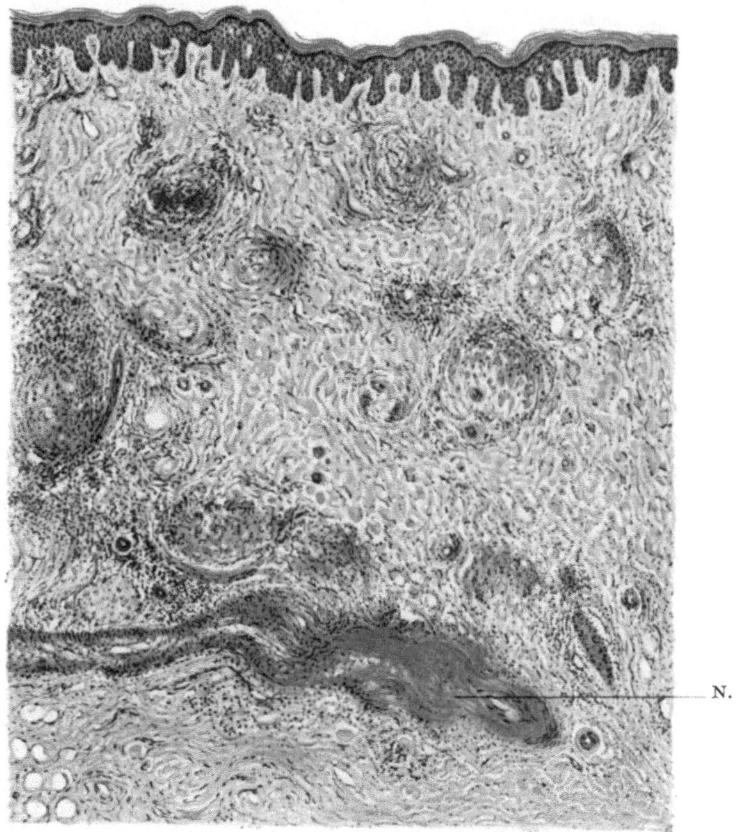

Abb. 121. Granuloma anulare. Hämalaun-Eosin-Färbung. Vergrößerung 42. Älteres Stadium. Umfänglichere Bindegewebsläsion als im Schnitte zuvor. Reichlichere Infiltratbildung von banal entzündlichem Charakter in der Umgebung des Nekroseherdes (N.).

turen einhergeht, und nicht mit einem sog. sarkoiden Tumor, wie seinerzeit vielfach geglaubt wurde.

Die letzten, in dieser Gruppe vorzuweisenden Präparate betreffen den

Lupus erythematodes.

Die Berechtigung, das Krankheitsbild hier abzuhandeln, erscheint zunächst ziemlich gering. Alles, was bisher in diesem Abschnitt zusammengefaßt wurde, hat das Eine gemeinsam, daß gelegentlich tuberkuloide Strukturen zur Beobachtung kommen. Beim Lupus erythematodes ist dies nun nicht der Fall, bzw.

zählt es zur größten Seltenheit, daß man einmal auf solche Verhältnisse stößt. Ich habe bisher bei Untersuchung eines recht großen Materiales nur einmal derartiges finden können und auch dies nur zufällig beim Studium einer ausgedehnten Schnittserie. Jedenfalls ist es die Regel, daß der Lupus erythematodes keine Tuberkel und tuberkuloiden Strukturen

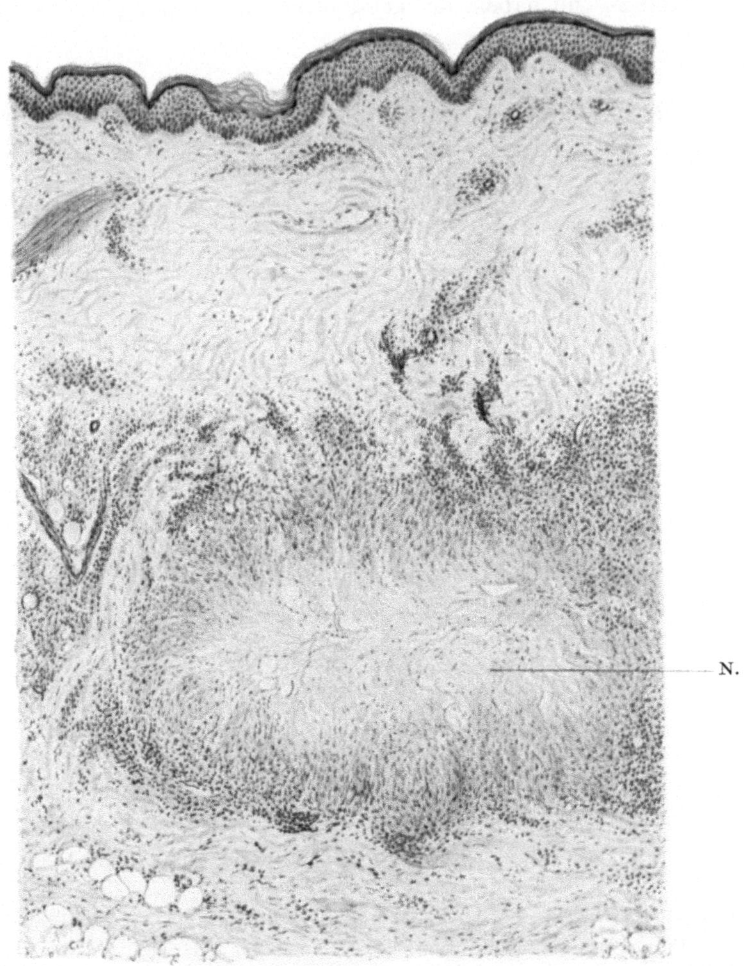

Abb. 122. Granuloma anulare. Hämalaun-Eosin-Färbung. Vergrößerung 42. Anderes Stadium als in Abb. 120 und 121. In der Tiefe der Cutis ausgedehnte Nekrose, das umgebende Infiltrat zeigt stellenweise Epitheloidzellenstruktur.

bildet — und doch gehört er höchstwahrscheinlich zur Tuberkulose, die Beweise dafür verdichten sich mehr und mehr (in letzter Zeit EHRMANN und FALKEN-STEIN)! Gerade aus dem letzterwähnten Grunde will ich seine Besprechung hier anfügen, gewissermaßen als Abschluß des Kapitels, das wir mit den einfachsten, typischen Reaktionsbildern der Hauttuberkulose begonnen und weiterhin als so verwickelt kennen gelernt haben. Der Lupus erythematodes stellt nun das Höchste an struktureller „Atypie" dar, wenn wir den Vulgaris als Vertreter des „Typischen" ansehen. Erweist sich der früher erwähnte Standpunkt von der Zugehörigkeit des Erythematodes zur Tuberkulose entweder im ganzen als richtig, oder in jener Teilfassung, daß die Überzahl der Fälle diese Ätiologie hat — und letzteres glaube ich, ist am ehesten zu erwarten — so wäre damit die Tatsache gegeben, daß bacilläre Insulte unter bestimmten Bedingungen mit tuberkuloider Gewebsreaktion überhaupt nicht beantwortet werden können, daß die Kochschen Parasiten in solchen Fällen nach Art banaler Keime bekämpft werden. Der Lehre von der Spezifität des Tuberkels bei bacillären Hautschädigungen wäre damit der Boden völlig entzogen. Für einzelne

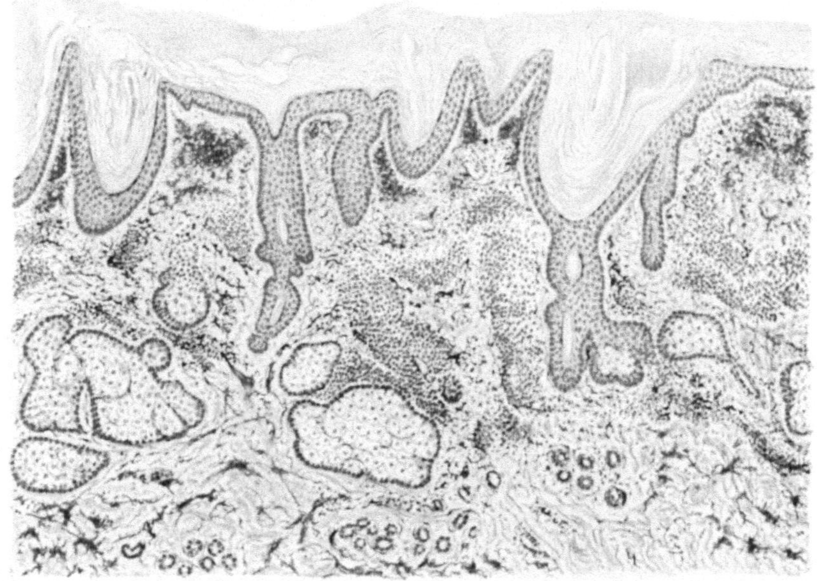

Abb. 123. Lupus erythematodes. Lithion-Carmin-Weigert-Elastica. Vergrößerung 42. Elastica und Kollagen-Degeneration im Bereich des Papillenkörpers; streifenförmige Anordnung der Infiltratmassen, die durchwegs aus banalen Entzündungselementen bestehen. Epidermis im Zustand von Hyperkeratose.

Beobachtungen (BLOCH, BLOCH und RAMEL) kann an der ätiologischen Bedeutung der Bacillen für den Krankheitsprozeß nicht gezweifelt werden.

Die histologischen Veränderungen bei Lupus erythematodes — die vorliegenden Präparate beziehen sich durchwegs auf die discoide Form — betreffen Oberhaut und Cutis (Abb. 123 u. 124). Erstere erscheint, insbesondere in älteren Fällen, oft verschmälert — oft fehlt jede Leistenbildung — und dabei im Zustande der Hyperkeratose. Die Hornschicht ist fallweise recht beträchtlich verdickt, im besonderen sind die erweiterten Follikeltrichter Sitz der Mehrbildung; durch die Ansammlung der Hornlamellen in ihrem Bereiche entstehen die im klinischen Aussehen der Affektion immer wieder als charakteristisch hervortretenden, der Unterlage fest anhaftenden Schuppenpfröpfe. Die epidermalen Veränderungen wurden seinerzeit für das geradezu Wesentliche des Prozesses gehalten. Heute ist man von dieser Vorstellung abgekommen, sieht sie für etwas

Sekundäres an und stellt die Bindegewebsläsion als wichtigsten Befund in den Vordergrund, ohne dabei sicher entscheiden zu können, worin die Erstlingsalteration eigentlich besteht. Verschiedene Störungen sind nämlich gegeben: Der Blut-Lymphgefäßapparat, hauptsächlich des Papillarkörpers, ist alteriert, Kollagen und Elastica zeigen Umformung und dazu

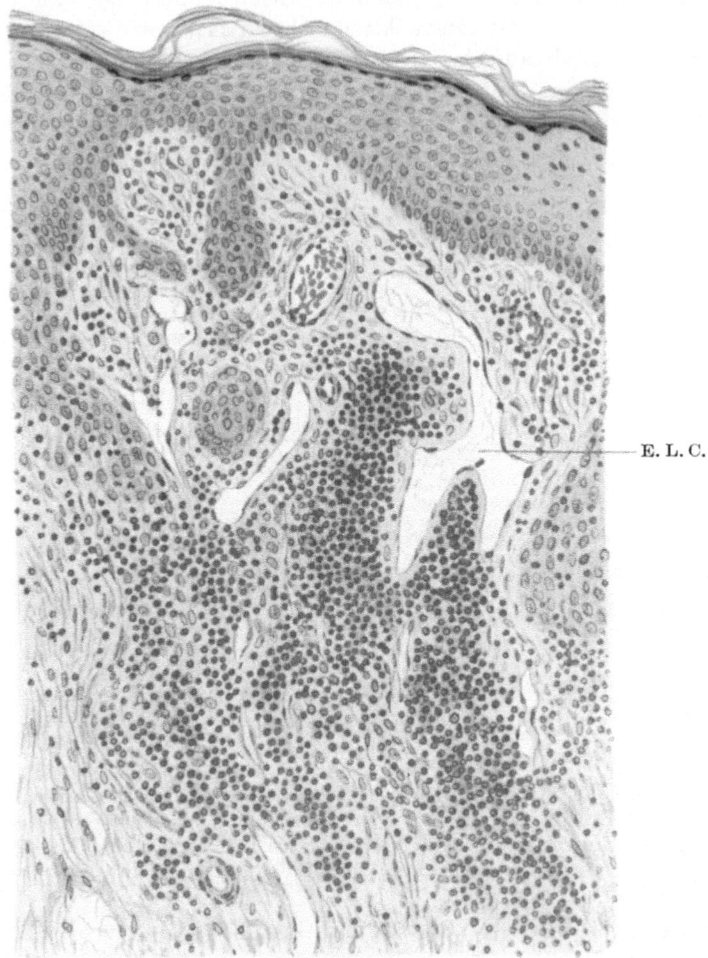

Abb. 124. Lupus erythematodes. Stelle aus dem früheren Präparat bei starker Vergrößerung (Vergr. 160). Hämalaun-Eosin-Färbung.
Erweiterung der Lymphcapillaren (E. L. C.). Hyperämie und Stase in den Blutgefäßen, Rundzelleninfiltration. Hornschichte im Stadium der Abschuppung bei geringgradiger Hyperkeratose.

tritt nun die celluläre Infiltration. Wollen wir über sie zuerst verhandeln! Was Aussehen und Natur der Infiltratzellen anlangt, so handelt es sich durchwegs um eine Form, um den kleinen, protoplasmaarmen Lymphocyten; nirgends sind Epitheloidzellen oder andersartige Elemente dazwischen getreten. In der Regel zeigen die Zellen entlang der Gefäße häufchenförmige Gruppierung, und zwar so, daß nicht auf weite Strecken hin diffuse Einlagerungen zustande kommen, sondern mehr fleckförmige Herde. Dabei ist ihr Sitz einmal sehr oberflächlich, das andere Mal tiefer, gelegentlich sind hauptsächlich die Hautanhänge von Zellmassen umsponnen. Der oberste Papillarkörperanteil ist gewöhnlich verschont von Infiltraten, hier finden sich dafür Gefäßveränderungen und degenerative Erscheinungen an Elastica und Kollagen.

Die Gefäßveränderungen bestehen in Gefäßerweiterung, und zwar gilt dies für Blut- und Lymphapparat. Die Blutcapillaren erscheinen vielfach

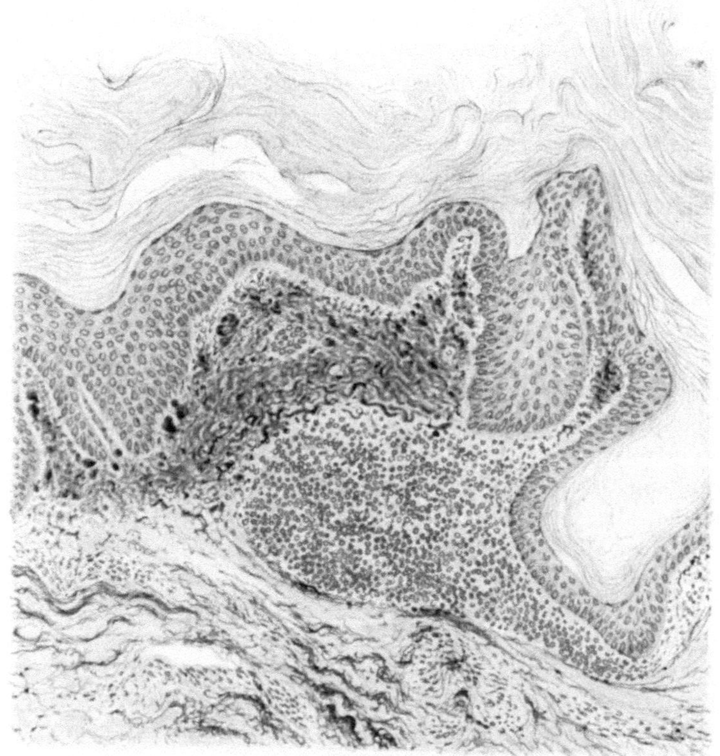

Abb. 125. Stelle von dem früheren Fall. Vergrößerung 110.
Die Abbildung soll Einzelheiten der Cutisdegeneration und den Charakter der Infiltratzellen zeigen.

strotzend gefüllt, die Lymphgefäße so bedeutend erweitert, daß förmliche „Lymphseen" erzeugt sind.

Im Infiltratbereich kommt es häufig zur Gefäßneubildung, natürlich nur im Sinne von Aussprossung zarter Capillaren.

Im Mittelpunkt des Interesses und der Erörterungen stehen seit jeher die Veränderungen am kollagenen und elastischen Gewebe. Zunächst sei bemerkt, daß in den Infiltraten selbst elastische Fasern durchwegs fehlen, sie sind hier zugrunde gegangen, ab und zu strahlen natürlich einzelne Fibrillen aus der Umgebung in die Infiltratzone hinein.

Hauptsitz der Umformung des Fasersystems ist der Papillarkörper. Hier begegnen uns bekannte Verhältnisse — Schnitt 124 und 125 wird Sie sogleich an Bilder erinnern, die wir im Kapitel „Atrophie der Haut" mannigfach kennen gelernt haben. Quellung und Verklumpung der Elastica, Umformung des Kollagens zu resorzinophilen Massen ist das Wesentliche der Läsion und damit grundsätzlich das Gleiche, was beispielsweise bei der senilen und präsenilen Dystrophie der Haut festzustellen ist. Und weil diese Übereinstimmung herrscht, entsteht von selbst die Frage, ob denn diese Veränderungen mit dem Prozeß des Lupus erythematodes an und für sich überhaupt etwas zu tun haben? Man hat das lange Zeit geglaubt, die Elasticadegeneration als pathognomonisches Zeichen des Erythematodes aufgefaßt (SCHOONHEID u. a.) — ich selbst habe dieser Meinung vor Jahren beigepflichtet, heute halte ich sie keineswegs mehr aufrecht und stimme mit JADASSOHN vollständig darin überein, daß die Veränderungen nichts für Lupus erythematodes Spezifisches an sich haben, bei verschiedensten Prozessen vorkommen, ja in der Gesichtshaut scheinbar überhaupt ein ungemein häufiges Vorkommnis darstellen. Vielleicht wird ihre Entwicklung durch das Hinzutreten des Entzündungsprozesses beschleunigt, bzw. verstärkt, vielleicht muß der Kollagenumbau von vornherein gegeben sein, damit es zu jener Gewebsreaktion, die dem Erythematodes entspricht, überhaupt kommen kann — alle diese Fragen sind nicht sicher zu beantworten, soviel kann aber wohl mit Bestimmtheit gesagt werden, die Veränderungen an Kollagen und Elastica gehören gewiß nicht zu der durch den spezifischen Insult gesetzten Erstlingsalteration, sie sind etwas Sekundäres, ja vielleicht überhaupt Unabhängiges vom Grundprozeß.

Das Hervortreten der Gefäßektasie steht offenbar mit dem Kollagenumbau in Zusammenhang. Dafür haben wir ja schon Beispiele kennen gelernt, daß dort, wo das Stroma, die Grundsubstanz, in die Gefäße eingebettet sind, andere chemische Eigenschaften erwirbt, der Halt für das Röhrchensystem verloren gehen kann. Ich erinnere Sie an die eruptiven Angiome, wo wir auch den Kollagenumbau verantwortlich für die Gefäßerweiterung gemacht haben.

Das eigenartige Terrain, auf dem sich der Entzündungsprozeß abspielt, wäre demnach für das Gesamtbild der Läsion beim Lupus erythematodes von wesentlicher Bedeutung. Von diesem Faktor abgesehen, hätten wir höchst einfache Verhältnisse vor uns: banale chronische Entzündung ohne Neigung zu Gewebszerfall und Vereiterung, lediglich ausklingend in Schrumpfung der Cutis, in narbige Atrophie.

25. und 26. Vorlesung.

Von selbst ergibt sich nun nach dem Studium der mannigfach verschiedenen anatomischen Befunde bei Hauttuberkulose die Frage, worauf es denn beruht, daß das eine Mal diese, das andere Mal jene Struktur entsteht, welche biologischen Gesetzmäßigkeiten hierfür maßgebend sind und wie der Ablauf der Geschehnisse dort sich verhält, wo einheitliche histologische Bilder uns nicht begegnen, sondern Mischformen scheinbar ohne Regel und geordnete Anlage? Schwierig ist die Beantwortung dessen und durchaus nicht restlos möglich, noch immer bleiben, wie JADASSOHN gelegentlich sehr richtig bemerkt hat, der Rätsel genug übrig trotz aller Fortschritte auf dem Gebiete der Immunbiologie, die das Vorwärtskommen in der Erkenntnis dieses Fragekomplexes so wesentlich gefördert haben.

Als ersten und wichtigsten Punkt müssen wir uns die Tatsache in Erinnerung bringen, daß das Aussehen jeder anatomischen Läsion, mag sie durch was immer für eine Noxe bedingt sein, von verschiedenen Faktoren bestimmt wird. Das schädigende Agens selbst ist nur ein Moment, wenn auch ein sehr wesentliches, Empfänglichkeit und Reaktionsbereitschaft des Gewebes spielen hinsichtlich Effektes gleichfalls eine große Rolle — ich habe ja davon schon früher eingehender gesprochen. Wenden wir dies nun auf die Tuberkulose an: Die Bacillen dringen in die Haut ein, dabei zunächst gleichgültig auf welchem Wege, ob sie die Blut- oder Lymphbahn benützen oder direkt von außen durch Verletzungen der Epidermis an Ort und Stelle kommen. Was sie nun an Veränderungen hervorbringen, hängt von der Art und Weise ab, in der das Gewebe gegen den Insult Front macht. Die Bacillen selbst bestimmen den Charakter der Läsion durchaus nicht allein; Ansichten dahingehend, daß die jeweilige Virulenz der Keime oder bestimmte Arten des Bacteriums (Typus bovinus — Typus humanus) ausschlaggebenden Einfluß auf Bau und Form der Affektion ausüben vermögen, treten mehr und mehr in den Hintergrund — die Lehre von der Bedeutung des jeweiligen Hautzustandes und dem damit in engstem Zusammenhang stehenden jeweiligen Abwehrvermögen des Gewebes den eingedrungenen Bacillen gegenüber ist an erste Stelle gerückt.

Das Gewebe verfügt nun über zwei grundsätzlich verschiedene Fähigkeiten, Schädigungen auszugleichen, bzw. den Kampf gegen sie zu führen, Fähigkeiten, die immer wieder hervortreten, wenn bestimmte Reize wirksam sind, und nicht etwa nur durch einen Reiz, nennen wir als Beispiel den Tuberkelbacillus, mobilisiert werden. Diese Kräfte besitzt das Gewebe von der Anlage her, sie sind ihm gewissermaßen als Schutzapparat mitgegeben — in ihrer Auswirkung führen sie das eine Mal zur banalen Entzündung, das andere Mal zum spezifischen Granulom. Welcher von beiden Wegen jeweils eingeschlagen wird, bestimmt nun einerseits die Qualität des Reizes, andererseits aber, und in erster Linie die des Gewebes. Um richtig verstanden zu werden: Es gibt Reize, denen die Fähigkeit, spezifische Strukturen hervorzubringen, völlig fehlt, — auch darauf habe ich schon einmal kurz hingewiesen — Beispiele dafür aus der belebten Natur: Staphylokokken, Streptokokken. Wo diese Keime in Wirksamkeit treten, kommt es stets zur banalen Entzündung, dabei gleichgültig ob akuten, subakuten oder chronischen Charakters, niemals zur Entwicklung tuberkuloider Strukturen. Hier hat also das Gewebe nur einen vorgeschriebenen Weg der Abwehr, den der banalen Entzündung!

Dann gibt es aber Reize, die beide Fähigkeiten wach zu rufen vermögen, die einmal banale, das andere Mal spezifische Entzündung auslösen. Reize aus der belebten und unbelebten Natur vermögen dies in gleicher Weise und gerade die Tatsache, daß solche Ereignisse auch durch unbelebte Insulte bestimmt werden, ist für das Verständnis der biologischen Zusammenhänge wichtig, da sich daraus erkennen läßt, daß die für den Aufbau des Granuloms in Frage kommenden Kräfte dem Gewebe von Anbeginn innewohnen und ihm nicht erst, gewissermaßen sekundär, aufgepflanzt werden, woran man in Fällen, wo bakterielle Einflüsse geltend sind, etwa denken könnte. Der Fremdkörpertuberkel — und er ist der Vertreter für die in Frage stehende Gruppe der durch Reize aus der unbelebten Natur hervorgerufenen spezifischen Granulome — sagt uns, daß das Gewebe ab ovo über Kräfte verfügt, die es zu ganz bestimmter Abwehr befähigen, daß ihm eine „tuberkuloide Reaktionsfähigkeit" innewohnt, die unter gewissen Bedingungen jedesmal in Aktion tritt und zu spezifischem Endeffekt führt. Mögen hinsichtlich Empfindlichkeit und Intensität dieses Reaktionsvermögens auch individuelle Schwankungen vorkommen — vielleicht liegt darin mit der Grund gewisser, gelegentlich zu beobachtender Differenzen im Aussehen von Fremdkörpergranulomen — jedenfalls muß man der Meinung sein, daß es sich hiebei um eine, dem Gewebe von vornherein anhaftende Eigenschaft handelt. Bemerkt muß dazu noch werden, daß nicht alle Fremdkörperinsulte in dieser Weise Beantwortung finden, daß wir ab und zu auf Fälle stoßen, wo nur banal entzündliche Veränderungen vorliegen, wo demnach der zweite Weg der Abwehr, der „unspezifische", wenn wir ihn so nennen wollen, eingeschlagen wird. Welchen Gesetzen das Zustandekommen dieser Ausnahmen unterliegt, wissen wir nicht, wahrscheinlich spielen chemische Verhältnisse hiebei eine Rolle. Man muß daran denken, daß je nach der Art des chemischen Reizes, der vom Corpus alienum ausgeht, die Gewebsreaktion verschieden beeinflußt wird. Vollen Einblick in diese Verhältnisse werden wir nie gewinnen, kolloid-chemische Probleme liegen hier offenbar vor und die bleiben uns bis zu einem gewissen Punkt wie immer verschlossen.

Die Betrachtung der Verhältnisse beim Fremdkörpertuberkel führt also dazu eine „auf Anlagemomenten beruhende tuberkuloide Reaktionsfähigkeit" des Gewebes, sagen wir für unsere Verhältnisse der Haut, anzunehmen. Jeder Mensch besitzt sie und sie muß genau so durch spezifische Reize ausgelöst werden, wie dies für die vielen anderen, zur Abwehr von Insulten vorgesehenen Einrichtungen des Körpers der Fall ist. Alles hängt nur davon ab, in welcher Weise diese Mobilisierung möglich ist; von der Anlage her wird eine gewisse Reizschwelle bestehen, die bei dem einen etwas höher, bei dem anderen niederer sein kann — konstitutionelle Verhältnisse bestimmen damit wohl in erster Linie den Effekt, den der Reiz auslöst. Ist er in einem bestimmten Falle, was Stärke anlangt, unter jener Grenze, die der Reizschwelle entspricht, oder liegt sie höher als gewöhnlich, so wird die spezifische Reaktion ausbleiben, auf andere Weise muß das Gewebe zum Insult Stellung nehmen und dies ist wohl nur die banale Entzündung — der zweite Weg, auf dem Abwehr überhaupt möglich ist, wird beschritten. Dieser Hinweis sagt, daß zwischen tuberkuloider und banal entzündlicher Gewebsreaktion in biologischer Hinsicht keine unüberbrückbare Kluft besteht, daß beide durch denselben Reiz provoziert werden können, daß es nur vom Empfindlichkeitszustande des Gewebes abhängt, welcher Faktor in Szene tritt. Die ganze Frage, worauf dieses Wechselspiel zwischen banaler und spezifischer Entzündung beruht, wird damit zu einem Problem der Gewebsempfindlichkeit, und da dieses wieder in engstem Zusammenhang steht mit Fragen der Konstitution und Kondition, muß sich die Erörterung nach dieser Richtung bewegen. Besonders die konditionelle Seite ist der Analyse zu unterziehen, die Frage vor allem zu zergliedern, ob Erfahrungen darüber vorliegen, daß die uns hier interessierende Reaktionsfähigkeit des Gewebes durch Einflüsse verschiedener Art in ihrer konstitutionell bestimmten Wertigkeit eine Umformung erfahren kann, daß sie nun nach anderen Gesetzen verläuft? Darauf ist zu sagen: ja, und gerade die Erfahrungen bei Tuberkulose sind es, die darüber Aufschluß zu geben vermögen. PIRQUETS Verdienst ist es bekanntlich, den Begriff der Hautallergie geprägt und die Beziehungen des Verlaufes der Tuberkulose zu ihr festgelegt zu haben. Ein Mensch, der mit dem KOCHschen Virus nie in Berührung getreten ist, verhält sich bekanntlich Pirquet-negativ — die Einbringung von Tuberkulin in die Haut, wird in keiner Weise spezifisch beantwortet. Anders ist der Ablauf des Geschehens, wenn der Versuch an einem Infizierten gemacht wird, wobei die Haut selbst durchaus nicht Sitz von Krankheitserscheinungen sein muß: Hier entsteht in der Regel 24 Stunden nach der Impfung Rötung und Schwellung an der Impfstelle — die verschiedenen Einzelheiten und Typen der Reaktion sind für den vorliegenden Fragenkomplex gleichgültig. Die Haut ist hier gegen den Giftstoff überempfindlich, sie besitzt eine andere Einstellung gegen ihn, ist allergisch, wie PIRQUET dies genannt hat. Und sie ist es nicht nur gegen das eingebrachte Tuberkulin, auch gegen Bacillen, die in sie etwa vordringen. Grundsätzliche Änderung in der Empfindlichkeit gegenüber spezifischen Insulten ist eingetreten, die Haut besitzt nun völlig anderes Reaktionsvermögen, die Reizschwelle ist vor allem verschoben worden. Dies muß natürlich, wenn Läsionen gesetzt werden, in ihrem strukturellen Bilde zum Ausdruck gelangen und in der Tat ist man heute bestrebt, alle Verschiedenheiten in den Äußerungen der Hauttuberkulose, insbesondere jene, die in der Gruppe der sog. Tuberkulide zutage treten, aus dem verschiedenen allergischen Zustand der Haut und dem damit verknüpften verschiedenen Reaktionsbzw. Abbauvermögen des Gewebes den Bacillen gegenüber zu erklären. JADASSOHN, BLOCH, LEWANDOWSKY, VOLK u. a. haben sich um die Klärung dieser Verhältnisse bemüht und verdient gemacht. Auf Grund tierexperimenteller und immunbiologischer Studien ist die Vorstellung gereift, daß der Charakter der Gewebsläsion in erster Linie davon abhängt, in welchem Tempo die in das Gewebe eingedrungenen Bacillen unschädlich gemacht und eliminiert werden. LEWANDOWSKY hat die Art, in der dies vor sich geht, geradezu als biologisches Gesetz bezeichnet, das, wie er ausdrücklich bemerkt, nicht nur für die Tuberkulose Geltung hat, sondern für alle analogen Prozesse. Nach ihm antwortet der Organismus überall dort, wo Bacillen im Körper schrankenlose Vermehrung erfahren, mit banaler Entzündung; wo Bakterien unter der Einwirkung von Antikörpern langsam zerfallen, wo Bakterieneiweiß durch ihre Tätigkeit abgebaut wird, da entstehen Tuberkel und tuberkuloide Strukturen. Der jeweils vorhandene allergische Zustand der Haut beeinflußt den Ablauf des Geschehens und bestimmt damit das klinische und mikroskopische Bild.

Nicht davon hängt es also ab, in welcher Verfassung sich das Virus befindet, wenn es in die Haut vordringt — in welcher Weise sein Abbau durchgeführt wird, ist für den strukturellen Effekt maßgebend. Tote Tuberkelbacillen vermögen ebenso tuberkuloides Gewebe zu erzeugen wie lebende. Dafür liegt eine Reihe von Experimentalbefunden vor (LEWANDOWSKY, K. STERNBERG, JOEST); die Bildung spezifischer Granulome ist demnach durchaus nicht an das Vorhandensein von proliferationstüchtigem Virus gebunden, im Gegenteil, wo wir die Keime auf Grund ihres überreichen Vorkommens, der schweren Schädigungen, die sie am Orte ihrer Wirksamkeit setzen, und der schweren Allgemeinerkrankung für besonders virulent und proliferationsfähig ansehen müssen, dort werden tuberkuloide Strukturen so gut wie immer vermißt, dort findet sich banale Entzündung mit Nekrose und Eiterung. Das Beispiel der akuten hämorrhagischen Miliartuberkulose des Kindesalters, wie sie LEINER und SPIELER beschrieben haben, muß hier angeführt und dabei an die Tatsache des reichen Vorkommens von Bacillen im Eiter bei mangelnder tuberkuloider Struktur erinnert werden. Offenbar vermag stürmisch proliferierendes Bacillenmaterial solches Gewebe überhaupt nicht hervorzubringen; wenn sein Entstehen davon abhängen würde, dann müßten sich wohl in den LEINER-SPIELERschen Fällen die schönsten und typischsten Tuberkel finden. Mit anderen Worten: Die Analyse der erwähnten Erscheinungen sagt, daß die tuberkuloide Gewebsreaktion wahrscheinlich überhaupt gar nicht dazu bestimmt oder geeignet ist, virulentes, vegetationsstarkes Virus zu inaktivieren und unschädlich zu machen. Banal entzündliche Vorgänge werden hierfür aufgeboten, die Elimination der Keime geschieht hier gewissermaßen auf kurzem Wege, die Parasiten werden ohne daß eine Aufschließung vorangeht, mit dem Eiter abgestoßen — daher ihr reiches Vorkommen darin. Das biologische Gesetz, wie LEWANDOWSKY es formuliert hat, kommt im vollen Umfange zum Ausdruck.

Im Lupus und bei den ihm strukturell nahestehenden Tuberkulosenformen sind Bacillen sehr spärlich vorhanden, viele Schnitte müssen bekanntlich durchmustert werden, bis irgendwo Virus zu finden ist. Und dabei ist es natürlich im Gewebe, — wahrscheinlich gar nicht so vereinzelt, wie man auf Grund der Tatsache annehmen muß, daß selbst mit kleinen Mengen von Lupusgewebe positive Tierexperimente zu erzielen sind. Es liegen offenbar nur Verhältnisse vor, die uns das Virus nicht finden lassen. Folgendes ist zu bedenken: Die Tuberkelbacillen besitzen eine Lipoidhülle, der sie ihre Säurefestigkeit verdanken. Geht sie verloren, so verlieren die Keime ihre gewöhnliche Färbbarkeit. Nun scheint der Vorgang so zu sein, daß der erste Angriff des Gewebes gegen diese Seite des Feindes gerichtet ist. Solange der Parasit die Hülle besitzt, ist er geschützt und wenig angreifbar. Sie muß daher aufgeschlossen und weggeschafft werden, soll das Gewebe Herr im Kampfe werden. Verlust der Hülle scheint gleichbedeutend zu sein mit weitgehender Inaktivierung der Parasiten, die Keime werden jetzt zu einer mehr weniger ruhigen Masse, die für uns vor allem nicht mehr sichtbar ist, weil ihr die Säurefestigkeit mangelt. Zu diesem Zweck tritt nun die tuberkuloide Reaktionsfähigkeit des Gewebes auf den Plan, ihrer bedient sich der Organismus, um die Parasiten aufzuschließen und definitiv zu beseitigen. Im Prinzip handelt es sich hier um den gleichen Vorgang, wie wir ihn bei Unschädlichmachung irgendwelcher, ins Gewebe vorgedrungener Fremdkörper sehen, und RIEHL beispielsweise hält die Geschehnisse in der Tat für vollkommen analog. Er bezeichnet alle tuberkuloiden Gewebe dem Wesen nach als Fremdkörpereffekte, seien sie nun durch mineralische, pflanzliche oder lebende Organismen ausgelöst.

Zu beantworten bleibt nur noch die Frage, wodurch gerät das Virus, wenn es in die Haut kommt, in jenen eigenartigen Zustand, daß es für den Abbau mittels tuberkuloider Struktur reif wird? Offenbar ist dieser doch die Voraussetzung, daß die Keime sich nicht von allem Anfang an zu ungehemmten Wachstum und großer Giftwirkung entfalten können; von vornherein muß eine Schranke bestehen, die jenen Effekt verhindert, den wir bei der Miliartuberkulose im Kindesalter sehen. Und diese Schranke ist der allergische Zustand der Haut. Die Angriffsverhältnisse für das Virus sind dadurch andere, — mag der Reiz an und für sich noch so stark sein, er verliert an Wirksamkeit, weil die eigenartige Gewebsbereitschaft seine volle Entfaltung nicht zuläßt. Die Bacillen, die Lupus hervorrufen, müssen vorerst durchaus nicht weniger virulent sein als die in Fällen von Miliartuberkulose bei Kindern. Die Reizstärke kann an und für sich durchaus die gleiche sein, nur die Antwort des Gewebes ist eine andere und muß es sein, weil die Empfindlichkeit dem Reiz gegenüber verschieden ist. Jene Inaktivierung virulenter Keime im Gewebe, die notwendig ist, damit der Eliminationsvorgang durch tuberkuloide Struktur in Szene treten kann, erfolgt demnach allem Anscheine nach automatisch. Die Vorstellung, daß irgendwelche Stoffe im Gewebe vorhanden seien, die mit dem Virus sogleich Bindung eingehen und es dadurch schwächen, ist meines Erachtens überflüssig, — wohl aber brauchen wir jene, die mit gewissen physikalisch-chemischen Strukturveränderungen des Gewebes rechnet, aus denen sich sein geändertes Reaktionsvermögen ergibt. Allergie des Gewebes beruht meiner Vorstellung nach auf Änderungen seines kolloiden Zustandes, nicht auf der Anwesenheit bestimmter Stoffe, Tuberkulose-Antikörper, Ergine, wie sie Pirquet genannt hat. Die Gewebssubstanz selbst erfährt unter Einwirkung der krankhaften Vorgänge einen strukturellen Umbau und gerät damit in den spezifischen Empfindlichkeitszustand. Natürlich beruht die Gewebsumformung auf chemischen Einflüssen. Wir haben uns vorzustellen, daß am Orte, wo die Bacillen den Primäraffekt setzen, Substanzen entstehen, die mit der Blutwelle überall hin ausgestreut werden; besondere Affinität besitzen sie allem Anscheine nach zur Haut. Das geht daraus hervor, daß jeder bacilläre Infekt, mag er an was immer für einem Innenorgan verankert sein, auf die Haut abfärbt. Offenbar ist es ihr struktureller Aufbau, mit dem dies zusammenhängt; die Haut ist das Bindegewebsorgan des Körpers, sie enthält den Hauptteil des Gesamtbindegewebes des menschlichen Organismus, wie wir seinerzeit kennen gelernt haben; Reize mit besonderer Bindungsneigung zum Bindegewebe haben damit hier den Hauptsitz ihrer Wirksamkeit und in der Tat scheint es sich beim tuberkulösen Infekt um Reizsubstanzen dieser Qualität zu handeln. Wie im einzelnen die Vorgänge auch sein mögen, — genau werden wir dies nie erfassen, bald nach dem Infekt bekommen wir mittels des Pirquet-Verfahrens Kenntnis davon, daß das Bindegewebe der Haut zum Insult Stellung genommen und dabei seine Empfindlichkeitsschwelle verschoben hat. In welchem Ausmaß, darüber orientiert in großen Zügen die Stärke der Reaktion, — wir sprechen in dem Sinne von hoher oder schwacher Allergie. Gewiß aber vermag die Methode nicht alles aufzudecken, was an Reaktionseffekten im Gewebe verankert ist. Ich erinnere Sie an die sog. positive und negative Anergie, wo durch Tuberkulineinbringung Hautreaktionen nicht zu erzielen sind, trotzdem normale Gewebsverhältnisse sicher nicht vorliegen. Die Tuberkulinprüfung ist kein so feines Reagens, um alle einzelnen biologischen

Gewebszustände aufzuzeigen, in Wirklichkeit sind dieselben wohl viel verwickelter und mannigfaltiger, als man dies auf Grund der Ergebnisse des Tuberkulinverfahrens anzunehmen geneigt ist.

Der strukturelle Umbau der Haut, der jenem Phänomen zugrunde liegt, das wir mit dem Worte Allergie bezeichnen, würde also dem hier vertretenen Standpunkt gemäß durch Einwirkung von Reizen besorgt, die ferne der Haut entstehen und ihr offenbar mehr weniger in continuo zufließen. Sie verankert allem Anscheine nach die Hauptmasse der im Bereiche der Krankheitsherde überhaupt gebildeten Giftstoffe und formt sie unter Einbuße ihrer normalen Struktur zu unschädlichen Produkten um. So müssen wir meines Erachtens die Vorgänge deuten. Insoweit in allen biologischen Vorgängen Zweck und Sinn liegt, muß die Heranziehung der Haut beim Kampfe gegen das Tuberkulosevirus, mag dasselbe wo immer angreifen, als bedeutsames Moment erscheinen. In der Tat wird es auch ganz allgemein so gewertet, die Bezeichnung der Haut als Immunitätsorgan basiert darauf und damit verbunden ist die Vorstellung, daß Ablauf und Ausgang der Infektion in hervorragendem Maße vom Leistungsvermögen dieses Gewebes abhängt. Dabei ist ihm die Rolle eines „stillen" Kämpfers zugewiesen, kein Zeichen tut nach außen kund, daß fortwährend chemische Reaktionen ablaufen, die auf Entgiftung und Krankheitsausgleich abzielen, und zwar allem Anscheine nach Reaktionen von durchaus nicht immer gleicher Wertigkeit. Werden im Krankheitsbereich mehr Giftstoffe produziert entsprechend höherer Aktivität des Prozesses, so fließen der Haut offenbar mehr Reize zu, — erhöhte Bindungsvorgänge müssen in Szene treten. Und das Gewebe scheint diesbezüglich bei vielen Menschen große Anpassungsfähigkeit zu haben. Das muß daraus erschlossen werden, daß der allergische Zustand, wie uns die Tuberkulinprüfung lehrt, gelegentlich beträchtliche Schwankungen aufzeigt. Erhöhung und Absinken des Phänomens im Laufe der Erkrankung ist häufig festzustellen, ja ein Sich-Völliges-Gleichbleiben der Reaktionsfähigkeit bekanntlich geradezu Ausnahme. Wenn die Allergie ansteigt, so spricht dies für höhere Reizwirkung, der sich das Gewebe anzupassen vermag, — wenn sie absinkt, so kann dies zweierlei bedeuten: einmal, daß die Quelle der Reize schwächer geworden ist, mithin tatsächlich ein geringeres Maß von Giftstoffen der Haut zufließt, und das Gewebe von solcher Labilität ist, daß es sich auf die geänderten Verhältnisse rasch einzustellen vermag. Eine gewisse Umbaufähigkeit des Gewebes ist hiefür Voraussetzung. Äußerster Fall dieser Art wäre, daß der Krankheitsherd völlig erlischt, Reizsubstanzen mithin nicht mehr gebildet werden und die Haut in den Normalzustand zurückkehrt. Bekanntlich ereignet sich dies außerordentlich selten.

Eine zweite Möglichkeit besteht darin, daß das Gewebe seine Reizbarkeit verliert, d. h. unfähig wird, die zufließenden Insulte in der gleichen Weise wie früher zu beantworten und auszugleichen. Wieder werden kolloidale Zustandsänderungen Ursache dafür sein; wodurch sie im Einzelfalle veranlaßt sind, ist nie sicher zu erheben, jedenfalls muß man daran denken, daß bei minderwertig-konstitutioneller Veranlagung die Frage einer frühzeitigen Erschöpfung der Leistungsfähigkeit in Betracht kommt. Äußerster Fall dieser Art ist, daß ein Kranker tuberkulinnegativ wird, i. e. den für uns maßgebenden Ausdruck seiner Gewebsallergie verliert, ohne daß der spezifische Prozeß abheilt. Die Haut stellt ihre Tätigkeit in gewissem Sinne ein, wird auf Grund der strukturellen

Verfassung unfähig, auch noch so starke Reize zu beantworten, sie wird anergisch, wie man diesen Zustand nennt, und zwar spricht man hier von negativer Anergie. Bekanntlich stellt sich dieser Zustand mit einer gewissen Regelmäßigkeit bei schwerer progredienter Tuberkulose sub finem ein.

Anders liegen die Dinge offenbar bei der sog. positiven Anergie, die der negativen klinisch gleicht, d. h. auch in diesen Fällen ist ein Tuberkulinphänomen nicht zu erzielen, trotzdem Tuberkulose besteht. Im Gegensatz zu den negativ anergischen Formen verlaufen sie in der Regel gutartig und zeigen von vornherein diesen Reaktionstypus. Als Beispiele dafür kann das BOECKsche Lupoid dienen, für dessen bacilläre Natur untrügliche Beweise vorliegen, wie wir noch hören werden, und das so gut wie immer keine Tuberkulinempfindlichkeit zeigt, — und trotzdem kommt es zur tuberkuloiden Struktur. Damit ergeben sich hinsichtlich des bisher Gesagten über die Zusammenhänge zwischen dem Auftreten dieser und Allergie der Haut gewisse Unstimmigkeiten, die sich aber sogleich verlieren, wenn man daran denkt, daß die Tuberkulinprüfung eben doch nur sehr beschränkten Aufschluß über die in Wirklichkeit bestehenden Gewebsverhältnisse gibt. Neben den Vorgängen, die wir uns sichtbar machen können, gibt es wahrscheinlich noch zahlreiche andere, die unbemerkt bleiben, und dazu gehört nun eben auch jenes Vorkommnis, das in der positiven Anergie seinen Ausdruck hat. Die Einstellung der Haut dem Infekt gegenüber ist hier, allem Anscheine nach auf Grund konstitutioneller Momente von vornherein eine besondere. Trotz Einwirkung und Bindung von Reizen kommt es nicht zu jener strukturellen Gewebsumformung, wie sie Voraussetzung für das Entstehen des gewöhnlichen allergischen Phänomens ist.

Ich bin auf diese Verhältnisse etwas näher eingegangen, um Ihnen zu zeigen, wie verwickelt die Frage der Hautallergie liegt und wie notwendig ein möglichst weiter Vorstellungskreis diesbezüglich ist. Ganz verfehlt wäre es, hier mit zu fixen Verhältnissen zu rechnen, die Gewebsvorgänge allein nach den Ergebnissen der Tuberkulinprüfung zu beurteilen. Sie sind ein wichtiger Behelf für die Deutung, vor allem weil wir ja durch sie überhaupt erst dorthin geführt wurden, wo die richtige Erkenntnis beginnt, zur Auffassung nämlich von dem hohen Werte der Haut für die Bekämpfung des tuberkulösen Infektes. Aber über die Einzelheiten dieser Hilfe bekommen wir daraus nur eine beschränkte Aufklärung, die Art des Wechselspiels zwischen Hautfunktion und Ablauf des Krankheitsprozesses bleibt uns letzten Endes doch verborgen. Wir wissen, daß positive Allergie besser ist als negative, daß der Verlust ersterer in der Regel mit Ausbreitung der Allgemeinerkrankung einhergeht, — ich erinnere hier beispielsweise an den bekannt ungünstigen Einfluß der Masern auf die Tuberkulose der Kinder und auf die dabei wiederholt festgestellte Tatsache (PREISING, PIRQUET), daß die bisher positiv gewesene Tuberkulinreaktion während der Eruption negativ wird — wie aber die Zusammenhänge im einzelnen sind, wissen wir nicht, ausschließlich hypothetische Vorstellungen sind diesbezüglich möglich. Und die hier vorgebrachte Meinung, die auf kolloid-chemische Vorgänge zurückgreift, kann natürlich auch nicht auf mehr Anspruch erheben. Sie ergibt sich aber eigentlich zwangsläufig aus der bisher vertretenen Auffassung über gewisse biologische Funktionen der Haut. Wir haben die Haut als selbständiges Organ definiert, dessen Grundsubstanz, das Bindegewebe, nicht eine starre, lediglich mechanischen Aufgaben dienende Masse darstellt, sondern lebendes und dabei sehr wandlungsfähiges Gewebe, das wichtige Leistungen im Stoffwechsel zu erfüllen hat. SCHADE spricht deshalb, wie wir gehört haben, von einem „Bindegewebsorgan" und es ist nun verlockend, die Vorgänge bei der Tuberkulose damit in Zusammenhang zu bringen. Vielleicht ist der Haut die Rolle eines Entgiftungsorgans zugewiesen. Die mannigfachen toxischen Produkte, die in einem tuberkulösen Körper entstehen, müssen abgebaut und beseitigt werden, — vielleicht ist gerade das Hautbindegewebe der Ort, wo dieser Prozeß vor sich geht. Und dabei erfährt nun das Organ selbst eine gewisse strukturelle Änderung, durch die der Empfindlichkeitswert des Gewebes verschoben wird. Mit dieser Annahme von kolloid-chemischen Vorgängen als Basis des allergischen Hautzustandes ist auch die Tatsache der Rückwirkung gewisser, im Bereiche der Haut sich abspielender Krankheitsereignisse auf den tuberkulösen Prozessen zu erklären. Ich erinnere nochmals an die früher schon erwähnte ungünstige Beeinflussung der Tuberkulose durch Masern und das dabei regelmäßige Absinken der Hautempfindlichkeit gegen Tuberkulin. PIRQUET erklärt dies damit, daß durch den Masernprozeß die in der Haut vorhandenen Tuberkuloseantikörper zum Schwinden gebracht werden, deshalb könne die Bindung mit dem Antigen, i. e. die positive Tuberkulinreaktion nicht mehr zustande kommen. Weil aber die Ergine mangeln, könne sich die Tuberkulose schrankenlos ausbreiten. Bemerkenswert ist nun, daß der Masernprozeß nicht nur die Allergie der Haut gegen Tuberkulin vernichtet, sondern beispielsweise auch die gegen Serum und Vaccine, wie HAMBURGER und seine Mitarbeiter gezeigt haben. Der Einfluß der Masern ist also kein gegen den Hautzustand bei Tuberkulose spezifischer, verschiedenste Seiten werden gleichzeitig betroffen. Was ist hier näherliegend als anzunehmen, daß alle Ausfallserscheinungen auf gleicher Basis beruhen, auf struktureller Umformung der Bindegewebsmasse durch den Morbillenprozeß, so daß die in Frage kommenden Reize nicht mehr so wie früher verankert werden können? Erst wenn sich das Gewebe von dieser interkurrenten Reizwirkung wieder erholt hat, kann der früher bestandene allergische Zustand allmählich zurückkehren, oft aber wird die alte Höhe nicht mehr erreicht.

Und ein zweites Beispiel, wo Änderungen der Allergie durch Ereignisse im Hautbereich selbst bewirkt werden, und zwar im Sinne einer Erhöhung des Titers! Ich meine den Einfluß der Sonnenbestrahlung. Hier sind es letzten Endes chemische Energien, die auf das Bindegewebe einwirken und es so umformen, daß es andere Leistungsqualitäten erhält. Das Gewebe wird aktiviert, es vermag nun leichter und vollständiger auf spezifische Reize anzusprechen, — die erhöhte Empfindlichkeit gegen Tuberkulin ist der sichtbare Ausdruck dafür. Das Gewebe funktioniert prompter als zuvor und beeinflußt damit indirekt das ganze Krankheitsgeschehen. Der oft so günstige Einfluß heliotherapeutischer Maßnahmen auf tuberkulöse Erkrankungen wäre demnach letzten Endes auf kolloid-chemische Vorgänge zu beziehen, auf Strukturänderungen des in der Haut liegenden Bindegewebsorgans, die mit erhöhter Leistungsfähigkeit desselben einhergehen.

Damit wollen wir nun aber unsere Betrachtung über die Allergie der Haut bei Tuberkulose beschließen. Das eine geht aus dem Gesagten zur Genüge hervor, daß wir es hier mit ungemein bedeutsamen, zugleich aber auch sehr verwickelten Verhältnissen zu tun haben, die, gleichgültig welche Deutung man ihnen gibt, für die besondere Stellung der Haut im Kreise der übrigen Organe sprechen und ihre Natur als chemisches Schutzorgan deutlich erkennen lassen.

Es kann nun nicht überraschen, daß ein Organ mit so bestimmten Aufgaben im Haushalt des Organismus und so mannigfachen Fähigkeiten, sich auf Krankheitsvorgänge, die abseits von ihm ihre Entwicklung nehmen, einzustellen, die verschiedenartigsten Zustände aufweisen wird, wenn es selbst in den Krankheitsprozeß einbezogen wird. Alle die vielen im Gewebe verankerten Kräfte und Leistungsmöglichkeiten werden nun aufgeboten — nach der jeweils gegebenen Allgemeinverfassung in verschiedenem Maße, was notwendig zu den verschiedensten klinisch-anatomischen Bildern führen muß. Und das haben wir nun bei den tuberkulösen Hauterkrankungen gegeben! Kaum eine zweite Noxe vermag so polymorphe Krankheitsbilder hervorzurufen. Dabei kennen wir wahrscheinlich noch gar nicht alle Erscheinungsmöglichkeiten, trennen mangels genügender Beweise Affekte ab, die schließlich doch dazu gehören, nur auf einer von der Regel völlig abweichenden Bahn liegen. Wie es mit den Tuberkuliden gegangen ist, kann es hier wieder sein! Mangelhafte spezifische Textur, Mißlingen des Nachweises der Keime, irreguläres Verhalten der allergischen Reaktion beweisen nichts gegen die tuberkulöse Natur einer Affektion, immer noch kann trotz alledem das Kochsche Virus der auslösende Faktor sein. Gerade was den Bacillennachweis anlangt, darf man nie aus dem Auge verlieren, wie sehr sein Gelingen von Alter und Entwicklungshöhe des Prozesses abhängt, wie Befunde, die heute negativ ausfallen, zu einem früheren Zeitpunkt positiv gewesen sein können, wie dementsprechend die anatomische Struktur Änderungen erfährt — kurz, daß der von uns jeweils erhobene Befund stets nur als Augenblicksbild gewertet werden darf, und zwar in der Regel nicht als eines aus der Anfangsperiode des Prozesses. Wo deutliche klinische Zeichen uns die Untersuchung gestatten, ist der Krankheitsprozeß stets über den Beginn hinaus, und die Vollbilder der Läsion vermögen meist nicht mehr genügenden Aufschluß zu geben über den tatsächlichen Hergang der Ereignisse; sie allein aber sichern ein Urteil über Wesen und Zugehörigkeit des jeweiligen Prozesses. Das Streben des Untersuchers muß daher auch hier darauf gerichtet sein, die allerjüngsten Stadien zu erfassen, und in der Tat gründet sich mancher Fortschritt in der Erkenntnis der tuberkulösen Hauterkrankungen auf dieses Prinzip. Ich will hier nur an der Hand eines Beispiels das Erfolgreiche solchen Vorgehens besprechen und Ihnen dabei zugleich Beweismaterial dafür vorlegen, wie rasch sich einschneidende strukturelle Veränderungen vollziehen können, wie banale Entzündung unter unseren Augen von spezifischer Infiltration abgelöst werden kann. Ich hatte seinerzeit Gelegenheit, einen Fall von Boeckschem Lupoid ab ovo zu verfolgen, die allerersten Stadien zu sehen und zu untersuchen und damit Einblick in die Primärläsion dieser Erkrankung zu gewinnen. Wenn man das anatomische Bild dieser Phase betrachtet (Abb. 126), so wird man zunächst in keiner Weise an das erinnert, was wir für das Boecksche Lupoid als spezifischen Bau kennen gelernt haben. Der Hauptsache nach handelt es sich hier um banal entzündliche Veränderungen. Die kleinen Gefäße im Papillarkörper und in den tieferen Schichten der Cutis erscheinen vielfach ein wenig erweitert und von Rundzellmänteln umgeben. Der Grad der Infiltration ist durchwegs ein recht bedeutender. Abseits von den Gefäßen erscheint das Gewebe so gut wie frei von Entzündungselementen.

In der Überzahl sind es Lymphocyten, aus denen sich die Infiltrate aufbauen, doch finden sich darunter auch größere Zellformen mit ziemlich großen, ovalen bis spindeligen Kernen, die man wohl als gewucherte Bindegewebszellen ansprechen muß. Ferner stößt man dort und da im Zentrum dieser perivasculären

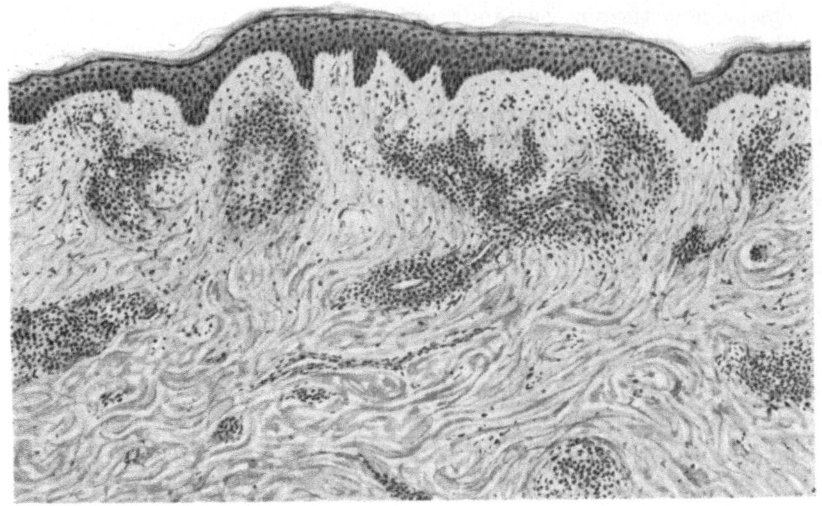

Abb. 126. Boecksches Lupoid. Vergrößerung 60.
Vier Tage altes Infiltrat. Die Gefäße im Papillarkörper stellenweise ein wenig erweitert und von Rundzellenmänteln umgeben.

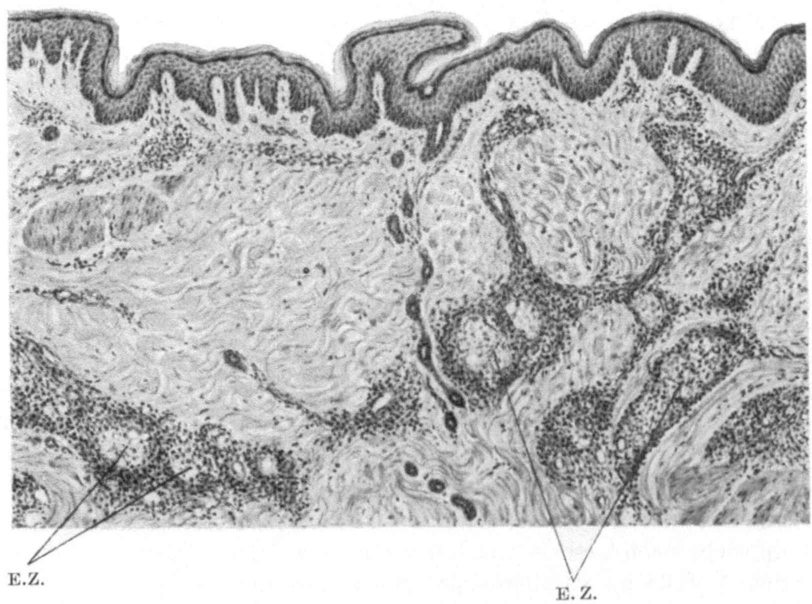

Abb. 127. Boecksches Lupoid. Vergrößerung 60.
Zehn Tage altes Infiltrat. Epitheloidzellverbände (E. Z.) im Zentrum der Infiltratzüge treten deutlich hervor.

Zellzüge auf blaß gefärbte, ziemlich große Zellen mit großem ovalem Kern, die man beim ersten Ansehen für epitheloide Zellen erklären muß (Abb. 127). In der Regel sind sie zu kleinen Häufchen gruppiert. In dem zehn Tage alten Untersuchungsprojekt, von dem Schnitt 127 stammt, treten diese Epitheloidzelleneinsprengungen viel deutlicher hervor als in dem vorangehenden Präparat,

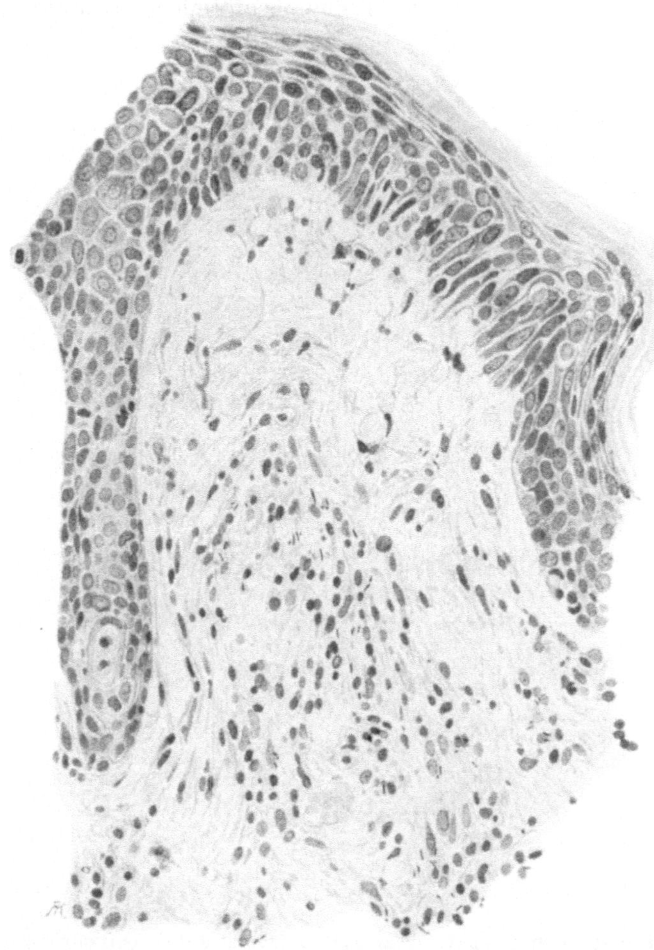

Abb. 128. Boecksches Lupoid. Anfangsstadium; banale, akut entzündliche Veränderungen, perivasculäre Infiltrate aus Lymphocyten, gewucherten Bindegewebszellen und vereinzelten Epitheloiden; zahlreiche säurefeste Bacillen.

das von einem vier Tage alten Erythemfleck gewonnen ist. Als wichtiger Befund kommt nun noch hinzu, daß sich in diesen Infiltraten allerorts reichlich säurefeste Bacillen nachweisen lassen (Abb. 128), und zwar finden sich dieselben sowohl im Bereiche der großen Zellanhäufungen, als auch an Stellen mit nur wenig Infiltrationsmaterial, ja in diesen Abschnitten sogar am reichlichsten. Eine bestimmte Lagerung der Bacillen zwischen den Infiltratzellen ist nicht festzustellen, ihre Aussaat im Gewebe erscheint regellos. Zum Teil liegen die

Stäbchen vereinzelt zwischen den Zellen, zum Teil in mehreren Exemplaren, gelegentlich finden sich auch größere Häufchen von ihnen. Neben den Stäbchen sind vielerorts auch kleine säurefeste Körnchen zu sehen.

Das nächste Präparat (Abb. 129) betrifft ein Stadium, das um 11 Tage älter war, als das zuletzt erwähnte. Im ganzen befand sich demnach der Prozeß zur Zeit dieser Excision am Ende der dritten Woche, klinisch waren jetzt schon beträchtliche Infiltrate, zum Teil von knötchenförmigem Charakter entwickelt.

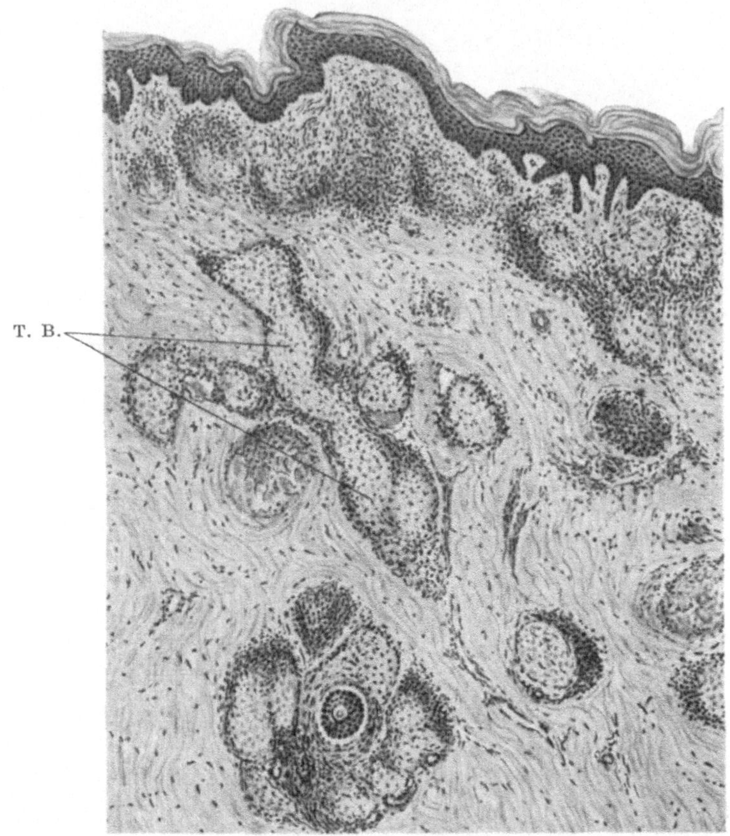

Abb. 129. Stelle aus dem früheren Präparat. Färbung auf Tuberkelbacillen. Immersion. Im Gewebe säurefeste Stäbchen (T. B.).

Das histologische Bild erinnert nun schon durchaus an das, was wir eingangs gesehen haben (Abb. 105). Gegenüber dem früheren Stadium erscheinen die Veränderungen nicht nur intensiver, sondern auch, wenn wir es so ausdrücken können, nach der spezifischen Seite bestimmter entwickelt. Die Anordnung der Infiltrate hält sich wieder an den Verlauf der Gefäße; die Zellager sind umfänglicher, kugelförmige Bildungen treten vielfach hervor, überall stehen die Herde in Beziehung zum Capillarsystem, nur erscheint infolge ihres expansiven Wachstums der innige Kontakt mit diesem dort und da etwas gestört. Der herdförmige Charakter der Einlagerungen kommt deutlich zum Ausdruck. Was den

Aufbau der Infiltrate anlangt, so herrscht hier die Epitheloidzellenstruktur vor. An Stelle der wenigen Epitheloiden, die im früheren Präparat
entsprechend den zentralen Partien der Zellzüge festzustellen waren, bestehen
die Einlagerungen hier fast zur Gänze aus ihnen, nur schmale Säume von Rundzellen grenzen sie gegen die Umgebung ab. Auch in diesen Präparaten
sind noch Bacillen auffindbar, allein durchaus nicht mehr in
jener Reichlichkeit wie in den früheren Excisionen. Schnittserien
mußten durchstudiert werden, um das säurefeste Material aufzudecken und
nur dort, wo noch banal entzündliches Gewebe entwickelt war, konnte es fest-

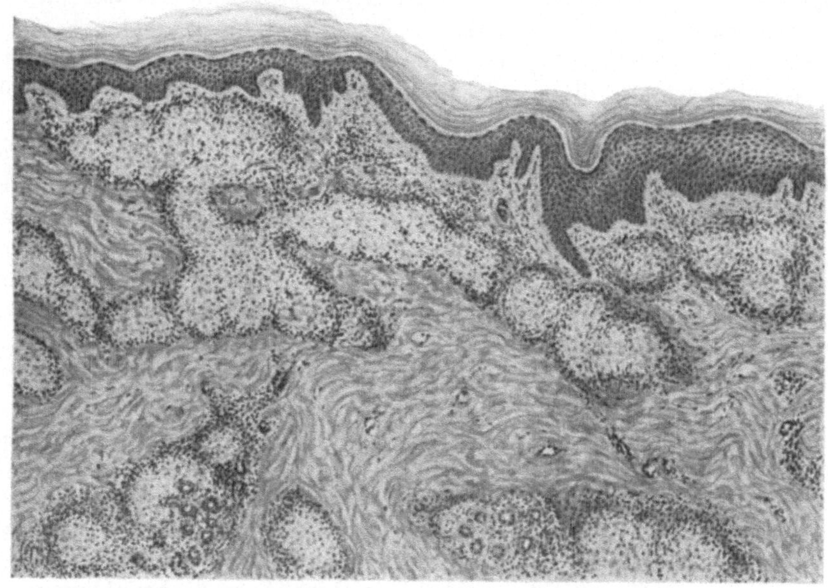

Abb. 130. Boeck sches Lupoid. Vergrößerung 60.
Vollentwickelter Knoten am 36. Krankheitstag. Typische Struktur.

gestellt werden, nirgends sonst, vor allem nicht im Bereiche der umfänglichen
Epitheloidzellherde.

Der letzte Schnitt (Abb. 130) stammt von einem voll entwickelten Knoten,
der am 36. Krankheitstag ausgeschnitten wurde. Die histologischen Veränderungen ergeben hier das für die Boeck sche Dermatose eigenartige Bild in voller
Entwicklung. Umfängliche Lager von Epitheloidzellverbänden sind in die Cutis
eingesprengt, dabei handelt es sich zum Teil um rund bis oval begrenzte Herde,
zum Teil aber um breite, bandartig gestaltete Infiltratnester, deren Anordnung wieder mit dem Verzweigungssystem der Capillaren übereinstimmt.
Die Gefäße selbst treten nicht mehr so deutlich hervor wie in den früheren
Präparaten, und zwar deshalb, weil sie nicht mehr erweitert sind. Lymphocytäre Elemente spielen im Gesamtbild eine untergeordnete Rolle, dort und
da sind an der Peripherie der Herde Häufchen davon zu sehen, nirgends aber in
stärkerer Ansammlung und Verbreitung. Bacillen waren im Gewebe nicht
auffindbar.

14*

Aus den vorgewiesenen Präparaten lassen sich nun wohl gute Vorstellungen über den Ablauf der Vorgänge bei dieser Dermatose gewinnen. Zunächst ergibt sich daraus, daß das für das BOECKsche Lupoid ganz allgemein als charakteristisch bezeichnete histologische Bild in der Tat nur zu einem bestimmten Zeitpunkt der Entwicklung gegeben ist. Im Beginn und gegen das Ende der Erkrankung zu — auf letzteren Punkt werde ich später noch kurz zu sprechen kommen — haben wir mit davon abweichenden Veränderungen zu rechnen. Das erste Ereignis, wenn die Bacillen in die Haut eindringen, ist banale Entzündung, Rundzellenansammlungen treten hervor, teils diffus um die erweiterten Capillaren, teils in knötchenförmigen Herden. Sehr bald zeigen sich dort und da epitheloide Zellen, die von Tag zu Tag an Zahl zunehmen und innerhalb kurzer Zeit — in 11 Tagen, wie wir gesehen haben — die Lymphocyten fast zur Gänze ersetzen. Sehr rasch gelangt also die spezifische Textur zur Entwicklung und sie bleibt nun ohne wesentlich weitere Umformung bestehen. Erst gegen das Ende des Prozesses treten Änderungen auf, die Epitheloiden degenerieren, sie verfallen einer eigenartigen Nekrobiose; gleichzeitig treten in der Umgebung produktiventzündliche Vorgänge auf — Gefäßsprossung, Granulationsgewebsbildung, — die das Spiel beschließen und den Ersatz des bei der Attacke zugrunde gegangenen Gewebes besorgen. Etwa 94 Tage nach Ausbruch der Erscheinungen waren im vorliegenden Falle die Knoten und Infiltrate mit Hinterlassung oberflächlicher Atrophien rückgebildet.

Die morphologischen Feststellungen sind nun noch dahin zu ergänzen, daß im Initialstadium der Dermatose, also zur Zeit, wo das histologische Bild vorwiegend akut entzündlichen Charakter dargeboten hat, allerorts im Gewebe reichlich säurefeste Bacillen festzustellen waren, daß ihr Vorkommen in etwas älteren Stadien, wo schon epitheloide Zellstruktur markant war, spärlich wurde und daß in voll entwickelten Herden ihr Nachweis schließlich überhaupt nicht mehr gelang. Das Vorhandensein der Bacillen im Gewebe ist demnach hauptsächlich an die banal entzündliche Phase des Prozesses geknüpft, mit dem Ersatz derselben durch spezifische Reaktion, i. e. mit dem Auftreten der für den Prozeß charakteristischen Struktur werden die Keime immer spärlicher, um schließlich ganz zu verschwinden. Hier haben wir damit ein Beispiel vor uns, wie bei bacillären Infekten der Haut die Dinge liegen können und wahrscheinlich sehr oft liegen. Grundsätzlich wird der Ablauf der Ereignisse bei lupösen Bildungen nicht wesentlich anders sein, auch hier wird das Virus zunächst banale Entzündung hervorrufen — nach BAUMGARTEN hat bekanntlich jeder Epitheloidzelltuberkel ein lymphocytäres Vorstadium —, die rasch von spezifischer abgelöst wird. Die Bacillen verlieren sogleich, wenn sie ins Gewebe kommen, die Fähigkeit zu exzessivem Wachstum, der eigenartig physikalisch-chemische Strukturzustand des Kollagens, beruhend auf angeborenen und erworbenen Faktoren, gestattet dem Reiz nur eine ganz bestimmte Kraftentfaltung, — nach der allgemein geltenden immunbiologischen Auffassung müßten wir den Vorgang als Inaktivierung des Virus durch in der Haut aufgestapelte Antikörper bezeichnen. Wo dieser Zustand des Gewebes nicht gegeben ist, kann sich das Virus zunächst schrankenlos auswirken, — so liegen die Dinge bei der Miliartuberkulose des Kindesalters. Beim Erwachsenen kennen wir diese Form so gut wie nicht. Hier entstehen bei hämatogener Aussaat der Keime lupöse Affekte oder Tuberkulide, niemals Eruptionen septischen Charakters mit Hautinfiltraten, die zur Vereiterung neigen. Ja, es verdient hier vermerkt zu werden, daß beim Erwachsenen die Ansiedlung von Bacillen in der Haut an und für sich zu den Ausnahmen zählt. Erinnern Sie sich an die vielen schweren Phthisen, die Sie gesehen haben, oder an jene Fälle, die an miliarer Aussaat zugrunde gegangen sind, — so gut wie nie werden sie bei diesen Kranken Lupus oder andere Formen der Hauttuberkulose festzustellen Gelegenheit gehabt haben, gewiß nie Miliartuberkulose der Haut —, das, was als Miliartuberkulose der Schleimhaut bezeichnet wird, gehört auf ein anderes Blatt. Es ist nun durchaus auffällig, daß es unter diesen Verhältnissen nur so selten zur Erkrankung der Haut kommt; das Virus wird ja wohl sicher in die Haut eingebracht, es ist kaum anzunehmen, daß sie allein von der Welle, die alle anderen Gewebe trifft und mit Keimen übersät, wie die Obduktionsbefunde solcher Fälle zeigen, verschont bleibt. Aber die Bacillen finden offenbar keinen Angriffspunkt, sie gehen anscheinend ohne jede Gewebsalteration zugrunde. Und wenn sie einmal Bedingungen zum Angriff finden, dann ist ihnen hinsichtlich Auswirkung auch von vornherein eine ganz bestimmte Grenze gezogen. Stürmische Effekte vermögen sie niemals auszulösen, wenn wir die bei der Miliartuberkulose der Kinder hervortretenden als Repräsentanten dafür aufstellen, aber sonst sehr verschiedenartige Formen, was Klinik und anatomisches Substrat anlangt. Und diese Mannigfaltigkeit beruht, wie früher schon ausgeführt wurde, auf der Verschiedenheit der Abbauvorgänge, die in Szene gesetzt werden. Grundsätzlich bewegen sie sich ja alle auf derselben Linie, der tuberkuloide Strukturtypus dringt immer wieder durch, aber nur nicht immer in klassischer Entwicklung. Und daß diese oder jene Variante zustande kommt, hängt vom Gewebe selbst ab, sein Zustand bestimmt den des eingedrungenen Virus und das Tempo, in dem die Keime beseitigt werden. Wo tuberkuloide Strukturen gebildet sind, wissen wir, daß proliferierendes Virus nicht mehr vorhanden ist, — nur wo Bakterien abgebaut werden, tritt dieser Reaktionstypus in Erscheinung (LEWANDOWSKYs Gesetz). Und hier sollen nun auch noch ein paar Worte über das Vorkommen der Riesenzellen gesagt sein. Wir haben sie seinerzeit als Produkt amitotischer Teilungsvorgänge aus den Epitheloiden bezeichnet, demnach als dem Untergang geweihte Elemente. Daß es zu solchen Degenerationserscheinungen kommt, hängt offenbar mit Phagocytierungsvorgängen zusammen. Die epitheloiden Zellen stellen allem Anscheine nach die Organe für den Eliminierungsprozeß der Krankheitserreger dar, sie phagocytieren dieselben, um sie aufzuschließen und abzubauen und erfahren hierbei eben jenen schädigenden Reiz, der ihre Umwandlung zu Riesenformen bewirkt.

Wenn nun die Dinge aber so liegen, dann muß im selben Maße, als der Bakterienreichtum eines Granuloms geringer wird, auch der an Riesenzellen herabsinken und wenn der letzte Krankheitserreger vernichtet ist, dann können neue Riesenzellen überhaupt nicht mehr entstehen. Mit anderen Worten: Das Vorhandensein von Riesenzellen spricht dafür, daß im Gewebe noch Keime vorhanden sind, und daß sich der Eliminierungsvorgang im vollen Gange befindet. Wird die Zahl der Riesenzellen spärlich, so sagt uns dies, daß die größte Zahl der Erreger bereits weggeschafft ist, und fehlen sie ganz, so ist dies der Ausdruck für den Sieg des Gewebes über den eingedrungenen Feind.

Wo sich, wie dies so oft vorkommt, neben spezifischen banal entzündliche Veränderungen finden, muß mit nicht einheitlichen Abbauvorgängen gerechnet werden; und dies kann nur wieder darauf beruhen, daß nicht überall im Gewebe derselbe Empfindlichkeitszustand herrscht. In der Tat ließe sich sonst nicht erklären, wieso ein Lupusherd im Zentrum abheilen und gleichzeitig nach der Umgebung fortschreiten kann. Verschiedenartige Gewebszustände an eng benachbarten Stellen sind offenbar die Ursache für das nicht gleichartige Verhalten des Virus im Krankheitsherd.

Dabei ist nicht zu vergessen, daß beim Aufschluß und Abbau des Virus Substanzen frei werden, die natürlich auch auf das Gewebe ihre Wirkung entfalten, und damit seinen strukturellen Zustand, d. i. seine Empfindlichkeit beeinflussen. Verschiedene Umstände sind es demnach, durch deren Ineinandergreifen der Ablauf der Geschehnisse und damit das Gesamtbild der jeweils vorliegenden Hautläsion bestimmt wird. Ähnlich wie wir bei Fremdkörperwirkung strukturell durchaus nicht einheitliche Befunde zu sehen bekommen — ich erinnere hier beispielsweise an die wiederholten Mitteilungen OPPENHEIMS über Knotenbildungen nach Morphiuminjektionen, die ganz den BOECKschen Typus aufweisen, und im Gegensatz dazu an Fremdkörpergranulome vom Bau eines Lupus vulgaris, — so ist es eben auch dort, wo Reize aus der belebten Natur in Wirkung treten. Und es kann nicht wundernehmen, wenn sie noch verschiedenartigere Bilder hervorbringen, Bilder, deren Deutung natürlich noch größere Schwierigkeiten bereiten muß.

27.—31. Vorlesung.

Die nächsten Präparate stammen aus der Gruppe der syphilitischen Hautaffekte. Auch hier stoßen wir auf sehr mannigfache anatomische Bilder, die sich in der Hauptsache wieder nach dem Grundsatze: hier banale Entzündung — dort tuberkuloide Struktur, gegenüberstellen lassen. Genau wie bei den Erscheinungsformen der Tuberkulose spielen auch hier Schwankungen im Bau und Übergänge von einem Extrem ins andere eine bedeutende Rolle, den so bunten klinischen Äußerungen entsprechen oft voneinander sehr weit abweichende Gewebsläsionen, die nur deshalb nicht so wie bei der Tuberkulose zum Ausgangspunkt von Erörterungen darüber geworden sind, ob sie überhaupt zusammengehören, weil man sie erstens immer wieder neben- und hintereinander auftreten sah und weil zweitens der therapeutische Effekt seit jeher ein gewichtiges Wort zu sprechen vermochte. Bestünde für die Tuberkulose ein Behandlungsverfahren, das nur in dem Ausmaße, wie das Quecksilber bei der Syphilis Krankheitssymptome zu beseitigen imstande wäre, so hätte sich die Beurteilung mancher Fragen wesentlich leichter gestaltet; noch so weitgehende Unterschiede im mikroskopischen Aussehen hätten nicht genügt, um Zweifel hinsichtlich der Zusammengehörigkeit der Affekte zu nähren, man würde sich mit den Verschiedenheiten im geweblichen Aufbau ebenso abgefunden haben, wie beispielsweise mit denen zwischen Sklerose und Gumma, zum mindesten hätte sich gewiß nicht gerade aus dem mikroskopischen Studium jener hemmende Einfluß hinsichtlich der Fortschritte in der ätiologischen Erkenntnis ergeben, wie dies für die Tuberkulose tatsächlich der Fall war. Einen Vorteil hat ja die relativ leichte Entscheidung hinsichtlich der Verhältnisse beim syphilitischen Prozeß für die Tuberkulose gebracht; mit dem Dogma von der Spezifität des Tuberkels und der tuberkuloiden Struktur für sie konnte aufgeräumt werden. Das Vorhandensein gleichartiger Bilder bei der Syphilis mußte ihm an und für sich den Boden untergraben; dazu lag es nahe, anzunehmen, daß wohl auch bei Einwirkung der tuberkulösen Noxe unter bestimmten Bedingungen banal entzündliche Veränderungen werden auftreten können. Das Blickfeld war damit erweitert, zugleich allerdings auch wieder insoweit beengt, als die Unterscheidung zwischen Tuberkulose und Syphilis in gewissen Fällen Schwierigkeiten bereiten mußte. Neue Fragen türmten sich demnach auf und ihrer wurden um so mehr, je mehr man in die Geheimnisse der tuberkuloiden Strukturen eindrang, und erkennen lernte, daß es neben der Syphilis noch zahlreiche andere Prozesse gibt, bei denen grundsätzlich gleiche histologische Bilder festzustellen sind, wie beim Lupus. Es wird später noch davon zu reden sein.

Wir beginnen die Besprechung der histologischen Veränderungen bei Hautsyphilis mit Präparaten von Initialaffekten. Zunächst ein Schnitt (Abb. 131) durch die Randpartie einer

Sklerose.

Ich wähle ihn deshalb als erstes Präparat, weil man daraus gute Vorstellungen über die Abgrenzung des syphilitischen Infiltrates gegenüber der Umgebung gewinnen kann. Und darin liegt ein wesentlicher Punkt! Es gehört mit zur Eigenart des Primäraffektes, daß sich die Infiltratmasse nicht allmählich in die gesunde Umgebung verliert, sondern sich mit einer mehr weniger scharfen Linie gegen sie absetzt; einige Millimeter vom Sklerosenrand entfernt ist das Gewebe in der Regel frei von diffusen Einlagerungen, nur entlang der Gefäße sind dort und da Zellzüge vorhanden. Auf dieser scharfen Abgrenzung des Infiltrats beruht mit die klinische Eigentümlichkeit der Primäraffekte, als so streng umschriebene Bildungen aus dem Gewebe hervorzutreten.

Das zweite Präparat (Abb. 132) stammt aus der Mitte einer erodierten Sklerose — es soll über die Art der Gewebseinlagerung Aufschluß geben, vor allem über die Dichte des Infiltrats. Man sieht hier das gesamte präexistente Gewebe von Rundzellenmassen ersetzt, dabei sind die einzelnen Elemente so nahe aneinander gelagert, daß kaum irgendwo Bindegewebsstroma zu sehen ist. Diese dichte Anschoppung der Infiltratzellen gehört zu den charakteristischen Befunden der Sklerose, sie findet sich hauptsächlich in ihren mittleren Anteilen und stets nur bei schon etwas älteren Prozessen. Primäraffekte in der ersten Entwicklung zeigen lockerere Infiltratanordnung, hier tritt die perivasculäre Gruppierung der Rundzellen noch deutlich hervor, zwischen den Einzelherden liegt entzündungsfreies Gewebe. Entsprechend der Zunahme des Entzündungszustandes werden die Einzelherde größer, fließen zusammen und so kommt es zu dem geschilderten Bild.

In der Überzahl sind es Lymphocyten, die das Infiltrat aufbauen, daneben finden sich Plasmazellen, in älteren Sklerosen vor allem meist ziemlich reichlich. Auch rote Blutkörperchen sind anzutreffen. Epitheloide und Riesenzellen gehören nicht zum gewöhnlichen Befund, der Regel entsprechend sind die Infiltrate frei davon; nur ganz ausnahmsweise kann man in älteren, sich bereits rückbildenden Affekten auf solche Elemente stoßen; in einem recht großen Untersuchungsmaterial habe ich bisher nur zweimal derartige Stellen getroffen.

Bemerkenswerte Veränderungen weisen im Bereich der Infiltrate die Blut- und Lymphgefäße auf. Erstere zeigen in ihren capillaren Abschnitten vielfach Endothelwucherung und Wandverdickung, oft kommt es zu vollkommenem Verschluß ihrer Lichtung, daneben sieht man aber auch wieder erweiterte Capillaren und Gefäßsprossen; zweifellos findet im Infiltratbereich auch eine Capillar-

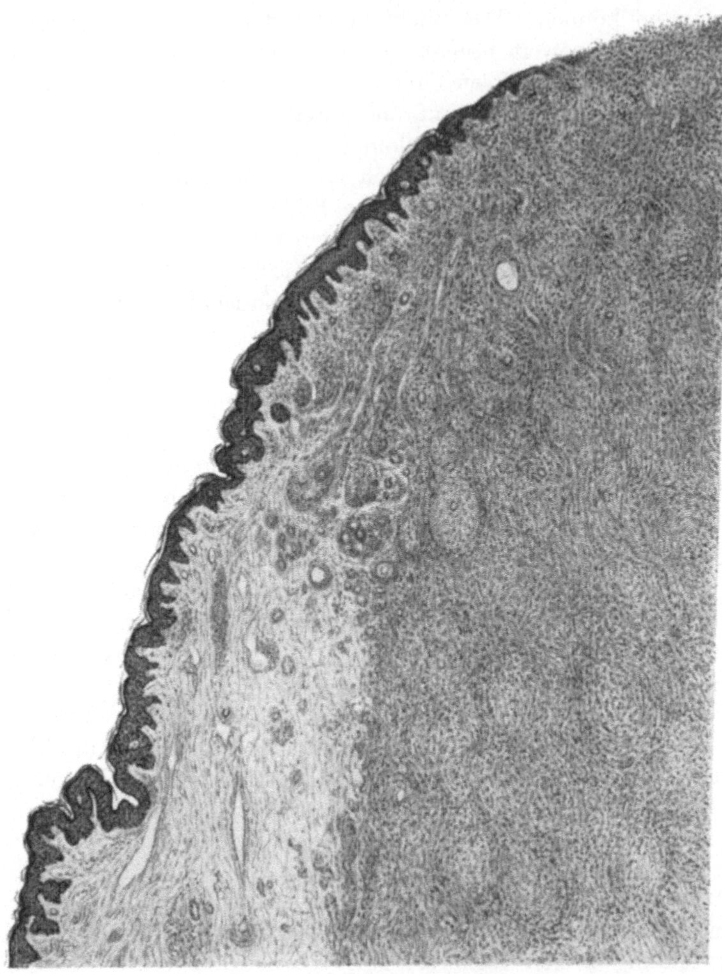

Abb. 131. Schnitt durch die Randpartie einer Sklerose. Lupenvergrößerung. Scharfe Linie zwischen Infiltrationszone und anschließender normaler Haut. Über der Infiltratmasse fehlt das Epithel.

neubildung statt. Die Lymphgefäße sind durchwegs schwer betroffen, Endo- und Perilymphangioitis spielen die größte Rolle und verleihen dem Bild sein charakteristisches Gepräge; im vorgelegten Präparat ist eine Stelle mit Lymphgefäß-Alteration festgehalten. Die Veränderungen im Capillarsystem hängen mit dem Verhalten des Virus zusammen. Die Spirochäte besitzt bekanntlich große Affinität zu ihm, Lymph- und Blutcapillarwand sind Stellen ihrer Früh-

ansiedlung. Hier erhält das Virus seine Wucherungsfähigkeit, von hier schwärmt
es einerseits in das umliegende Gewebe aus und benützt andererseits diese Bahnen
zur Ausbreitung nach dem Zentrum. Der Syphilisprozeß ist in seinen
ersten Äußerungen ein Blutcapillar-Lymphgefäßprozeß, — daß
wir daher im Primäraffekt diese Gewebsstellen besonders betroffen finden,
kann nicht wundernehmen. Mit der weiteren Entwicklung des Geschehens,
d. h. mit der Zunahme des Infiltrates, die selbst wieder in Abhängigkeit
steht von dem Grade der Spirochätenwucherung — und wie stürmisch

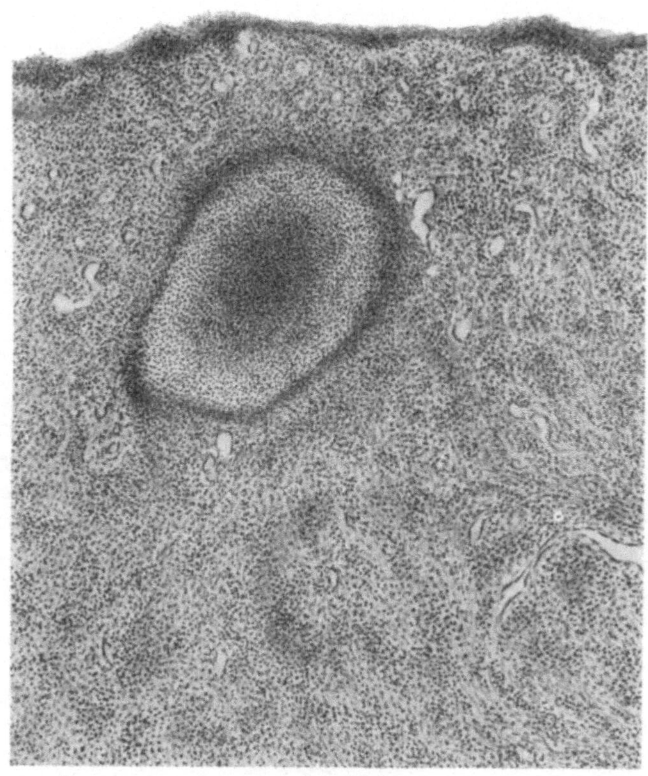

Abb. 132. Derselbe Fall wie früher. Stelle aus der Mitte des Infiltrates.
Vergrößerung 42.
Dichtes Zellinfiltrat bei stellenweise erweiterten und gewucherten Capillaren. In der Mitte
alteriertes Lymphgefäß.

sie sich im Gewebe geltend machen kann, soll Abb. 133 zeigen —, treten
die Veränderungen im Capillarsystem etwas in den Hintergrund, die Zellansammlung beherrscht jetzt das Bild, das gesamte präexistente Gewebe
erscheint von der Infiltratmasse substituiert. Der Ersatz ist aber doch kein
voller. Bei spezifischen Färbungen (Resorcin, WEIGERTS Farbstoff) zeigen
sich selbst in älteren Sklerosen immer noch dort und da elastische Fasern, in
frischen Affekten sind sie meist noch reichlich vorhanden. Die Elastica weist
also dem Infiltrationsvorgang gegenüber eine gewisse Resistenz auf. Ferner
finden sich bei Silberimprägnation von Schnitten eigenartige, zum Teil derbe

Fibrillen, oft in größerer Zahl, sog. Gitterfasern, erhalten. ZURHELLE hat zuerst ihre Vermehrung im Sklerosenbereich festgestellt und die Härte der Affekte damit in Zusammenhang gebracht. Inwieweit hier tatsächlich Beziehungen bestehen, ist noch nicht endgültig entschieden, — jedenfalls beweist das Gesagte, daß nicht alles präexistente Gewebe in der Infiltratmasse zugrunde geht.

Was das Epithel im Sklerosenbereich an Veränderungen zeigt, ist sekundärer Natur. Im Beginn der Infiltratbildung ist die Oberhaut wohl erhalten, erst mit

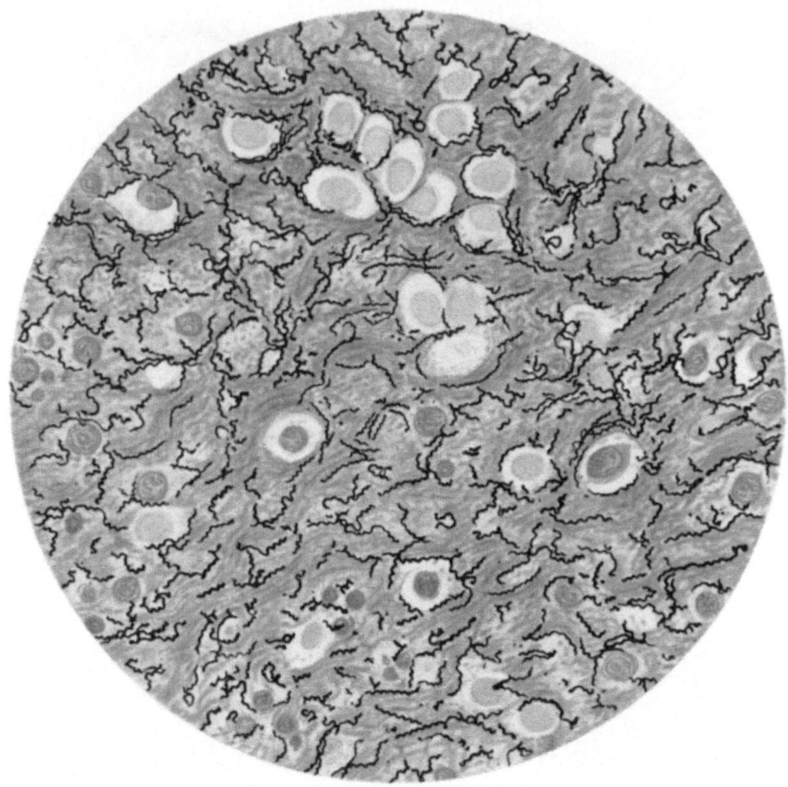

Abb. 133. Spirochaetae pallidae im Gewebe einer Sklerose. Färbung nach LEVADITI. Vergrößerung 780.

dem allmählichen Dichterwerden der Zelleinlagerung treten Störungen auf, die sich natürlich dort am stärksten auswirken, wo die Infiltration höchste Grade erreicht, das ist im mittleren Anteil der Affekte. Hier kommt es zuerst zur Abstoßung der Epidermis, mithin zur Freilegung des Infiltrates, das sich nun mit einer eigenartig nekrotischen Masse bedeckt. Gegen die Peripherie zu bleibt Epithel erhalten, allerdings nur als schmaler Saum, am Rande der Sklerose schließt sich unvermittelt voll entwickelte Oberhaut an. Das Epithel flacht sich also vom Rand gegen das Zentrum allmählich ab, um in der Mitte des Affektes völlig zu fehlen. Bei der Abheilung schiebt es sich dann entsprechend dem Schwund des Infiltrates wieder über die Erosion hin; natürlich kommt

es dabei zu gewissen Wucherungsvorgängen: die Epithelzapfen erscheinen vielfach
voluminöser und unregelmäßig, es braucht geraume Zeit, bis wieder normale
Verhältnisse erreicht sind. Abb. 134 soll über eine solche verheilende Sklerose
Aufschluß geben. Die Epithelisation des Affektes ist vollendet, das Epithel
aber noch durchaus nicht im Normalzustand, Krusten liegen der Hornschichte
auf. Das Infiltrat erscheint nicht mehr so dicht wie in den früheren Präparaten,

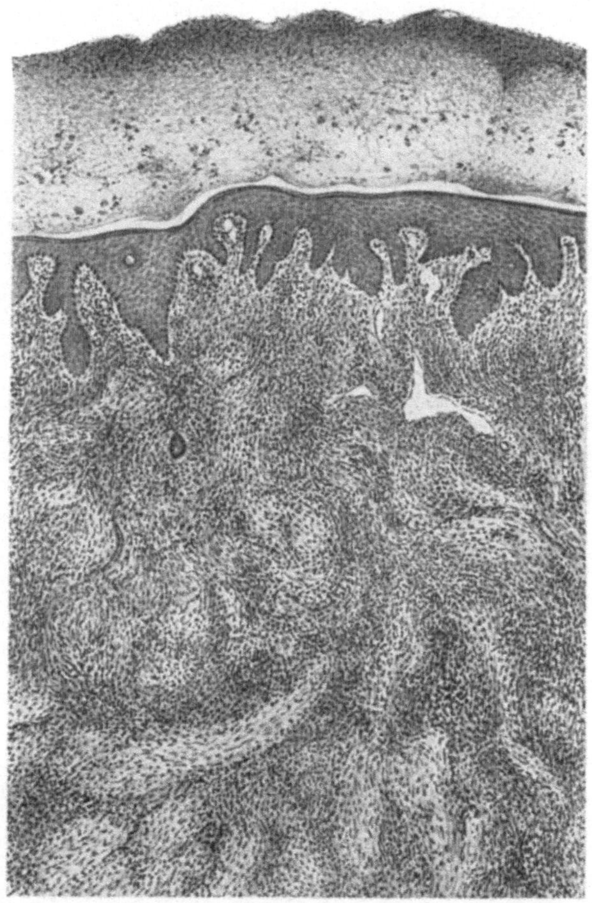

Abb. 134. Schnitt durch eine in Abheilung begriffene Sklerose. Vergrößerung 42.
Infiltrat nicht mehr so dicht wie in Abb. 132. Neugebildete Epidermis
von Kruste bedeckt.

dort und da treten schon Stromanteile hervor, der Charakter der Infiltratmasse
ist durch das Vorhandensein zahlreicher junger Fibroblasten ein wesentlich
anderer geworden. Im Stadium der Rückbildung ändert sich demnach das histologische Bild; überraschend bleibt immer wieder, wie weitgehend selbst in Fällen
hochgradiger Sklerosenbildung die Restitution des Gewebes erfolgt. Vielfach
verschwindet die Einlagerung, ohne überhaupt irgendwelche Spuren zu hinter-
lassen.

Die nächsten Präparate betreffen verschiedene Exanthemformen. Wir beginnen mit den einfachsten Veränderungen, mit denen

des makulösen Syphilids, den Roseolen.

Hier begegnen uns Bilder (Abb. 135), welche an die bei verschiedenen Erythemen kennengelernten erinnern. Die Gefäße der obersten Cutisschichten sind Sitz der Läsion, sie erscheinen erweitert und von schmalen Infiltratsäumen umschlossen. In der Hauptsache bauen Lymphocyten die Zellmäntel auf, Plasmazellen und vielkernige Leukocyten finden sich nur selten. Die Infiltrate

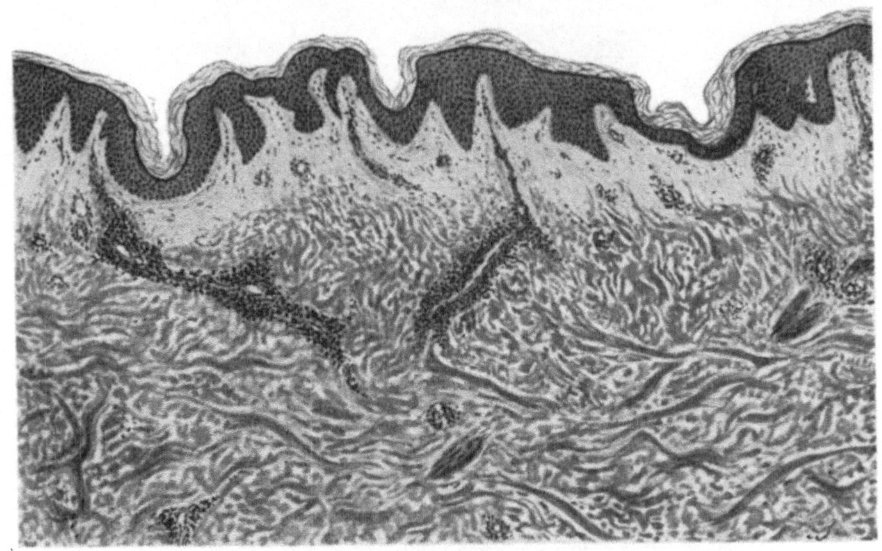

Abb. 135. Makulöses Syphilid. Vergrößerung 60.
Einzelne Capillaren von dichten Rundzellenmänteln umgeben.

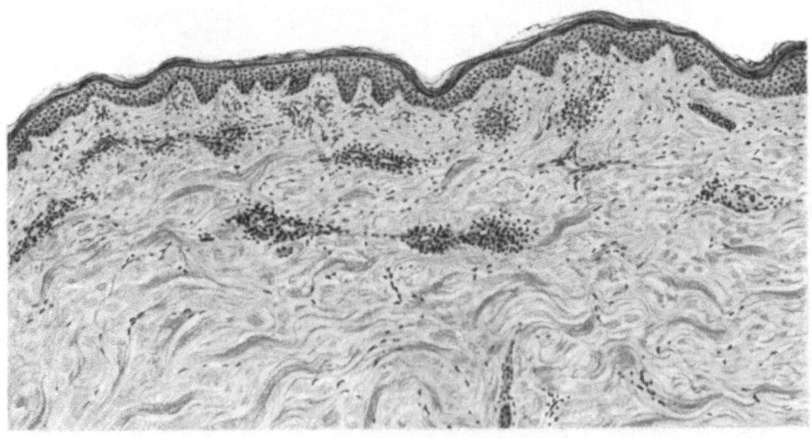

Abb. 136. Beginnendes papulöses Syphilid. Vergrößerung 60.
Verhältnisse grundsätzlich gleich wie im Falle vorher, nur sind größere Capillarbezirke
vom Infiltrationsprozeß betroffen.

liegen der Capillarwand ungemein dicht an, vielfach so dicht, daß beide ineinander aufzugehen scheinen und erreichen nie — das gehört zum charakteristischen Befund der Roseola — besonderen Breitendurchmesser. Wo im Gefäßlumen endotheliale Elemente zu sehen sind, erscheinen dieselben meist geschädigt, verquollen. Die Gewebsveränderungen sind also ungemein einfach, dabei aber ob der innigen Beziehung der Infiltratmäntel zum Capillarrohr, für den Prozeß doch so charakteristisch, daß man bei einiger Übung differentialdiagnostische Entscheidungen treffen kann.

Das nächste Präparat (Abb. 136) betrifft eine Roseola, die im Übergang zur Papel begriffen war. Klinisch schickte sich der Fleck gerade an, aus dem Niveau der Haut hervorzutreten, palpatorisch war von einem Infiltrat nichts Sicheres nachzuweisen. Die histologischen Veränderungen gleichen denen im früheren Schnitt, nur ist hier das Capillarsystem noch in weiterer Ausdehnung betroffen. Seine papillären und subpapillären Verzweigungen sind gleichmäßig alteriert, d. h. erweitert und von Zellmänteln umschlossen. Stellenweise erscheinen die Kollagenfibrillen, besonders im Bereich des Papillarkörpers durch Ödem ein wenig gelockert. Auch hier hält sich die Zellansammlung streng an die Gefäße, das Gewebe zwischen ihren Ausbreitungen ist frei davon.

Der dritte und vierte Schnitt soll uns mit zwei verschiedenen Formen

papulöser Efflorescenzen

bekannt machen, mit einer lentikulären, nur wenig über die Umgebung hervorragenden Papel und einem groß-knotigen Syphilid. Beide stammen aus der Rückenhaut und von Kranken, deren Syphilisinfektion ziemlich gleich alt war. Das erste Präparat (Abb. 137) stellt ungezwungen den Übergang von dem früher kennengelernten her. Ort und Sitz der Läsion hier gleichen völlig denen bei der Roseola, nur das Maß der Infiltratbildung ist ein wesentlich höheres, die perivasculären Zellmäntel sind umfänglicher, stellenweise umschließen recht breite Säume die Capillaren, deren Lumen durchwegs stark verengt ist. Dabei halten sich die Zellansammlungen nicht mehr ausschließlich an die Gefäße, auch abseits von ihnen sind Herde eingelagert — kurz wir haben hier die Anfänge der diffusen Gewebsinfiltration vor uns. Im Schnitt 138 erreicht diese den höchsten Grad. Hier ist ähnlich, wie wir es bei der Sklerose gefunden haben, der ganze oberste Cutisanteil gleichmäßig von Rundzellen durch-, ja stellenweise geradezu ersetzt. Zahlreiche erweiterte Capillaren durchziehen die Infiltratmasse — offensichtlich handelt es sich um neugebildete Gefäßsprossen. Gegen die tiefen Lagen des Dermas zu löst sich die Zellmasse in einzelne Züge auf, die abschnittweise bis in die Subcutis reichen und hier vielfach wieder streng perivasculäre Anordnung erkennen lassen. Die Hauptmasse der Infiltratzellen sind Lymphocyten, neben ihnen finden sich reichlich Plasmazellen, polynucleäre Leukocyten nur in geringer Zahl. Das reichliche Vorhandensein von Plasmazellen in Papelbildungen dieser Art verleiht dem anatomischen Substrat eine gewisse Spezifität. Auch Riesenzellen sind in dem vorliegenden Schnitt vorhanden — wir wollen aber darauf hier nicht weiter Rücksicht nehmen, es wird später noch im Zusammenhang über diese Befunde zu reden sein.

Zwischen den beiden vorgewiesenen Arten von Hautpapeln, die als Vertreter schwächster und stärkster Infiltratbildung gelten können, gibt es alle

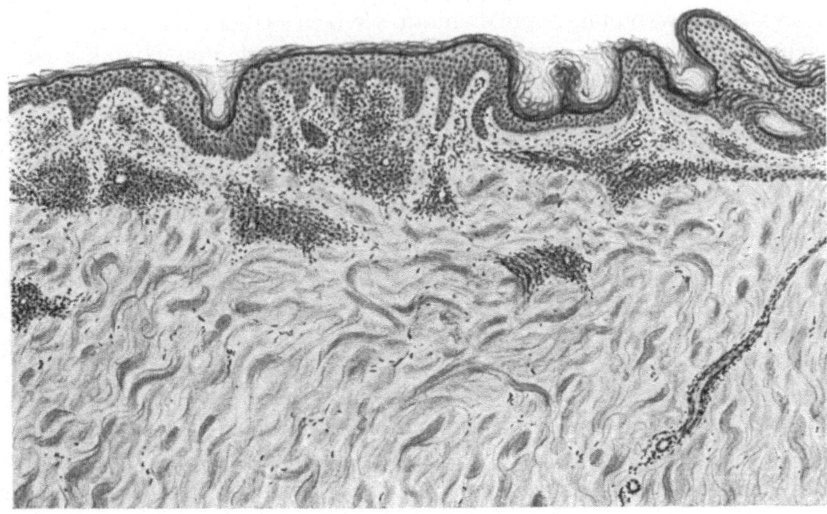

Abb. 137. Schnitt durch eine lentikuläre syphilitische Hautpapel.
Vergrößerung 42.
Infiltration wesentlich stärker als im vorhergehenden Fall, noch deutliche perivasculäre
Anordnung.

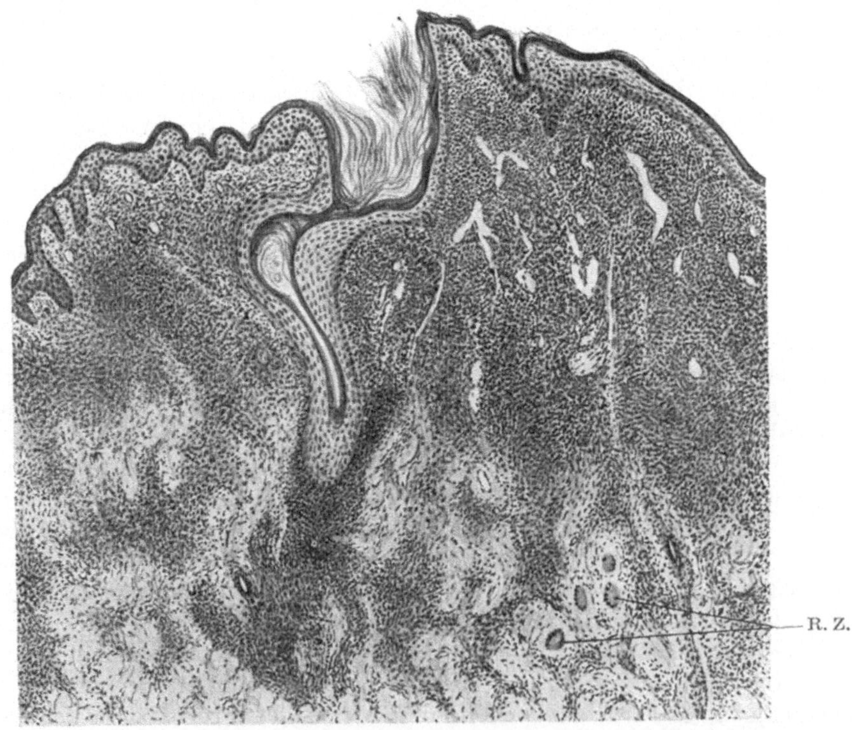

Abb. 138. Große luetische Hautpapel. Vergrößerung 60.
Diffuse Anschoppung der Cutis mit Rundzellen, im Infiltrationsbereich stellenweise
erweiterte Gefäße. Bei R. Z. Riesenzellen.

Übergänge, und die verschiedene Klinik der Knötchensyphilide beruht vor allem mit auf der verschiedenen Intensität des Infiltrationsprozesses. Warum er das eine Mal stille hält, wenn die Zellmasse beispielsweise knapp Hanfkorngröße erreicht hat, wie beim kleinpapulösen Syphilid, während ein andermal üppige Zellwucherung stattfindet mit dem Erfolg der Bildung großer, derber Knoten, hängt zweifellos von konstitutionellen Momenten ab, von den Bedingungen, unter welchen das Virus in der Haut aufgenommen und schließlich wieder abgebaut wird. Genau so wie es Menschen gibt, die das Wuchern von Spirochäten nur mit makulöser Reaktion beantworten, nicht an einer Stelle Umwandlung von Flecken zu Papeln erkennen lassen, reagieren andere gleichmäßig mit Knötchen- oder Knotenbildung, ohne daß Roseolen in Erscheinung treten. Neben diesen morphologisch extrem einheitlichen Typen kennen wir alle möglichen Mischformen, wo Roseolen und Papeln verschiedenster Art, die entweder auf dem Boden von Flecken entstehen, also ein makulöses Vorstadium haben oder direkt zur Entwicklung gelangen, bunt nebeneinander liegen. Wo Papeln gleichzeitig mit Roseolen hervorkommen, müssen wir mit örtlichen Verschiedenheiten der Reaktionsbereitschaft des Gewebes rechnen und dieser Zustand kann entweder von der Anlage her bestehen oder im Laufe der Krankheitsereignisse erworben werden. Weist das erste Exanthem schon beim Entstehen weitgehende Polymorphie auf, so besitzt die Haut offenbar schon von früher her an verschiedenen Örtlichkeiten verschiedenes Reaktionsvermögen, entwickelt sich die Polymorphie aber allmählich, wandeln sich Maculae erst nach und nach zu Papeln um oder verändern diese erst bei längerem Bestand Größe und Form, so werden die abgelaufenen Gewebsvorgänge nicht ohne Einfluß auf die Änderung des Zustandes sein. Art und Gestalt der Efflorescenzen hängen also im besonderen vom Reaktionsvermögen des Gewebes ab und dieses wieder bestimmen Konstitution und Kondition. Letzterer Faktor ist wandlungsfähig und damit vor allem verantwortlich für den oft auffälligen Wechsel im Bilde der Erscheinungen, wie er z. B. dann gegeben ist, wenn das erste Exanthem als makulöses verläuft, die Rezidive aber als Papelaussaat. Welche Vorgänge für diese Verschiebungen im Reaktionsvermögen maßgebend sind, wissen wir nicht, in Anlehnung an einen früher vertretenen Standpunkt ist es naheliegend, auch hier auf die Vorstellung von kolloid-chemischen Gewebsänderungen sich zu stützen und anzunehmen, daß bestimmte Zellgruppen unter dem Einfluß spezifischer Reize (Spirochäten) strukturellen Umbau erfahren und damit in einen andersartigen Reaktionszustand geraten. Gewisse Eigenheiten, vor allem Schwankungen der Reizqualität selbst sind dabei sicher mit von Bedeutung — ich werde später noch darauf zu sprechen kommen. Erinnert sei hier auch an die Tatsache, daß durchaus nicht alle Menschen auf das Eindringen von Spirochäten in die Haut mit örtlichen Zeichen reagieren müssen, daß es eine Lues sine exanthemate gibt. Hier ist das Gewebe offenbar in besonderer chemischer Verfassung, weit abstehend von dem, was wir Normalzustand nennen; Bindungen zwischen dem Virus, das bei der hämatogenen Aussaat zweifellos auch im Hautorgan deponiert wird, und den sonst hierfür bestimmten Zellgruppen finden nicht statt, zum mindesten nicht in solcher Form, daß es nach außen sichtbar wird. Die Bedeutung des konstitutionellen Faktors für den Endeffekt des Geschehens tritt hier besonders deutlich in Erscheinung.

Nach dieser kurzen biologischen Bemerkung wollen wir nun mit der Besichtigung histologischer Präparate fortfahren und zunächst einige Fälle besprechen, wo sich zu den Vorgängen im Bindegewebe epitheliale gesellen, die das klinische Gesamtbild der Veränderungen wesentlich beeinflussen.

Der erste Schnitt (Abb. 139) stammt von einer leicht schuppenden Papel. Die Veränderungen in der Cutis sind ganz so, wie wir sie früher kennen gelernt haben, wieder sei auf die innige Beziehung der Infiltrate zu den Gefäßen verwiesen. Die Epidermis befindet sich über der Infiltrationszone stellenweise im Zustande geringer Akanthose. Die Verhältnisse gleichen ganz denen, wie man sie bei jungen Psoriasiseffloreszenzen antrifft, insbesondere spricht das Vor-

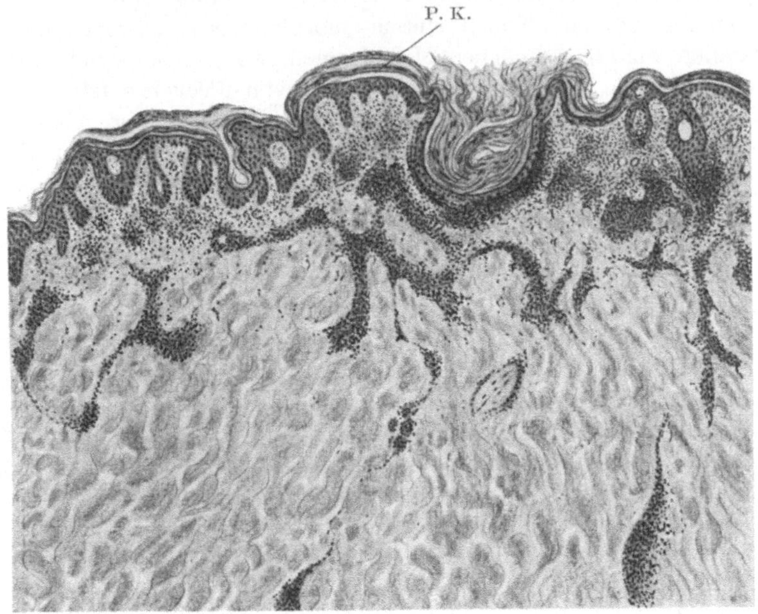

Abb. 139. Schnitt durch eine mäßig schuppende Hautpapel. Vergrößerung 42. Infiltration in der Cutis von demselben Charakter wie im früheren Fall. P. K. Parakeratose.

kommen von Mitosen im Epithel dafür, daß Zellwucherung im Gange ist. Die Verhornung erscheint gestört, Schuppenmaterial bedeckt die Oberfläche. Besonders intensiv macht sich die Verhornungsstörung im Bereich einzelner Follikelmündungen geltend.

Das zweite Präparat (Abb. 140) zeigt die überstarke Entwicklung des früheren Zustandes. Es handelt sich hier um einen Schnitt durch eine größere psoriatiforme Papel des Gesichts, die besonders starke Schuppenbildung aufwies. Das histologische Bild zeigt mächtige Cutisinfiltration, viel mächtiger, als man dies bei Psoriasis vulgaris je antrifft. Zahlreiche Plasmazellen sind unter den das Infiltrat aufbauenden Entzündungselementen. Die Epidermis ist mäßig akanthotisch verbreitert und stellenweise von Rundzellen durchsetzt — ähnliche Bilder kommen dadurch zustande wie bei exsudativen Formen der Schuppenflechte. Im Vordergrund der epithelialen Störungen steht die Parakeratose mit dem Effekte der mächtigen Schuppenbildung. Stellenweise erscheinen

die Auflagerungen etwas stärker durchfeuchtet — Beginn der Umwandlung der
Schuppen zu Schuppenkrusten.

Die epithelialen Veränderungen verleihen der Efflorescenz besonderes Gepräge und es ergibt sich eigentlich von selbst die Frage, welcher Faktor ist
es, durch den sie ausgelöst werden? Daß hier besondere Verhältnisse obwalten
müssen, ist von vornherein anzunehmen, schon das relativ seltene Auftreten
solcher Läsionen sagt, daß es sich nicht um ein banales Reizphänomen handeln
kann — aber so werden die Dinge vielfach gedeutet! Man stellt sich vor, daß
durch den Entzündungszustand in der Cutis ein Reiz auf die Oberhaut ausgeübt
wird, der sie zur Wucherung bringt. Offenbar sind nun aber die Zusammen-

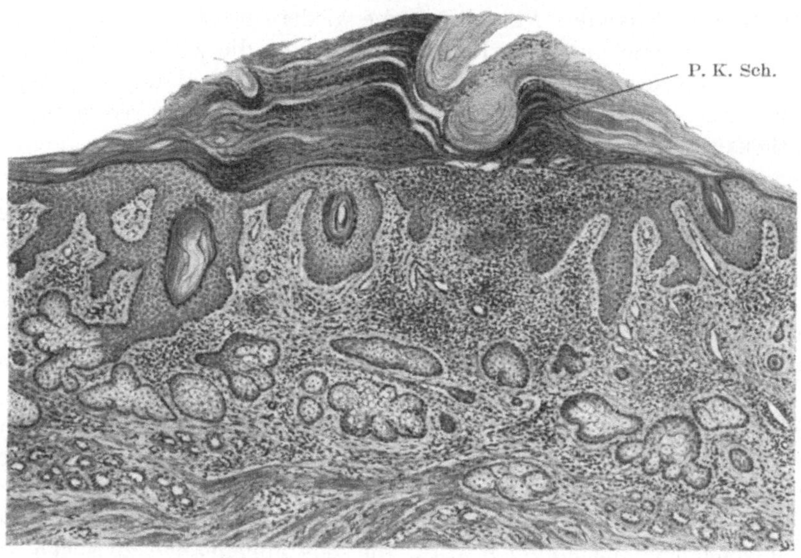

Abb. 140. Papel aus der Gesichtshaut mit mächtiger psoriatischer
Schuppenbildung. Vergrößerung 30.
P. K. Sch. Parakeratotische Schuppenauflagerung.

hänge viel verwickelter, als es beim ersten Hinsehen den Anschein erweckt.
Zwei Punkte bereiten der einfachen Reiztheorie gewisse Schwierigkeiten: einmal die Seltenheit des Vorkommens psoriatischer Phänomene
trotz des so häufigen Gegebenseins der entsprechenden Voraussetzungen — die Überzahl papulöser Infiltrate geht ja ohne diese Kompli-
kation einher — und zweitens der spezifische Charakter der Epithelläsion. Das histologische Bild der Epidermis gleicht durchaus dem bei Psoriasis
vulgaris — daher dürfen wir es ebenso wenig wie dieses als Ergebnis banaler
Gewebsvorgänge deuten. Mag man sich zur Ätiologie und Pathogenese der
Psoriasis vulgaris stellen, wie man will, den epithelialen Veränderungen
kommt Spezifität zu, der Chemismus der Retezellen muß in ganz bestimmte
Bahn geraten, spezifisch beeinflußt werden, damit der so eigenartige Verhor-
nungseffekt zustande kommt. Wo wir das Bild psoriatischer Oberhautverände-
rungen antreffen, wird grundsätzlich immer wieder die gleiche Zellverfassung
vorliegen müssen, hervorgerufen durch einen spezifischen Reiz, der am Rete

angreift, bzw. in ihm verankert wird. Wir brauchten also für alle Fälle die Vorstellung eines spezifischen Epithelinsultes und nun fragt es sich, woher stammt dieser bei der syphilitischen Papel? Zwei Möglichkeiten sind gegeben: Erstens — der Reiz kann von unten her kommen. Dafür ist Voraussetzung, daß sich im Infiltrationsbereich Vorgänge abspielen, die in ihrer Auswirkung zu spezifischen Störungen der Zelltrophik im Retebereich führen. Unerklärt bleibt dabei natürlich, warum nur so selten solche spezifische Reize im Bereich syphilitischer Hauteinlagerungen frei werden. Als zweite Möglichkeit ist daran zu denken, daß der für die epithelialen Ereignisse maßgebende Reiz gar nicht von innen, sondern von außen her stammt, daß es sich um Einwirkung exogener Reize auf eine infolge der entzündlichen Vorkommnisse besonders geeignete Oberhaut handle. Natürlich käme wieder nur ein ganz bestimmter Reiz in Betracht und hier wäre bei der Auffassung, die wir seinerzeit hinsichtlich der Ursache der Psoriasis vulgaris vertreten haben, daran zu denken, ob nicht ein Virus den Reiz setzt. Wir haben als Erreger der Psoriasis vulgaris ein epitheliales, ubiquitär vorkommendes Virus gefordert, dessen Angehen einen bestimmten Epithelzustand voraussetzt. Es könnte nun doch möglich sein, daß dieser in gewissen Fällen durch die spezifischen Entzündungsvorgänge in der Cutis hergestellt wird, weshalb das Virus angreifen kann und die Epithelläsion hervorruft. Klingt bei Rückbildung der Efflorescenzen der Entzündungszustand ab, so kann auch die Epithelempfindlichkeit wieder zur Norm zurückkehren, dem angenommenen Virus würde damit die Voraussetzung zu weiterer Wucherung entzogen. Der erwähnten Vorstellung gemäß würden demnach in Fällen, wo wir Papeln mit psoriatischem Schuppungsphänomen vor uns haben, zwei Schädigungen einander überlagert sein, ein primär im Bindegewebe und ein primär im Epithel angreifender Prozeß. Daß es sich in dem erwähnten um rein hypothetische Annahmen handelt, brauche ich kaum besonders zu betonen; ich habe sie deshalb erwähnt, um Ihnen zu zeigen, um wievieles komplizierter, als im allgemeinen angenommen wird, die Zusammenhänge zwischen Bindegewebs- und Epithelläsion in diesen Fällen liegen und zu welch eigenartigen, zunächst vielleicht geradezu befremdenden Schlüssen man bei kritischer Analyse der Verhältnisse gelangen kann. Jedenfalls wird es zweckmäßig sein, dem vorliegenden Problem in Hinkunft auch von dieser Seite eine gewisse Beachtung zu schenken.

Die nächsten drei Präparate beziehen sich auf jene Erscheinungsform sekundärer Syphilis, die allgemein als

Condyloma latum

bezeichnet wird. Ich schließe sie deshalb den psoriatiformen Papeln unmittelbar an, weil auch bei ihnen die epithelialen Veränderungen als aktiver Vorgang das Gesamtbild der Läsion wesentlich beeinflussen.

Das erste Präparat (Abb. 141) stammt von einem älteren breiten Kondylom. Es trat als mächtige beetförmige Bildung aus dem Hautniveau hervor und trug an der Oberfläche schmierig-diphtheroide Beläge. Cutis und Epithel zeigen weitgehende Veränderungen. Erstere ist Sitz eines mächtigen Infiltrates, besonders im obersten Anteil; hier weist die Zellmasse, die allerorts von zahlreichen zum Teil zweifellos neugebildeten Capillaren durchsetzt ist, große Dichte auf. In den tieferen Schichten der Cutis wird das Infiltrat allmählich spärlicher, hier tritt dafür seine Beziehung zum Gefäßsystem um so besser hervor; vielfach erscheinen hier die Gefäße stark erweitert und mit Blut gefüllt, stellenweise werden sie bis in die Subcutis von Infiltratmänteln begleitet.

Aufgebaut wird das Infiltrat in der Hauptsache aus Lymphocyten und Plasmazellen. In welcher Reichlichkeit letztere gelegentlich vorhanden sein

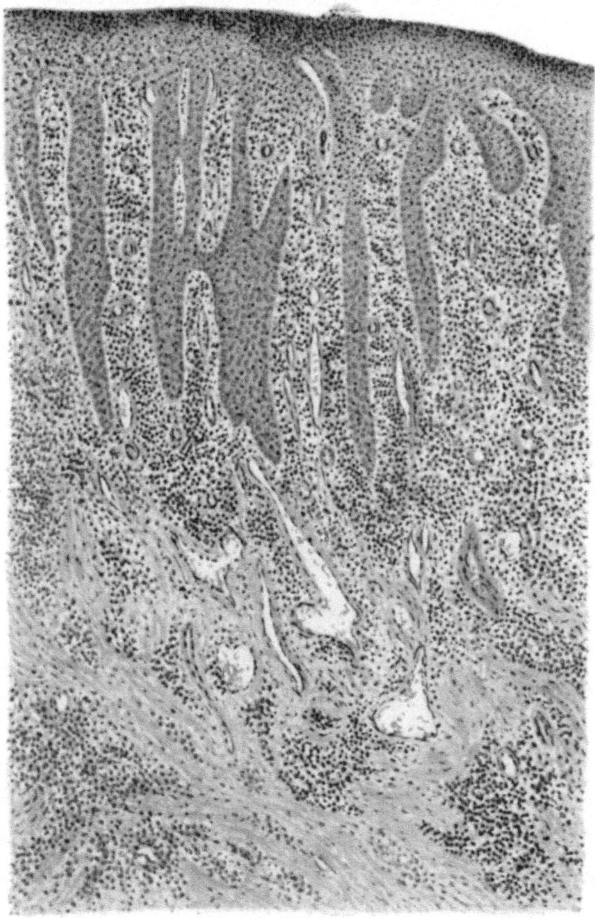

Abb. 141. Schnitt durch eine hypertrophische Genitalpapel. Hämalaun-Eosin-Färbung. Vergrößerung 42.
Akanthotische Epithelwucherung, an der Oberfläche Detritusmassen. Mächtige Infiltration der Cutis bei stellenweise stark erweiterten Gefäßen.

können, soll Abb. 142 dartun. Epitheloide und Riesenzellen sind niemals anzutreffen.

Weitgehend verändert ist die Epidermis, sie befindet sich in einem Zustand hochgradiger Akanthose. Die interpapillären Zapfen sind auf ein Vielfaches verlängert und stellenweise auch stark nach der Breite verzogen; durch seitliche Knopf- und Sproßbildung erscheinen sie vielfach unregelmäßig gestaltet. Die

Epithelschicht oberhalb der gewucherten Retezapfen ist in Schnitt 141 verhältnismäßig dünn und wird nach außen von nekrotischen Massen bedeckt. Es fehlt demnach hier die Hornschicht, aber auch nur sie, das übrige Epithel ist erhalten. Wo wir nässende vegetierende Papeln vor uns haben, handelt es sich demnach nicht um einen Verlust der gesamten Oberhaut, im Gegenteil sie ist gewuchert, nur die Hornschicht wird abgestoßen und dies wieder beruht auf der starken Durchfeuchtung des Epithels.

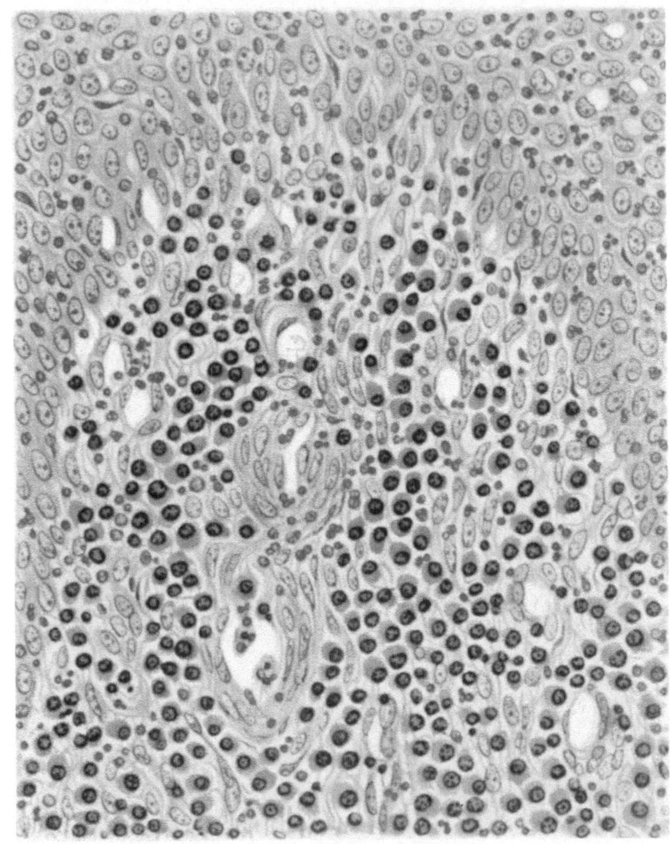

Abb. 142. Stelle aus dem früheren Präparat. Vergrößerung 380.
Darstellung des Zellinfiltrates. Reichlich Plasmazellen.

Die Veränderungen der Oberhaut sind also zweierlei: 1. Wucherung, und zwar hauptsächlich im Bereich der interpapillären Zapfen und 2. mächtige seröse Durchtränkung des nach außen zu gelegenen Epithelanteils. Der Übertritt von Flüssigkeit in die Oberhaut ist durchwegs von Rundzellenwanderung begleitet und so stößt man überall zwischen den aufgelockerten Epithelzellen auf Entzündungselemente, darunter auf viele Leukocyten. Wo sich dieselben zu größeren Verbänden und Häufchen lagern, geht das Epithel in der Regel zugrunde, Höhlen und Lücken entstehen und in ihnen liegen kleine intraepitheliale Absceßchen. Gelegentlich finden sie sich in mehreren Lagen übereinander, nach außen zu von einer Schicht nekrotischen Gewebes gedeckt (Abb. 143). Dieser anatomische Befund entspricht dem, was wir luxurierende Papel nennen.

Für das klinische Bild der besprochenen Erscheinungsform sekundärer Syphilis entscheidend ist demnach wieder die Epithelläsion und es erhebt sich genau so wie bei der psoriatiformen Papel die Frage, wodurch wird diese Wucherung bedingt? Allgemein stellt man sich vor, daß sie die Antwort auf die Macerationsreize sei, die den Infiltratknoten treffen, und solche Vorstellungen

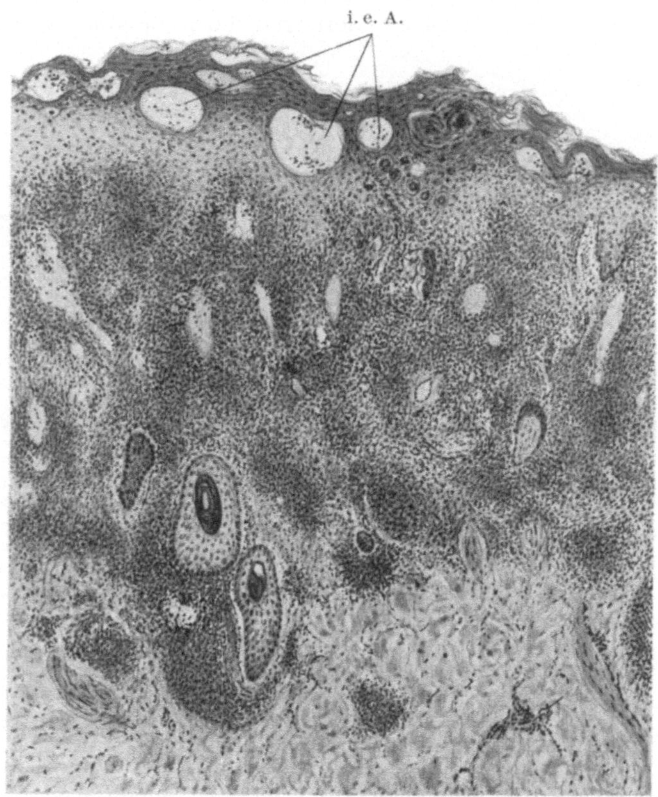

Abb. 143. Hypertrophische Papel. Vergrößerung 42.
Intraepitheliale Absceßchen (i. e. A.).

werden dadurch unterstützt, daß in der Tat nur dort Bildungen dieser Art zustande kommen, wo für Macerationsvorgänge entsprechende Bedingungen erfüllt sind. Allerdings muß gleich dazu gesetzt werden, daß durchaus nicht immer, wenn auch die Dinge so liegen, vegetierende Papeln entstehen müssen, der Macerationsreiz allein ist demnach offenbar nicht ausreichend. Wie die Zusammenhänge in Wirklichkeit sind, wissen wir nicht. Jedenfalls kann man auch daran denken, ob hier nicht wieder zwei Schädigungen kombiniert sind. Es könnte doch möglich sein, daß die Epithelveränderungen auf derselben Basis beruhen wie beim Condyloma acuminatum. Ein kleines, wahrscheinlich auch ubiquitär vorkommendes Virus haben wir für letzteres verantwortlich gemacht

— vielleicht ist es auch hier in Tätigkeit und vielleicht erklären sich gerade daraus die oft sehr weitgehenden klinischen Übereinstimmungen zwischen flachen und spitzen Kondylomen, sowie die Mischfälle. Jedenfalls verdient auch diese Frage weiter studiert zu werden.

Die nächsten zwei Präparate betreffen

krustöse Papeln,

die ich in gewissem Sinne als Gegenstück zu den eben vorgewiesenen Fällen demonstrieren will, und zwar deshalb weil ihnen bei weitgehender Übereinstimmung der degenerativen Epithelveränderungen die proliferativen völlig fehlen.

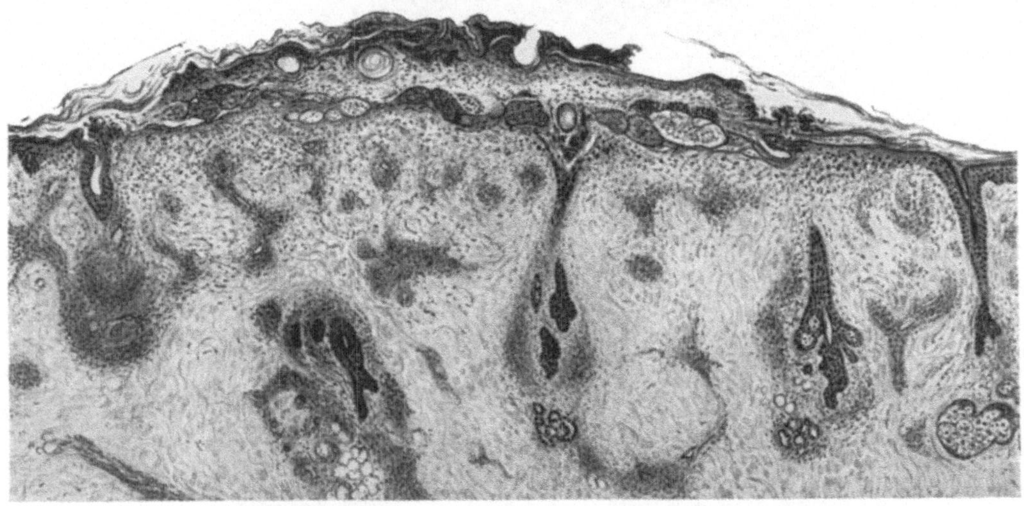

Abb. 144. Krustöse Papel aus der Schultergegend. Lupenvergrößerung.
Die Oberhaut über der Infiltrationszone zerstört bzw. zu einer strukturlosen, von
Absceßchen durchsetzten Masse umgeformt.

Der erste Schnitt (Abb. 144) stammt von einer krustösen Papel der Schultergegend. Die infiltrativen Ereignisse unterscheiden sich in nichts von den früher festgestellten, die Zellansammlung ist nur nicht so mächtig wie beim breiten Kondylom, aber sonst von grundsätzlich gleicher Art. Ein reguläres Epithel fehlt, die gesamte Oberhaut erscheint über der Infiltratzone nekrotisiert, zu einer strukturlosen, von zahlreichen Absceßchen durchsetzten Masse umgeformt.

Ganz ähnlich ist das Bild des zweiten Präparates (Abb. 145). Es stammt von einer krustösen Papel der behaarten Kopfhaut, und zwar von einem recht umfänglichen Knoten. Dementsprechend sind auch die infiltrativen Vorgänge stürmischer als im vorangehenden Schnitt, die Mächtigkeit der Zelleinlagerung erinnert abschnittsweise durchaus an jene beim breiten Kondylom. Bemerkenswert ist die relativ scharfe Grenze des Infiltrates gegen die Subcutis zu. Nur das Corium ist von Zellmassen gleichmäßig durchsetzt, die tiefen Schichten des Dermas sind frei davon, vor allem sieht man nirgends im Bereiche der Haarwurzeln Entzündungsreaktion. Diese Tatsache macht uns auch verständlich, warum Papeln der Kopfhaut durchaus nicht immer zu Haarverlust führen, ja selbst bei sehr intensiver Entwicklung in der Regel ohne solche Folgen abheilen. Der Infiltrationsprozeß trifft eben die Wurzel selbst nicht, er sitzt viel höher und schädigt daher in keiner Weise das Keimlager.

Die Epithelläsion ist im vorliegenden Falle sehr hochgradig, grundsätzlich handelt es sich um die gleichen Veränderungen wie im vorhergehenden Schnitt.

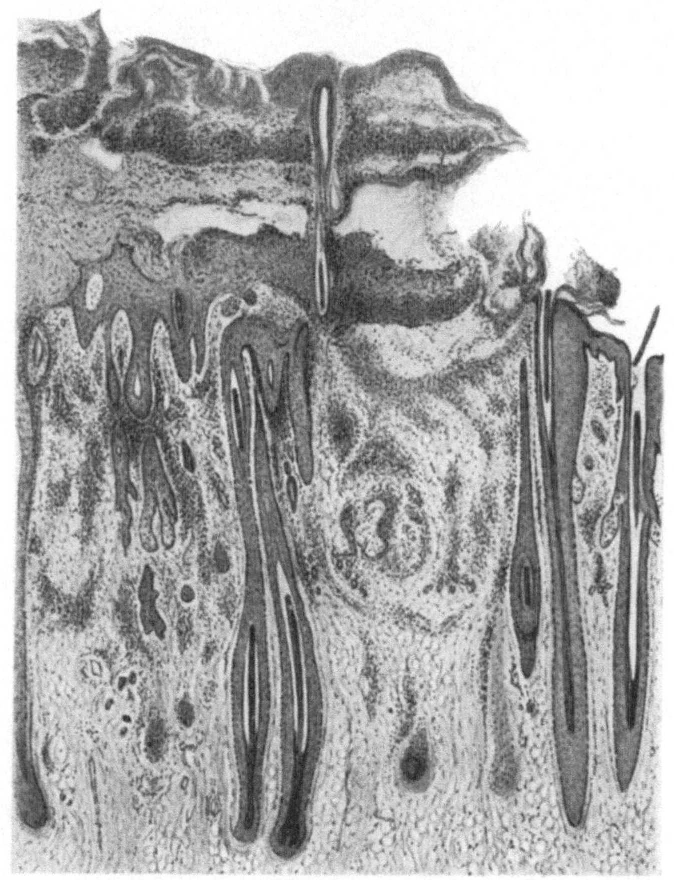

Abb. 145. Schnitt durch eine krustöse Papel der behaarten Kopfhaut.
Lupenvergrößerung.
Beträchtliche Cutisinfiltration. Die Gegend der Haarwurzeln frei von Zelleinlagerungen.
Hochgradige Epithelläsion von grundsätzlich gleichem Charakter wie im vorangehenden Fall.

Überall erscheinen die durchtretenden Haare mit den Krustenmassen in inniger Verbindung.

Die nächsten zwei Schnitte sollen Sie mit

pustulierenden Syphiliden

bekannt machen.

Das erste Präparat (Abb. 146) stammt von einer Acne syphilitica, das zweite (Abb. 147) von einer sog. Variola syphilitica. Beide Male sind Pustelbildungen vorhanden, aber von ganz verschiedener Art.

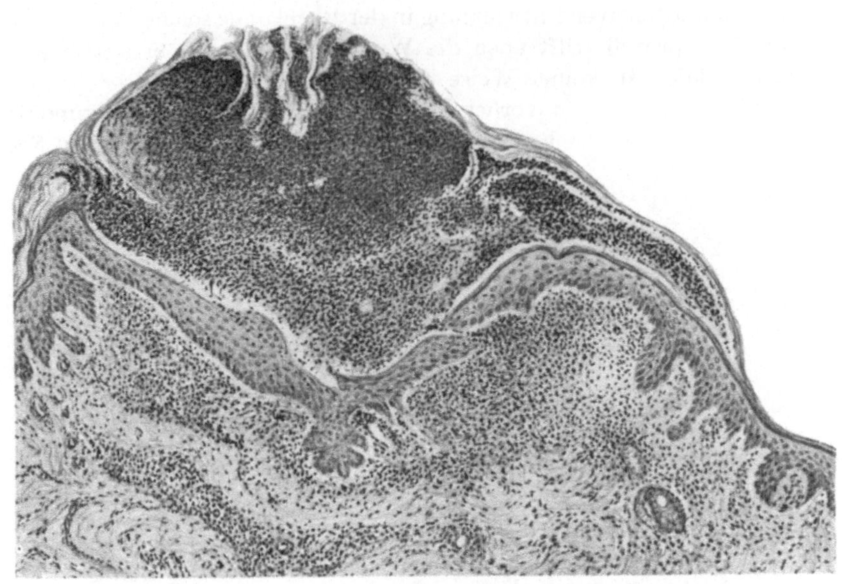

Abb. 146. Acne syphilitica. Vergrößerung 85.

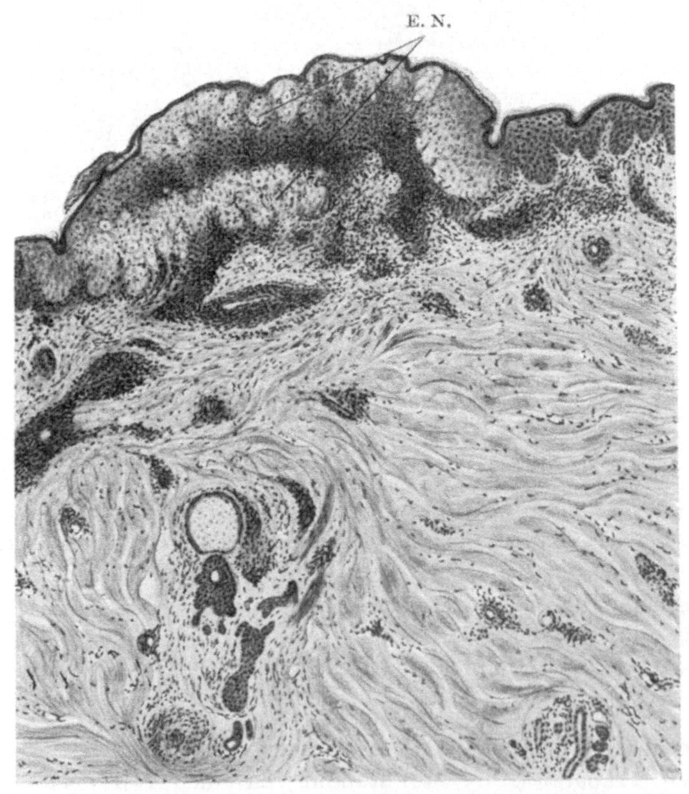

Abb. 147. Variola syphilitica. Vergrößerung 42.
Eigenartige Nekrose des Oberflächenepithels (E. N.).

Das Aussehen der Acne syphilitica erinnert in allem weitgehend an das ihrer vulgären Variante. Der vorliegende Schnitt ist von einer schon etwas älteren Efflorescenz gewonnen, reparatorische Vorgänge haben bereits eingesetzt. Die Pustel, nach außen bedeckt von einer dünnen Hornschicht, ist gegen die Cutis durch ein breites Epithelband abgeschlossen, das dem ganzen Aussehen nach wohl aus neugebildetem Zellmaterial besteht. Den Pustelinhalt bilden Eiterzellen und Detritusmassen, unterhalb der Epidermis im Corium Zellansammlung von gleicher Art, wie wir sie früher schon kennen gelernt haben. Bemerkt muß werden, daß die Efflorescenz nicht follikulär sitzt, darin liegt ein wesentlicher Unterschied gegenüber den Verhältnissen bei der Acne vulgaris.

Bei der Variola syphilitica sind die Epithelveränderungen durchaus anders. Hier spielen eigenartige Degenerationserscheinungen die Hauptrolle. Die Zellen des Rete quellen, ihre Kerne verlieren die Färbbarkeit, vielfach entstehen blasige Gebilde, die zusammenfließen — kurz die infiltrativen Vorgänge im Bindegewebe sind von Epithelläsionen begleitet, die durchaus nicht banalen Eindruck erwecken und an entsprechendem Serienmaterial noch eingehender studiert zu werden verdienen. Das Ende der Degeneration ist die Umwandlung des gesamten Zellmaterials zu einer homogenen nekrotischen Masse, in die Eiterelemente übertreten. Charakteristisch ist der varioliformen Syphilispustel, daß sie ganz so wie die Pocke in der Mitte genabelt erscheint. Auch dieser Umstand spricht wohl dafür, daß die Epitheldegeneration nach besonderem Typus verläuft.

Die nächsten Präparate betreffen das kleinpapulöse, follikulär sitzende Syphilid, den

Lichen syphiliticus.

Er führt uns zur Besprechung der zweiten Form geweblicher Vorkommnisse bei Lues, zu der der tuberkuloiden Strukturen. Dem Lichen syphiliticus ist ein lupusähnlicher Aufbau des Infiltrates eigen. Schnitt 148 soll dies erweisen. Sie sehen in dem Präparat eine ziemlich tief ins Corium vordringende Zellmasse, die sich strenge an den Follikel hält und aus zwei verschiedenen Zellformen aufgebaut ist, aus Epitheloiden, die das Zentrum bilden, und aus Rundzellen in der Peripherie. Die Epitheloiden sind in der Mehrzahl vorhanden, knapp unterhalb der Epidermis finden sich zwischen sie einige Riesenzellen eingestreut. Das histologische Bild erinnert völlig an das des Lichen scrophulosorum. Differentialdiagnostische Entscheidungen ihm gegenüber sind in der Tat oft kaum möglich.

Nicht selten stößt man auf Stellen, wo das Infiltrat die Follikelwand zerstört — Abb. 149 soll darüber Aufschluß geben. Genau so, wie man es beim Lichen scrophulosorum gelegentlich zu sehen bekommt, ist hier das Follikelepithel in weiter Ausdehnung in die Infiltratmasse aufgegangen, d. h. letztere ist in den Balg eingebrochen. Dabei spielen banale Entzündungsvorgänge kaum eine Rolle, fast ausschließlich epitheloide Zellen beteiligen sich an dem Aufbau der perforierenden Zellmasse. Neben dem zerstörten Follikel liegt ein Konglomerattuberkel, der sich durch nichts von gleichartigen Bildungen in lupösem Gewebe unterscheidet.

Das dritte Präparat (Abb. 150) zeigt ein kleinpapulöses Syphilid abseits vom Follikel liegend. Diese Abart kommt gar nicht so selten vor, besonders dort, wo reichlich Knötchen ausgesät sind, finden sich immer wieder neben den follikulären auch parafollikulär sitzende; beim Lichen scrophulosorum wird die Lagerung um den Haarbalg viel regelmäßiger eingehalten. In dem in Rede stehenden Fall finden sich neben den spezifischen auch banal entzündliche Veränderungen. Allerorts erscheinen die Gefäße im Corium von Infiltratmänteln

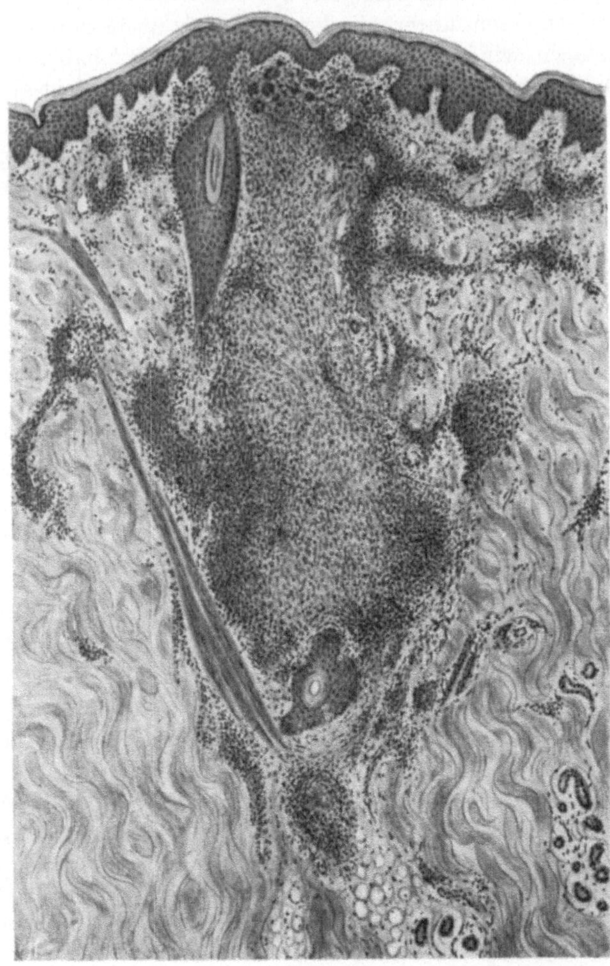

Abb. 148. Lichen syphiliticus. Vergrößerung 42.
Übersichtsbild. Perifollikulärer Sitz des Infiltrates, das hauptsächlich aus Epitheloidzellen besteht. Knapp unterhalb der Epidermis eine Gruppe von Riesenzellen.

umschlossen, stellenweise erreichen dieselben sogar ziemliche Dichte, Lymphocyten und Plasmazellen bauen sie in der Hauptsache auf. Wo die strukturellen Verhältnisse so liegen, ist differentialdiagnostisch gegenüber Lichen scrophulosorum natürlich leichter zu unterscheiden.

Der Lichen syphiliticus zeigt durchaus tuberkuloide Struktur, er ist die einzige Erscheinungsform des Sekundärstadiums, wo sicher mit dem Vorhandensein solcher Gewebsläsionen gerechnet werden kann. Wir finden sie

ja auch sonst gelegentlich, doch ohne Gesetzmäßigkeit, d. h. man kann beispielsweise bei Untersuchung mehrerer gleich aussehender Papeln das eine Mal
auf Tuberkelbildungen stoßen, das andere Mal nicht. Niemals habe ich lupösen
Bau bei breiten Kondylomen, mochten sie sich in was immer für einem Entwicklungsstadium befinden, feststellen können, auch die lentikulären, schuppenden Papeln sind in der Regel frei davon, großknotige Formen hingegen mit ihren
Übergängen zu den tuberösen Syphiliden zeigen nicht selten Einsprengungen

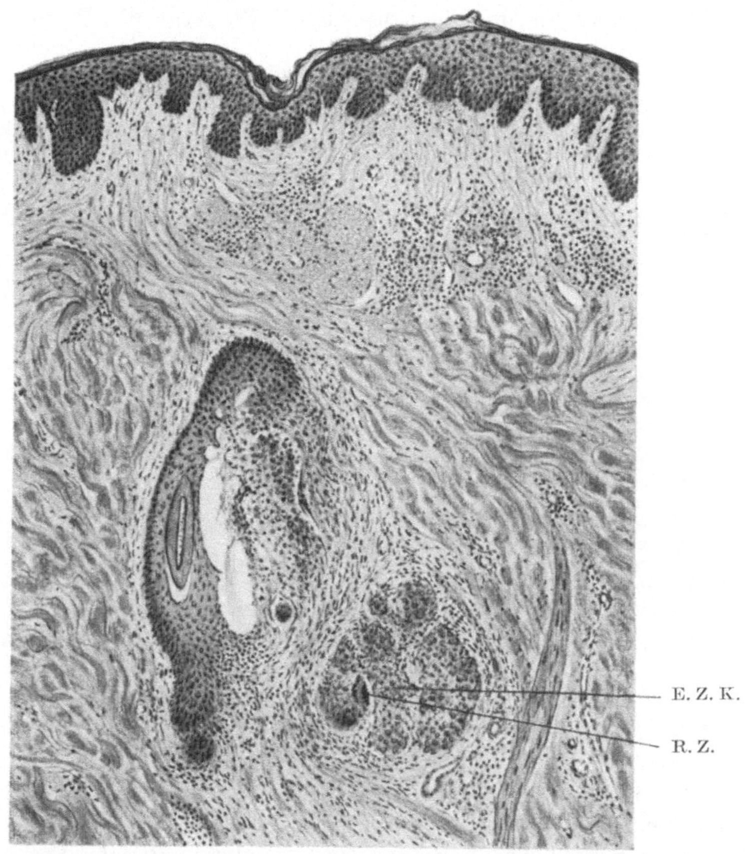

Abb. 149. Lichen syphiliticus. Vergrößerung 60.
Zerstörung der Follikelwand durch das Infiltrat. Neben dem Balg ein umschriebenes
Epitheloidzellknötchen (E. Z. K.) mit Riesenzellen (R. Z.).

von Epitheloidzellenknötchen mit Riesenzellen. Abb. 138 stellt ein Beispiel
hierfür dar. Die spezifischen Strukturen sind hier aber nicht das Führende,
vielmehr nur ein Neben- oder Zufallsbefund, die banal entzündlichen Erscheinungen beherrschen das Bild. Und das ist nun für die ganze Gruppe
der Sekundärsyphilide eigentlich das Gewöhnliche, daß Tuberkel
und tuberkuloide Strukturen gebildet werden, die Ausnahme.
Schließlich kann es aber wahrscheinlich einmal bei jeder Efflorescenz, außer
den rein makulösen Formen, dazu kommen, selbst in Sklerosen ist derartiges

gefunden worden, wie ich früher schon bemerkt habe. Zusammenfassend läßt
sich also über den Bau der sekundären Syphilismanifestationen sagen,
daß banal entzündliche Vorgänge hiebei die Regel sind, daß wir aber doch
auch auf spezifische Gewebseinsprengungen stoßen können. Eine genaue
Voraussage, in welchen Fällen sich solche finden, ist nicht möglich, im
allgemeinen wird die Wahrscheinlichkeit um so größer, je mehr sich die Form
der betreffenden Efflorescenzen jener tertiärer Hauterscheinungen nähert.
Eine besondere Stellung nimmt der Lichen syphiliticus ein, von dem schon
gesagt wurde, daß für ihn die tuberkuloide Struktur die Regel darstellt.

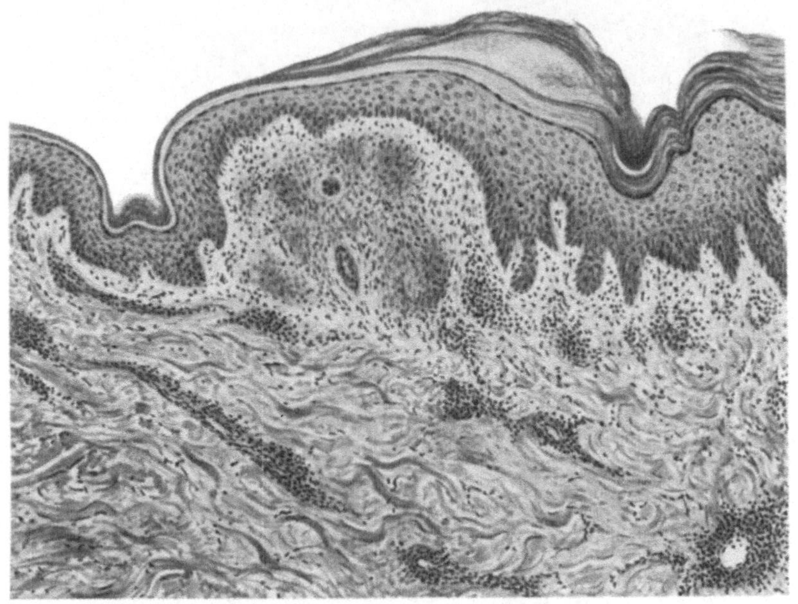

Abb. 150. Lichenoides Syphilid. Vergrößerung 85.
Sitz des Knötchens abseits vom Follikel. Störung der normalen Verhornung.

Damit sind bei der Syphilis hinsichtlich der anatomischen Bilder Verhältnisse gegeben, die mit denen bei der Tuberkulose manche Ähnlichkeit verraten.
Beide Typen geweblicher Vorgänge sind möglich. Banale Entzündung und
spezifische Reaktion. Die Verhältnisse liegen nur insofern anders, als es bei
der Tuberkulose weitaus häufiger zu spezifischen Gewebsveränderungen kommt
als zu banal entzündlichen. Bei tuberkulösen Hautveränderungen ist der Tuberkel das Gewöhnliche, banale Entzündung die Ausnahme, für die Affekte der
sekundären Syphilis gilt das Gegenteil.

Völlig parallel mit den Verhältnissen bei der Tuberkulose liegen die Dinge
im sog. Tertiärstadium der Syphilis. Hier überwiegt das spezifische
Granulom, der Bau gummöser Hauteinlagerungen gleicht grundsätzlich dem lupöser Infiltrate. Wir wollen uns darüber aus einigen
Präparaten Aufklärung holen.

Der erste Schnitt (Abb. 151) stammt von einem sehr jungen gummösen
Infiltrat. Es handelte sich um einen kleinen Knoten in der Umgebung eines

ulcerierten Gummas, der unter unseren Augen entstanden war. Histologisch liegt ein Bild vor, wie es bei jedem Lupus vulgaris gefunden werden kann: Epitheloidzellen in geschlossener Masse sind vorhanden, knötchenförmiger Aufbau des Infiltrates ergibt sich daraus — die Epitheloiden verraten dort und da Quellung, an einer Stelle liegt zwischen ihnen eine Riesenzelle von LANG-HANS schem Typus. Unmittelbar an das Knötchen schließt sich, dem Verlauf eines Gefäßes folgend, ein Rundzellenstrang an, in der Hauptsache sind es Lympho-cyten, die ihn formieren; das Epitheloidzellenknötchen hängt ganz so an ihm,

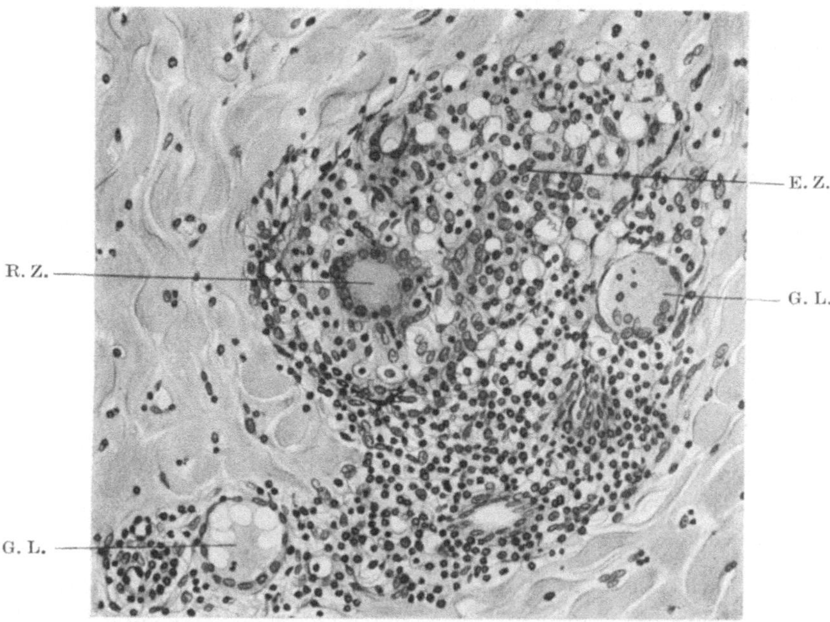

Abb. 151. **Gummaknoten im ersten Entwicklungsstadium.** Vergrößerung 160. Epitheloidzellknötchen (E. Z.) mit Riesenzelle (R. Z.) in inniger Beziehung zu einem Gefäß, das zweimal im Schnitt getroffen ist (G. L.). Das Gefäß selbst von Rundzellenmassen umhüllt.

wie eine Beere an ihrem Stiel. Von nekrotisierenden Gewebsvorgängen ist in dieser Entwicklungsphase des Prozesses nichts zu sehen.

Die ersten, von uns nachweisbaren Veränderungen bestehen demnach im Hervorkommen umschriebener Epitheloidzellknötchen und perivasculärer Rund-zelleninfiltrate. Das Auftreten letzterer leitet den ganzen Prozeß ein, dabei verraten die Gefäße, um die es zur Rundzellenansammlung kommt, durchwegs mehr weniger intensive Wandschädigung, wobei sowohl Arterien als Venen betroffen sein können. In der Regel bleibt es nun nicht lange bei solch isolierten Bildungen wie im vorliegenden Falle, zahlreiche Knötchen entwickeln sich neben-einander, fließen zusammen und erzeugen so umfängliche Einlagerungen, die wieder überall tuberkuloiden Bau erkennen lassen, dafür aber oft nichts mehr von den Beziehungen der Infiltrate zu den Gefäßen. Riesenzellen sind oft in großer Zahl vorhanden; wie viele gelegentlich auf eng begrenzter Stelle ent-wickelt sein können, soll Abb. 152 zeigen. Irgendein charakteristisches Merkmal

für den gummösen Prozeß ist aber der Reichtum an Riesenzellen nicht — oft
sind nur sehr wenige davon zu finden, wahrscheinlich schwankt ihre Zahl genau
so wie in tuberkulösen Infiltraten und hängt ab von der jeweiligen Entwicklungsphase des Prozesses. Gelegentlich liegen Riesenzellen auch außerhalb der Epitheloiden zwischen den Lymphocyten, überhaupt ist ihre Verteilung im Gewebe
oft eine recht unregelmäßige. Daraus ergeben sich gewisse strukturelle Unterschiede gegenüber den Verhältnissen bei der Tuberkulose.

Bezeichnend für die gummösen Infiltrate ist ihre Neigung zum Zerfall.
Es gehört zum Wesen des Prozesses, daß die Epitheloidzellager in den zentralen

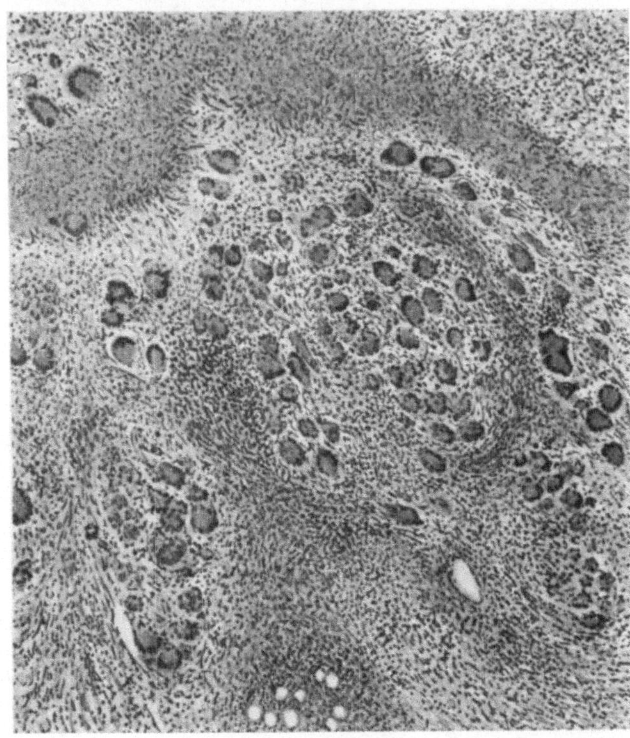

Abb. 152. Schnitt durch ein Hautgumma mit überreichen Riesenzellen.
Vergrößerung 60.

Anteilen verhältnismäßig rasch nekrotisieren, d. h. in käsige Massen zerfallen.
Es ereignet sich dies mit großer Gesetzmäßigkeit sowohl an den einzeln liegenden Tuberkeln als auch an den konfluierten Massen und gerade dadurch,
daß letztere ausgiebig davon betroffen werden, kommt es zu jener weitgehenden
Erweichung des Gewebes, auf der die Geschwürsbildung der Gummen beruht.
Über das histologische Aussehen im Zentrum verkäsender syphilitischer Einlagerungen soll Abb. 153 unterrichten. Was wir im Bereiche der Oberhaut
über gummösen Infiltraten an Veränderungen zu sehen bekommen, ist Sekundär-
effekt. Von Zellwucherung bis zur Nekrose gibt es alle Übergänge. Über
frischen, nicht allzu mächtigen Einlagerungen kann das Epithel in Proliferation

geraten — so ist es in der Regel bei den mehr oberflächlich sitzenden, wenig
zu Zerfall neigenden tuberösen Syphiliden; je stärker die Infiltratmasse
anwächst, um so mehr wird die Oberhaut abgeflacht und damit der Weg zum
Durchbruch der käsigen Massen nach außen bereitgestellt. In der Regel entsteht
am höchsten Punkt des Knotens eine Perforationslücke, die sich allmählich
nach der Umgebung erweitert und meist von einer aus geronnenem Serum
und Detritusmassen aufgebauten Borke bedeckt ist (Abb. 154).

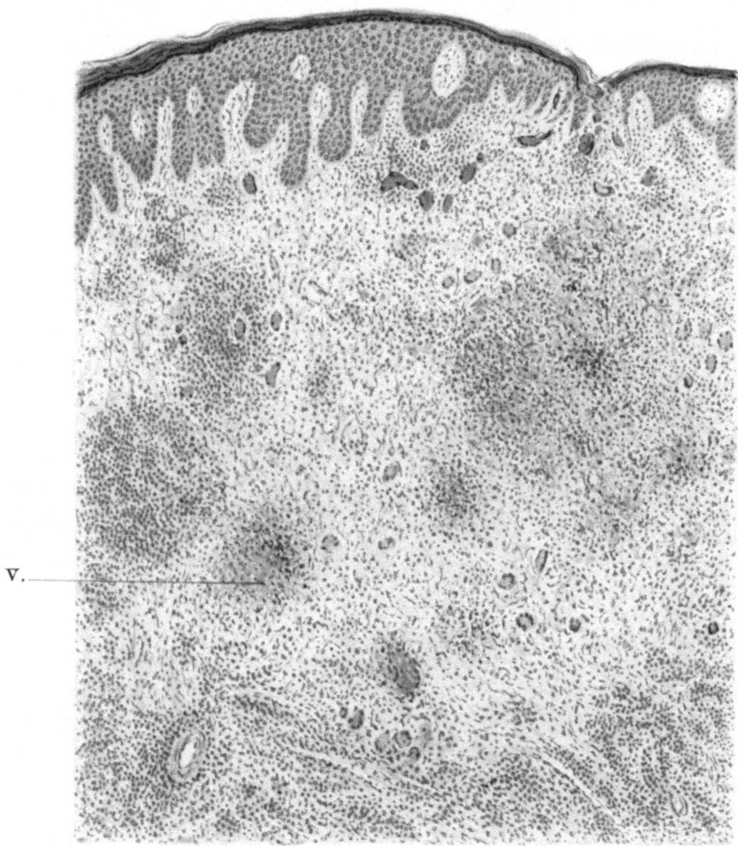

Abb. 153. Schnitt durch ein Hautgumma mit Verkäsung (V.).
Hämalaun-Eosin-Färbung. Vergrößerung 42.

Damit wollen wir die deskriptive Histologie der syphilitischen Hautaffekte
beschließen und zur Besprechung einiger biologischer Fragen übergehen,
deren Erörterung nötig ist, um die mannigfachen klinisch-anatomischen Erscheinungen in ihren Zusammenhängen richtig einschätzen zu können.

Ausgehen wollen wir von der Tatsache, daß eine Reihe syphilitischer Hautprozesse unter dem Bilde banaler Entzündung, eine andere dem spezifischer Strukturen verläuft. Da es sich grundsätzlich immer um denselben
Reiz handelt, kann dies nur darauf beruhen, daß das Gewebe, der Angriffspunkt des Reizes, im Laufe der Ereignisse seine Qualität ändert,

in andere Reaktionsbereitschaft gerät. Die Haut verfügt von der Anlage her gegenüber dem sie zum erstenmal treffenden Spirochäteninsult über ein ganz bestimmtes Reaktionsvermögen, banal-entzündliche Vorgänge werden zum Ausgleich der Schädigung mobilisiert, der anatomische Effekt ist ein ganz bestimmter, grundsätzlich stets gleichsinniger. Klinisch entsteht immer wieder eine Sklerose, keine Papel, kein Gumma, und der Bau der Initialläsion weist stets banale Entzündung auf, niemals tuberkuloide Strukturen. Daß wir in abheilenden Sklerosen gelegentlich einmal solche antreffen können, wie früher bemerkt wurde, ist ein Punkt für sich, auf den wir später noch zurückkommen werden; junge Affekte sind stets frei davon. Mit anderen Worten: Zur

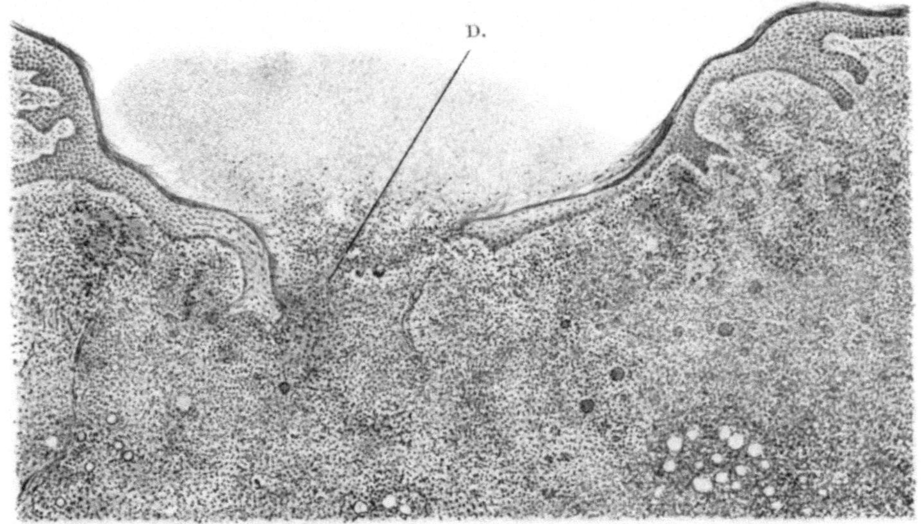

Abb. 154. Gumma mit beginnender Ulceration. Lupenvergrößerung.
Die Durchbruchstelle (D.) durch eine Kruste gedeckt. Das Infiltrat außerordentlich dicht, zahlreiche Riesenzellen im Gewebe verstreut, stellenweise Blutungen im Infiltrat.

Abwehr eingedrungener Spirochäten bedarf die von solchen Insulten bisher unberührte Haut nicht des tuberkuloiden Reaktionsmechanismus, banale Entzündung genügt, sie vermag der Spriochäten in loco weitgehend Herr zu werden, wie man aus der spontanen Heilungstendenz jeder Sklerose erschließen kann. Dabei muß noch besonders darauf verwiesen werden, welch große Mengen von Spirochäten im Bereich einer Sklerose vorhanden sind — und banal entzündliche Gewebsvorgänge genügen in der Regel vollauf, um sie, wenigstens der Hauptsache nach in loco unschädlich zu machen. Die Reaktionsereignisse hierbei sind zweifellos besonderer Art, das Wort „banal" gilt nur als Gegensatz zu tuberkuloider Struktur, die Vorgänge selbst sind hoch spezifisch — das müssen wir aus ihrem Ergebnis schließen. Daß immer wieder das eigenartige Bild der Sklerose entsteht, und nicht einmal beispielsweise das eines Furunkels, der doch auch „banaler" Entzündungseffekt ist, spricht für die Spezifität des Geschehens, für ganz bestimmte chemische Vorgänge am Orte der Läsion, die immer wieder zum Auftreten derselben Zellelemente und Strukturbilder führen.

Diese Reaktionsfähigkeit des Gewebes erfährt nun aber mit dem Fortschreiten der Infektion einschneidende Änderungen. Sehr rasch wird ein Zustand erreicht, in dem die Abwehr des Feindes offensichtlich in anderer Form durchgeführt wird, wie wir aus den veränderten klinisch-anatomischen Bildern schließen müssen. Um die achte Woche nach dem Infekt beantwortet die Haut das Wuchern von Spirochäten nirgends mehr mit Sklerosenbildung, Infiltrate verschiedener Art kommen zum Vorschein, alle aber von anderem Bau als die Sklerosen. Selbst Impfungen mit virulentem Material erzeugen in dieser Entwicklungsphase bekanntlich niemals mehr solche Affekte. Worauf beruht nun diese Wandlung? Offenbar auf einer Änderung der Reaktionsbereitschaft des Gewebes, die Haut ist unter dem Einfluß der Erstlingsereignisse allergisch geworden, sie steht nun dem Insult anders gewappnet gegenüber und beantwortet ihn daher anders. Auf welchem Wege es zu dieser Umformung des Gewebes, die wir wohl wieder nur im Sinne von kolloidchemischen Strukturänderungen deuten können, kommt, wissen wir nicht, jedenfalls handelt es sich hiebei um sehr verwickelte Vorgänge von gesetzmäßigem Ablauf, die nicht einfach mit dem Hinweis zu erledigen sind, daß ja vom Primäraffekt her genug Spirochäten mit der Blutwelle in alle Bezirke der Haut gebracht und damit als Agens für diese Vorgänge deponiert würden. Die Strukturänderung beginnt ja nach allem schon zu einem Zeitpunkt, wo die Generalisierung des Virus noch nicht zu hohe Werte erreicht hat, wo in der Haut jedenfalls noch nicht große Massen von Spirochäten vorhanden sind. Schon um die vierte Woche nach dem Infekt, wo die Primärläsion ihrer Vollendung entgegen geht, während von Hautmetastasen noch nichts zu sehen ist, lassen sich bei Reinokulationsversuchen Sklerosen nicht mehr erzeugen (FINGER und LANDSTEINER, NEISSER u. a.), Papeln entstehen höchstens am Orte der Einbringung des Virus, d. h. schon zu einem Zeitpunkt, wo die Durchseuchung der Haut gewiß noch nicht höchste Grade erreicht hat, liegt eine Strukturänderung des Gewebes vor, die bewirkt, daß das in sie verschleppte Virus nicht mehr so angreifen kann wie wenige Wochen zuvor. Wahrscheinlich sind die Vorgänge, die zum Gewebsumbau führen, ähnliche, wie wir sie bei der Tuberkulose angenommen haben: Am Orte der Primärläsion werden bestimmte Substanzen gebildet, Giftstoffe, die umgeformt und abgebaut werden müssen. Sie treten ins Blut über, werden hier vielleicht durch Zerfallsprodukte vorhandener Spirochäten vermehrt und gelangen so in Beziehung zu allen Organen, auch zur Haut, die nun im besonderen dazu bestimmt zu sein scheint, diese Stoffe aufzunehmen und zu verarbeiten. Chemische Bindungen sind es, die sich hier zwischen Zelle und Giftstoff abspielen und in ihrer Auswirkung jene Strukturänderungen des Gewebes bedingen. Also auch hier wäre ganz so wie bei der Tuberkulose der Schwerpunkt des Geschehens ins Gewebe zu verlegen, das Zustandekommen der Allergie auf Zellvorgänge zu beziehen, nicht auf die Wirksamkeit einer Substanz, eines spezifischen Antikörpers, der als solcher im Gewebe erhalten bleibt. Unserer Vorstellung nach wird das Antigen, wenn es in die Haut kommt, sogleich von den hiezu befähigten Zellen gebunden und entsprechend zerlegt. Hiebei erfährt das Plasma der Zelle in ihrer chemischen Konstitution gewisse Umformungen, sicher entstehen dabei Zwischenprodukte, die die Zelle an die Umgebung abstößt und die hier wieder Bindungen finden müssen. Der Hauptsache nach werden die Vorgänge in ganz ähnlicher Weise verlaufen wie bei allen Stoffwechselvorgängen, der Zelle werden aus dem Säftestrom gewisse Substanzen angeboten, die sie als umgeformte Produkte wieder weiter zu geben hat. Hier, wo es sich um Giftstoffe, um körperfremde Substanzen handelt, erfährt die Zelle bei ihrer Tätigkeit einen gewissen strukturellen Umbau, auf Grund dessen sie dem das Toxin erzeugenden Agens gegenüber in andere Reaktionsbereitschaft gerät. Das Gewebe wird also auf chemischem Wege schon zu einem Zeitpunkt verändert und spezifisch beeinflußt, an dem es mit dem Virus selbst noch gar nicht in Berührung gekommen ist. Die Dinge liegen damit grundsätzlich so wie bei der Tuberkulose, wo die Haut auch allergisch wird, bevor Bacillen in sie eingedrungen sind. Der Effekt der Umstimmung hängt nun wohl im besonderen mit von dem Urzustand des Gewebes, d. i. von konstitutionellen Momenten ab. Wir müssen damit rechnen, daß es von der Anlage her mehr und weniger empfindliche Organe gibt, Gewebe, die sehr prompt auf den Reiz ansprechen und daher auch zu Strukturveränderungen weitgehend bereit sind, und solche mit gegenteiligem Verhalten. Eine gewisse Beurteilung hierüber, mit welcher von beiden Arten wir es im Einzelfalle zu tun haben, läßt sich aus den nachfolgenden exanthematischen Ereignissen gewinnen. Die Mehrzahl der Menschen zeigt um die achte Woche nach dem Infekt mehr oder weniger reichlich Roseolen oder Papeln, die Haut hat also viel Virus aufgenommen und gestattet ihm auf Grund seiner chemischen Konstitution Entfaltung und Wucherung — infolge ihres allergischen Zustandes allerdings unter ganz anderen Bedingungen wie acht Wochen zuvor. Hier gehen demnach Empfänglichkeit gegenüber der Ansiedlung des Virus und gegenüber den früher wirksam gewesenen chemischen Einflüssen parallel, d. h. wir haben es hier mit einem Organ zu tun, das von vornherein weitgehend geeignet ist, an dem Kampfe gegen den Infekt teilzunehmen.

Ganz anders liegen offenbar die Verhältnisse bei der Lues sine exanthemate, oder in Fällen, wo nur sehr spärliche Hautsymptome hervorkommen. Hier fehlt der Haut die Verankerungsfähigkeit des Virus, Keime werden ja wohl auch hier in sie verschleppt werden, aber entwickeln können sie sich nicht, das Gewebe ist unempfindlich gegenüber dem Reiz und daher sehen wir keine oder nur sehr spärliche Zeichen davon, daß Bindungsvorgänge überhaupt in Szene treten. Die Frage, warum es zu keiner Verankerung des Virus in diesen Fällen kommt, bietet zwei Beantwortungsmöglichkeiten: Einmal, daß das Gewebe auf Grund konstitutioneller Verhältnisse, also von der Anlage her unempfindlich ist, zweitens aber, daß es durch die chemischen Vorgänge während der Primärperiode unempfindlich geworden ist, mithin zunächst in gewöhnlicher Verfassung war, und erst entsprechenden Umbau erfahren hat. Natürlich muß letztere Vorstellung auch auf einen konstitutionellen Faktor zurückgreifen, auf die Annahme eines von Haus aus vorliegenden, besonderen Gewebszustandes, der eine so rasche Strukturänderung zuläßt. Ich meine nun, daß die zweite der beiden Möglichkeiten als Regel in Betracht kommt. Die Zahl jener Fälle, wo sich die Haut auf Grund keimplasmatischer Besonderheiten von Haus aus gegenüber dem Syphilisvirus refraktär verhält, ist, wenn es derartiges überhaupt gibt, gewiß sehr gering. Das muß man aus der Tatsache erschließen, daß kaum ein Mensch von der Infektion verschont bleibt, wenn er sich ihr richtig aussetzt. Die Haut nimmt das Virus also auf und reagiert in der gewöhnlichen Form — Sklerosen entstehen! — erst beim zweiten Akt, bei der Verankerung der auf hämatogenem Wege in sie eingebrachten Erreger versagt sie, wenn man dies so nennen will — und was ist näherliegend, als anzunehmen, daß der Grund dafür in den vorausgegangenen Ereignissen zu suchen ist? Die Fälle von Lues sine exanthemate oder mit mangelhafter Exanthembildung wären demnach nur insoweit als konstitutionell bedingt anzusehen, als sich die Haut von der Anlage her gegenüber den, während der Primärperiode auftretenden, chemischen Einflüssen in einem besonderen Empfindlichkeitszustand befindet, der zur Unempfindlichkeit gegenüber dem Virus führt. Die Haut gerät so eigentlich auf abwegige Bahn, sie verliert eine Eigenschaft, die im Abwehrkampf gegen den Infekt wahrscheinlich nicht gleichgültig ist, denn reichliches Verankern von Spirochäten in der Haut heißt reichliches Zugrundegehen derselben, bei jeder exanthematischen Eruption werden so und so viele Spirochätennester vernichtet, wie wir aus dem stetigen Abnehmen der Zahl der Krankheitsherde erschließen können. Die Haut beteiligt sich also an dem Abbau der Infektionsmasse in hervorragender Weise, im Kampfe zwischen Virus und Gewebe ist ihr eine Vorzugsstellung zugewiesen — und wo dies alles nun wegfällt wie bei der Lues sine exanthemate, werden Folgerungen für den Gesamtzustand der Infektion nicht ausbleiben können — wir werden später darauf noch zurückkommen. Dort, wo nun aber Virus in der Haut verankert wird und zur Wucherung gelangt, kommt es zur entzündlichen Gegenaktion des Gewebes, deren Form vom jeweiligen allergischen Zustand bestimmt wird. Ob makulöse oder papulöse Reaktionen hervortreten, hängt von der Struktur des Gewebes ab, die der Allergie zugrunde liegt — jedes Hautsymptom ist, wie JADASSOHN dies gelegentlich definiert hat, als allergisches Phänomen zu betrachten, die Sklerose ebenso wie die Macula oder Papel. Natürlich können die Abbauvorgänge im Bereich der Krankheitsherde nicht ohne Einfluß auf den Gewebszustand bleiben, d. h. in der Sekundärperiode, wo sich der Kampf mit dem Virus fortwährend abspielt, wo die in die Haut eingedrungene Infektionsmasse noch immer gewisse Verschiebungen erfährt, muß auch die Allergie der Haut Schwankungen unterliegen und in der Tat können wir uns den eigenartigen Verlauf der Erkrankung, den Wechsel zwischen Perioden mit und ohne exanthematische Reaktionen ohne Zuhilfenahme solcher Vorstellungen gar nicht befriedigend erklären. Jedem einzelnen Stadium des Prozesses, der Primär-, Sekundär-, Latenz- und Tertiärperiode und schließlich auch dem sog. Quartärstadium entspricht ein ganz bestimmter allergischer Zustand der Haut, er ist für den Ablauf des Geschehens verantwortlich, er bestimmt Klinik und anatomische Struktur der jeweils gegebenen Läsion. Leider verfügen wir nur über sehr beschränkten Einblick in diesen Wandel des allergischen Gewebszustandes. Bei der Tuberkulose, wo wir aus dem Grade der Tuberkulinreaktion so mancherlei erschließen können, liegen die Verhältnisse viel besser, für die Syphilis fehlt uns ein gleichwertiges Testverfahren. Mit der Luetinreaktion, wenigstens soweit das Organluetin hierfür in Betracht kommt, erhalten wir lediglich darüber Aufschluß, daß sich in der Tertiärperiode und in gewissen Fällen von kongenitaler Syphilis, sowie bei der Lues ulcerosa praecox ein nennenswerter Umschwung im

16*

Empfindlichkeitszustand der Haut vollzogen hat, hinsichtlich der Vorgänge im Sekundärstadium und in der Latenz sagt sie uns nichts, zum mindesten nicht genug, um darauf verläßlich aufbauen zu können. Der Wechsel im allergischen Verhalten der Haut während der verschiedenen Entwicklungsphasen des syphilitischen Prozesses ist bis auf das Tertiärstadium mittels Cutireaktion dermalen nicht genügend darstellbar, die Methode ist unzureichend, um feinere Unterschiede aufzuzeigen. Wir müssen hier also mehr erschließen, als wir auf analogem Wege wie bei der Tuberkulose erweisen können. Eine gewisse Hilfe bietet uns bei der Syphilis dafür das Impfexperiment, aus dessen Ergebnissen in den verschiedenen Stadien wir auf einen Wandel in der Gewebsempfindlichkeit schließen können. Wenn wir innerhalb der ersten vier Wochen nach der Infektion spirochätenhaltiges Material in die Haut einbringen, so entsteht eine Sklerose, wenn wir im Sekundärstadium oder in der Latenz impfen eine Papel, Tertiärsyphilitiker reagieren mit Gummen und bei Quartärsyphilitischen (Paralytikern) geht die Inokulation überhaupt nicht an (in letzter Zeit H. W. Siemens). Diese Feststellungen, die von allen Experimentatoren übereinstimmend erhoben wurden (Finger und Landsteiner, Neisser u. a.) sprechen für das Zutreffende der früher entwickelten Vorstellungen: die Haut des Syphilitischen befindet sich in einem steten Wandel ihrer Empfindlichkeit gegenüber der Infektionsmasse. Die erste einschneidende Änderung erfährt sie beim Übertritt des Prozesses aus dem Primär- in das Sekundärstadium, die zweite, wenn es nach Überstehen der Latenz entweder zu tertiären oder quartären Läsionen kommt. Hier ist der Wandel besonders auffällig. Im ersten Falle, wo Gummen auftreten, erfährt die Allergie gegenüber früher höchste Steigerung, im zweiten, bei quartärer Syphilis, sinkt sie auf Null herab, d. h. die Haut ist nun überhaupt fest geworden gegen jeden Insult dieser Art, sie ist in einen Zustand geraten, in dem sie früher nie war. Dabei hat sich diese Umstellung vollzogen, ohne daß Virus in der Haut selbst aktiv tätig gewesen wäre; wir wissen nichts darüber, ob der Paralytiker in seiner Haut überhaupt Spirochäten beherbergt, ja man muß aus der Tatsache, daß sich Paralyse und Hautgumma geradezu ausschließen, daß ferner Fälle, die in der Sekundärperiode wenig oder gar nicht von Hauterscheinungen betroffen waren, im besonderen zu Paralyse zu neigen scheinen, wie schon die alten Syphilidologen behaupteten, eigentlich ihr Freisein von Keimen annehmen. Die Umstimmung kann daher nur auf indirektem Wege erfolgen, wahrscheinlich wieder in der Art, daß Substanzen, die im Krankheitsbereich (Meningen, Zentralnervensystem) entstehen, in den Säftestrom übertreten und in der Haut zur Bindung gelangen; hiedurch erreicht nun das Gewebe allmählich jene Stufe, wo es uns als unempfindlich erscheint. Dabei ist der Zustand jetzt offenbar ein anderer, als früher, denn schließlich beginnt jeder Paralytiker als Luiker mit dem Primäraffekt. Die Resistenz des Gewebes gegen den Insult ist also eine erworbene, ebenso erworben, wie wir dies früher für die Lues sine exanthemate oder den Fall mit nur sehr spärlichen Hauterscheinungen abgeleitet haben. Ob die Gewebszustände bei exanthemfreier sekundärer Syphilis und bei Paralyse identisch sind, ist fraglich, eher unwahrscheinlich. — Aufschluß darüber könnten Impfexperimente bringen, vielleicht haften in Fällen, wo das Exanthem ausbleibt, trotzdem Inokulationen, vielleicht führen sie genau so zur Papelbildung wie im Sekundärstadium, — der Unterschied gegenüber den Verhältnissen bei der Paralyse wäre damit erwiesen. Eine gewisse Bedeutung kommt diesbezüglich den Erfahrungen bei Framboesie zu, die dahin gehen, daß sich Syphilitische jedes Stadiums mit Framboesie, bekanntlich auch einer Spirochätenerkrankung (Spirochaeta pertenuis) infizieren können, Paralytiker aber nicht (Jahnel und Lange), — ihre Haut ist fest gegen den Infekt, was auf einen besonderen Zustand des Organs hinweist.

Ganz anders liegen die Verhältnisse bei tertiärer Hautlues. Hier haben wir hochgradige und dabei gegen früher eine grundsätzlich verschiedene Empfindlichkeit gegeben. Impft man einen Gummösen mit virulentem Material, so entsteht ein Gumma, keine Papel oder Sklerose, und gegenüber dem eigenen Virus verhält sich das Gewebe nicht anders, sein Zustand ist ein besonderer geworden, was auch daraus hervorgeht, daß wir nun mit Luetin Reaktionsphänomene zur Auslösung bringen können. Dabei ist dieser allergische Zustand durchaus nicht gebunden an das Vorhandensein von Gummen, selbst wenn sie schon lange abgeheilt sind, Dezennien lang, ist die Luetinreaktion oft noch stark positiv, wahrscheinlich geht diese Einstellung vielfach überhaupt nicht verloren. Und sie scheint nun ein sehr wirksamer und bedeutungsvoller Faktor für den Gesamtzustand der Infektion zu sein, das können wir aus gewissen Beobachtungen schließen, die sich auf Wechselwirkungen zwischen tertiärer Hautlues und meningealen Irritationen bzw. spezifischen Prozessen des Zentralnervensystems beziehen. Ich konnte seinerzeit an der Hand eines größeren Untersuchungsmaterials nachweisen, daß viele Gummöse positiven Liquor haben, daß sich demnach Erkrankungen des Zentralnervensystems und tertiäre Hautlues nicht absolut ausschließen, wie man etwa auf Grund der früher erwähnten Tatsache des Freiseins der Paralytiker von Gummen und umgekehrt erwarten könnte. Bei Tabikern sind Hautgummen oftmals beobachtet, nur die Paralyse steht diesbezüglich vereinzelt dar. Ich konnte ferner ermitteln, daß die Träger eines positiven Liquors denselben durchwegs rasch verlieren, wenn es zur gummösen Hautreaktion kommt, d. h. Kranke, die von der Sekundärperiode über die ganze Latenzzeit hin stark positiven, gegen therapeutische Maßnahmen hartnäckigen Liquor haben, verlieren ihn, vom Zeitpunkt des Auftretens der Hautgummen gerechnet, durchwegs relativ rasch, ohne daß besondere therapeutische Maßnahmen ergriffen werden müssen. Er kann auch völlig spontan abklingen, verhält sich also ganz so wie der Liquor bei Tabes, von dem wir auf Grund reicher Eigenerfahrung der Meinung sind, daß er im Laufe der Ereignisse negativ werden muß. Es gehört unserer Erfahrung nach zum Wesen der Tabes, daß sie den positiven Liquor allmählich abgibt. Ein Tabiker, der sich anders verhält, ist, wie wir glauben, kein „echter Tabiker“, er trägt noch eine weitere Krankheitskomponente mit sich, die klinisch allerdings nicht hervortreten muß, aber das Bestehenbleiben des positiven Liquors bedingt. Ich erinnere an die Fälle von Tabo-Paralyse, die oft erst sehr spät den paralytischen Erscheinungskomplex aufweisen, viele dieser Kranken erleben ihn wahrscheinlich überhaupt nicht. Für uns sind sie klinische Tabiker und dabei biologisch doch etwas anderes.

Es ist über alle diese Dinge ja noch nicht das letzte Wort zu reden — so viel steht aber fest: Gerade die Vorkommnisse bei alter Lues mit Liquorkomplikation und Hauterscheinungen bzw. dem Mangel solcher bieten mannigfache Hinweise auf das Bestehen von funktionellen Zusammenhängen zwischen Hautorgan und Zentralnervensystem. Wie die Gewebe im einzelnen verknüpft sind und nach welchen Gesetzen sich die Wechselwirkungen zwischen ihnen abspielen, wissen wir nicht, jedenfalls aber scheint das Verhalten der Haut für den Ablauf des Syphilisprozesses im Bereiche der Meningen von größter Bedeutung zu sein. Sie zeigt sich hier in der Rolle eines Schutzorgans; — E. Hoffmann hat den Begriff der Esophylaxie der Haut geprägt, wollen wir ihm folgen, so können wir hier von esophylaktischen Äußerungen sprechen. Das Paralyseproblem ist damit in gewisser Hinsicht ein Hautproblem, ein esophylaktisches Problem, wenn wir es so nennen wollen, ein Problem gewisser chemischer Leistungsfähigkeiten der Haut. Meiner Auffassung nach kann ein Syphilitiker nicht zum Paralytiker werden, wenn sich die Haut in gehörigen Funktionsverhältnissen befindet. Stellt sie ihre Tätigkeit ein, erschöpft sie sich gewissermaßen im Laufe der Ereignisse, dann ist der Weg frei für hemmungslosen Fortgang des Krankheitsprozesses im Bereiche des Zentralnervensystems. Und daß das Hautorgan leistungsunfähig werden kann, dazu gehören natürlich gewisse keimplasmatische Voraussetzungen. „Der Paralytiker wird geboren" — an dem Satz ist festzuhalten und vom Standpunkt des Hautbiologen nur so viel hinzuzufügen, daß allem Anscheine nach ein besonderer angeborener Zustand des Hautorgans hiebei mit in Frage kommt. Welche Einflüsse dafür maßgebend sind, entzieht sich unserer Erkenntnis — auf einen Punkt möchte ich aber verweisen, der vielleicht von Bedeutung ist: auf die sich stetig im Flusse befindende biologische Umstellung des Hautorgans. Ich erinnere diesbezüglich an seinerzeit Ausgeführtes. Die menschliche Haut besitzt Organsysteme, die in der Phylogenese zum Aussterben bestimmt sind — a-Drüsen, Haarkleid. Ihre Rückbildung vollzieht sich allmählich und ungleichmäßig, Natur- und Primitivvölker sind damit besser ausgestattet als Kulturvölker, Frauen besitzen mehr a-Drüsen als Männer. Diese Wandlung im Aufbau des Hautorgans wird kaum ohne Rückwirkung auf seine allgemeine chemische Leistungsfähigkeit bleiben; anzunehmen, daß ein Kulturmensch mit weit fortgeschrittener Involution der in Rede stehenden Zellsysteme gegenüber Primitiven gewisse Abweichungen seines Hautchemismus haben wird, ist naheliegend, und vielleicht wirkt sich dies nun gerade nach der Seite hin aus, die uns hier interessiert; vielleicht wird das Gewebe gerade für die Bindung gewisser pathologischer Substanzen weniger leistungsfähig. Wenn man sich zu solchen Vorstellungen bekennt, ist damit die Möglichkeit gegeben, zu der so viel diskutierten Frage, warum Naturvölker trotz Syphilis keine Paralyse haben, von einer besonderen Seite aus Stellung zu nehmen. Vielleicht bestehen hier Zusammenhänge mit den erwähnten Involutionsvorgängen im Bereiche des Hautorgans, vielleicht kommt gerade den a-Drüsen große Bedeutung für die Bindung gewisser spezifischer Giftstoffe zu, vielleicht haben Frauen deshalb weniger Paralyse als Männer, weil ihr a-Drüsensystem auf höherer Leistungsstufe steht — nur Fragen sind es, die sich hier aufdrängen, Fragen aber, die eine gewisse Berechtigung haben dürften, und bei Besprechung des Paralyseproblemes nicht aus dem Auge gelassen werden sollten. So verwickelt und mannigfach die Umstände auch sein mögen, die das Schicksal des Paralytikers bestimmen — sicher spielt die Funktion des Hautorgans hiebei eine große Rolle. Wie im einzelnen die Zusammenhänge liegen, wissen wir nicht — zukünftiger Forschung steht hier noch ein weites Gebiet offen.

Zurückkehrend zum Ausgangspunkt der erfolgten Erörterungen wollen wir nur noch die Frage der tuberkuloiden Strukturen einer näheren Besprechung unterziehen. Wie früher auseinander gesetzt worden ist, haben wir bei der Syphilis genau so wie bei der Tuberkulose das Auftreten spezifischer Gewebsstrukturen auf bestimmte allergische Zustände zu beziehen. Das Gewebe muß sich in bestimmter Reaktionsbereitschaft befinden, damit es zu diesem Effekt kommen kann, und der Reiz muß ein entsprechender sein. Am klarsten liegen die Verhältnisse bei tertiärer Hautlues. Hier haben wir die Möglichkeit, den allergischen Zustand, seine geänderte Qualität gegenüber früher mittels des Luetinverfahrens aufzuzeigen; das Gewebe befindet sich tatsächlich in so wesentlich geänderten Verhältnissen, daß das Auftreten vom gewöhnlichen Typus abweichender Strukturen nicht wundernehmen kann. Anders verhält es sich aber, wenn wir im Sekundärstadium auf tuberkuloiden Bau der Infiltrate stoßen. Ich erinnere beispielsweise an den Lichen syphiliticus. Hier haben wir keine positive Luetinprobe, also gewiß nicht denselben Gewebszustand wie bei Tertiärluischen, und doch grundsätzlich den gleichen Reaktionsvorgang als Antwort auf den spezifischen Insult. Folgerung daraus: Das Luetinphänomen klärt uns offenbar doch nicht genügend darüber auf, wie es mit dem Gewebe bestellt sein muß, damit es zur tuberkuloiden Strukturbildung kommen kann. Vielleicht haben wir dort, wo die Probe positiv ausfällt, das höchste Entwicklungsstadium eines Zustandes gegeben, der schon in seinen Anfängen, wo wir ihn durch Cutireaktion noch nicht fassen können, ausreichend ist, um das Auftreten tuberkuloider Strukturen zu bedingen.

Ein Umstand gestaltet nun die Deutung des ganzen Fragenkomplexes überhaupt schwierig: die Spirochäte selbst. Im allgemeinen sind wir gewohnt, dort das Auftreten von Tuberkeln und ähnlichen Bildungen zu erwarten, wo grobcorpusculäre Reize in Frage kommen. Ich erinnere an den Fremdkörpertuberkel, ferner, als Hauptvertreter der in Rede stehenden Strukturen, an die Tuberkulose, deren Erreger, wie wir gehört haben, infolge besonderer Hüllensubstanzen große Resistenz gegen die von seiten des Gewebes in Szene gesetzten Abbauvorgänge aufzubringen vermag und daher auf spezifischem Wege entfernt werden muß. Für die Spirochaeta pallida ist nun kein ähnliches Moment anzuführen, es ist nichts von einer Hüllensubstanz bekannt, Spirillen gelten als wenig widerstandsfähige Parasiten und in der Tat scheinen sie ja in der Regel rasch und ohne besonders komplizierte Organreaktionen abgebaut werden zu können. Das läßt sich mit großer Sicherheit aus der Tatsache erschließen, daß es in der weitaus größten Zahl aller luischen Haut-Schleimhautaffekte nur zu banal entzündlichen Erscheinungen kommt. Sie genügen, um die Krankheitskeime aus dem Gewebe zu entfernen, wenigstens einen großen Teil davon, es bedarf hiezu nicht der Aufbietung des um Vieles verwickelteren Hilfsapparates, der zur Bildung tuberkuloider Strukturen führt. Ein gutes Beispiel hiefür liefert die Sklerose. Wenn wir ihre Entwicklung verfolgen, so sehen wir wie im Verhältnis zur Anreicherung des Virus die entzündlichen Erscheinungen zunehmen. Ist ein gewisses Höchstmaß erreicht, so beginnt der Abbau der Parasiten und parallel dazu bilden sich auch die entzündlichen Veränderungen zurück. Schließlich heilt der Prozeß mit Narben aus, die allerdings noch Reste des Virus enthalten können. Tuberkuloide Strukturen treten hiebei nur ganz ausnahmsweise in Erscheinung, die banal entzündliche Reaktionsweise ist die Regel und gerade daraus ist zu entnehmen, daß es nicht zum Wesen der Spirochäte gehören kann, tuberkuloide Strukturen zu bedingen, zur Entfernung der Keime genügt banale Entzündung. Die Verhältnisse sind damit beiläufig gerade umgekehrt wie bei der Tuberkulose. Dort ist die tuberkuloide Struktur das Gewöhnliche, daß Erreger auf dem Wege banaler Entzündung eliminiert werden, Seltenheit. Und wenn dieser Modus in Erscheinung tritt, äußert er sich gewöhnlich in stürmischer Form, es kommt zur Gewebsnekrose, zur Vereiterung. Das Prinzip, nach dem die Bacillen in solchen Fällen entfernt werden, ist eigentlich ein rein mechanisches, die Keime werden, ohne vorher einem Aufschließungsprozeß zu unterliegen, mit dem nekrotischen Gewebe kurzerhand ausgestoßen. Deshalb sind ja auch immer wieder so reichlich Bacillen im Eiter zu finden, während dort, wo tuberkuloide Granulome zur Entwicklung gelangen — ich erinnere an den Lupus — ihre Feststellung große Schwierigkeiten bereitet.

Bei der Syphilis ist die Wegschaffung der Krankheitskeime mittels spezifischer Granulombildung Seltenheit, ihr Abbau auf banal-entzündlichem Wege die Regel und auch dabei kommt es meist zu keinen besonders stürmischen Erscheinungen. Daß Gewebsnekrose mit Vereiterung auftritt, ist verhältnismäßig selten — in der Regel bleibt die Entzündung auf mäßiger Höhe und bildet sich ohne Residuum zurück. Erfolgt einmal Nekrose, wie beispielsweise in den Fällen ulceröser maligner Syphilis oder bei pustulösen Exanthemen, so können wir, im Gegensatz zu den Verhältnissen in analogen Fällen der Tuberkulose, im Eiter Krankheitserreger entweder überhaupt nicht oder nur nach längerem Suchen in sehr spärlicher Zahl auffinden. Bei Gummen der Haut liegen die Verhältnisse nicht anders. Hier haben wir Gewebsdestruktion, Eiterbildung und in den abgestoßenen Massen meist keine Spirochäten, ja wir finden sie auch im Granulationsbereich nur sehr spärlich. Diesbezüglich gleicht das Gumma dem Lupus, es ist ebenso arm an Spirochäten wie er an Bacillen. Das ist nun aber durchaus auffällig! Bei der Mächtigkeit des pathologischen Geschehens sollte man reichlich Virus erwarten, zum mindesten in irgend einem Entwicklungsstadium des Prozesses, — aber immer wieder ist Spirochätenarmut festzustellen. Wie sind nun diese Verhältnisse zu erklären? Die Beantwortung dieser Frage hängt mit der einer anderen zusammen: Warum nimmt das Gewebe gegen Spirochäten, die es mit so einfachen Mitteln wegzuschaffen in der Lage ist, gelegentlich auf so komplizierte Weise Stellung? Meiner Auffassung nach kommen hiefür zwei Erklärungsmöglichkeiten in Betracht: entweder erfährt die Spirochäte in jenen Fällen, wo wir auf tuberkuloide Strukturen stoßen, eine Resistenzerhöhung, daß die gewöhnlichen Abwehrkräfte des Gewebes zu ihrer Beseitigung nicht mehr ausreichen, oder es tritt ein Generationswechsel des Virus ein derart, wie er bei Protozoen sonst vorkommt, der das Auftreten einer resistenten „Umwandlungsform" der Spirochäte bedingt, die nur auf dem Wege tuberkuloider Gewebsreaktion abgebaut werden kann.

Die Annahme einer derartigen Formänderung des Virus hat meines Erachtens vielmehr für sich als die einer Resistenzerhöhung, gegen die schon vor allem der Umstand spricht, daß dort, wo man solche widerstandsfähige Spirochäten erwarten sollte, in der Regel überhaupt keine oder nur ganz wenige Exemplare davon zu finden sind. Sie müßten daher mit der erhöhten Resistenz ihre gewöhnliche Darstellbarkeit eingebüßt haben.

Unter Zuhilfenahme der Hypothese von einem Generationswechsel des Virus erfahren hingegen die früher erwähnten Fragen eine ungezwungene Erklärung. Wir hätten uns bezüglich der tuberkuloiden Struktur vorzustellen, daß sie dann zur Entwicklung gelangt, wenn die Spirochäten eine Umwandlung zur zweiten, nennen wir sie Dauerform erfahren. Es braucht aber analog wie bei der Tuberkulose nicht immer, wenn dieser Zustand des Virus vorliegt, zur Granulombildung zu kommen, die Keime können einmal auch auf dem Wege akuter Eiterung ausgestoßen werden. So liegen die Dinge vielleicht bei der pustulösen und ulcerös-malignen Lues und vielleicht erklärt sich gerade daraus die Tatsache, daß wir in den Erscheinungen dieser Art nur so spärlich Spirochäten auffinden können, zum mindesten nicht in jener Reichlichkeit, wie wir dies eigentlich erwarten müßten. Daß einzelne Spirochäten nach langem Suchen immer wieder festzustellen sind, spricht nicht gegen die Annahme eines solchen Generationswechsels, — es erfahren eben nicht alle Keime diese Umwandlung. Wir hätten mit Ähnlichem zu rechnen, wie wir es früher bei der Tuberkulose kennen gelernt haben — auch dort werden in der Regel nicht alle Keime gleichzeitig inaktiviert, einzelne behalten ihre Proliferationsfähigkeit, während andere zugrunde gehen und dabei die Entwicklung des spezifischen Granuloms veranlassen. Nur so können wir uns ja das gleichzeitige Fortschreiten des Prozesses neben Produktion von tuberkuloidem Gewebe erklären. Und bei syphilitischen Affekten wird es ähnlich sein. Es liegt nahe anzunehmen, daß sich Spirochäten im Gewebe unter bestimmten Verhältnissen zur vermuteten Dauerform umwandeln, aber nicht alle, einzelne Exemplare bleiben erhalten, gerade sie sind aber dann für die Art der Hautläsion nicht mehr der maßgebende Faktor. Der Unterschied gegenüber den Verhältnissen bei der Tuberkulose wäre also darin gelegen, daß sich bei ihr die durch den eigenartigen Terrainzustand bedingte Beeinflussung des Virus in einer entsprechenden Inaktivierung ausdrückt, während die Spirochäte darauf mit Aufgeben ihrer Morphe antwortet, sich in eine Form umwandelt, die gegenüber den schädigenden Einflüssen widerstandsfähig ist und dadurch zunächst noch der definitiven Eliminierung entgehen kann. Bestimmend für das Auftreten der Dauerform wird der Zustand des Gewebes sein, das Virus muß offenbar in einen ganz bestimmten biologischen Zustand geraten, damit diese Wandlung eintreten kann. Näher kennen wir davon nur jene des Tertiärstadiums, in der Sekundärperiode sind wir schon nicht mehr in der Lage zu sagen, wann ein derartiger Gewebszustand erreicht ist. Übergänge zwischen banal entzündlicher und tuberkuloider Struktur weisen auf Schwankungen im Gewebs-Chemismus und damit auch darauf hin, daß der Erreger gelegentlich wahrscheinlich in beiden Formen gleichzeitig vorhanden sein kann. Wenn man in alten Sklerosen auf Tuberkel stößt oder in größeren Papeln neben banal entzündlicher Struktur spezifische Veränderungen auffindet, so ist dies wohl immer nur im Sinne einer Zustandsänderung des Gewebes zu deuten, der sich das Virus durch Formänderung angepaßt hat. Und ganz analog wie bei der Tuberkulose haben wir damit zu rechnen, daß solche spezifische Gewebszustände streng örtlich, auf kleine Areale begrenzt sein können, wodurch das herdweise Auftreten tuberkuloider Strukturen verständlich wird.

Die Annahme von einem Generationswechsel der Spirochaeta pallida im
Gewebe ist also imstande, unser Verständnis von den Krankheitsvorgängen
bei Syphilis nach mancher Richtung hin zu fördern. Vor allem wird es so möglich,
für das bunte Wechselspiel zwischen banaler Entzündung und spezifischer
Struktur eine gewisse Erklärung zu finden und die auffällige Diskrepanz der
anatomischen Läsionen im Sekundär- und Tertiärstadium dem Verständnis
näher zu bringen. Dabei hat die Hypothese doch mannigfache Stützpunkte!
An der Tatsache, daß die Spirochaeta pallida kein Parasit ist, zu dem die tuberkuloide Struktur obligatorisch gehört, sowie daß er dort, wo wir diese treffen,
immer wieder vermißt wird, kommen wir nicht herum — hiefür müssen besondere
Gründe maßgebend sein und das Nächstliegende ist wohl, an eine Formänderung
des Virus zu denken. Die Syphilis würde damit gewissen Protozoenerkrankungen
nahe rücken, bei denen ein Generationswechsel des Erregers das Gewöhnliche
ist, als Beispiel hiefür die

Aleppo- oder Orientbeule,

auf die ich nun noch kurz zu sprechen kommen will.

Die Orientbeule wird, wie bekannt, durch Leishmania tropica hervorgerufen, einen Parasiten, der sich im Gewebe als rundliches bis ovales Gebilde mit stark färbbarem, zentral gelegenem Hauptkern und randständigem
Nebenkern oder Blepharoblast darstellt. Ähnlich wie bei den Spirochäten
gibt es auch bei den Leishmanien verschiedene Spezies, die sich morphologisch so weitgehend gleichen, daß sie nicht sicher voneinander geschieden
werden können und dabei ganz differente Krankheitszustände hervorrufen.
Ich erinnere an die Leishmania Donovani, den Erreger des Kála-Azar,
der mit dem Virus der Aleppobeule morphologisch und kulturell völlig übereinstimmt, niemals aber Geschwürsbildungen auf der Haut provoziert, dafür
schwerste Veränderungen innerer Organe.

Allen Leishmanien ist gemeinsam, daß sie unter bestimmten Bedingungen ihre Gestalt ändern, d. h. die Kugel- oder Eiform, in der sie im
Gewebe zu schmarotzen pflegen, aufgeben und sich zu Flagellaten, „Monaden"
umwandeln. Gesetzmäßig läßt sich dies beispielsweise beim Kulturverfahren
ermitteln, — Leishmanien können nie in der Form gezüchtet werden, in der sie
sich im Gewebe vorfinden. Wird parasitenhaltiges Material auf geeignete
Nährböden gebracht, so wandeln sich die Kugeln rasch zu kurzen, Geißeln
tragenden Spirillen um. Der Vorgang wird in der Weise geschildert, daß in der
Gegend des Blepharoblast, der deswegen auch „Geißelwurzelkern" heißt, ein
kurzes Schwänzchen auswächst. NICOLLE ist es als Erstem gelungen, auf
besonderem Nährboden aus den Zellparasiten die Flagellaten zu züchten und
damit den Generationswechsel zu erweisen. Wird Kulturmaterial, also
Flagellatenaufschwemmung, auf Tiere überimpft, so entstehen typische
Beulen, in denen sich nun wieder Leishmanien finden, solche Experimente
sind wiederholt gelungen, LAVERAN, NICOLLE und MANCEAU u. a. Die Umwandlung der ins Gewebe eingebrachten Monaden zu Leishmanien geht allem
Anschein nach rasch vor sich, das ist daraus zu entnehmen, daß die kugeligen
Gebilde schon relativ früh post inocul. nachgewiesen werden können. Sie sind
die Gewebsform des Parasiten, d. h. in der Regel wächst der Keim in dieser
Gestalt; daß auch Flagellaten wuchern und Veränderungen hervorrufen

können, scheint die Ausnahme zu sein. Escomel und La Cava haben sie einmal im Gewebe neben Leishmanien aufgefunden, J. Reenstierna und mir ist ihr Nachweis bei unseren ausgedehnten tierexperimentellen Studien nie gelungen, immer wieder sind wir auf Leishmanien gestoßen, gelegentlich allerdings, und dies vor allem in Jugendstadien auch auf sie nicht und gerade hier haben wir die Monadenformen erwartet. Vielleicht stehen unsere negativen Ergebnisse mit gewissen technischen Mängeln in Zusammenhang, wir hatten dazumal keine vollwertige Giemsalösung, „Kriegs-Giemsa", — wie dem auch sei, jedenfalls ist die Leishmania die vegetative Form des Parasiten, das Flagellatenstadium tritt ihr gegenüber an Bedeutung zurück. Im Gewebe kommt es immer wieder zur Ausbildung der rundlichen Körper, die ob der Hüllensubstanzen, die sie besitzen, wahrscheinlich besonders resistent sind gegen schädigende Einflüsse.

Der Unterschied gegenüber den Verhältnissen bei der Syphilis liegt auf der Hand. Bei ihr ist die Spirochäte das Um und Auf, die von uns vermutete Dauerform hat geringere Bedeutung, sie zeigt nur unter ganz bestimmten Verhältnissen pathogene Eigenschaften. Bei der Leishmania ist die Dauerform alles, im Kleide des Flagellaten vermag der Keim allem Anscheine nach wenig zu leisten. Und weil in der Hauptsache nur die Dauerform Gewebsläsionen bedingt, spielt die tuberkuloide Struktur im Aufbau der Beulen eine so hervorragende Rolle; wir werden später eingehender darauf zu sprechen kommen.

Vorerst soll noch auf einige biologische Besonderheiten im Wesen der Aleppobeule und auf gewisse Ähnlichkeiten mit syphilitischen Primäraffekten hingewiesen werden. Bekanntlich entsteht die Aleppobeule ebensowenig wie die Sklerose unmittelbar im Anschluß an den Infekt; es verstreicht eine gewisse Inkubationszeit, die bei der Beule nur um ein Vielfaches länger ist als bei Lues. Das sich entwickelnde Infiltrat gleicht weitgehendst dem der Sklerose, klinisch herrscht zwischen den Affekten auffallende Übereinstimmung. Genau wie bei der Sklerose gedeiht auch bei der Beule das Infiltrat nur bis zu einer gewissen Höhe, dann tritt Stillstand im Wachstum ein, dem sich spontane Rückbildung anschließt, allerdings läuft all dies beim Leishmanieninfekt um vieles langsamer ab, als bei der Lues. Beulen können ein Jahr und darüber bestehen, deshalb wird ja auch von „Jahres"beulen gesprochen. Spirochäten und Leishmanien besitzen in gleicher Weise Affinität zum Lymphgefäßsystem, auch bei der Beule werden die regionären Drüsen in Mitleidenschaft gezogen, wiederholt sind Keime in ihnen nachgewiesen worden. Nur die Generalisation des Virus bleibt aus, wenigstens wissen wir nichts von einer hämatogenen Aussaat der Keime, der Infekt bleibt örtlich begrenzt, das Vordringen der Parasiten erfolgt nur bis in das regionäre Lymphdrüsensystem. Hier der grundsätzliche Unterschied gegenüber den Vorgängen bei Syphilis! Metastasen setzt die Aleppobeule niemals weder in inneren Organen, noch in der Haut, aber ein anderes Phänomen tritt in Erscheinung und hier ergeben sich nun wieder gewisse Berührungspunkte mit der Lues. Die Haut verändert unter Einwirkung des Infektes ihre Empfindlichkeit gegen Leishmanien. Genau so wie bei Syphilitischen mit voll ausgebildeter Sklerose weitere Infektionen nicht mehr haften oder zum mindesten Sklerosen nicht mehr zu erzeugen vermögen, verankert auch der Träger einer Beule neu eingebrachtes Virus nicht mehr. Die Haut wird fest gegen Leishmanien und bleibt es lange über die Abheilung des Affektes hinaus, oft jahrzehntelang. In Gegenden, wo die Beule endemisch ist, hat diese Erkenntnis ja vielfach zu dem Brauche geführt, Kinder an Hautstellen zu infizieren, wo die Narbe wenig stört, um sie damit vor späteren Spontaninfektionen im Gesicht mit allen schweren Folgen zu bewahren. Und diese Umstimmung der Haut erfolgt während der Zeit, in der die Beule heranwächst, mit ihrer Vollendung tritt auch die Unempfindlichkeit zutage. Solange der Affekt nicht voll entwickelt ist, sind neue Inokulationen möglich und das Vorkommen oft so zahlreicher, verschieden großer Beulen bei einem Individuum kann eben nur so seine Erklärung finden. Nicht alle Affekte werden zum gleichen Termin gesetzt, das läßt sich bei einem Infektionsmodus mittels Zwischenwirt — und man glaubt ja, daß die Beulen hauptsächlich durch Fliegen übertragen werden — von vornherein annehmen. Und die von den jüngsten Infekten herstammenden Infiltrate werden unter dem Druck der bereits erfolgten Gewebsumstimmung nicht mehr volle Höhe erreichen, es entstehen nur „Zwerg“beulen. Die Verhältnisse liegen damit ganz ähnlich wie bei der Syphilis, wo Reinfektionen im Verlaufe der ersten Inkubationszeit auch nur eine beschränkte Entwicklung zu Sklerosen erfahren, und zwar eine um so beschränktere, je später die Infektion erfolgt.

Wir sehen also mannigfache Ähnlichkeiten zwischen den Erstlingsereignissen bei Syphilis und bei der Aleppobeule; die in beiden Fällen während der Inkubationszeit zustande kommende Umstimmung der Haut, durch die ein weiteres Haften von Infektionsmaterial erschwert bzw. unmöglich gemacht wird, ist ihr hervorstechendstes Merkmal. Der Vorgang, der dazu führt, wird beide Male grundsätzlich derselbe sein. Für die Aleppobeule, wo von einer hämatogenen Aussaat des Virus und damit von einem Eindringen der Keime in viele Hautdepots nichts bekannt ist, können wir die Umformung des Gewebes nur auf chemische Einflüsse vom Krankheitsherd her beziehen. Wahrscheinlich sind es wieder Substanzen, die am Orte der primären Ansiedlung und Wucherung des Parasiten entstehen und via Blutbahn dem Hautbindegewebe zur Verarbeitung, bzw. Neutralisation zugeführt werden. Hiebei kommt es zu jener Strukturänderung des Gewebes, die seine Unempfindlichkeit bestimmt. Spielt sich bei der Syphilis der Vorgang tatsächlich nach demselben Prinzip ab, so wären gerade die Ereignisse bei der Aleppobeule ein Beweis für die Richtigkeit des früher vertretenen Standpunktes, daß die Wandlung im allergischen Zustand der Haut vom Primär- zum Sekundärstadium vor allem auf Rechnung der vom Initialaffekt ausgehenden chemischen Einflüsse zu setzen ist und nicht auf die Wirkung der mit der Blutwelle bereits in die Haut verstreuten Keimnester. Diesem Faktor wird erst in zweiter Linie Bedeutung zukommen, begonnen wird die Umstimmung aller Wahrscheinlichkeit nach ausschließlich durch chemische Einflüsse vom Primärherd aus.

Wahrscheinlich steht die Proliferationsbeschränkung des Virus bei der Aleppobeule, die Tatsache, daß es bei ihr weder in der Haut noch in anderen Organen zur Metastasenbildung kommt, mit dem eigenartigen Reaktionsvermögen des Hautbindegewebes, das einer Schutzfunktion gleichkommt, in Zusammenhang. An und für sich neigen Leishmanien zum Einbruch in die Blutbahn, das sehen wir beim Kála-Azar; daß bei der Beule der Verlauf ein anderer ist, spricht für die Wirksamkeit besonderer Einflüsse. Dabei sei betont,

daß die Aleppobeule niemals mit Kála-Azar und Kála-Azar nie mit der Beule vergesellschaftet ist, trotzdem beide Erkrankungen der gangbaren Meinung nach als

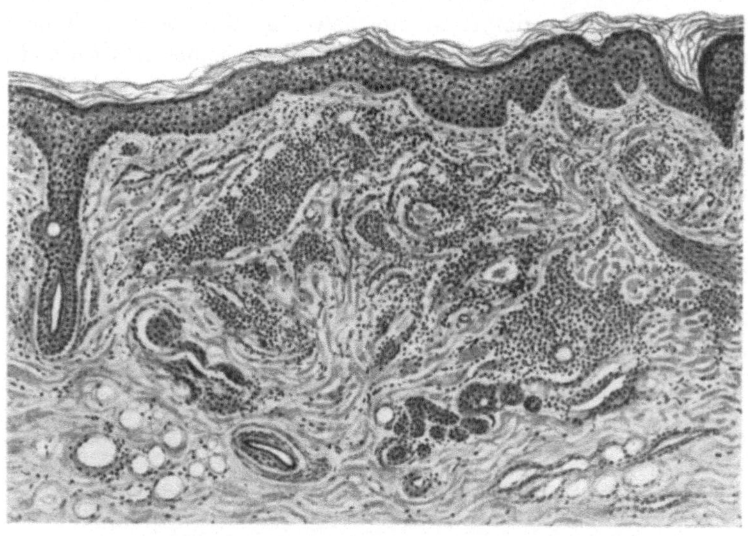

Abb. 155. Schnitt durch einen Impfeffekt mit „Beulen“-Gewebe bei einem Affen
5. Generation, 24 Tage p. inocul. Vergrößerung 80.
In den obersten Schichten der Cutis banale Entzündung. (Aus KYRLE und REENSTIERNA:
Arch. f. Dermatol. u. Syphilis. Bd. 128.)

ätiologisch einheitlicher Prozeß anzusehen sind, — ich habe ja früher schon erwähnt, daß es sich morphologisch und kulturell um absolut gleichartige Keime

handelt. Faßt man die Aleppobeule als
cutane Form des Kála-Azar auf, wie
REENSTIERNA und ich dies in Übereinstimmung mit H. SCHRÖTTER getan
haben, so erscheint uns gerade hier wieder
die Haut so recht als Organ besonderer
Art, das mit hohen Fähigkeiten zum
Kampf gegen Infekte ausgestattet ist,
und dort, wo es versagt, zu einem
völligen Wandel im Krankheitsverlauf
Anlaß gibt. Unwillkürlich wird man hier
erinnert an das Wechselspiel zwischen
Hautsyphilis und Paralyse: der gleiche
Erreger — zwei ganz verschiedene Krank-
heitsfälle, völliges Aussetzen der Hautfunktion — hemmungsloses Fortschreiten
des Prozesses im Bereich des Zentralnervensystems.

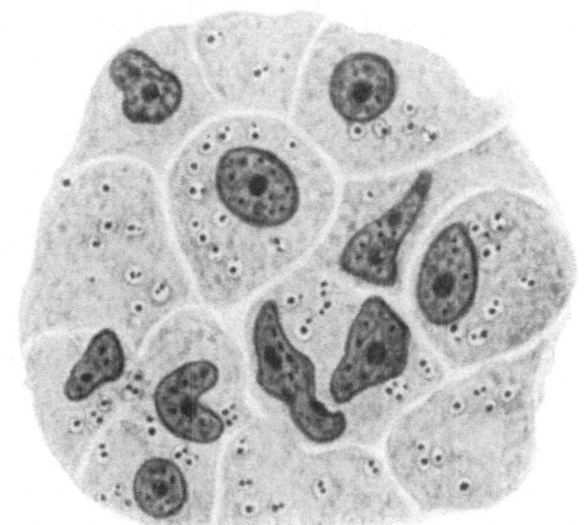

Abb. 156. Stelle aus dem früheren
Präparat.
Vergrößerung 1000 Immersion.   Große
Zellen mit Leishmanien.

   Bemerkenswert sind nun noch die
Strukturverhältnisse der Beule. Wieder stoßen wir das eine Mal auf
banal entzündliche, das andere Mal auf spezifische Veränderungen. Letztere

sind die Regel, sie wurden lange Zeit überhaupt für den Befund angesehen und Berichte gegenteiliger Art in Zweifel gezogen. Heute wissen wir, daß banale Entzündung ebenso vorkommen kann wie tuberkuloide Struktur, bestimmend dafür ist die jeweilige Entwicklungshöhe des Prozesses, das Verhalten des Virus und der Fortgang seines Abbaues. Das Übergewicht hat die tuberkuloide Struktur, d. h. viel häufiger stößt man auf

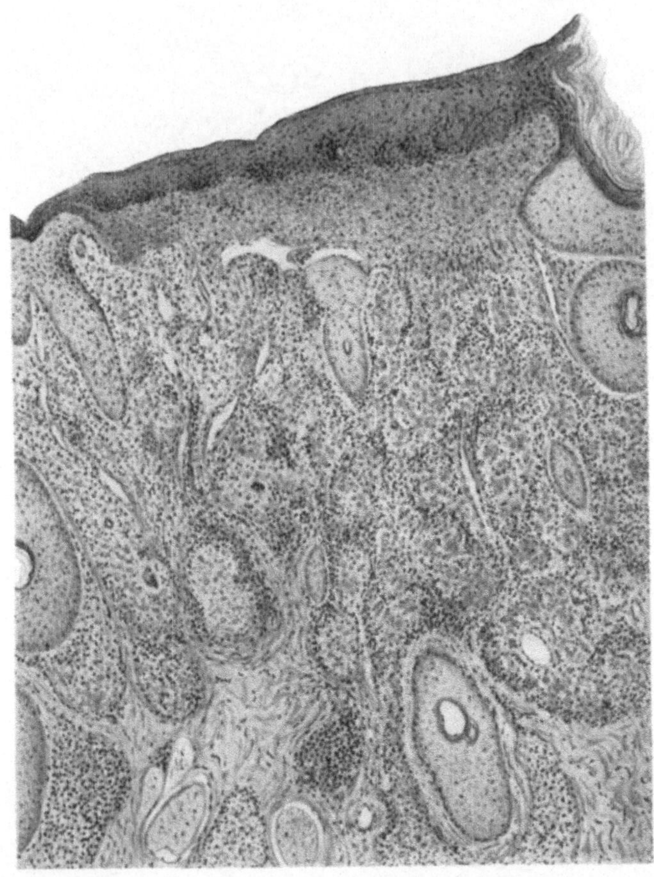

Abb. 157. Schnitt durch eine Aleppobeule aus der Wangenhaut. Älteres Stadium. Vergrößerung 42. Tuberkuloider Bau. Knötchenförmige Struktur des Infiltrates.

sie als auf banale Entzündung. Letztere findet sich nur in der allerersten Entwicklungszeit des Prozesses, umfänglichere, reife Beulen zeigen durchwegs lupusähnlichen Bau, und da meist nur sie der Gegenstand der Untersuchung sind und waren, ist es verständlich, daß man hinsichtlich des Vorkommens anderer Strukturen Zweifel hegte. Experimentaluntersuchungen haben diesbezüglich aber den eindeutigen Beweis erbracht. Überimpft man Material einer Beule beispielsweise auf Affen, wie REENSTIERNA und ich dies getan haben, so zeigen die ersten Erscheinungen an der Impfstelle, die nach kürzerer oder längerer Inkubationszeit zuerst sichtbar werdenden

Infiltrate durchwegs banal entzündlichen Charakter. Ich will Ihnen ein diesbezügliches Präparat vorweisen (Abb. 155), es stammt von einem 24 Tage alten Impfeffekt eines Affen. Die Veränderungen sind im ganzen nicht hochgradig, in der Cutis finden sich kleinere und größere Haufen von Rundzellen, die vornehmlich dem Zuge der Gefäße folgen und überwiegend aus Lymphocyten bestehen. Epitheloide und Riesenzellen sind nirgends zwischen sie eingestreut, dafür aber finden sich große, wie gebläht aussehende Elemente,

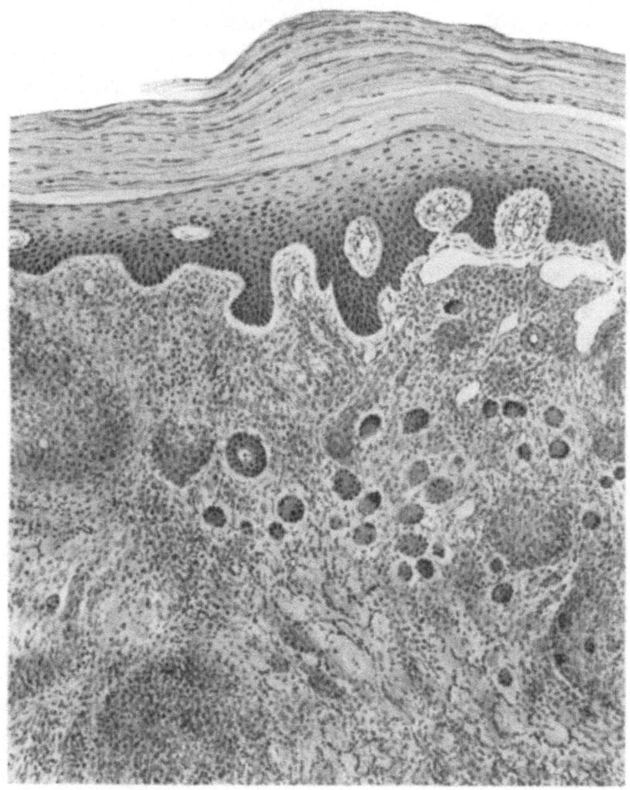

Abb. 158. Schnitt durch eine Beule vom Fußrücken. Das Infiltrat sehr reich an Riesenzellen.

deren Kern oft ganz an die Peripherie gedrängt, sichelförmig aussieht, ja gelegentlich überhaupt fehlt. Bei Anwendung starker Vergrößerung zeigt sich, daß diese Zellen voll von Leishmanien sind. Es handelt sich um die sog. Makrophagen, von denen erst zu entscheiden ist, ob sie gewucherte Endothelien sind oder große mononukleäre Leukocyten. Stets beherbergen sie die Hauptmasse der in diesem Entwicklungsstadium so überaus reichlich im Gewebe vorhandenen Parasiten. Abb. 156 zeigt solche Zellen übervoll mit Leishmanien in ihrer charakteristischen Form.

Hier haben wir also ein Entwicklungsstadium vor uns, wo das Gewebe einerseits mit Parasiten geradezu überschwemmt, andererseits von tuberkuloiden Strukturen nichts zu sehen ist. Diese Phase dauert nun aber nicht lange; entsprechend der Weiterentwicklung des Infiltrates, der Zunahme der Knotenbildung treten jetzt auch Epitheloid- und Riesenzellen auf den Plan. In einem 46 Tage alten Impfeffekt sind diese schon ziemlich reichlich vorhanden, und je weiter die Entwicklung fortschreitet, um so mehr tritt die spezifische Struktur in den Vordergrund. Voll ausgebildete Beulen zeigen durchwegs diesen Bau, sowohl im Impfexperiment als im menschlichen Material. Abb. 157 — ein Schnitt durch eine kleine Beule, die an der Wangenhaut im Bartbereich gesessen und von dem Kranken viele Monate getragen worden war — läßt typisch lupösen Aufbau des Infiltrates erkennen. Besonders deutlich tritt der knötchenartige Charakter der Zelleinlagerungen hervor. Man wird hier beim ersten Anblick in der Tat an Lupus erinnert und hat eigentlich Schwierigkeiten differentialdiagnostisch verwertbare Punkte aufzufinden. Nicht immer muß die Struktur ausgesprochen lupusähnlich sein, gelegentlich kann das Granulom mehr diffus infiltrierenden Bau aufweisen. Auch davon will ich Ihnen einen Schnitt vorweisen (Abb. 158). Er stammt von einer Zwergbeule, die am Fußrücken eines Kranken gesessen war, der seinen Houptherd an der Hand hatte. Hier fällt vor allem der Reichtum an Riesenzellen auf, dabei das Unregelmäßige in ihrer Lagerung und ihrer Gestalt. Epitheloidzellknötchen sind nur verhältnismäßig wenig vorhanden.

Bemerkenswert ist nun, daß in allen jenen Fällen, wo der lupusähnliche Bau des Infiltrates hohe Entwicklung erfahren hat, Erreger im Gewebe nur mehr ganz vereinzelt oder überhaupt nicht mehr aufzufinden sind. Im selben Verhältnisse, wie die banal entzündliche Struktur von spezifischen Granulomen abgelöst wird, werden die Parasiten im Gewebe spärlicher. Auf dem Höhepunkt der Entwicklung und in der Phase der Rückbildung zeigen die Knoten exquisiten Lupusbau und völligen Mangel an Leishmanien. Die Dinge liegen hier also ganz so, wie wir sie früher schon wiederholt kennen gelernt haben und bestätigen damit die Richtigkeit des vertretenen Standpunktes von den eigenartigen Zusammenhängen zwischen tuberkuloidem Reaktionsmechanismus und Beseitigung des Virus aus dem Gewebe.

32. Vorlesung.

Die nächsten Präparate sollen uns mit den Verhältnissen bei

Lepra

bekannt machen. Zwischen ihr, der Tuberkulose und Syphilis bestehen insoweit gewisse Beziehungen, als wir es auch hier mit einem chronisch verlaufenden Infektionsprozeß zu tun haben, der in der Haut Veränderungen setzt, die hinsichtlich ihres strukturellen Aufbaues mannigfache Ähnlichkeiten mit dem früher Kennengelernten verraten. Wir wollen sogleich in medias res eingehen und an der Hand einiger Präparate das Wesentliche der Veränderungen feststellen. Der erste Schnitt, den ich vorweise, ist aus einem oberflächlich gelegenen Hautknoten gewonnen, er soll den Typus der mehr diffusen Cutisinfiltration aufzeigen (Abb. 159). Die Gewebseinlagerung, von der Oberhaut durch einen schmalen Streif normalen Kollagens getrennt, besteht aus ziemlich polymorphen

Elementen. Die Hauptmasse bilden Bindegewebselemente, epitheloide Zellen, zwischen sie erscheinen dort und da, oft in kleineren und größeren Haufen gelagert, Rundzellen eingestreut, unter ihnen meist in der Überzahl Plasmazellen, und ferner eigenartig große, rundliche Gebilde, die am ehesten an Lücken nach ausgefallenen Fetttropfen erinnern. Bei Anwendung stärkerer Vergrößerung (Abb. 160) sieht man, daß es sich in der Tat um Hohlräume handelt, die in der Mitte oft eine eigenartig homogene, mit Hämatoxylin schwach bläulich sich färbende Masse enthalten. Es handelt sich um die letzten Entwicklungsstadien der sog. Leprazellen, erfüllt mit den Globi (NEISSER),

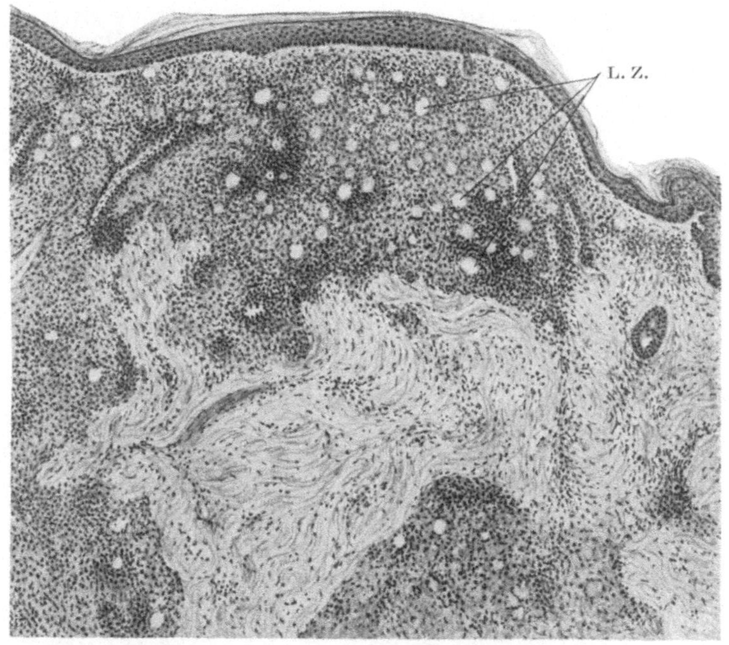

Abb. 159. Lepra tuberosa. Schnitt durch einen oberflächlich gelegenen Hautknoten.
Übersichtsbild. Vergrößerung 42.
In die Infiltratmasse reichlich große Zellgebilde eingesprengt, Leprazellen (L. Z.).
Schmaler, infiltratfreier, subepidermaler Grenzstreifen. Epithelleisten völlig verstrichen.

d. h. den zu Haufen zusammengeballten durchwegs meist stark zerfallenen und degenerierten Bacillenmassen. In spezifisch gefärbten Schnitten (Abb. 161) erweist sich der Inhalt dieser Bildungen als Bacillenmaterial, zum Teil aus Stäbchen, zum Teil aus Körnchen und Bacillendetritus bestehend. Von einer Zellhülle ist in extremen Fällen vielfach nichts zu sehen; deshalb vertritt UNNA die Meinung, daß es sich um Zellen überhaupt nicht handle, sondern um Bacillenhaufen, die in eine von ihnen abgesonderte, schleimige Masse eingehüllt seien. Wahrscheinlich stellen sie Endstadien degenerierter Gewebszellen dar. G. HERXHEIMER meint, daß bestimmte Zellelemente, ASCHOFFS Retikuloendothelien, wenn sie Bacillen aufnehmen, eine derartige Schädigung erfahren, daß ihr Plasma zerfällt, vakuolisiert wird und dadurch allmählich jene Form annimmt, der wir eben in den Leprazellen begegnen.

HERXHEIMER spricht von einer „lipoiden" Zelldegeneration. Das Charakteristicum der Zellen ist neben der Quellung und Höhlenbildung der reiche Gehalt an Bacillen, die meist zu klumpigen Massen zusammengeballt sind; schließlich geht das gesamte Zellplasma zugrunde, die Globi kommen nun frei ins Gewebe zu liegen, bzw. erfüllen zum Teil die Höhlungen nach den zugrunde gegangenen Zellelementen. In der Tat wird man an solchen Stellen durch nichts mehr daran erinnert, daß hier einmal Zellen gelegen waren.

Die Bacillen finden sich aber nicht nur in den Leprazellen, überall im Gewebe kann man sie antreffen, oft sind Lymphspalten und Blutcapillaren

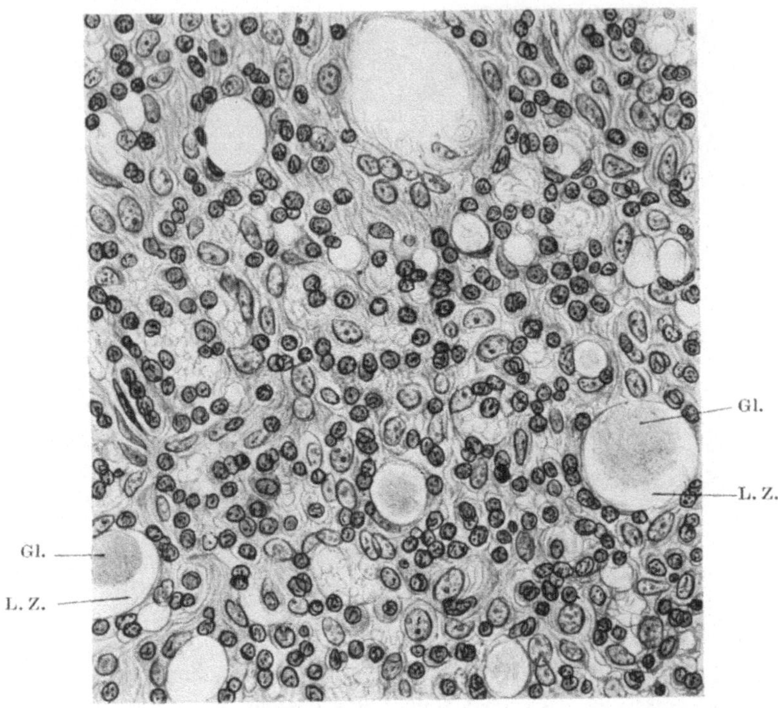

Abb. 160. Stelle aus dem früheren Präparat. Vergrößerung 380. Darstellung der Leprazellen (L. Z.) mit den Globi (Gl.). Das Infiltrat aus verschiedenartigen Zellformen aufgebaut, vor allem Bindegewebs- und epitheloiden Elementen.

voll davon; daneben liegen sie in allen möglichen Zellen eingebettet. In welcher Reichlichkeit sie stellenweise vorhanden sind, soll Abb. 161 zeigen.

Das nächste Präparat (Abb. 162) stammt von einem großknotigen Leprom. In der Hauptsache handelt es sich um dieselben Veränderungen wie früher, nur daß hier eine mehr herdweise Ausstreuung der Infiltrate stattgefunden hat und daß der Prozeß die gesamte Cutis und Subcutis durchsetzt. Die Zelleinlagerungen sind völlig unregelmäßig gestaltet und durch Züge präexistenten Bindegewebes auseinandergehalten, in ihrem Aufbau gleichen sie ganz den Infiltraten des früheren Falles, nur sind Leprazellen hier kaum aufzufinden. Der Grund dafür ist der, daß wir es hier mit einem älteren Knoten zu tun haben und daß in solchen Gebilden Leprazellen durchwegs seltener festzustellen sind. Die Struktur des Leproms ist eben auch abhängig vom Alter und der Entwicklungshöhe des Prozesses. Bemerkenswert ist das vollständig reaktionslose Verhalten der Gewebseinlagerungen — nirgends sieht man Rundzellen im Umkreis der Epitheloidzellherde, das Bild erinnert durchaus an das beim BOECKschen Lupoid seinerzeit kennengelernte und es kann nicht wundernehmen, daß gelegentlich Verwechslungen in dieser Richtung unterlaufen sind. Nicht immer müssen aber die Knoten so reine Epitheloidzellstruktur erkennen lassen, gelegentlich tritt banale Entzündung dazu, die selbst bis zur Nekrose und Erweichung

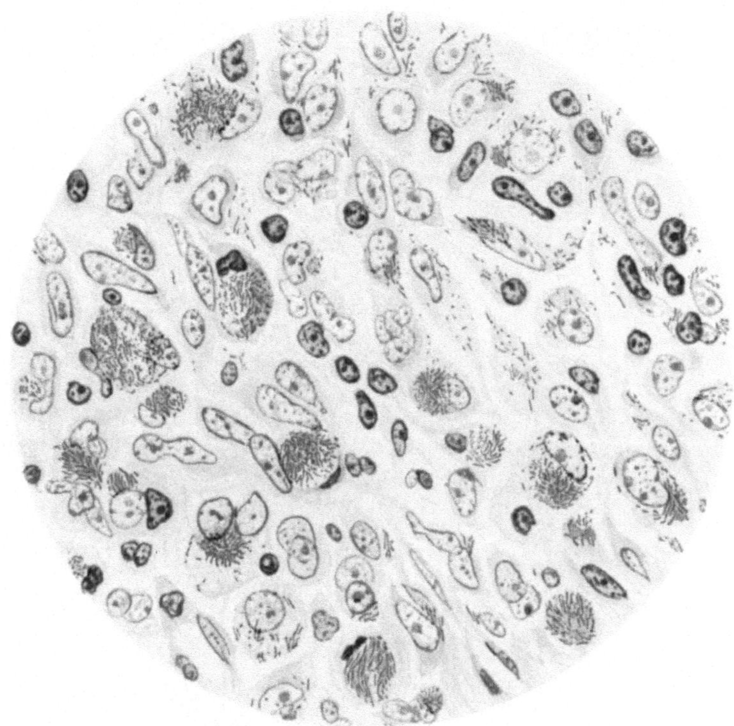

Abb. 161. Darstellung der Bacillen im Gewebe. Carbolfuchsin-Methylenblaufärbung. 780fache Vergrößerung. Reichert $1^1/_{12}$ homogen Immersion. Okul. 4. Bacillen, zum Teil extracellulär liegend in Bündelform, hauptsächlich aber intracellulär in den Leprazellen, hier zeigt sich vielfach körniger Zerfall der Bacillen.

der Infiltrate führen kann; die histologischen Bilder von Lepromen verraten demnach eine gewisse Vielgestaltigkeit.

Eigentümlich ist allen leprösen Hautveränderungen der große Reichtum an Bacillen. Es gibt keinen zweiten Prozeß, der annähernd solche Massen von Parasiten im Gewebe enthalten würde. Hat man was immer für ein Entwicklungsstadium vor sich, Jugendformen oder alte Leprome, meist sind die Erreger in ungeheuren Mengen vorhanden und dabei ohne besondere Reaktionszustände auszulösen. Die Bacillen scheinen sich in einem inaktiven Zustand zu befinden, sie spielen mehr weniger die Rolle von Gewebssaprophyten, nur so läßt sich der Gegensatz zwischen ihrem reichen Vorkommen und den verhältnismäßig geringen Reaktionserscheinungen erklären. Wir haben hier eigentlich reine Fremdkörpergranulome vor uns, die Bacillen wirken nach allem hauptsächlich als grob-corpusculäre Elemente, nicht aber durch besondere pathogene Eigenschaften, etwa die Bildung hochgiftiger Substanzen. Ihr Abbau erfolgt nach den gleichen Grundsätzen, wie wir sie früher kennen gelernt haben, daß dabei gewisse Besonderheiten in cellulärer Hinsicht hervortreten (Leprazellen usw.), kann nicht wundernehmen.

In voller Übereinstimmung mit der Annahme, daß sich die Leprabacillen in der menschlichen Haut im inaktiven Zustande befinden, steht die Tatsache

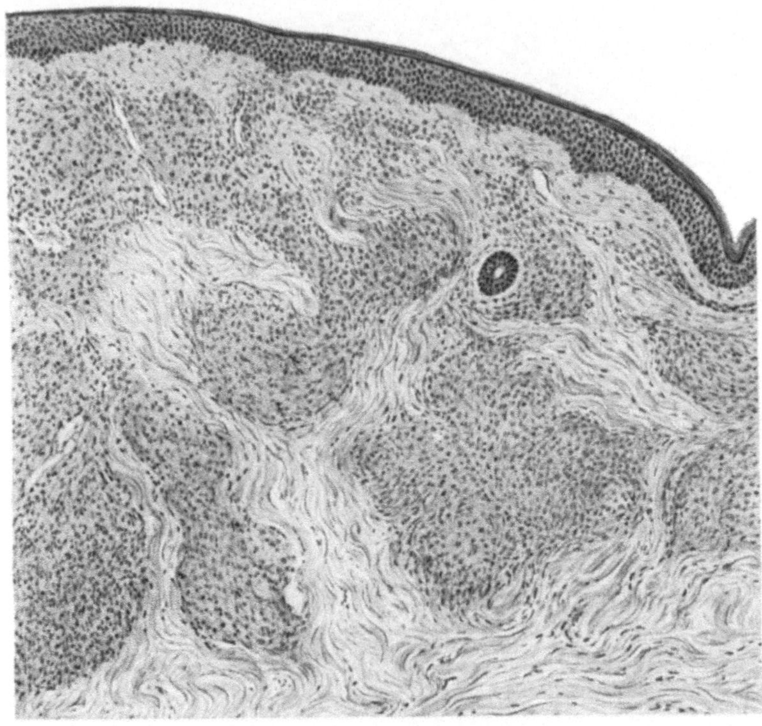

Abb. 162. Schnitt durch ein „großknotiges" Leprom. Vergrößerung 42.
Älteres Entwicklungsstadium, Mangel an Leprazellen, Aufbau des Infiltrates erinnert an den Boeckscher Lupoide.

ihrer schweren Überimpfbarkeit auf Tiere. Nur ganz ausnahmsweise haben Versuche dieser Art zu einem positiven Ergebnis geführt (in jüngster Zeit Reenstierna). Die überwiegende Zahl der Leprologen steht auch jetzt noch, wie Jadassohn in seiner Darstellung des Gegenstandes im Handbuch von Kolle und Wassermann bemerkt, auf dem Standpunkt, daß die Lepra, wenigstens auf die gebräuchlichen Versuchstiere nicht übertragbar sei. Immer wieder wird in Fällen, wo es zu Inokulationseffekten, i. e. lokalen Knotenbildungen gekommen ist, darüber diskutiert, ob tatsächlich das Wuchern der mit dem Gewebe eingebrachten Bacillen hiefür verantwortlich sei, oder ob es sich nicht um eine Art von Fremdkörperbildung handle, bedingt durch das verimpfte Material an und für sich, ähnlich wie wenn Farbstoffpartikelchen eingebracht würden. Letztere Auffassung gründet sich hauptsächlich auf Befunde F. WESENERS, dem es seinerzeit gelungen ist, mit Gewebe eines Lepraknoten, der $3^1/_2$ Jahre in Alkohol konserviert war, gleiche Inokulationseffekte in der vorderen Augenkammer von Kaninchen zu erzielen, wie sie von anderen Autoren mit frisch exzidiertem, lebenswarmem Impfmaterial erreicht worden sind. WESENER lehnt daher eine Deutung, daß bei Impfung mit lebendem Material die Proliferationsfähigkeit der Bacillen das Um und Auf sei, ab, erklärt die Effekte für reine Fremdkörperwirkung und schließt weiter, daß auch bei den menschlichen Knoten Ähnliches angenommen weiden dürfe. Er hält die Bacillen im Infiltratbereich für apathogen; nur so seien verschiedene, in der Klinik und Pathologie der menschlichen Lepra ungereimte Tatsachen erklärbar, so der Umstand, daß die massenhaften Keime verhältnismäßig so wenig Schaden anzurichten vermögen, daß Impf- und Kulturversuche aus Knoten immer wieder erfolglos seien, daß die Lepra so wenig kontagiös sei und daß Übertragungsversuche auf Menschen bisher nie einwandfrei zu einem positiven Ergebnis geführt hätten. In der Tat haben alle diese Argumente etwas für sich und es kann darüber kein Zweifel bestehen, daß wir bei der menschlichen Lepra mit einem ganz besonderen Verhalten des Virus zu rechnen haben. In der Überzahl der Fälle befindet es sich offenbar in einem avirulenten Zustand, seine Beseitigung wird mittels spezifischer Granulombildung in Angriff genommen, was sich klinisch im Auftreten von Knoten in der Haut äußere. LEWANDOWSKYs Gesetz erfährt damit volle Bestätigung. Nur wo Virus seiner aktiven Eigenschaften beraubt und zum Abbau reif ist, entstehen spezifische Strukturen, Keime hoher Virulenz erzeugen banale Entzündung mit Nekrose des Gewebes und Vereiterung. Auch das kann der Leprabacillus gelegentlich! Als Beweis dafür will ich einen Fall anführen, den wir vor Jahren an der Klinik zu beobachten Gelegenheit hatten und über den STEIN und ich von verschiedenen Gesichtspunkten aus eingehend berichtet haben. Es handelte sich um eine Patientin mit typischer Knotenlepra, die in der ersten Zeit unserer Beobachtung häufige Attacken von unter Fieber auftretenden, schmerzhaften Gelenkschwellungen und Hautrötungen aufwies; Dauer und Intensität dieser Anfälle waren verschieden, immer wieder kam es zu Remissionen — im ganzen änderte sich während dieser Beobachtungsperiode das Bild des Falles nicht wesentlich, an verschiedenen Hautstellen kamen neue Knoten und Infiltrate hervor — kurz wir hatten Ereignisse vor uns, wie sie zum gewöhnlichen Ablauf tuberöser Lepra gehören. Plötzlich änderten sich aber die Verhältnisse. Unter hohem Fieber traten bei der Kranken regellos über dem Körper kleinere und größere entzündliche Herde auf, die sich teilweise in mächtige, schmerzhafte Infiltrate, vielfach von furunkelähnlichem Typus, umwandelten und entweder nur an der Oberfläche pustulierten oder tief ins Gewebe hinein nekrotisierten, so daß beträchtliche Substanzverluste entstanden. Der gebildete Eiter war zähflüssig und enthielt mikroskopisch in jedem Gesichtsfeld unendlich viele säurefeste Stäbchen und ihre Degenerationsformen. Hand in Hand mit dem Auftreten der Hautinfiltrate ging eine schmerzhafte Schwellung fast des gesamten Lymphdrüsenapparates einher. Der Allgemeinzustand der Patientin war während dieser, auf viele Wochen sich erstreckenden Attacke ein sehr schlechter, schließlich kam der Prozeß aber zur Lyse, Patientin wurde fieberfrei und erholte sich allmählich. Niemals sahen wir, was besonders betont sei, daß sich auf dem Boden derartig akut entzündlicher Infiltrate späterhin Knoten entwickelt hätten, wohl aber, daß die bisher vorhandenen sich rückbildeten. Besonders deutlich trat dies nach den folgenden Anfällen in Erscheinung, zu denen es kam: Nach einigen Monaten relativen Wohlseins trat plötzlich wieder Fieber auf und der früher geschilderte Prozeß begann von neuem. Vier solche Schübe, der letzte

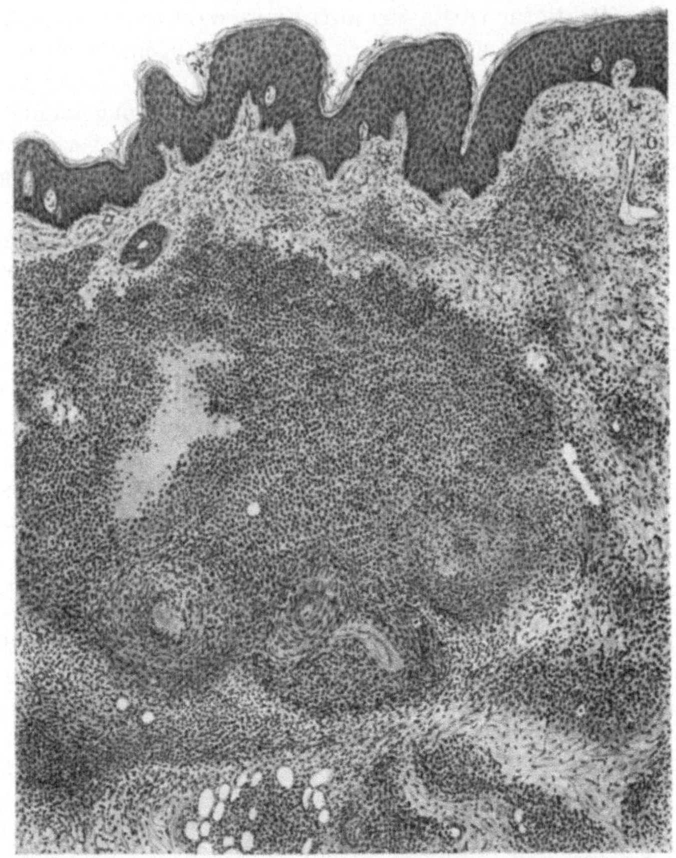

Abb. 163. Akut vereiternder Lepraknoten. Vergrößerung 42.
Umschriebenes, banal entzündliches Cutisinfiltrat.

besonders schwer, hat Patientin im Verlaufe von etwa $1^1/_2$ Jahren überstanden, dann hörten sie auf, Patientin erholte sich und verließ etwa ein Jahr später die Klinik bei vollem Wohlbefinden. Sämtliche Hautknoten waren geschwunden, Leprasymptome nirgends mehr festzustellen.

Hier war es also bei einer an tuberöser Lepra erkrankten Frau zu ungewöhnlichen Komplikationen gekommen. Akut entzündliche, vereiternde Infiltrate traten unter stürmischen Allgemeinerscheinungen auf, ein septischer Prozeß entwickelte sich mit Bildung zahlreicher Hautmetastasen, die in ihrem anatomischen Aufbau keinerlei Ähnlichkeit mit

der für Lepra pathognomonischen Struktur verrieten, sondern banal entzündlichen Charakter.   Abb. 163 soll Ihnen die mikroskopischen Verhältnisse eines
solchen Knotens dartun.   Das Bild eines umschriebenen, ausschließlich aus
Rundzellen bestehenden Infiltrates mit Erweichung im Zentrum ist gegeben,
wie man es bei allen möglichen Eiterungsprozessen sehen kann, nirgends finden
sich Anklänge an spezifische Strukturen, Streptokokkenmetastasen würden
dieselben Veränderungen aufweisen.   Der Absceßeiter enthielt nun, wie früher
schon bemerkt, unzählige säurefeste Elemente, jedes Gesichtsfeld eines Aus-
striches war übervoll davon.   Ich will ein Präparat davon vorweisen (Abb. 164),

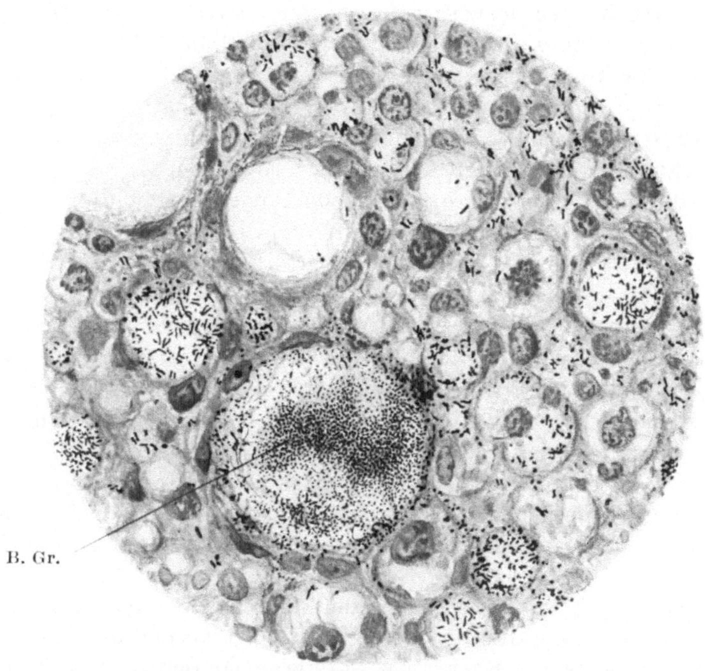

Abb. 164. Ausstrichpräparat aus dem Eiter des früher besprochenen Falles.
Carbolfuchsin-Methylenblaufärbung.   Vergrößerung 780.   Reichert $^{1}/_{12}$ homogene Immer-
sion, Okul. 4.   Zerfallende Leukocytenmassen, zum Teil reichlich Bacillen enthaltend.
Elemente vom Typus der Leprazellen mit Bacillen-Granulis (B. Gr.) erfüllt.

das auch über die Beziehungen der Bacillen zu den Eiterelementen Aufschluß
geben soll.   Man sieht hier die säurefesten Stäbchen zum Teil extracellulär
gelagert, zum Teil aber und hauptsächlich innerhalb von Leukocyten, die
mannigfache degenerative Erscheinungen erkennen lassen, vor allem Quellung
und Vakuolenbildung.   Es finden sich hier die gleichen Formen, wie wir sie früher
im Leprom kennen gelernt haben, Leprazellen erfüllt mit Bakterien-
massen, zum Teil sind es Bacillen, zum Teil nur Granula, aus denen sich die
Globuli zusammensetzen.   Einwandfrei ist hier die Herkunft der Leprazellen
von Leukocyten erwiesen und man wird daher auch dort, wo sie sich im spezifischen Granulom finden, mit der Möglichkeit einer solchen Entstehung rechnen
müssen.

Bemerkenswert ist nun noch, daß der Eiter für Tiere pathogen war; bei drei Affen, die damit cutan geimpft wurden, entwickelten sich nach einer Inkubationszeit von 18—22 Tagen an den Impfstellen braunrote Infiltrate, die im Verlaufe der nächsten Tage Kleinkirschkerngröße erreichten. Die Knoten zeigten keinerlei Neigung zu Erweichung und Zerfall und bildeten sich nach längerem, bis über vierwöchigen Bestand spontan zurück. Allgemeinerscheinungen waren bei den Tieren nicht zu beobachten, die Knötchenbildung beschränkte sich durchaus auf die Impfstellen. Dabei war die Struktur der Infiltrate durchaus nicht von banal entzündlicher, sondern spezifischer Art. Die ins Gewebe eingeimpften Erreger lösten also andersartige Erscheinungen aus, als sie selbst im menschlichen Körper hervorgerufen hatten, Erscheinungen von demselben Typus, wie man sie gewöhnlich bei der Lepra findet. Durch Untersuchung verschieden alter Impfeffekte konnte der jeweilige Gewebszustand ermittelt werden. In den jüngsten Infiltraten war typische Lepromstruktur entwickelt, dabei großer Reichtum an Bacillen; je älter der Knoten wurde, um so spärlicher wurden die Erreger, Leprazellen fehlten jetzt völlig, der Aufbau des Infiltrates glich nun durchaus dem lupöser Erscheinungen. Mit dem Schwinden der Bacillen änderte sich demnach der Charakter des Granuloms, die Lepromstruktur wich mehr und mehr der tuberkuloiden. Diese experimentell festgestellte Tatsache ist deshalb wichtig, weil sie uns die Deutung gewisser Befunde am menschlichen Material ermöglicht: auch hier kennen wir ja eine tuberkuloide Lepraform (JADASSOHN), der eigentümlich ist, daß sie strukturell in allen wesentlichen Punkten dem Lupus gleicht und dabei durch Bacillenarmut oder völligen Mangel an Keimen ausgezeichnet ist. Es wäre möglich, daß in den erwähnten experimentell erhobenen Tatsachen der Schlüssel zur Deutung dieser noch immer umstrittenen Form gegeben ist. Vielleicht ist die tuberkuloide Form der menschlichen Lepra nichts anderes als gewissermaßen das Endstadium der bacillenhaltigen tuberösen.

Die in dem erwähnten Falle gemachten klinischen Beobachtungen, sowie die erhobenen Experimentaltatsachen beweisen, daß der Leprabacillus im menschlichen Körper verschiedene Reaktionszustände auszulösen vermag; zunächst einmal zwei grundsätzlich verschiedene Arten: akute Entzündung und spezifisches Granulom. Letzteres ist die gewöhnliche Erscheinungsform. Ebenso wie die Überzahl der tuberkulösen Hautprozesse unter dem Bilde des Lupus verläuft, verläuft der lepröse Infekt in der Regel als chronische, mit Bildung mehr oder weniger massiger Infiltrate einhergehende Hautkrankheit. Daß septische Zustände sich entwickeln, daß Hautabscesse entstehen, ist eine Ausnahme. Die Dinge liegen damit wieder ähnlich, wie bei der Tuberkulose, wo die hämorrhagische, mit Vereiterung der Infiltrate einhergehende Form der Bacillämie gleichfalls sehr selten ist. Allerdings liegt darin ein biologisch wesentlicher Unterschied, daß die akute hämorrhagische Miliartuberkulose der Haut bis zu dem Augenblick ihres Ausbruchs Freisein des Körpers von Bacillen voraussetzt. Daher sehen wir sie nur beim kleinen Kinde in unmittelbarem Anschluß an die erste Infektion, nie beim Erwachsenen, der mit der Tuberkulose seit langem in Kontakt steht und sein Hautorgan spezifisch gegen den Infekt eingestellt hat. Bei der Lepra kann es, wie unser Fall lehrt, zu spezifisch-septischen Komplikationen auf dem Boden langjähriger Hauterkrankung kommen. Ja darüber, ob das Virus im ersten Ansturm, ohne daß es zunächst das gewöhnliche Bild der Knotenlepra erzeugt, einen Verlauf, wie er uns hier begegnet ist, überhaupt hervorrufen kann, wissen wir nichts; jedenfalls muß aus der vorliegenden Beobachtung erschlossen werden, daß ein jungfräulicher Boden für einen derartigen Ablauf der Krankheit nicht nötig ist. Welche biologischen Voraussetzungen erfüllt sein müssen, damit ein so grundsätzlicher Umschwung im Krankheitsverlauf eintreten kann, ist im einzelnen unbekannt; wahrscheinlich spielen auch hier Änderungen im allergischen Verhalten der Haut eine wichtige Rolle, das läßt sich mit gewisser Sicherheit aus dem Ergebnis von Cutireaktionen, ähnlich den Tuberkulin- oder Luetin-Reaktionen, erschließen. Impft man Lepröse intracutan mit Extrakt von Lepragewebe, so kommt es entweder überhaupt zu keiner Reaktion oder nur zu ganz schwachen Ausschlägen. Gelegentlich sind gewisse Schwankungen in der Reaktionsstärke festzustellen. Bei unserer, früher erwähnten Patientin ergab die „Leprinprobe" — STEIN hat sich mit diesen Untersuchungen eingehend beschäftigt — bis zu dem Augenblick, wo die septischen Krankheitszustände in Erscheinung traten, schwankende Resultate. Bald war der Erfolg negativ, bald schwach positiv, nie aber konnte eine Cutireaktion von der Stärke festgestellt werden wie zur Zeit der septischen Schübe. Zweifellos bestand jetzt ein wesentlich anderer Empfindlichkeitszustand des Gewebes für das „Leprin" als früher, die Haut war allergisch geworden und offenbar nicht nur gegen Leprin, sondern auch gegen die Bacillen. Ob diese Zustandsänderung des Gewebes schon vor Ausbruch der septischen Attacken eingesetzt hat und damit vielleicht sogar in einem gewissen ursächlichen Zusammenhang mit ihrem Auftreten gestanden ist oder erst während und durch sie bestimmt wurde, war nicht zu entscheiden — jedenfalls hat eine einschneidende Umstellung der Gewebsempfindlichkeit stattgefunden und das geänderte klinische Bild ist darauf zu beziehen. Erklärt wird so auch die Tatsache des Abheilens der vielen, seit Jahren bestehenden Hautknoten; durch die Umstimmung des Bodens sind Art und Tempo des Eliminationsvorgangs der Bacillen offenbar andere geworden, das Gewebe ist in einen Zustand erhöhter Abwehr geraten und dadurch befähigt, des gesamten Parasitenmaterials Herr zu werden. Die Bedeutung allergischer Vorgänge in der Haut für den Ablauf von Krankheiten tritt damit auch hier wieder deutlich hervor.

33.—35. Vorlesung.

Als letzte Glieder in der Reihe der Granulationsgeschwülste stehen das sog. Lymphogranulom und das Granuloma fungoides, deren Besprechung wir uns nun zuwenden wollen. Beide Prozesse befinden sich insoweit in umstrittener Stellung, als sie, was Art und Verlauf betrifft, nicht selten verschieden sind von jenem Typus der Granulationsgeschwülste, wie wir ihn früher kennen gelernt haben, Verhältnisse aufweisen, wie sie bei echten Tumoren, Blastomen, zu finden sind und daher immer wieder die Frage veranlassen, ob man denn überhaupt berechtigt sei, hier von chronischer Entzündung zu sprechen. Besonders für das Granuloma oder die Mycosis fungoides, wie der ältere Name lautet, ist die Tumornatur oftmals behauptet worden, und zwar vor allem deshalb, weil Fälle beobachtet worden sind, wo nicht nur die Haut, sondern auch innere Organe ergriffen waren und die Erkrankung letzterer auf Metastasierungsvorgänge bezogen wurde. In der Tat ist aber ein sicherer Beweis dafür, daß es sich wirklich um einen Metastasierungsprozeß, d. i. um Verschleppung von Zellen aus Hautherden in die betreffenden Organe handle, nicht erbracht, worauf wir später noch zurückkommen werden.

Das

Lymphogranulom, die Lymphogranulomatosis PALTAUF-STERNBERG geht nur verhältnismäßig selten mit Erscheinungen an der Haut einher, in der Überzahl der Fälle ist ausschließlich das Lymphdrüsensystem betroffen und auch dort, wo die Haut in den Krankheitszustand einbezogen ist, spielt die Erkrankung des Drüsenapparates doch immer die Hauptrolle. Wir haben hier eine Systemerkrankung des lymphatischen Gewebes vor uns, die wegen des hervorstechendsten Symptoms, der generalisierten Lymphdrüsenschwellung lange Zeit der Pseudoleukämie zugezählt, erst durch die Untersuchungen PALTAUF-STERNBERGs als selbständige, von allen Formen der Leukämie und Pseudoleukämie streng abzutrennende Krankheit erkannt wurde. Das anatomisch Wesentliche des Prozesses besteht in einem Umbau des Drüsengewebes, bzw. einem Ersatz desselben durch ein eigenartiges, oft mächtig gewuchertes Granulationsgewebe von ganz bestimmtem histologischem Aussehen. An Stelle der Drüsen finden sich verschieden große Knoten und Tumoren, die bei der mikroskopischen Untersuchung aus sehr polymorphem Zellmaterial, Fibroblasten, epitheloiden Zellen, neutrophilen und eosinophilen Leukocyten, Plasmazellen u. a. aufgebaut erscheinen und vor allem ein Element enthalten, die sog. STERNBERGschen Zellen. Es sind dies riesenzellartige Gebilde mit gut färbbarem, breitem Protoplasmasaum und großem Kern, der mehr rund oder oval, oft klumpig sein kann und gelegentlich zu zweit oder dritt vorhanden ist. Wo mehrere Kerne sind, liegen sie in der Regel auf einem Haufen bei einander. Die STERNBERGschen Zellen verleihen dem anatomischen Bild ein spezifisches Gepräge, in der Regel sind sie ziemlich reichlich vorhanden, gelegentlich können sie allerdings auch fehlen; überhaupt unterliegt der Bau lymphogranulomatöser Knoten gewissen histologischen Schwankungen, einmal kann diese, einmal jene Zellgattung stärker hervortreten. So finden sich gelegentlich die Eosinophilen besonders reichlich, ein andermal die Neutrophilen und hinsichtlich der STERNBERGzellen gilt das gleiche. Jede Entwicklungsphase des Prozesses hat offenbar ihren besonderen strukturellen Typus, und es kommt nun ganz darauf an, zu welchem Zeitpunkte untersucht wird. Die Dinge liegen damit ähnlich wie bei anderen Granulomen und alle Auseinandersetzungen über gewisse Verschiedenheiten im anatomischen Aufbau erklären sich damit von selbst. Im ganzen sind aber die Texturschwankungen gering, in der Hauptsache zeigt sich immer wieder dasselbe Bild, daher verfügt auch die histologische Diagnose über verhältnismäßig so feste Grundlagen.

Die Mehrzahl der Fälle von Lymphogranulomatose verläuft, wie früher schon bemerkt, ohne Mitbeteiligung der Haut, also als „innere" Erkrankung, wenn wir so sagen wollen. Wo die Haut in den Prozeß einbezogen wird, kann dies in zweifacher Form geschehen, in sog. unspezifischer oder spezifischer. Von ersterer reden wir, wenn Symptome auftreten von mehr banalem Charakter, d. h. Symptome, die auch unter anderen Bedingungen gelegentlich festzustellen sind, beispielsweise Juckzustände der Haut, prurigoähnliche Eruptionen, Bläschenausschläge. Untersucht man Efflorescenzen dieser Art, so ergibt sich im mikroskopischen Bilde kein Anhaltspunkt für die Spezifität des Vorgangs, banal entzündliche Veränderungen liegen vor. Bei den spezifischen finden sich Strukturen, grundsätzlich gleich denen in erkrankten Lymphdrüsen; ich will Ihnen später einschlägige Präparate vorweisen. Eine scharfe Grenze zwischen spezifischen und unspezifischen Veränderungen ist, wie Arzt und Randak unlängst ausgeführt haben, nicht zu ziehen, erstens weil die unspezifischen vielfach nur Vorläufer der spezifischen sind und zweitens weil man mit dem Vorkommen biologisch spezifischer, histologisch aber unreifer Veränderungen zu rechnen hat. Arzt und Randak teilen die Hautveränderungen bei Lymphogranulomatose in unspezifische, histologisch immer uncharakteristische, und unausgereifte, histologisch zuerst uncharakteristische, später gewöhnlich charakteristische Formen, dann in spezifische, histologisch immer charakteristische und in Formen, wo unspezifische und spezifische Veränderungen nebeneinander vorhanden sind.

Wir wollen uns nun mit den spezifischen Veränderungen im besonderen beschäftigen. Hier sind zunächst ihrer Herkunft nach zwei verschiedene Formen zu unterscheiden: Erscheinungen, die in der Haut selbst entstehen und solche die durch Übergreifen eines abseits von ihr primär gebildeten Infiltrates zustande kommen. Arzt und Randak sprechen in dem Sinne von autochthonen und allochthonen Lymphogranulomen der Haut. Erstere treten in der Regel unter dem Bilde disseminierter Knötchen- und Knoteneruptionen in Erscheinung, letztere als isolierte Geschwürsprozesse. Arzt und Randak scheiden das autochthone Hautgranulom wieder in ein primäres und sekundäres. Beim primären beginnt das Leiden in der Haut, die lymphogranulomatösen Symptome nehmen gewissermaßen von ihr ihren Ausgang, das Lymphdrüsensystem wird erst später in Mitleidenschaft gezogen; beim sekundär-autochthonen Typus stellt die Erkrankung der Haut nur ein Fortschreiten des Prozesses auf anderem Gebiete dar, zur Lymphdrüsentritt nun eben auch noch die Hauterkrankung hinzu. In einem bestimmten Falle zu entscheiden, ob es sich tatsächlich um ein primär-autochthones Hautgranulom handle, wird, worauf Arzt und Randnak hinweisen, stets Schwierigkeiten bereiten. In der Regel kommen die Fälle erst zu einem Zeitpunkt in unsere Beobachtung, wo der Krankheitsprozeß schon so weit vorgeschritten ist, daß hinsichtlich seines Ausgangspunktes Sicheres nicht mehr gesagt werden kann. Dann darf nicht übersehen werden, daß die Diagnose so lange Schwierigkeiten bereitet, als der Lymphdrüsenapparat nicht ergriffen ist. Lymphogranulomatose ohne Lymphdrüsenerkrankung scheint zunächst überhaupt ein Widerspruch zu sein, und die Überzahl der Autoren steht auchauf diesem Standpunkt — mit Unrecht aber, wie ich glaube. Die Haut ist Trägerin lymphoiden Gewebes, sein Vorkommen in ihr ubiquitär. Bezieht man nun das Lymphogranulom auf eine Erkrankung dieses Systems, so ist nicht zu verstehen, warum nicht gelegentlich einmal die Krankheit auch an dieser Stelle beginnen sollte. Tatsächlich haben Kren, Dössekker und Arzt eine solche

Möglichkeit in Erwägung gezogen. Ich werde später auf einen Fall zu sprechen kommen, wo meines Erachtens eine andere Deutung kaum in Frage steht.

Die Hautveränderungen bei Lymphogranulomatose sind, wie früher schon erwähnt, mannigfacher Art. Unter den spezifischen Prozessen spielen Knötchen- und Knotenbildungen mit oder ohne Neigung zum Zerfall eine hervorragende Rolle, dann Ulcerationen in der Ein- oder Mehrzahl, die oft sehr tiefgreifend und ausgedehnt sind. Strukturell verhält sich die Knoten- und Ulcusform ziemlich übereinstimmend. Ich weise Ihnen hier Präparate einer papulösen Efflorescenz

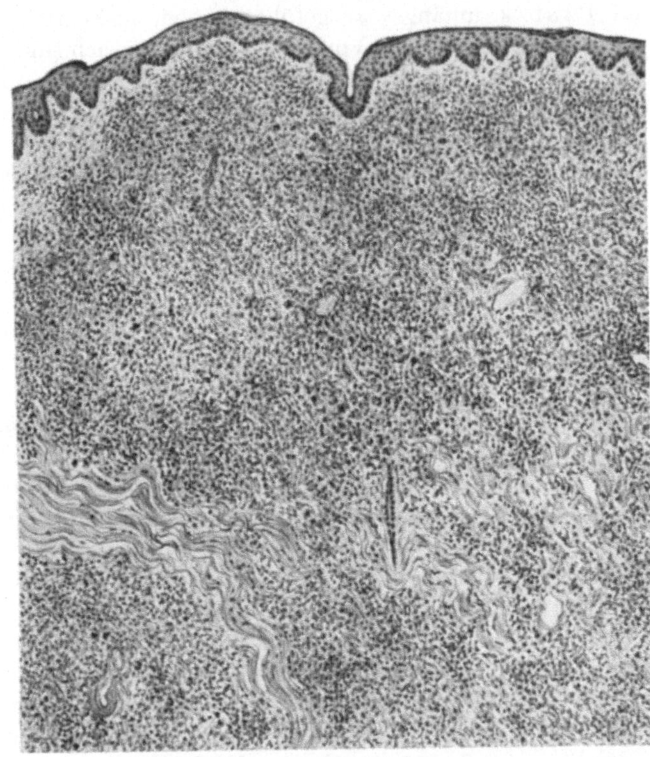

Abb. 165. Lymphogranulomatöser Hautknoten. Übersichtsbild. Vergrößerung 30. Das Infiltrat durchsetzt Cutis und Subcutis und ist aus einem Zellmaterial aufgebaut, das besonders große Kerne hervortreten läßt.

vor, die ich Herrn Kollegen Arzt verdanke. Abb. 165 zeigt in Übersicht die Ausdehnung des Infiltrates, der Knoten reicht bis in die Subcutis und baut sich aus einem Granulationsgewebe auf, das Fibroblasten, Lymphocyten, Plasmazellen, stellenweise auch einzelne Eosinophile und vor allem größere Zellen mit einem oder mehreren größeren Kernen, Sternbergzellen enthält. Abb. 166 zeigt den Charakter des Infiltrats und den Typus der Sternbergschen Elemente. Der histologische Aufbau des Knotens gleicht ganz dem erkrankter Lymphdrüsen und ist durchaus charakteristisch für den Prozeß.

Gelegentlich verrät das Infiltrat aggressives Wachstum, es kommt zu ausgedehnten Zerstörungen präexistenten Gewebes und damit zu Erscheinungen

wie bei echten Tumoren. Gerade diese Beobachtungen sind ja auch immer wieder
mit Veranlassung zur Frage nach der Geschwulstnatur des Prozesses. Diesbezüglich sind ja die Akten noch nicht ganz geschlossen, die Überzahl der Autoren
steht aber derzeit auf dem Standpunkt des chronisch-entzündlichen
Charakters der Krankheit. Und damit dürfte das Richtige getroffen sein!
Schwierigkeiten in der Deutung ergeben sich bei der Eigenart des Prozesses
genug, Anklänge an blastomatöse Erkrankungen (Sarkomatosen) sind gelegentlich reichlich vorhanden — und doch ist all dies nicht genug, um daraus die
Tumornatur der Erkrankung zu erweisen. Wir wollen uns in weitere Einzel-

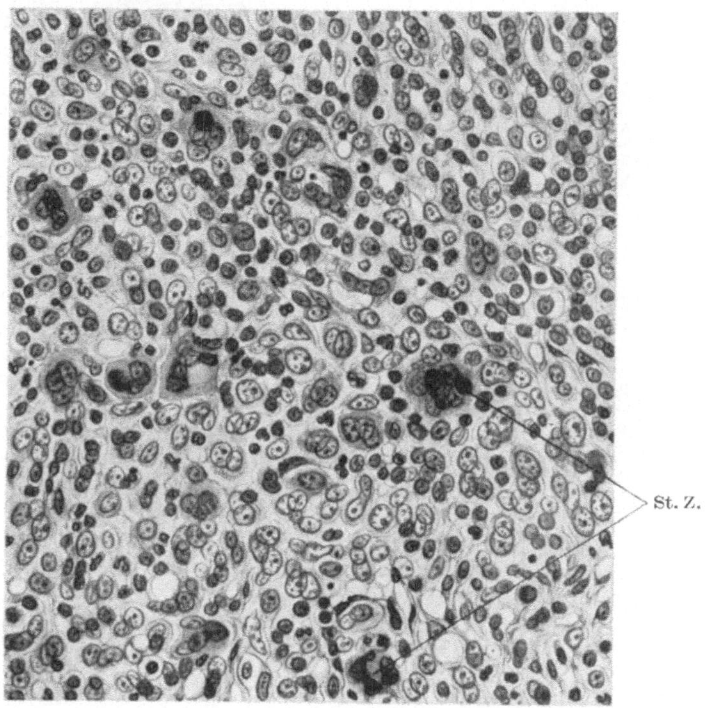

Abb. 166. Dasselbe Präparat wie früher. Vergrößerung 380.
Darstellung des Infiltrates, besonders der STERNBERG-Zellen.

heiten darüber nicht verlieren, zusammenfassend muß der jetzt geltende
Standpunkt hinsichtlich des Wesens der Lymphogranulomatose dahin
lauten, daß wir es mit einem chronisch-entzündlichen Prozeß zu tun
haben.

Im folgenden will ich nun noch die Präparate eines Falles zeigen, der offensichtlich hierher gehört, aber gewisse Schwierigkeiten in der Deutung deshalb
bereitet, weil nur die Haut allein von granulomatösen Veränderungen befallen ist. Es handelt sich um eine jetzt 33jährige Patientin, die ich vor sieben
Jahren zum erstenmal sehen und seitdem ständig in Beobachtung halten konnte.
Damals trat am linken Vorderarm ein gut guldenstückgroßes, blaurotes,
über das Niveau der Haut sich vorwölbendes Infiltrat auf, das im Zentrum

relativ rasch einschmolz und sich in ein Ulcus verwandelte. Das Geschwür zeigte wenig Neigung zu Eiterung, war im ganzen schmerzlos und von derbem Grund. Ferner fanden sich unregelmäßig zerstreut über den Körper in ziemlich großer Zahl bis etwa kirschkerngroße, im Zentrum teilweise ulcerierte, lividrote, derbe Knoten und zwischen ihnen kleinere und größere, „ekzematoide" Herde, oberflächliche, schuppende, braungelbe Scheiben, die Lichen- oder Eczema scrophulosorum-Plaques durchaus ähnlich waren. Stellenweise trugen auch sie kleinere und größere, über das Hautniveau hervortretende Infiltrate.

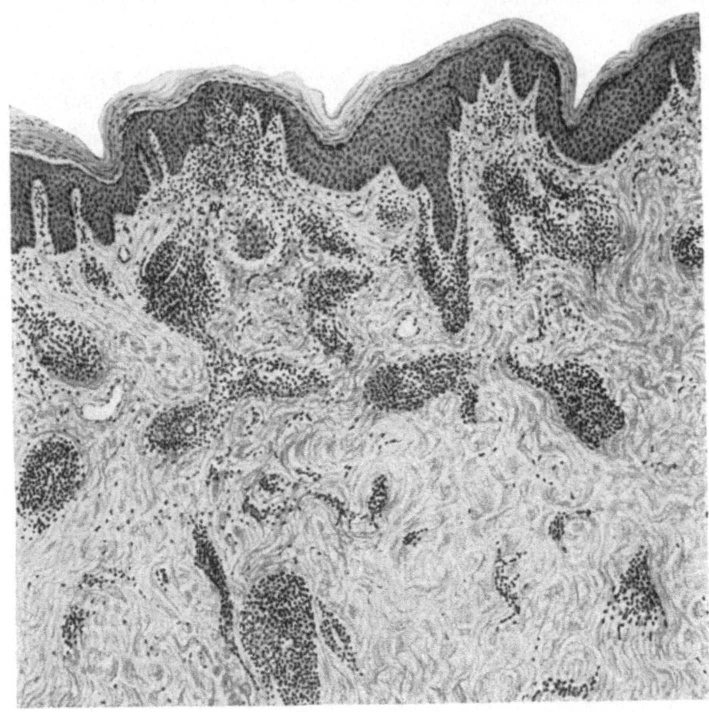

Abb. 167. Oberflächliches Infiltrat des lymphogranulomverdächtigen Falles. Vergrößerung 42.
Lagerung der Infiltrate hauptsächlich um das oberflächliche Gefäßnetz.

Die Allgemeinuntersuchung der Kranken ergab bis auf eine Spitzenaffektion nichts Besonderes, vor allem erschien der Lymphdrüsenapparat in Ordnung.

Der Verlauf der Hautaffektion zeigte ausgesprochen chronischen Charakter, immer wieder traten, gelegentlich in ziemlich stürmischer Art neue Infiltrate und Knoten in Erscheinung, alte Herde bildeten sich zurück, manchmal narbig-atrophische Veränderungen hinterlassend, und so verläuft nun der Prozeß schon mehr als sieben Jahre bei sonst relativem Wohlbefinden der Trägerin. Seine diagnostische Einschätzung bereitet Schwierigkeiten. Klinisch war zunächst an eine ungewöhnliche Form eines Tuberkulids zu denken; der ulceröse Prozeß am Vorderarm war dabei allerdings schwer einzuordnen, überhaupt unterschieden sich Form und Verlauf der Hautknoten wesentlich von den bei papulo-nekrotischen Tuberkuliden gewöhnlich beobachteten; auch die Mycosis fungoides kam in Betracht. Wir ließen zunächst jede Entscheidung offen und versuchten ex juvantibus allmählich zu einem Urteil zu gelangen und hier war es vor allem die anatomische Untersuchung verschiedener Entwicklungsstadien der Hautläsionen, von der wir eine Klärung erhofften. In der Tat hat sie sie auch insoweit gebracht, als auf Grund mannigfacher, im Laufe der Jahre vorgenommener Untersuchungen darüber kein Zweifel bestehen kann, daß wir

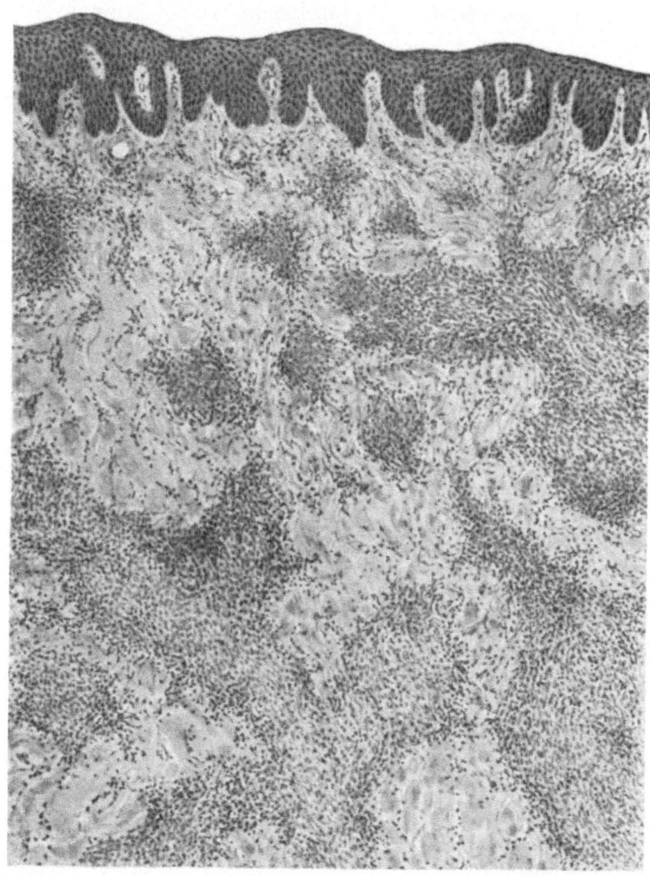

Abb. 168. Derselbe Fall wie früher, tiefer sitzender Knoten. Vergrößerung 30. Mächtige Zellzüge, aus polymorphen Elementen aufgebaut, durchziehen das Derma.

es mit einem Granulationsprozeß zu tun haben, der in seinem mikroskopischen Aufbau den, uns bei Lymphogranulomatose begegnenden, Bildern weitgehendst gleicht. Ich will Ihnen drei Schnitte davon zeigen. Der erste (Abb. 167) stammt von einem oberflächlichen Infiltrat, klinisch handelte es sich um einen ekzematoiden Herd. Histologisch liegt ein auf den Papillarkörper sich erstreckendes Infiltrat vor, das sich hauptsächlich an die Gefäße hält und polymorphen Aufbau erkennen läßt aus allen Zellelementen, wie sie uns früher begegnet sind, auch STERN-BERGschen Zellen. Noch bestimmter tritt die Ähnlichkeit mit dem Bau des

Lymphogranuloms in dem nächsten Schnitt hervor, der von einem größeren Knoten gewonnen ist. Hier (Abb. 168) erstreckt sich die Einlagerung über die ganze Cutis bis in die Subcutis hinein. Mächtige Zellzüge durchsetzen allerorts das Gewebe und wieder ist es ein sehr polymorphes Zellmaterial, aus dem sie aufgebaut erscheinen. Abb. 169 soll über die eigenartige Vielgestaltigkeit der Infiltratzellen Aufschluß geben.

In den vorgelegten Präparaten sind nur zwei ganz bestimmte Entwicklungsphasen des Prozesses getroffen, bei Durchsicht verschiedener Bildungsstadien

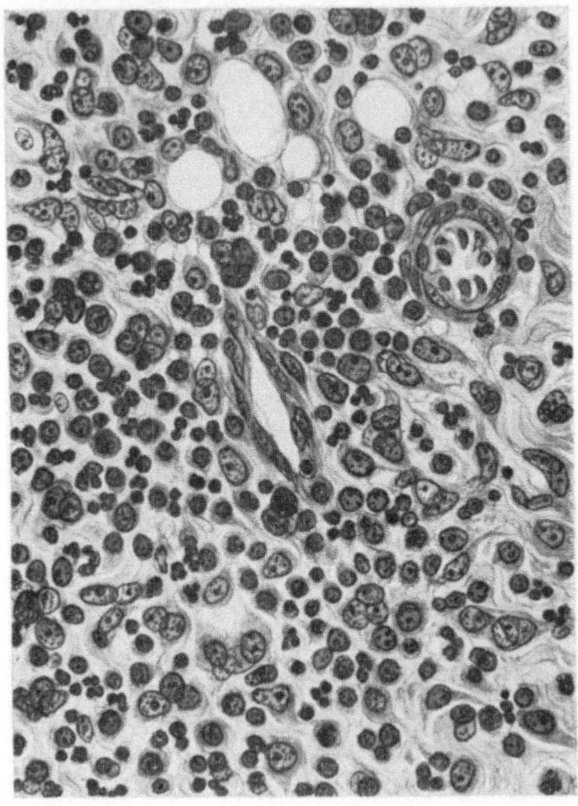

Abb. 169. Stelle aus dem früheren Präparat soll bei starker Vergrößerung (380) über den Charakter des Infiltrates Aufschluß geben.

der Knoten zeigen sich nicht unbeträchtliche Schwankungen im histologischen Aussehen. Vor allem ist eines als auffällig zu vermerken: Die große Verschiedenheit im Reichtum an Eosinophilen; einzelne Infiltrate enthalten sie sehr zahlreich, anderen fehlen sie wieder. Sternbergzellen sind im ganzen nicht zu viele vorhanden. Stellenweise stößt man im Infiltratbereich auf umschriebene Lymphocytenherde — ein Umstand, der das Bild gegenüber dem gewöhnlichen des Lymphogranuloms etwas verändert.

Wir haben also hier Veränderungen vor uns, die man auf Grund des anatomischen Befundes wohl nur den Granulomen zuzählen kann. Es bleibt nun

Geschmackssache, ob man ihnen eine Sonderstellung zuerkennt oder sie auf Grund der Tatsache des weitgehend übereinstimmenden histologischen Bildes mit den Läsionen bei der PALTAUF-STERNBERGschen Erkrankung nur als Sonderfall dieses Prozesses ansieht. Meiner Meinung nach erscheint es weniger kompliziert, letzterer Auffassung beizutreten, als einen neuen Krankheitstypus aufzustellen. Die Vorstellungen, die sich an den Begriff des Lymphogranuloms knüpfen, werden dadurch nicht zu sehr erweitert. Ich verweise hier auf früher Gesagtes. Die Haut ist Trägerin lymphoiden Gewebes, warum soll nicht dieses System einmal der Ausgangspunkt der Krankheit sein und allein davon betroffen bleiben? ARZT und RANDAKs Vorstellungen von einer primär-autochthonen Lymphogranulomatose der Haut erscheinen mir zutreffend. Die PALTAUF-STERNBERGsche Krankheit würde demnach in ihren Erscheinungsformen in drei Typen zu scheiden sein: in Fälle, in denen nur das Lymphdrüsensystem betroffen erscheint (weitaus überwiegende Zahl), zweitens in Fälle, die auch in der Haut Erscheinungen zeigen, dabei gleichgültig, ob spezifische oder unspezifische (die Zahl der Fälle ist im ganzen gering), und drittens in jene, in denen nur die Haut, wenigstens soweit wir dies nachweisen können, Sitz der Erkrankung des lymphoiden Gewebes ist (sehr seltene Beobachtung). Hierher würde der erörterte Fall gehören. Dabei muß hinsichtlich der letzten Kategorie wahrscheinlich wieder mit zweierlei gerechnet werden. Einmal, daß es beim Hautprozeß allein bleiben kann, daß die Erkrankung gewissermaßen rudimentär verläuft, auf Grund irgendwelcher biologischer Besonderheiten sich ausschließlich auf den lymphatischen Apparat der Haut beschränkt — so wären augenblicklich die Dinge bei unserer Patientin zu deuten — oder daß schließlich doch auch das übrige Lymphgewebssystem ergriffen und damit das Vollbild der Erkrankung erreicht wird — vielleicht kommt es bei unserer Kranken erst späterhin zu diesem Ende. Solange sich der Prozeß auf die Haut allein beschränkt, stellt er ein relativ gutartiges Leiden dar, wie aus der mitgeteilten Beobachtung zu erschließen ist. Die Lehre von der durchaus schlimmen Prognose aller Lymphogranulomatose-Fälle würde damit eine gewisse, bei der überaus großen Seltenheit ähnlicher Fälle, wie des hier besprochenen, allerdings kaum irgendwie nennenswert ins Gewicht fallende Korrektur erfahren. Schließlich bleibt ja die Frage offen, ob nicht doch jeder Fall von primär autochthoner Hautlymphogranulomatose späterhin zur Erkrankung des Lymphdrüsensystems führt.

Sichere Beweise für die Richtigkeit des erörterten Standpunktes vermag ich nicht beizubringen, es handelt sich um eine Annahme, die allerdings auf gewissen anatomischen Grundlagen fußt; schließlich kann man an der Tatsache der weitgehenden histologischen Ähnlichkeit der Hautläsionen mit denen bei Lymphogranulomatose nicht vorübergehen. Gerade solche Fälle müssen zur Erörterung gestellt und ihre tatsächlichen Beziehungen zur Lymphogranulomatose aufzudecken versucht werden. Wäre durch weitere Beobachtungen zu erweisen, daß Zusammenhänge im früher erörterten Sinne bestehen, daß es wirklich Fälle von isolierter Hautlymphogranulomatose gibt, so wäre zweifellos ein sehr wesentlicher Fortschritt erzielt, stünde doch damit ein Material zur Verfügung, an dem besonders gut Beginn und Ablauf der Krankheitsvorgänge beobachtet und erforscht werden könnte. Vielleicht sind es gerade einmal diese Fälle, die jenen Fortschritt in der Erkenntnis hinsichtlich Art und Wesens des Prozesses bringen, nach dem so lange gestrebt wird. Primäre Veränderungen der Haut bieten hiefür von vornherein die besten Aussichten und, wenn es in der Tat zutreffen sollte, daß die Lymphogranulomatose zur Tuberkulose gehört, was von so vielen angenommen wird, beispielsweise von WEINBERG, FRÄNKEL und MUCH, auch von C. STERNBERG, so wären wohl gerade die in Rede stehenden Fälle zur endgültigen Klärung besonders geeignet. Was unsere Beobachtung anlangt, vermag sie hiezu nicht viel beizutragen — Impfexperimente mit Material von Hautknoten verliefen, allerdings nur in beschränkter Zahl angestellt, negativ — aber Tuberkulinempfindlich waren die Infiltrate, bei hohen Tuberkulindosen sahen wir öfters intensive und länger dauernde Herdreaktionen. Ich erwähne dies, ohne dazu Stellung zu nehmen.

Die PALTAUF-STERNBERGsche Erkrankung verdient also aus verschiedenen Gründen das Interesse des Dermato-Biologen, wobei ein Punkt noch im besonderen in Betracht kommt: die Frage, inwieweit bestehen Beziehungen zwischen ihr und der Mycosis fungoides? Damit sind wir bei einem Kapitel angelangt, das nicht weniger schwierig ist, als das gerade besprochene, wo gleichfalls eine Reihe von Geheimnissen ihrer Lösung harrt. Die

Mycosis fungoides

wird heute von der Mehrzahl der Autoren ebenso wie das Lymphogranulom den chronisch-entzündlichen Prozessen zugezählt, der Streit um die Tumornatur ist zur Ruhe gekommen, die Tatsache des Auftretens mykosider Veränderungen in inneren Organen wird, wie bei der Lymphogranulomatose, als Ausdruck des Übergreifens der Erkrankung auf ungewöhnliche Bahnen, nicht als Metastasierungsvorgang gedeutet und den seltenen Fällen, wo in der Tat sarkomatöse Komplikationen in Erscheinung treten, eine Sonderstellung zugewiesen. Die Mycosis fungoides ist im Gegensatz zur Lymphogranulomatose in erster Linie eine Hautkrankheit, d. h. der Beginn des Prozesses, wenigstens der für uns sichtbare, im Hautbereich gehört zur Regel, die Mitbeteiligung des Drüsenapparates und der inneren Organe sind ebenso selten wie ein Krankheitsverlauf ohne die gewöhnlich vorausgehenden Hautsymptome, die Form der sog. Mycosis d'emblé.

Art der klinischen Erscheinungen und ihr Verlauf können nun aber sehr verschieden sein, daher ist das Bild der Mykosis durchaus nicht einheitlich und gleichförmig. Wir stoßen auf ähnliche Verhältnisse wie in jenen Fällen von Lymphogranulomatose, wo die Haut mitbeteiligt ist: auf eine gewisse Polymorphie von Symptomen, die zunächst auch in spezifische und unspezifische eingeteilt werden können. Vielfach beginnen die Mykosisfälle mit intensivem Juckreiz, erythematöse und urticarielle Erscheinungen können hinzutreten, ja selbst Bläschen- und Blaseneruptionen, und diese bunten Ereignisse beherrschen lange Zeit das Bild; ein andermal sind es wieder mehr ekzemähnliche, zum Nässen neigende Veränderungen, die den Prozeß einleiten — kurz im sog. „prämykotischen“ Stadium haben wir mit derselben Fülle banaler Hauterscheinungen zu rechnen wie in den entsprechenden Fällen von Lymphogranulom. Ein Unterschied besteht nur darin, wie wir später hören werden, daß hier die anatomische Untersuchung doch gelegentlich schon gewisse Anhaltspunkte über die wahre Natur des Prozesses zu geben vermag.

Nicht immer aber müssen prämykotische Symptome vorhanden sein, die Erkrankung kann auch ohne sie oder nach nur ganz flüchtigem Bestande solcher Erscheinungen ins infiltrative Stadium eintreten. Jetzt beherrschen entzündliche Einlagerungen in die Cutis das Bild, oft mehr flache, polycyklisch begrenzte Infiltrate, ein andermal wieder Knötchen- und Knotenformen, die zu beträchtlicher Größe anwachsen und im weiteren Verlauf geschwürig zerfallen können. Dauer der Entwicklung und Form der Infiltrate sowie Beständigkeit derselben sind fallweise sehr verschieden. Daher auch das vielgestaltige Krankheitsbild! Nicht selten zeigt sich insoferne eine gewisse Regelmäßigkeit im Ent-

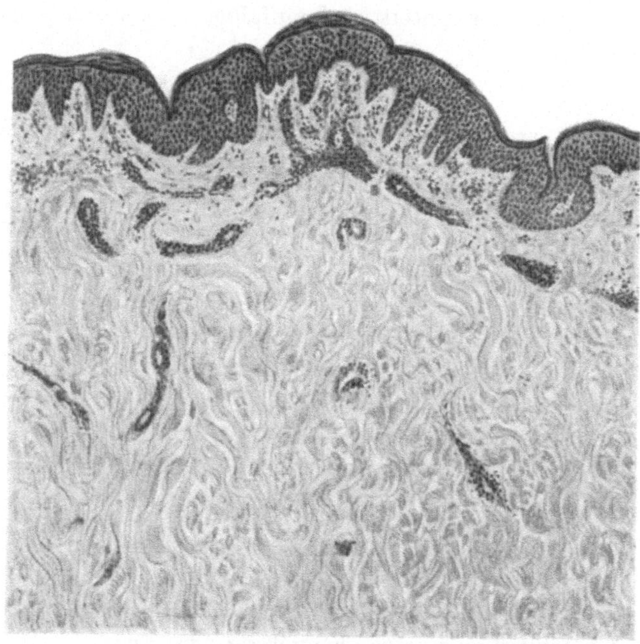

Abb. 170. Prämykotisches Stadium, erythematöser, ekzemähnlicher Herd. Vergrößerung 85. I. Stadium der Veränderungen. Betroffensein des subpapillären Gefäßnetzes mit entzündlichen Ausstrahlungen in die oberste Papillarschicht. Oberhaut leicht verändert, stellenweise geringgradige Parakeratose.

wicklungsgang der Erkrankung, als sie mit unspezifischen Symptomen beginnt, dann in das Stadium der fleckförmigen Infiltrate übertritt und aus ihm erst allmählich in das der Knoten und Tumoren gerät; viele Jahre können vergehen, ehe das Vollbild der Krankheit ausgeprägt ist.

Was nun die Anatomie der Hautveränderungen anlangt, so tritt uns hier wieder ein ganz eigenartiges, polymorphes Granulationsgewebe entgegen. Die Buntheit der das Infiltrat aufbauenden Elemente verleiht den Einlagerungen, wie UNNA und vor allem PALTAUF in seinen klassischen Studien über den Gegenstand immer wieder betont haben, das Gepräge und unterscheidet sie beispielsweise sicher von ähnlichen Erscheinungen leukämischer Prozesse. Natürlich finden sich die histologischen Vollbilder nur bei schon entsprechend reifen Infiltraten, in ihren Anfängen zeigen die Herde oft so wenig ausgesprochenen Charakter, daß man mit der Diagnose Mühe hat. Ich will Ihnen als Beispiel einen Schnitt vorweisen, der von einer ekzemähnlichen, leicht schuppenden Plaque, aus dem prämykotischen Stadium stammt (Abb. 170) und beim ersten Blick in der Tat an jene Bilder erinnert, wie wir sie seinerzeit bei Erythemen und Ekzemen kennen gelernt haben. Die subpapillären Gefäße sind hauptsächlich Sitz der Zellansammlung, und zwar handelt es sich um verhältnismäßig dichte Umhüllungen, die nun — und dieser Punkt ist wichtig — bei näherer Musterung durchaus nicht einheitlich gebaut erscheinen. Bei banalekzematösen Reaktionen sind wir gewohnt eine Art von Rundzellen zu treffen oder nur ausnahmsweise dort und da einmal ein davon abweichendes Element, hier aber ist der Unterschied auffällig, verschiedenartige Zellformen

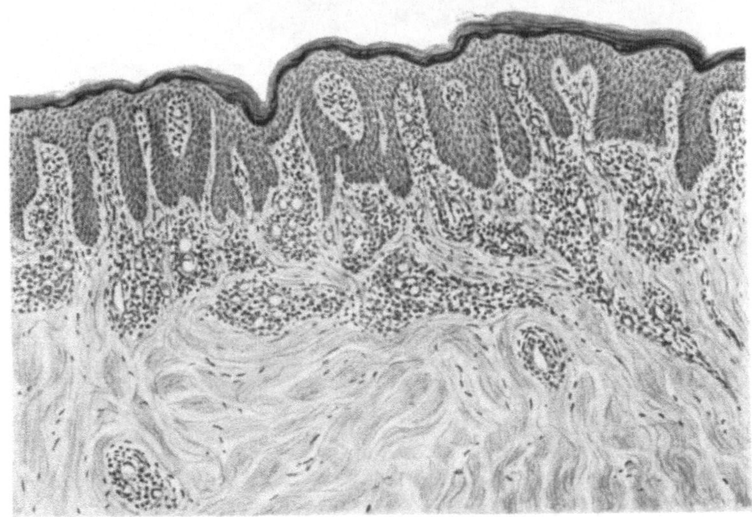

Abb. 171. Schnitt durch ein weiter vorgeschrittenes Stadium.
Klinisch war schon Infiltration gegeben. Vergrößerung 85. Epithel deutlich akanthotisch verbreitert, wieder dort und da Parakeratose. Starke Erweiterung der Blut- und Lymphgefäße und intensivere polymorphzellige Infiltration.

sind vorhanden. Gelegentlich finden sich auch eosinophile Zellen — ist dies der Fall, so liegt der Verdacht prämykotischer Veränderungen von vornherein nahe. In diesem Stadium heißt es also genau untersuchen! Bei Aufmerksamkeit und einiger Übung ist die Frühdiagnose der Mykosis aus dem anatomischen Substrat trotz dessen scheinbarer Banalität oft möglich.

Abb. 171 zeigt schon etwas weiter vorgeschrittene Veränderungen; klinisch befinden wir uns hier am Übergang des ekzematösen ins infiltrative Stadium, palpatorisch war schon eine gewisse Gewebsresistenz festzustellen, der Herd trat bereits ein wenig aus seiner Umgebung hervor. Histologisch: Beträchtlicher Infiltrationsprozeß, der sich an die papillären und subpapillären Gefäßverzweigungen hält und von mäßiger akanthotischer Epithelwucherung begleitet ist. Die Infiltratzellen liegen wieder außerordentlich innig den Gefäßwänden an und sind, wie sich bei stärkerer Vergrößerung ergibt, von sehr verschiedener Art.

Der dritte Schnitt (Abb. 172) stammt von einem umfänglichen flachen Hautknoten. Die Cutis ist gleichmäßig von Zellmassen durchsetzt, nach unten zu wird das Infiltrat durch eine scharfe Linie abgegrenzt. Wieder akanthotische Epithelwucherung, stärker als im früheren Falle, mit Störungen im normalen Verhornungsvorgang. Proliferatorische Erscheinungen von seiten der Oberhaut gehören in den späteren Stadien der Mykosis zum gewöhnlichen Bild.

Über die Zusammensetzung des Infiltrates, das von zahlreichen neugebildeten Gefäßen durchzogen wird und dadurch schon den Charakter eines Granulationsgewebes hat, soll Abb. 173 unterrichten. Die Vielgestaltigkeit des Zellmaterials

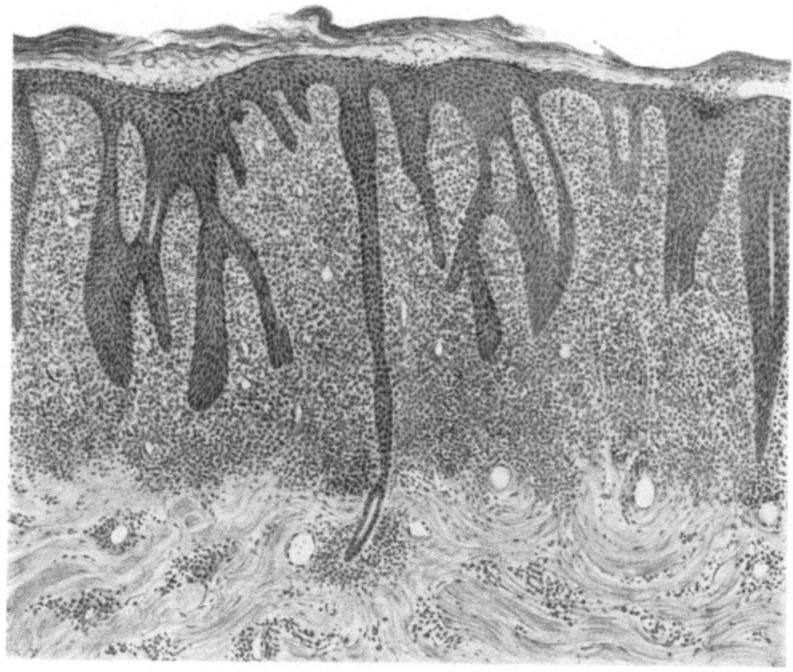

Abb. 172. Schnitt durch einen flachen Mykosisknoten. Vergrößerung 42. Starke Epithelwucherung mit Oberflächenveränderungen. Breite Infiltratmassen durchsetzen gleichmäßig die Cutis. Erweiterte Gefäße im Infiltratbereich und auch unterhalb desselben. Polymorphie der Zellen.

kommt hier gut zum Ausdruck, alle möglichen Elemente liegen nebeneinander, Lymphocyten und Plasmazellen, mehrkernige Leukocyten, Bindegewebszellen verschiedener Art, stellenweise mehrkernig, und vor allem große Zellen mit auffallend großem hellem Kern. Gerade diese letzte Form der Mononukleären wurde von PALTAUF als charakteristisch für das mykoside Granulom bezeichnet. Eine Zellgattung darf ferner nicht vergessen werden, die der Eosinophilen; gelegentlich können diese Elemente recht reichlich vorhanden sein, gelegentlich allerdings auch völlig fehlen. Die Verhältnisse liegen diesbezüglich ähnlich wie hinsichtlich der Eosinophilie des Blutes, einzelne Mykosisfälle zeigen sie (v. ZUMBUSCH u. a.), andere wieder nicht. Wo aber Eosinophile im Gewebe vorhanden sind, erhält das Infiltrat dadurch ein sehr bestimmtes Gepräge.

Der letzte Schnitt (Abb. 174) endlich ist von einem tief in die Subcutis vordringenden Tumor gewonnen. Hier sind die Infiltratnester herdweise angeordnet, das gesamte Derma ist von ihnen durch- und zum größten Teil ersetzt. Schmale Bänder präexistenten Bindegewebes scheiden die Granulommassen voneinander und bewirken dadurch das Bild umschriebener Einsprengungen. Im Bereiche der Granulomherde fehlen die elastischen Fasern, gewisse zerstörende Eigenschaften kommen mithin dem Infiltrat zu und gerade dies gibt ja immer wieder mit Veranlassung zur Frage, ob die Neubildung nicht doch als Blastom zu deuten wäre. Über den Charakter der Infiltratzellen gibt das Über-

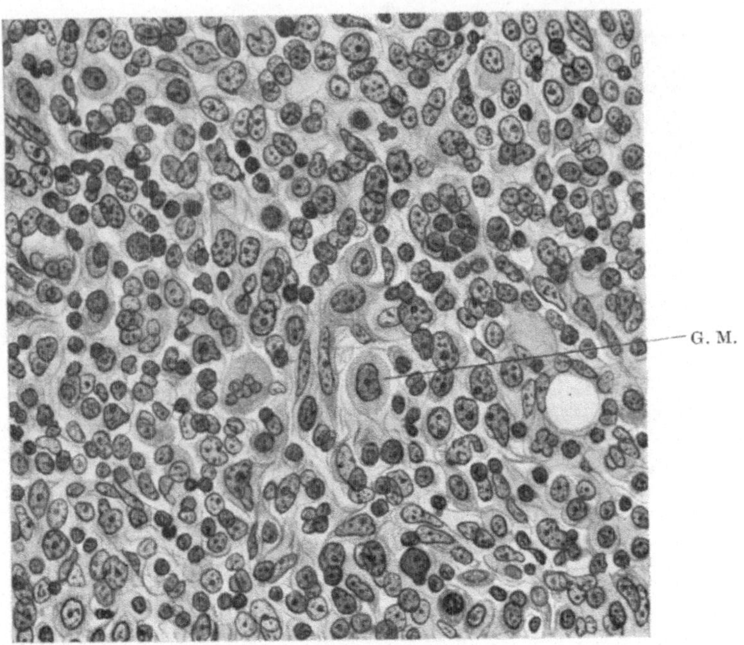

Abb. 173. Stelle aus dem früheren Präparat.
Vergrößerung 380. Darstellung des Charakters der Infiltratmasse. Bei G. M. große Zelle
mit auffallend großem hellen Kern.

sichtsbild keinen Aufschluß, stärkere Vergrößerung zeigt die typische Struktur des mykosiden Granuloms.

Das Wesentliche des histologischen Substrates der Mycosis fungoides ist also die Polymorphie der Infiltratzellen. Darin ergeben sich nun gewisse Berührungspunkte mit dem Lymphogranulom und die strukturellen Ähnlichkeiten zwischen beiden können gelegentlich so weit gehen, daß ein sicherer Entscheid: liegt dieser oder jener Prozeß vor, sehr schwer wird. Fälle dieser Art sind bekannt. ARZT hat sich in letzter Zeit mit diesen Fragen beschäftigt und auf die gelegentliche Schwierigkeit der Abtrennung des Lymphogranuloms von der Mykosis hingewiesen. Besonders Fälle mit isolierter Geschwürsbildung, also vom Typus der sog. Mycosis d'emblée können Anlaß zur Verwechslung geben und sind schon wiederholt verwechselt worden.

Daß die Erkenntnis von gewissen Berührungspunkten im anatomischen Substrat zwischen Mykosis und Lymphogranulom, zu denen sich gelegentlich auch noch solche klinischer Natur hinzugesellen, Vermutungen wachrufen mußte, ob die beiden Prozesse nicht überhaupt zusammengehören, versteht sich von selbst und in der Tat gibt es Autoren, die diesen Standpunkt mit allem Nachdruck vertreten, beispielsweise K. ZIEGLER. Wie die Dinge in Wirklichkeit liegen, ist heute nicht sicher zu entscheiden, der Kliniker hat jedenfalls

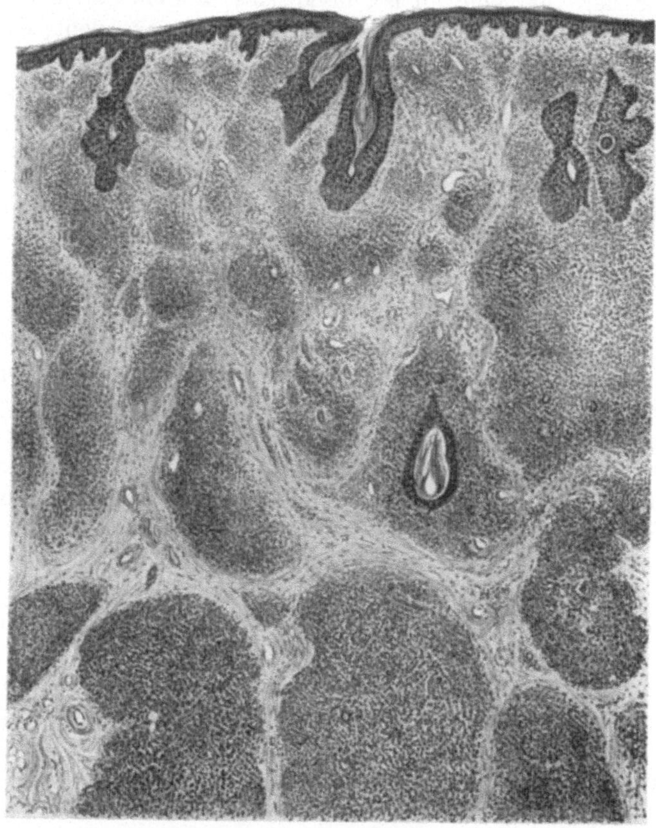

Abb. 174. Diffus infiltrierendes Stadium der Mycosis fungoides. Tumorartiges Wachstum. Übersichtsbild — Lupenvergrößerung.

diese beiden Prozesse zu trennen; die Mykosis stellt in der Überzahl der Fälle ein so scharf umrissenes Krankheitsbild dar, daß Versuche, es mit dem in seiner Hautreaktion so unbestimmten Lymphogranulom zu vereinigen, von vornherein als nur wenig zweckmäßig erscheinen können. Daß gewisse Berührungspunkte bestehen, ist ja nicht zu leugnen und vor allem ein Umstand diesbezüglich bemerkenswert: die immer mehr und mehr reifende Erkenntnis, daß die Mykosis ebenso wie das Lymphogranulom den infektiösen Granulationsprozessen zugehört. Vermutungen dieser Art sind ja, seitdem man die Krankheit kennt, gelegentlich immer wieder laut geworden, auch

PALTAUF beispielsweise nahm eine toxisch-infektiöse Ätiologie des Prozesses an. Sichere Beweise hiefür waren aber ausständig. Nun ist es in letzter Zeit BRÜNAUER gelungen auf experimentellem Wege beachtenswerte Ergebnisse zu erzielen. Er konnte bei einem Meerschweinchen Tumorgewebe zur Haftung bringen und an der Leber, Milz und Innenfläche des Sternums knotige Läsionen feststellen, die im histologischen Aufbau sowohl untereinander als mit dem Impfmaterial weitgehendste Übereinstimmung erkennen ließen. Man kann sich bei aller Kritik der BRÜNAUERschen Arbeit des Eindrucks nicht erwehren, daß es dem Autor in der Tat gelungen ist, mykosides Gewebe auf Meerschweinchen zu übertragen und daher gegen den Schluß, den er daraus zieht: die Mykosis ist ein infektiöser Granulationsprozeß, nichts einwenden. Jedenfalls bedeutet BRÜNAUERS Befund seit langem den einzigen wirklichen Fortschritt im ganzen Mykosisproblem und vielleicht gelingt es nun, rascher darin vorwärts zu kommen.

Zum Schlusse sei noch kurz einiges über die

leukämischen Erkrankungen der Haut

gesagt. Ihre Besprechung wird in der Regel der des Lymphogranuloms und der Mykosis angeschlossen und lange Zeit hat man ja geglaubt, daß zwischen ihnen tatsächlich gewisse Beziehungen bestehen. Heute ist man diesbezüglich anderer Meinung, man weiß, daß leukämische Erkrankungen mit Granulationsprozessen nichts zu tun haben, eine Klasse für sich darstellen, wenn wir so sagen wollen, und damit fehlt eigentlich auch jede Berechtigung sie dort, wo von Granulomen die Rede ist, abzuhandeln. Wenn ich mich trotzdem an den alten Brauch halte und ihre Besprechung, wenn auch nur ganz kurz anschließe, so geschieht es aus zwei Gründen: Einmal weil vom Standpunkt der Klinik tatsächlich gewisse Beziehungen bestehen und zweitens weil die Kenntnis der anatomischen Struktur leukämischer Hautaffekte gerade zur richtigen Einschätzung der granulomatösen Prozesse wichtig ist. Aus der Gegenüberstellung läßt sich erst recht die Eigenart des Aufbaues der letzteren erkennen.

In klinischer Beziehung bestehen zwischen Leukämie, Lymphogranulom und Mykosis insoweit Beziehungen als die dabei vorkommenden Hautsymptome gelegentlich gewisse Ähnlichkeiten aufweisen. Auch bei der Leukämie — ich rede hier ausschließlich von der sog. lymphatischen — bestehen im Beginn der Erkrankung oft unspezifische Hauterscheinungen, Juckzustände, urticarielle Eruptionen, ganz so wie bei den früher erörterten Prozessen. Sie können gelegentlich sehr lange bestehen, ja überhaupt das einzige Hautsymptom bleiben. Die histologische Untersuchung solcher Efflorescenzen ergibt uncharakteristische Bilder.

Die „spezifisch" leukämischen Affekte ähneln auch oft mehr oder weniger denen bei granulomatösen Prozessen; einmal können diffuse, eigenartig schwammig anzufühlende Schwellungen der Haut entstehen, ein andermal Knötchen und Knoten, unregelmäßig über die Haut zerstreut. Gesicht und Ohren, besonders deren Ränder sind die Lieblingsstellen für Knotenbildungen. Wo es zu solchen Einlagerungen kommt, ist stets ein typischer anatomischer Befund zu erheben — er soll an der Hand von zwei Präparaten erläutert werden. Der erste Schnitt (Abb. 175) zeigt im Übersichtsbild die Anordnung des Infiltrates in einer knotenförmigen Efflorescenz. Der Tumor erstreckt sich auf die gesamte Cutis.

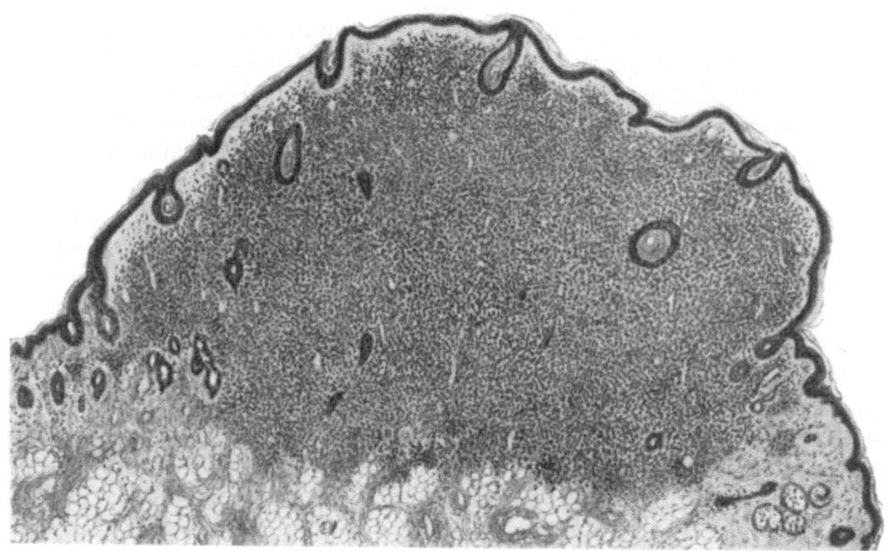

Abb. 175. Knoten bei lymphatischer Leukämie (Ohrrand). Übersichtsbild. Lupenvergrößerung. Subepidermaler Grenzstreif frei von Infiltration. Die Tumormasse ganz einheitlich gebaut und streng abgeschlossen. Hauptsächlich im obersten Anteil erweiterte Gefäße.

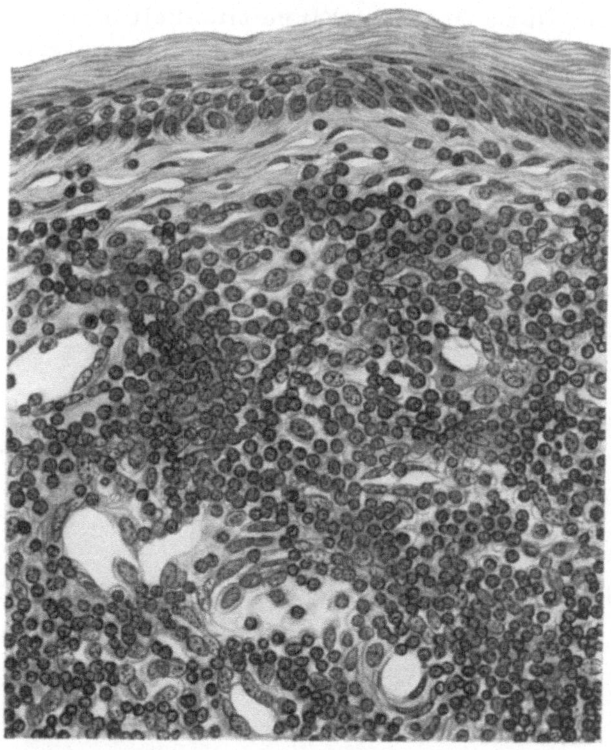

Abb. 176. Dasselbe Präparat wie 175. Vergrößerung 300. Darstellung der Gewebseinlagerung, des Zelltypus und der Verhältnisse der Gefäße.

gegen die etwas atrophische Epidermis ist er durch einen schmalen Streifen normalen Kollagens abgegrenzt. Es macht den Eindruck, daß die Neubildung nicht ganz bis zur Oberhaut vordringen kann, immer wieder findet sich diese Zone des unversehrten Stratum papillare oberhalb der Tumormasse. Der Knoten liegt streng umschrieben, ohne irgendwelche Fortsätze und Ausläufer abzugeben, im Gewebe und ist durch eine ungemeine Dichte und Einförmigkeit der aufbauenden Zellelemente ausgezeichnet. Man gewinnt den Eindruck, daß das Äußerste was an Zellanschoppung überhaupt möglich ist, hier erreicht wurde, daß mehr Zellen in so eng begrenztem Raum überhaupt nicht liegen könnten. Dabei sind sie mit einer gewissen Regelmäßigkeit über das Gewebe verteilt und von einheitlicher Form. Das ist schon bei schwacher Vergrößerung festzustellen. Welcher Art die Zellelemente sind, soll Abb. 176 zeigen. Das Infiltrat setzt sich in der Hauptsache aus kleinen, rundlichen, protoplasmaarmen, dafür mit ziemlich großem, intensiv gefärbtem Kern ausgestatteten Elementen zusammen, kleinen Lymphocyten. Dazwischen finden sich nur ganz vereinzelt größere Zellen mit größerem chromatinarmem Kern, allem Anscheine nach große Lymphocyten, und dort und da vereinzelte gewucherte Bindegewebselemente. Erweiterte Gefäße und Lymphspalten sind im obersten Anteil der Zellmasse reichlich festzustellen.

Das Wesentliche im histologischen Bilde lymphadenotischer Hautinfiltrate ist also die überreiche Ansammlung kleiner Lymphocyten bei weitgehender Rarefikation, ja stellenweise völligem Ersatz des präexistenten Gewebes. Die Einheitlichkeit der Infiltratzellen verleiht dem anatomischen Substrat ein charakteristisches Aussehen und ermöglicht immer wieder verhältnismäßig leicht die Unterscheidung lymphadenotischer Prozesse gegenüber dem Lymphogranulom und der Mykosis.

Sachverzeichnis.

(Die eingeklammerten Zahlen bedeuten die Nummern der Abbildungen.)

Vorlesungen
über Histo-Biologie der menschlichen Haut und ihrer Erkrankungen
Von
Dr. Josef Kyrle
a. o. Professor für Dermatologie und Syphilis an der Universität in Wien
und Assistent an der Klinik für Syphilidologie und Dermatologie

Erster Band

Mit 222 zum großen Teil farbigen Abbildungen. IX, 345 Seiten. 1925.
RM 45.—; gebunden RM 47.70

Inhalt:

Erster Teil: Histo-Biologie der normalen Haut.
Zweiter Teil: Pigment und Pigmentanomalien der Haut.
Dritter Teil: Atrophie der Haut.
Vierter Teil: Hypertrophie der Haut.
Fünfter Teil: Pilzerkrankungen der Haut.
Sechster Teil: Durch tierische Parasiten bedingte Erkrankungen der Haut.

Histologie der Hautkrankheiten. Die Gewebsveränderung in der kranken Haut unter Berücksichtigung ihrer Entstehung und ihres Ablaufs. Von Dr. med. **Oskar Gans**, a. o. Professor an der Universität Heidelberg, Oberarzt der Hautklinik. Erster Band: Normale Anatomie und Entwicklungsgeschichte — Leichenerscheinungen — Dermatopathien — Dermatitiden I. Mit 254 meist farbigen Abbildungen. X, 656 Seiten. 1925. RM 135.—; gebunden RM 138.—

Hautkrankheiten. Von Dr. **Georg Alexander Rost**, o. Professor der Dermatologie und Direktor der Universitätshautklinik in Freiburg im Breisgau. Mit 104 zum großen Teil farbigen Abbildungen. („Fachbücher für Ärzte", herausgegeben von der Schriftleitung der „Klinischen Wochenschrift", Bd. XII.) X, 406 Seiten. 1926. Gebunden RM 30.—

Die Bezieher der „Klinischen Wochenschrift" erhalten die „Fachbücher" mit einem Nachlaß von 10%

Die Tuberkulose der Haut. Von Dr. med. **F. Lewandowsky**, Hamburg. Mit 115 zum Teil farbigen Textabbildungen und 12 farbigen Tafeln. (Aus: „Enzyklopädie der klinischen Medizin", Spezieller Teil.) VIII, 333 Seiten. 1916. RM 18.—

Hautkrankheiten und Syphilis im Säuglings- und Kindesalter. Ein Atlas. Herausgegeben von Professor Dr. **H. Finkelstein** in Berlin, Professor Dr. **E. Galewsky** in Dresden, Privatdozent Dr. **L. Halberstaedter** in Berlin. Zweite, vermehrte und verbesserte Auflage. Mit 137 farbigen Abbildungen auf 64 Tafeln Nach Moulagen von F. Kolkow, A. Tempelhoff, M. Landsberg und A. Kröner. VIII, 80 Seiten. 1924. Gebunden RM 36.—

Die Syphilis. Kurzes Lehrbuch der gesamten Syphilis mit besonderer Berücksichtigung der inneren Organe. Von **E. Meirowsky** in Köln und **Felix Pinkus** in Berlin. Unter Mitarbeit von Fachgelehrten. Mit einem Schlußwort von A. v. Wassermann. Mit 79 zum Teil farbigen Abbildungen. („Fachbücher für Ärzte", herausgegeben von der Schriftleitung der „Klinischen Wochenschrift", Band IX.) VIII, 572 Seiten. 1923. Gebunden RM 27.—

Die Bezieher der „Klinischen Wochenschrift" erhalten die „Fachbücher" mit einem Nachlaß von 10%

Handbuch der
Haut- und Geschlechtskrankheiten

Bearbeitet von über 200 Fachgelehrten

Herausgegeben im Auftrage der Deutschen Dermatologischen Gesellschaft gemeinsam mit G. Arndt-Berlin, B. Bloch-Zürich, A. Buschke-Berlin, E. Finger-Wien E. Hoffmann-Bonn, C. Kreibich-Prag, F. Pinkus-Berlin, B. Riehl-Wien, L. v. Zumbusch-München von J. Jadassohn, Breslau.

Schriftleitung Dr. O. Sprinz, Berlin.

In 23 Bänden.

Erster Band: **Anatomie und Physiologie der Haut.** Erster Teil. **Anatomie der Haut.** Bearbeitet von B. Bloch-Zürich, F. Pinkus-Berlin, W. Spalteholz-Leipzig. Mit 390 zum Teil farbigen Abbildungen. XII, 564 Seiten. 1926.
RM 87.—; gebunden RM 93.—

Neunzehnter Band: **Kongenitale Syphilis.** Bearbeitet von G. Alexander-Wien, H. Boas-Kopenhagen, C. Hochsinger-Wien, J. Igersheimer-Frankfurt, P. Kranz-München, R. Ledermann-Berlin, F. Lesser-Berlin, E. Müller-Berlin, H. Rietschel-Würzburg, L. v. Zumbusch-München. Mit 95 zum Teil farbigen Abbildungen. VIII, 366 Seiten. 1926.
RM 48.—; gebunden RM 54.—

Als nächste Bände werden erscheinen:

Einundzwanzigster Band: **Ulcus molle.** Bearbeitet von W. Frei-Breslau, G. Stümpke-Hannover. Mit zahlreichen zum Teil farbigen Abbildungen.

Fünfzehnter Band, Erster Teil: **Syphilis. Ätiologie und allgemeine Pathologie I.** Bearbeitet von E. Hoffmann-Berlin, E. Hofmann-Frankfurt, P. Mulzer-Hamburg. Mit über 100 zum Teil farbigen Abbildungen.

Siebzehnter Band, Zweiter Teil: **Syphilis und Auge.** Bearbeitet von J. Igersheimer-Frankfurt. (Gleichzeitig zweite verkürzte Auflage von: Igersheimer, Syphilis und Auge.) Mit etwa 150 zum Teil farbigen Abbildungen.

Dreizehnter Band, Zweiter Teil: **Die Krankheiten der Nägel.** Bearbeitet von J. Heller-Berlin. (Gleichzeitig zweite Auflage von: Heller, Die Krankheiten der Nägel. Berlin. August Hirschwald 1910.) Mit etwa 100 zum Teil farbigen Abbildungen.

Sechster Band: **Spezielle Dermatologie I.** Bearbeitet von A. Alexander-Berlin, F. Hammer-Stuttgart, R. Hirschfeld-Berlin-Wilmersdorf, K. Kreibich-Prag, L. Merk †-Innsbruck, V. Mucha-Wien, P. Tachau-Braunschweig, L. Török-Budapest, P. G. Unna-Hamburg, F. Winkler-Wien, M. Winkler-Luzern. Mit zahlreichen zum Teil farbigen Abbildungen.

Siebenter Band: **Spezielle Dermatologie II.** Bearbeitet von J. Barnewitz-Essen, Fr. Bering-Essen, C. Grouven-Halle, F. Juliusberg-Braunschweig, L. Kleeberg-Berlin, G. Nobl-Wien, E. Pick-Prag, F. Pinkus-Berlin, E. Riecke-Göttingen, W. Schönfeld-Greifswald, K. Ullmann-Wien. Mit zahlreichen zum Teil farbigen Abbildungen.

Inhaltsübersicht des Gesamtwerkes.

A. Hautkrankheiten. Erster Band: **Anatomie und Physiologie.** Zweiter bis Fünfter Band: **Allgemeine Ätiologie, Pathologie und Therapie.** Sechster bis Vierzehnter Band: **Spezielle Dermatologie.** B. Geschlechtskrankheiten. Fünfzehnter Band: **Syphilis, Ätiologie und allgemeine Pathologie.** Sechzehnter bis Siebzehnter Band: **Syphilis. Spezielle Pathologie.** Achtzehnter Band: **Syphilis. Therapie.** Neunzehnter Band: **Kongenitale Syphilis.** Zwanzigster Band: **Gonorrhöe.** Einundzwanzigster Band: **Ulcus molle. Andere Krankheiten der Urogenitalorgane.** Zweiundzwanzigster Band: **Soziologie, Statistik, Geschichte der venerischen Krankheiten.** Dreiundzwanzigster Band: **General-register.** Jeden Monat erscheinen etwa zwei Bände.

Die Mitglieder der Deutschen Dermatologischen Gesellschaft, in deren Auftrag das „Handbuch" herausgegeben wird, haben das Recht auf einen Vorzugspreis bei direktem Bezug vom Verlag.